高等学校“十三五”规划教材

采 矿 概 论

（第3版）

主　编　陈国山
副主编　邢万芳　王铁富　陈西林

北　京
冶 金 工 业 出 版 社
2024

内 容 提 要

本书介绍了采矿、凿岩与爆破的基础知识，地下采矿的开拓工程和生产工艺，常用采矿方法，平巷、硐室、斜井、天井的设计与施工，矿井通风方法，露天开采工艺与生产能力。此外，本书对矿山可持续发展、采矿技术设备发展、矿山安全与环境保护等内容也有所介绍。

本书是为非采矿专业编写的教材，适用于选矿技术、矿井通风与环保、矿山机电、冶金技术、材料技术等专业。

图书在版编目(CIP)数据

采矿概论/陈国山主编．—3 版．—北京：冶金工业出版社，2016. 5 (2024. 1 重印)
高等学校“十三五”规划教材
ISBN 978-7-5024-7207-8

Ⅰ．①采…　Ⅱ．①陈…　Ⅲ．①矿山开采—高等学校—教材　Ⅳ．①TD8

中国版本图书馆 CIP 数据核字(2016)第 070431 号

采矿概论（第 3 版）

出版发行　冶金工业出版社　　**电　　话**　(010)64027926
地　　址　北京市东城区嵩祝院北巷 39 号　　**邮　　编**　100009
网　　址　www. mip1953. com　　**电子信箱**　service@ mip1953. com

责任编辑　俞跃春　杜婷婷　美术编辑　吕欣童　版式设计　孙跃红
责任校对　王永欣　责任印制　窦　唯
三河市双峰印刷装订有限公司印刷
2008 年 1 月第 1 版，2012 年 1 月第 2 版，2016 年 5 月第 3 版，2024 年 1 月第 8 次印刷
787mm×1092mm　1/16；18. 75 印张；447 千字；283 页
定价 48. 00 元

投稿电话　**(010)64027932**　**投稿信箱**　**tougao@ cnmip. com. cn**
营销中心电话　**(010)64044283**
冶金工业出版社天猫旗舰店　**yjgycbs. tmall. com**
（本书如有印装质量问题，本社营销中心负责退换）

第 3 版前言

为了满足广大非采矿工作人员详细和系统的了解金属矿开采的生产工艺的要求，紧跟采矿技术的发展，编者对本书进行第 2 次修订。本次修订特别注重基本概念、基本知识、基本理论的解释，主要阐述基本生产工艺过程、常用采矿设备的应用，突出本书概论性的特点，使其更适应非采矿专业学生对矿山生产工艺过程的全面了解。本书在第 2 版的基础上，对以下几点进行了修订：

（1）调整了部分章节顺序，按照采矿生产工艺的发展排列，更加有利于教和学。

（2）删除了原书中的第 1 章，将部分内容调整到第 12 章叙述。

（3）删除了原书中的第 11 章，将部分内容调整到第 12 章叙述。

（4）增加了矿山开拓工程各井巷（平巷、竖井、斜井、硐室、天井）的设计内容。

（5）增加了矿山提升与运输的内容，使本书整个体系更加完善。

（6）增加了露天采矿生产能力验证及生产剥采比调整内容。

参加本次修订的有吉林电子信息职业技术学院陈国山、陈西林、王铁富、孙文武，北京市化工职业病防治院王洪胜，长春黄金研究院邢万芳，夹皮沟黄金矿业公司张洪龙，安徽工业职业技术学院黄玉焕，攀枝花学院魏大恩，内蒙古科技大学刘树新、陈世江。本次修订由陈国山担任主编，邢万芳、王铁富、陈西林担任副主编。

由于编者水平所限，书中不足之处，欢迎读者批评指正。

编　者

2015 年 12 月

第 2 版前言

为了满足广大非采矿工作人员详细和系统地了解金属矿开采的生产工艺、基本概念、基本知识、常用技术术语、主要消耗及主要技术经济指标的需要，按照“概论”的特点要求，本书主要阐述了基本概念和工艺过程，扼要地介绍了基本理论，突出了本书的适用性的特点，使其更适应非采矿专业学生对矿山生产工艺过程的全面了解。编者根据广大师生和同行的建议，在本次修订中减少了理论知识的比重，强调了知识的整体性和生产工艺过程。具体修订如下：

(1) 对原书顺序进行了适当调整，在原第 1 章前增加了现代矿产资源开发的相关内容、在原第 1 章与第 2 章之间增加了凿岩与爆破基础知识，删除了原第 11 章内容，在原第 8 章和第 9 章之间增加了现代采矿技术的相关内容，本书由原来 10 章调整为 12 章。

(2) 增加了现代矿产开发的相关内容，从宏观上介绍了采矿技术理论、矿产资源可持续发展、矿产资源发展战略及发展矿业循环经济的紧迫性和必要性。

(3) 增加了凿岩与爆破基础知识，使本书知识结构更趋合理，知识内容更加丰富，为非采矿工作人员了解矿山生产工艺过程提供了更具体、更完善的参考。

(4) 增加了现代采矿技术的相关内容，现代采矿技术的发展主要体现在各类设备的改进和自动化程度的提高，本书着重介绍了凿岩设备、采掘设备、运输设备的发展现状及趋势，为矿山的改扩建工作提供了一定的参考资料。

(5) 删除了“矿产资源的综合利用”一章，因该章节内容多为一些政策和指令性内容，超出了采矿概论范畴，为了统筹本书的知识结构和知识内容而做了调整。

本书由吉林电子信息职业技术学院陈国山、孙文武、王洪胜、党红，河北省地矿局第十一地质大队闫领军、杜登峰编写。具体分工为：党红编写第1章，闫领军编写第2章和第3章，杜登峰编写第4章和第5章，陈国山编写第6章~第9章，孙文武编写第10章，王洪胜编写第11章和第12章。全书由陈国山担任主编，闫领军、杜登峰担任副主编。

由于编者水平所限，书中若有不足之处，欢迎读者批评指正。

编　者

2012年1月

第 1 版前言

科学技术的进步日新月异，学科间、专业间的交叉范围日益扩大，这使得采矿工业企业由生产技术型向管理技术型发展，因此，对与采矿专业相关的地质、测量、机电等专业的学生，要求其不仅要了解本专业的知识结构和知识体系，还要了解采矿专业矿床的开采方法、工艺和技术。

本书的编写力求做到内容系统化，不是简单地介绍采矿各学科的概念，而是依据采矿工程的特点和开采程序，使各方面的内容有机融合，在内容的选择上重点介绍基本知识和基本理论，重视新工艺和新设备的介绍。

本书是根据矿业工程类“十一五”教材编写规划编写的，重点介绍了地下开采的概念，地下开采的开拓、采准、切割、回采等生产工艺过程，地下矿山通风，常用采矿方法，以及露天开采的概念，露天开采的穿孔爆破、采装、运输、排土等生产工艺过程。此外，还有矿产资源综合利用、矿山安全与环境保护。

本书是为非采矿专业编写的了解性教材，是根据采矿专业的行业特点，参照相关专业的特点编写的，可作为选矿技术专业、矿井通风与环保专业、矿山机电专业、冶金技术专业、材料技术专业的概论性教材，也可供矿山工程技术人员参考使用。

参加本书编写的有吉林电子信息职业技术学院陈国山、戚文革、李长权、韩佩津，长春黄金研究院邢万芳，大栗子铁矿陈金奎、宋霁洪，夹皮沟黄金矿业公司金忠福。全书由陈国山任主编，邢万芳、戚文革、李长权任副主编。

在本书编写过程中，编者得到了许多同行、矿山工程技术人员的支持和帮助，在此表示衷心的感谢。

由于水平所限，书中有不妥之处，欢迎读者批评指正。

编　者

2007 年 8 月

目　　录

1　采矿基础知识 …… 1

1.1　采矿基础概念 …… 1
1.1.1　矿物概述 …… 1
1.1.2　矿床概述 …… 2
1.1.3　矿体概述 …… 3
1.2　矿石基本性质 …… 6
1.2.1　矿石概念 …… 6
1.2.2　矿石种类 …… 6
1.2.3　矿岩力学性质 …… 7
1.2.4　矿体赋存要素 …… 9
1.2.5　矿床工业特征 …… 11
1.3　金属矿地下开采 …… 12
1.3.1　金属矿地下开采的基本要求 …… 12
1.3.2　金属矿地下开采单元的划分 …… 12
1.3.3　金属矿地下开采的顺序 …… 14
1.3.4　金属矿地下开采的步骤 …… 16
1.3.5　三级矿量 …… 16
1.3.6　金属矿地下开采的损失贫化 …… 17
复习思考题 …… 19

2　凿岩与爆破 …… 20

2.1　矿岩性质 …… 20
2.1.1　影响凿岩爆破的性质 …… 20
2.1.2　岩石的分级 …… 20
2.2　地下凿岩设备 …… 22
2.2.1　凿岩机械分类 …… 22
2.2.2　凿岩机工作机构 …… 23
2.2.3　凿岩机具 …… 24
2.2.4　气动凿岩机 …… 25
2.2.5　液压凿岩机 …… 25
2.2.6　掘进凿岩台车 …… 26
2.2.7　采矿台车 …… 26

2.2.8 潜孔钻机 …… 27
2.3 露天凿岩设备 …… 28
2.3.1 露天潜孔钻机 …… 28
2.3.2 牙轮钻机 …… 29
2.4 炸药 …… 30
2.4.1 炸药的分类 …… 30
2.4.2 起爆药 …… 31
2.4.3 单质炸药 …… 31
2.4.4 矿用硝铵炸药 …… 32
2.5 矿山常用起爆方法 …… 33
2.5.1 火雷管起爆法 …… 33
2.5.2 电雷管起爆法 …… 34
2.5.3 导爆索起爆法 …… 35
2.5.4 导爆管起爆法 …… 36
2.6 装药工艺与设备 …… 38
2.6.1 装药工艺 …… 38
2.6.2 装药设备 …… 39
复习思考题 …… 41

3 地下采矿工程 …… 42

3.1 矿床开拓方法 …… 42
3.1.1 竖井开拓法 …… 42
3.1.2 斜井开拓法 …… 43
3.1.3 平硐开拓法 …… 45
3.1.4 斜坡道开拓法 …… 47
3.1.5 联合开拓法 …… 48
3.2 主要开拓巷道 …… 51
3.2.1 各种主要开拓巷道的特点 …… 51
3.2.2 主要开拓巷道类型选择的影响因素 …… 52
3.3 辅助开拓工程 …… 52
3.3.1 副井硐 …… 53
3.3.2 风井硐 …… 55
3.3.3 阶段运输巷道 …… 56
3.3.4 溜井 …… 58
3.3.5 井底车场 …… 60
3.3.6 硐室 …… 64
3.4 地面辅助工程 …… 67
3.4.1 生产设施 …… 67
3.4.2 生活设施 …… 68

3.4.3 地面管线 …… 68
3.4.4 地面总图布置 …… 69
复习思考题 …… 70

4 地下采矿工艺 …… 71

4.1 采矿方法概述 …… 71
4.1.1 采矿方法的概念 …… 71
4.1.2 采矿方法的分类 …… 71
4.2 采准切割工程 …… 73
4.2.1 采准切割工程的划分 …… 73
4.2.2 采准工程 …… 74
4.2.3 切割工程 …… 78
4.3 回采的生产工艺 …… 78
4.3.1 落矿 …… 79
4.3.2 矿石运搬 …… 85
4.3.3 采场地压管理 …… 86
复习思考题 …… 87

5 采矿方法 …… 88

5.1 空场采矿法 …… 88
5.1.1 留矿采矿法 …… 88
5.1.2 房柱采矿法 …… 92
5.1.3 全面采矿法 …… 95
5.1.4 分段落矿阶段矿房采矿法 …… 96
5.1.5 水平深孔落矿阶段矿房采矿法 …… 99
5.2 充填采矿法 …… 102
5.2.1 单层充填采矿法 …… 103
5.2.2 上向分层充填采矿法 …… 104
5.2.3 下向倾斜分层充填采矿法 …… 111
5.3 崩落采矿法 …… 113
5.3.1 无底柱分段崩落采矿法 …… 113
5.3.2 有底柱分段崩落采矿法 …… 118
复习思考题 …… 120

6 井巷设计 …… 121

6.1 平巷设计 …… 121
6.1.1 平巷净断面尺寸确定 …… 121
6.1.2 硐岔设计 …… 130
6.2 井筒断面设计 …… 136

6.2.1 天井断面形状与尺寸的确定 …… 136
6.2.2 竖井断面的布置与尺寸确定 …… 137
6.3 斜井设计 …… 147
6.3.1 斜井井筒断面布置 …… 147
6.3.2 斜井断面尺寸确定 …… 149
6.3.3 斜井井筒内设施 …… 150
复习思考题 …… 152

7 平巷及硐室施工 …… 153

7.1 平巷施工 …… 153
7.1.1 凿岩工作 …… 153
7.1.2 爆破工作 …… 153
7.1.3 岩石的装载 …… 154
7.1.4 巷道支护 …… 157
7.2 硐室施工 …… 162
7.2.1 全断面法 …… 163
7.2.2 台阶工作面法 …… 163
7.2.3 导坑施工法 …… 164
7.2.4 留矿法 …… 166
复习思考题 …… 167

8 斜井、天井施工 …… 168

8.1 斜井的施工 …… 168
8.1.1 斜井井筒内设施 …… 168
8.1.2 斜井掘砌 …… 169
8.2 天井的施工 …… 174
8.2.1 普通法掘进天井 …… 174
8.2.2 吊罐法掘进天井 …… 175
8.2.3 深孔爆破法掘进天井 …… 181
8.2.4 爬罐法掘进天井 …… 181
8.2.5 钻进法掘进天井 …… 182
复习思考题 …… 183

9 矿井提升与运输 …… 184

9.1 竖井提升 …… 184
9.1.1 竖井提升方式 …… 184
9.1.2 竖井提升设备 …… 187
9.2 斜井提升 …… 194
9.2.1 斜井提升方式 …… 194

9.2.2 斜井提升设备 …… 195
9.3 中段运输设备 …… 198
9.3.1 电机车 …… 198
9.3.2 矿车 …… 198
9.3.3 轨道 …… 198
9.3.4 道岔 …… 199
复习思考题 …… 200

10 矿井通风方法 …… 201

10.1 矿井自然通风 …… 201
10.1.1 矿井自然风流的形成 …… 201
10.1.2 自然压差的特性 …… 201
10.1.3 矿井风流的自然分配 …… 202
10.2 扇风机通风 …… 204
10.2.1 矿用扇风机 …… 204
10.2.2 扇风机的工作 …… 207
10.3 掘进工作面通风 …… 208
10.3.1 平巷掘进的通风 …… 208
10.3.2 天井掘进的通风 …… 210
10.3.3 竖井掘进的通风 …… 210
10.3.4 风筒的应用 …… 210
复习思考题 …… 211

11 露天采矿工艺 …… 212

11.1 露天开采的基础知识 …… 212
11.1.1 矿床的开采方法 …… 212
11.1.2 露天开采的基本概念 …… 213
11.1.3 露天开采的步骤 …… 215
11.2 穿孔爆破工作 …… 216
11.2.1 穿孔工作 …… 217
11.2.2 爆破工作 …… 219
11.3 露天矿采装 …… 223
11.3.1 常用采装设备 …… 224
11.3.2 采装工艺 …… 229
11.4 露天矿运输 …… 236
11.4.1 露天矿铁路运输 …… 237
11.4.2 露天矿公路运输 …… 244
11.5 露天矿排土 …… 250
11.5.1 推土机排土方式 …… 251

11.5.2　排土犁排土 …… 252
11.5.3　前装机（铲运机）排土 …… 252
11.5.4　挖掘机排土 …… 253
11.6　露天开采新水平准备 …… 254
11.6.1　新水平准备方式 …… 254
11.6.2　新水平掘进方式 …… 255
复习思考题 …… 263

12　露天矿生产能力与生产剥采比 …… 264

12.1　露天矿生产能力 …… 264
12.1.1　露天矿生产能力的确定 …… 264
12.1.2　露天矿生产能力的调整与提高 …… 267
12.2　生产剥采比 …… 269
12.2.1　生产剥采比的变化 …… 270
12.2.2　生产剥采比的调整 …… 273
12.2.3　生产剥采比的均衡 …… 276
复习思考题 …… 282

参考文献 …… 283

1 采矿基础知识

1.1 采矿基础概念

1.1.1 矿物概述

1.1.1.1 地球

地球是人类居住的地方。人们开采的各种矿产赋存于地壳（地球表面的一层硬壳）之中，各种矿产的形成都是地壳物质运动和演变的产物。通常说的地球形状指的是地球固体外壳及其表面水体的轮廓。地球由地壳、地幔、地核组成。

（1）地壳。莫霍面以上由固体岩石组成的地球最外圈层称为地壳（见图1-1）。地壳平均厚度约33km。大洋地区与大陆地区的地壳结构明显不同，大洋地区地壳（洋壳）很薄，平均7km，且较为均匀；大陆地区地壳（陆壳）厚度20～80km，平均33km。地壳上部岩石平均成分相当于花岗岩类岩石，其化学成分富含硅、铝，又称硅铝层；下部岩石平均成分相当于玄武岩类岩石，其化学成分除硅、铝外，铁、镁相对增多，又称硅镁层。洋壳主要由硅镁层组成，有的地方有很薄的硅铝层或完全缺失硅铝层（见图1-2）。

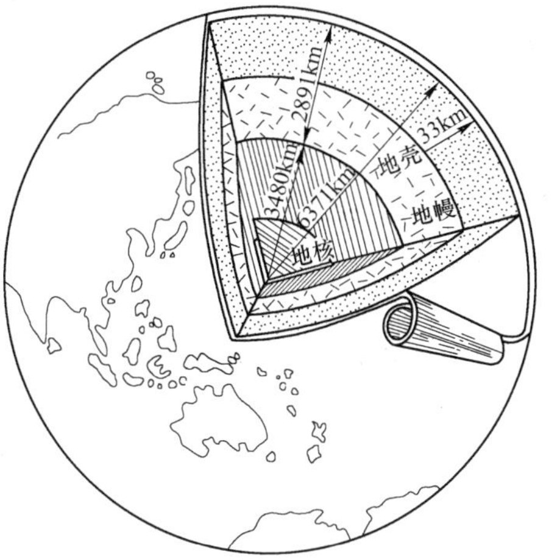

图1-1 地球的构造

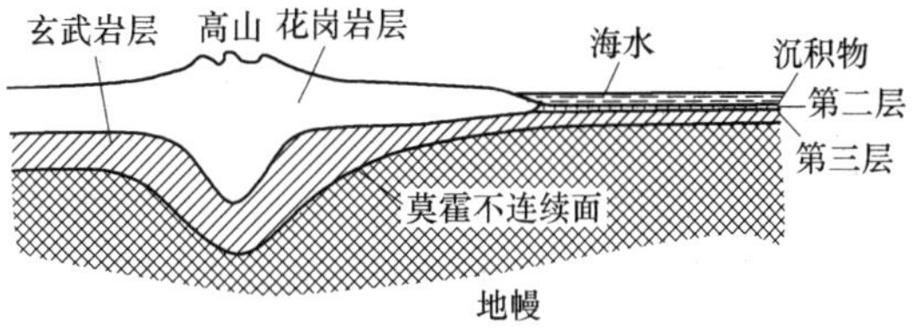

图1-2 地球构造断面

（2）地幔。地幔是位于莫霍面以下古登堡面以上的圈层。根据波速在400km和670km深度上存在两个明显的不连续面，地幔由浅至深可分成三个部分：上地幔、过渡层和下地幔。上地幔深度为20～400km。目前研究认为上地幔的成分接近于超基性岩即二辉橄榄岩的组成。在60～150km间，许多大洋区及晚期造山带内有一低速层，可能是由地幔物质部分熔融造成的，成为岩浆的发源地。过渡层深度为400～670km，地震波速随深度加大的梯度大于其他两部分，是由橄榄石和辉石的矿物相转变吸热降温形成的。下地幔深度为670～2891km，目前认为下地幔的成分比较均一，主要由铁、镍金属氧化物和硫化物组成。

（3）地核。古登堡面以下直至地心的部分称为地核。它又可分为外核、过渡层和内核。地核的物质，一般认为主要是铁，特别是内核，可能基本由纯铁组成。由于铁陨石中常含少量的镍，所以一些学者推测地核的成分中应含少量的镍。

1.1.1.2　*矿物*

矿物是在各种地质作用中形成的天然单质或化合物；具有一定的化学成分和内部结构，从而有一定的形态、物理性质和化学性质；在一定的地质和物理化学条件下稳定，是组成岩石和矿石的基本单位。矿物种类繁多，其中有许多是有用的矿物，它们是发展现代化的工业、农业、国防事业、科学技术不可缺少的原料。

在已知的三千余种矿物中，除个别以气态（如碳酸气体、硫化氢气体等）或液态（如水、自然汞等）出现外，绝大多数均呈固态。自然界的矿物除少数是单质外，绝大多数都是化合物。前者是由同一元素自相结合而成的矿物，如自然金（Au）、自然铜（Cu）、石墨（C）等；后者则是由两种或两种以上元素化合而成的矿物，如石英（SiO_2）、萤石（CaF_2）、赤铁矿（Fe_2O_3）等。无论是单质还是化合物，其化学成分都不是绝对固定不变的，通常都是在一定的范围内有所变化。

1.1.1.3　*岩石*

岩石是矿物的集合体，是各种地质作用的产物，是构成地壳的物质基础。地壳中绝大部分矿产都产于岩石中，矿产与岩石之间存在着密切的成因联系。例如，煤产在沉积岩里；大部分金属矿则产在岩浆岩，或其形成与岩浆岩有直接或间接联系。研究岩石就是为了发现岩石与矿产的关系，从中找出规律，以便更多更好地找寻和开发矿产资源。

组成地壳的岩石，按其成因可分为三大类，即岩浆岩、沉积岩和变质岩。

（1）岩浆岩：是内力地质作用的产物，系地壳深处的岩浆沿地壳裂隙上升，冷凝而成。埋于地下深处或接近地表的为侵入岩；喷出地表的则为喷出岩。其特征一般较坚硬，绝大多数矿物均成结晶粒状紧密结合，常具块状、流纹状及气孔状构造。原生节理较发育。

（2）沉积岩：是先成岩石（包括沉积岩）经外力地质作用而形成的岩石。其特征是常具碎屑状、鲕状等特殊结构及层状构造，并富含生物化石和结核。

（3）变质岩：是岩浆岩或沉积岩经变质作用而形成与原岩特征迥然不同的岩石。其特征是多具明显的片理状构造。

1.1.2　矿床概述

1.1.2.1　*成矿作用*

各种矿床是地壳中各种有用成分在成矿作用之下得到局部富集的结果。所谓成矿作用，就是导致地壳和上地幔中有用组分（元素或化合物）被分离出来富集形成矿床的地质作用。

这个局部富集的过程是极为复杂的，因而成矿作用也是多种多样的。如果从成矿地质作用及成矿物质的来源来考虑，成矿作用可概括地归纳为三大类：内生成矿作用、外生成矿作用、变质成矿作用。由内生成矿作用所形成的各种矿床，总称为内生矿床；同理，外生成矿作用所形成的各种矿床总称为外生矿床；变质成矿作用所形成的各种矿床总称为变质矿床。

（1）内生成矿作用。由地球内部各种能量导致矿床形成的所有地质作用，称为内生成矿作用。根据其所处物理化学条件及地质作用的不同，内生成矿作用可分为“侵入岩浆”、“伟晶岩”、“气化-热液”和“火山”等四种成矿作用类型，并分别形成相应的内生矿床。

除与火山活动有关的成矿作用外，其他内生成矿作用都发生于地壳内部，是在较高温度和压力条件下进行的。

（2）外生成矿作用。外生成矿作用是指在外动力地质作用及地壳表面常温常压下所进行的各种成矿作用。其成矿物质主要来源于出露或接近地表的岩石、矿床、火山喷出物以及生物有机体等。外生成矿作用就是这些物质在风化、剥蚀、搬运以及沉积等过程中，成矿物质富集成为矿床的作用。其按形成时作用的不同，进一步分为风化成矿作用和沉积成矿作用。

（3）变质成矿作用。变质成矿作用也发生在地壳内部，主要是由于岩浆侵入和区域变质作用所引起的。其所形成的矿床是由原岩或原矿床在高温高压下经改造、加工而成。变质矿床虽然也是内动力地质作用下的产物，但成矿作用的方式以及矿床的次生性质显然和内生矿床有所不同，所以划归为另一类型矿床。变质成矿作用和变质作用一样，可进一步划分为接触变质、区域变质、混合岩化三种类型，并分别形成相应的变质矿床。

矿床的成因分类就是以上述各种成矿作用为依据进行的分类。因为无论成矿物质来源如何，它们都要经过一定方式的成矿作用，而后形成各式各样的矿床。上述三大类型成矿作用和矿床并不是截然分开的，有很多矿床并非单一成矿作用的产物。

1.1.2.2　*矿床*

矿床是在地壳中的地质作用下形成的，所含有用矿物资源在一定的经济技术条件下能被开采利用的地质体。因此，矿床概念包含地质的和经济技术的双重意义。

矿床的空间范围包括矿体和围岩。矿体是矿床的基本组成单位，既是达到工业要求的含矿地质体，又是开采的直接对象。它具有一定的大小、形状和产状。一个矿床可以由一个或数个矿体组成。围岩是矿体周围暂无经济价值的岩石。提供矿体中成矿物质来源的岩石，称为母岩。

矿体和围岩两者间有的界线清楚，有的为渐变无明显界线。当矿体和围岩的界线不明显时，就需要通过取样、化验，用国家规定的工业指标来圈定。没有达到所要求的边界品位的部分为围岩，而达到边界品位的部分为矿体。当然，围岩和矿体，特别是在母岩作为围岩的情况下，在概念上并不是一成不变的，而是随着工艺技术的提高，这个所要求的边界品位的指标是可以降低的，矿体的范围也是可以扩大的。

1.1.3　矿体概述

赋存于地壳中或地球表面并具有一定形态、产状和一定规模的矿石自然聚集体称为矿体。

矿体的形状和产状是由多种因素决定的，其中最主要的是矿床的成因，其次是构造条件及围岩性质等。矿床的成因不同，其矿体形状也往往不同。例如，沉积矿床的矿体形状多为层状，而热液矿床的矿体多呈脉状；层状和脉状矿体又各有不同的产状。

1.1.3.1　*矿体的形状*

每一个矿体都有三个可以量取的方向，根据这三个方向的发育情况，矿体的形状大致可分成等轴状、板状和柱状三种。

（1）等轴状矿体一般称为矿瘤、矿囊、矿巢等。

（2）板状矿体一般有层状矿脉（见图1-3）、切割状矿脉（见图1-4）、鞍状矿脉（见图1-5）。

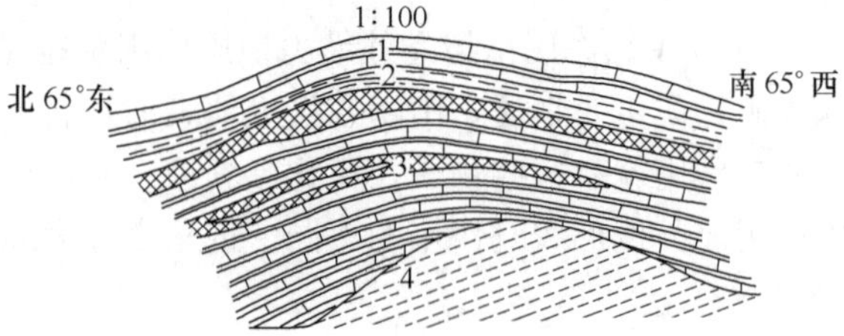

图1-3 层状矿脉

1—硅质灰岩；2—页岩；3—辉钼矿-黄铜矿-石英脉；4—花岗片麻岩

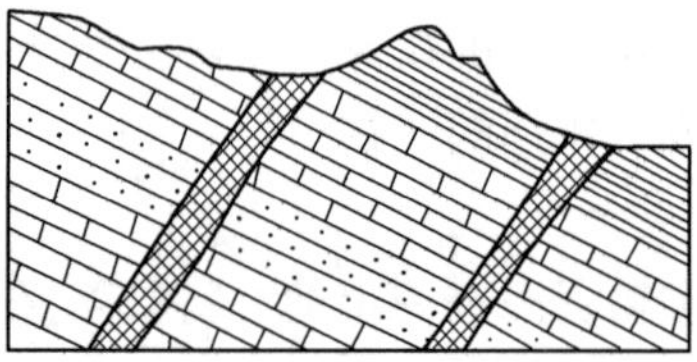

图1-4 切割状矿脉

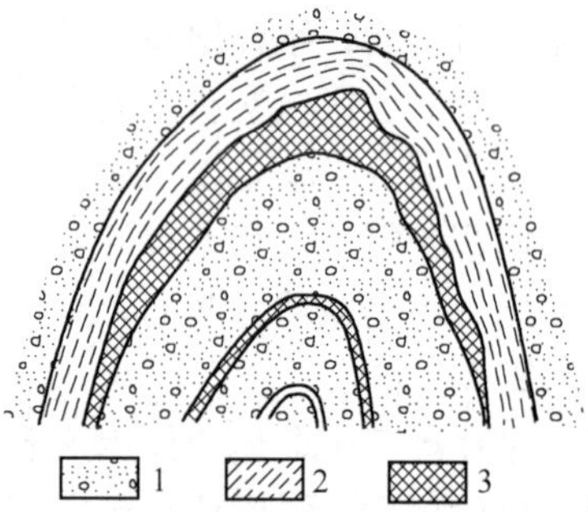

图1-5 鞍状矿脉

1—砂岩；2—页岩；3—金矿脉

矿脉常规律地成群出现，并可具有各种不同组合形式，构成各种类型的联合矿脉，如平行矿脉（见图1-6a）、雁行矿脉（见图1-6b）、马尾状矿脉（见图1-6c）。

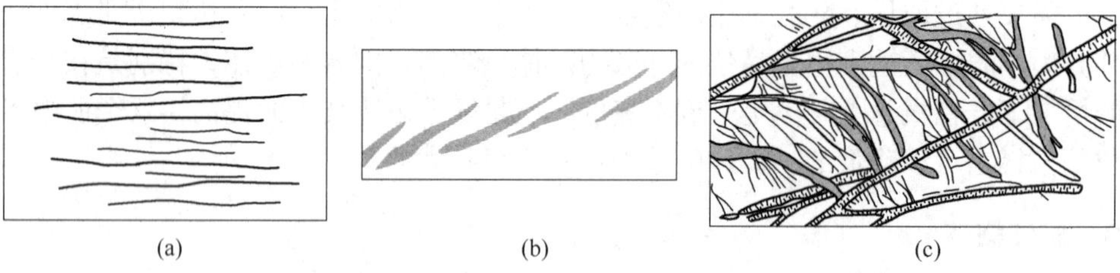

图1-6 联合矿脉

（a）平行矿脉；（b）雁行矿脉；（c）马尾状矿脉

矿层是与层状围岩产状相一致的沉积成因或沉积变质成因的板状矿体，亦常称作层状矿体。矿层通常厚度较稳定，在走向和倾向方向都延伸较远（见图1-7）。

另外常见的还有扁豆状或透镜状矿体（见图1-8）、似层状矿体。

板状矿体当其产状倾斜或近似水平时，矿体上面的围岩称为上盘，下面的围岩称为下

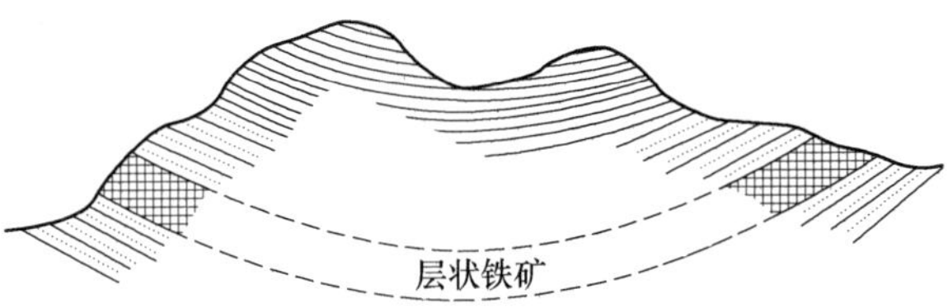

图 1-7 层状矿体

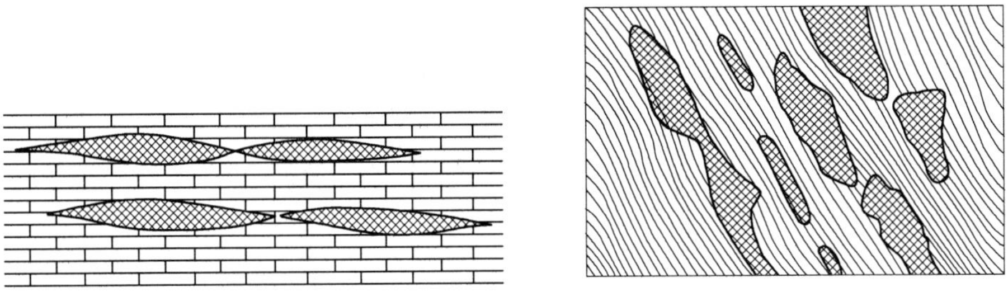

(a) (b)

图 1-8 透镜状矿体

（a）平面；（b）剖面

盘，如图 1-9 所示。

（3）柱状矿体一般有矿柱、矿筒（见图 1-10）等。

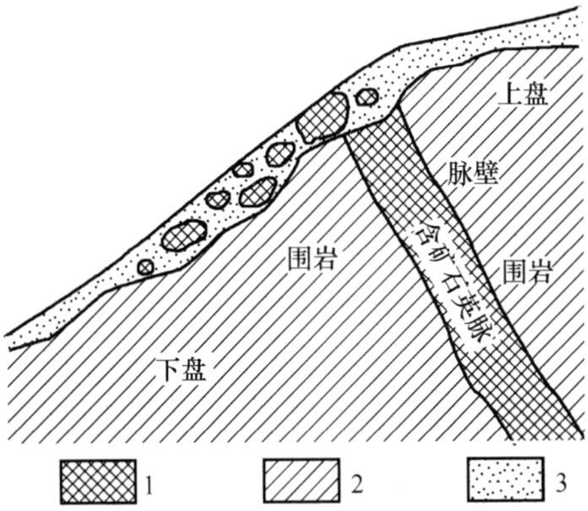

图 1-9 板状矿体上下盘剖面

1—金矿脉；2—页岩；3—浮土

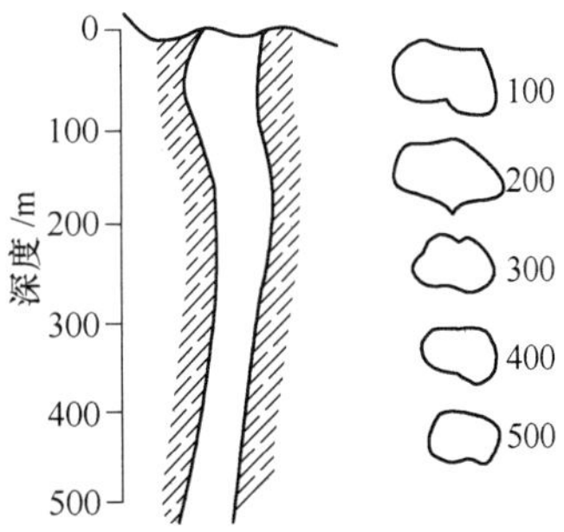

图 1-10 柱状矿体剖面及水平断面图

总之，自然界矿体的形状是多种多样的，上述只是比较常见的几种。如矿体受到成矿后的构造变动，从而发生断裂和褶皱，在形状上就更为复杂了。

1.1.3.2 矿体的产状

矿体的产状包括矿体的产状要素、矿体与围岩的关系、矿体与侵入岩体的空间位置关系等 5 个方面。

（1）矿体的产状要素。矿体的产状要素主要是用来确定板状矿体的空间位置，其表示方法与一般岩层的表示方法相同，即用走向、倾向和倾角来表示，如图1-11所示。

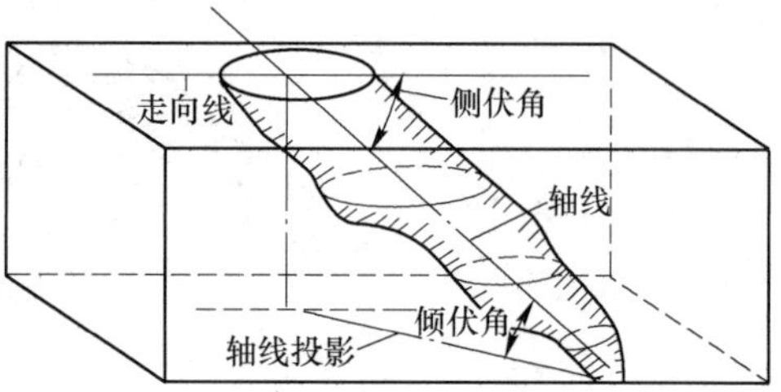

图1-11 矿体产状要素

（2）矿体与围岩的关系。例如，矿体的围岩是岩浆岩、变质岩还是沉积岩；矿体是平行于围岩的层理或片理产出的，还是截穿它们的。

（3）矿体与侵入岩体的空间位置关系。例如，矿体是产在岩体内部的，还是产在围岩与侵入岩的接触带中，或是产在距接触带有一定距离的围岩中。

（4）矿体埋藏情况。矿体的埋藏情况是指矿体是出露在地表的或是隐伏地下的盲矿体，以及矿体的埋藏深度等。盲矿体又分为隐伏矿体（未曾出露到地表）和埋藏矿体（曾出露到地表，后被掩埋）。

（5）与地质构造的关系。与地质构造的关系是指一系列有成因联系的矿体在褶皱、断裂构造内的排列方向和赋存规律。

1.2 矿石基本性质

1.2.1 矿石概念

凡是地壳中的矿物自然聚合体，在现代技术经济水平条件下，能以工业规模从中提取国民经济所必需的金属或其他矿物产品者，称为矿石。以矿石为主体的自然聚集体称为矿体。矿床是矿体的总称，一个矿床可由一个或多个矿体所组成。矿体周围的岩石称为围岩，据其与矿体的相对位置的不同，有上盘围岩、下盘围岩与侧翼围岩之分。缓倾斜及水平矿体的上盘围岩称为顶板，下盘围岩称为底板。矿体的围岩及矿体中的岩石（夹石），不含有用成分或含量过少，从经济角度出发无开采价值的，称为废石。

矿石中有用成分的含量称为品位。品位常用百分数表示。黄金、金刚石、宝石等贵重矿石，常分别用1t（或$1m^3$）矿石中含多少克或克拉有用成分来表示，如某矿的金矿品位为5g/t等。矿床内的矿石品位分布很少是均匀的。对不同种类的矿床，许多国家都有统一规定的边界品位。边界品位是划分矿石与废石（围岩或夹石）的有用组分最低含量标准。矿山计算矿石储量分为表内储量与表外储量。表内外储量划分的标准是最低可采平均品位，又称最低工业品位，简称工业品位。按工业品位圈定的矿体称为工业矿体。显然工业品位高于或等于边界品位。

矿石和废石、工业矿床与非工业矿床划分的概念是相对的。它是随着国家资源情况、国民经济对矿石的需求、经济地理条件、矿石开采及加工技术水平的提高以及生产成本升降和市场价格的变化等而变化。例如，我国锡矿石的边界品位高于一些国家的规定5倍以上；随着硫化铜矿石选矿技术提高等原因，铜矿石边界品位已由0.6%降到0.3%；有的交通条件好的缺磷肥地区，所开采的磷矿石品位甚至低于边疆交通不便富磷地区的废石品位。

1.2.2 矿石种类

矿石按其存在形态的不同，可分为固相、气相（如二氧化碳气矿、硫化氢气矿）及液相（如盐湖中的各种盐类矿物、液体天然碱）三种。

矿石按其属性来分，可分为金属矿石及非金属矿石两大类。其中金属矿石根据其所含金属种类的不同，分为贵重金属矿石（金、银、铂等）、有色金属矿石（铜、铅、锌、铝、镁、锑、钨、锡、铝等）、黑色金属矿石（铁、锰、铬等）、稀有金属矿石（钽、铌等）和放射性矿石（铀、钍等）；据其所含金属成分的数目，分为单一金属矿石和多金属矿石；按其所含金属矿物的性质，矿物组成及化学成分，可分为自然金属矿石、氧化矿石、硫化矿石和混合矿石。

（1）自然金属矿石。这是指金属以单一元素存在于矿床中的矿石，如金、银、铂、铜等。

（2）氧化矿石。这是指矿石中矿物的化学成分为氧化物、碳酸盐及硫酸盐的矿石，如赤铁矿 Fe_2O_3、红锌矿 ZnO、软锰矿 MnO_2、赤铜矿 CuO、白铅矿 $PbCO_3$ 等。一些铜矿及铅锌矿床，在靠近地表的氧化带内，常有氧化矿石存在。

（3）硫化矿石。这是指矿石中矿物的化学成分为硫化矿物的矿石，如黄铜矿 $CuFeS_2$、方铅矿 PbS、辉钼矿 MeS_2 等。

（4）混合矿石。这是指矿石中含有上述三种矿物中两种或两种以上的矿石混合物。开采这类矿石时，要考虑分采分运的可能性。

我国化工系统开采多种盐类矿床，这些盐类矿物具有共同的特点，就是溶于水，只是各种矿物的溶解度不相同。按化学组成，盐类矿物可分为氯化物盐类矿物（如岩盐、钾石盐）、硫酸盐盐类矿物（如石膏、芒硝）、碳酸盐盐类矿物（如天然碱）、硝酸盐盐类矿物（如智利硝石）、硼酸盐盐类矿物（如硼矿）等。

矿石中有用成分含量的多少是衡量矿石质量的一个重要指标。根据矿石中含有用成分的多少，矿石有富矿、中矿和贫矿之分。如磁铁矿品位超过 55% 时为平炉富矿，品位在 50% ~55% 时为高炉富矿，品位为 30% ~50% 时为贫矿。贫铁矿必须进行选矿。品位超过 1% 的铜矿即为富矿。含五氧化二磷（P_2O_5）30% 的磷矿石和含硫 35% 的硫铁矿作为标准矿；凡采出的磷矿和磁铁矿，均以其实际品位折合成标准矿计算产量。例如，生产出 3t 品位为 23.3% 的硫铁矿折算成标准硫铁矿产量为 2t。

矿石按其有用成分的价值可分为高价矿、中价矿及低价矿。低价矿如我国的磷矿石，一般都不用成本较高的充填采矿法开采。我国的金矿及高品位的有色、贵重和稀有金属矿，则可用充填采矿法开采。开采高价矿及富矿时，更应尽量减少开采损失和贫化。

对于某些矿物，主要是非金属矿物，决定其使用价值的不仅是有用成分的含量，还有其某些特殊物理技术性能。如晶体结构及晶体完整、纯净程度以及有害成分含量等，并以此定等划分品级，以适应不同的工业用途。

矿石中某些有害成分以及开采时围岩中有害成分的混入，如果通过选矿不能除去，或者不经选矿而直接用原矿（如高炉富铁矿）加工时，都会降低矿石的使用价值。铁矿石含硫、磷超过一定标准时，将严重影响钢铁质量。磷矿石中的氧化镁超过标准时（包括围岩的混入），会影响磷矿石的使用价值，增加加工成本。

1.2.3 矿岩力学性质

硬度、坚固性、稳固性、结块性、氧化性、自燃性、含水性、碎胀性是矿石和围岩的主要物理力学特性，它们对矿床的开采方法有较大的影响。

（1）硬度。硬度是抵抗工具侵入的性能。它取决于组成矿岩成分的颗粒硬度、形成、大小、晶体结构及胶结物的情况等。

（2）坚固性。坚固性是指矿岩抵抗外力的性能。这里所指的外力是一种综合性的外力，包括工具的冲击、机械破碎以及炸药爆炸等作用力。它与矿岩强度的概念有所不同。强度是指矿岩抵抗压缩、拉伸、弯曲和剪切等单向作用力的性能。

坚固性的大小，常用坚固性系数 f 来表示。它反映矿岩的极限抗压强度、凿岩速度、炸药消耗量等的综合值。目前，在我国坚固性系数常用矿岩的极限抗压强度来表示。

$$f = \frac{R}{10}$$

式中 R——矿岩的极限抗压强度，MPa。

测试矿岩极限抗压强度的试件不含弱面，而岩体一般都含有弱面。考虑弱面的存在，可引入构造系数，相应降低矿岩强度。根据岩体中弱面平均间距不同，构造系数见表 1-1。

表 1-1 构造系数

岩体中弱面的平均间距/m	构造系数	岩体中弱面的平均间距/m	构造系数
>1.5	0.9	0.5～0.1	0.4
1.5～1	0.8	<0.1	0.2
1～0.5	0.6		

（3）稳固性。矿岩的采掘空间允许暴露面积的大小和允许暴露时间长短的性能，称为矿岩的稳固性。稳固性与坚固性是两个不同的概念。稳固性与矿岩的成分、结构、构造、节理、风化程度、水文条件以及采掘空间的形状有关。坚固性好的矿岩，如处于节理发育、构造破坏地带，其稳固性就差。

矿岩稳固性对采矿方法和采场地压管理方法的选择以及井巷的维护，有非常大的影响。矿岩按稳固程度通常可分为以下五种：

1）极不稳固的。掘进巷道或开辟采场时，顶板和两帮无支护情况下，不允许有任何暴露面积，一般要超前支护，否则就会冒落或片帮的矿岩。这种矿岩很少（如流沙等）。

2）不稳固的。只允许有很小的暴露面，并需及时坚固支护。

3）中等稳固的。允许较大的暴露面积，并允许暴露相当长时间，再进行支护。

4）稳固的。允许暴露面积很大，只有局部地方需要支护。

5）极稳固的。允许非常大的暴露面积，无支护条件下长时间不会发生冒落。这种矿岩较前两种较为少见。

（4）结块性。矿石从矿体中采下后，在遇水或受压后重新结成整体的性能，称为结块性。一般含黏土或高岭土质的矿石以及含硫较高的矿石容易发生这种情况，这给放矿、装车及运输造成困难。

（5）氧化性和自燃性。矿石在水和空气的作用下变为氧化矿石的性能，称为氧化性。矿石氧化时，放出热量，使井下温度升高，劳动条件恶化。矿石氧化后还会降低选矿回收率。

有些硫化矿与空气接触发生氧化并产生热量；当其热量不能向周围介质散发时，局部热量就不断聚集，温度升高到着火点时，会引起矿石自燃。一般认为，硫化矿石含硫在18% ~20%以上时，就有可能自燃，但并非所有含硫在18% ~20%以上的硫化矿矿石都会自燃，硫化矿石的自燃，还取决于它的许多物理化学性质。

(6) 含水性。矿石吸收和保持水分的性能，称为含水性。它对放矿、运输、箕斗提升及矿仓储存有很大影响。

(7) 碎胀性。矿岩从原矿体上被崩落破碎后，因碎块之间具有空隙，体积比原岩体积增大，这种性能称为碎胀性。破碎后的体积与原岩体积之比称为碎胀系数（或松散系数）。碎胀系数的大小与破碎后的矿岩块度大小及矿石形状有关。坚硬的矿石碎胀系数为1.2~1.6。

1.2.4 矿体赋存要素

(1) 走向及走向长度。对于脉状矿体，矿体层面与水平面所成交线的方向，称为矿体的走向。走向长度是指矿体在走向方向上的长度，分为投影长度（即总长度）和矿体在某中段水平的长度。

(2) 矿体埋深及延深。矿体埋藏深度是指从地表至矿体上部边界的垂直距离，如图1-12所示。矿体的延伸深度是指矿体的上部边界至矿体的下部边界的垂直距离（称为垂高）或倾斜距离（称为斜长）。矿体按埋藏深度可分为浅部矿体和深部矿体。深部矿体埋藏深度一般大于800m。矿床埋藏深度和开采深度对采矿方法选择有很大影响。开采深度超过800m的，将对井筒掘进、提升、通风、地温等带来一系列的问题；地压控制方面可能会遇到各种复杂的地压现象，如岩爆、冲击地压等。目前，我国地下开采矿山的采深多属浅部开采范围，世界上最深的矿井，其开采深度已达4000m。

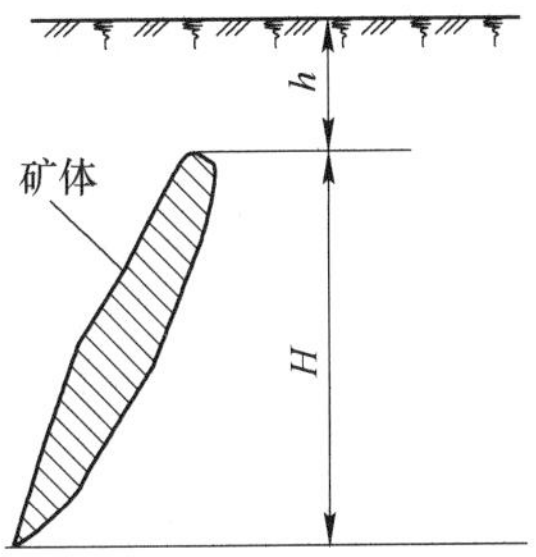

图1-12 矿体的延伸深度和埋藏深度
h—埋藏深度；H—延伸深度（垂直高度）

(3) 矿体形状。金属矿床的形状、厚度及倾角对于矿床开拓与采矿方法的选择有很大影响。因此，金属矿床多以形状、厚度与倾角为依据来分类。

常见矿体形状如图1-13所示。

1) 层状矿体。这类矿床大多是沉积和沉积变质矿床，如赤铁矿、石膏矿、锰矿、磷矿、煤系硫铁矿等，如图1-13（a）所示。这类矿体产状一般变化不大，矿物成分组成比较稳定，埋藏分布范围较大。

2) 脉状矿体。这类矿床大多是在热液和气化作用下矿物质充填在岩体的裂隙中而形成的矿体，如图1-13（b）和（c）所示。根据有用矿物充填裂隙的情况不同，这类矿体有呈脉状、网状。矿脉埋藏要素不稳定，常有分枝复合等现象，矿脉与围岩接触处常有蚀变现象。此类矿体多见于有色金属、稀有金属矿体。

3) 块状矿体。这类矿体（见图1-13d、e、f）主要是热液充填、接触交代、分离和气化作用形成的。其特点是矿体形状不规则，大小不一，大到有上百米的巨块或不规则的透镜体，小到仅几米的小矿巢；矿体与围岩的接触界线不明显。此类矿体常见于某些有色金属矿（铜、铅、锌等）、大型铁矿及硫铁矿等。

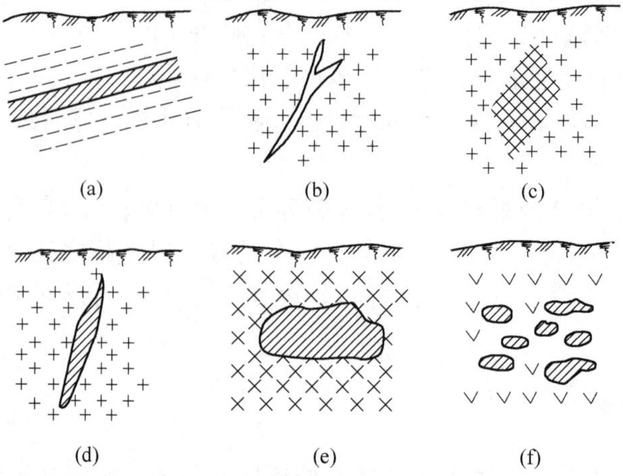

图 1-13 矿体形状
（a）层状矿床；（b）脉状矿床；（c）网脉状矿床；（d）透镜状矿床；
（e）块状矿床；（f）巢状矿床

开采脉状和块状矿体时，由于矿体形态变化较大，巷道的设计与施工应注意探采结合，以便更好地回收矿产资源。

（4）矿体倾角。矿体倾角是指矿体中心面与水平面的夹角。矿体按倾角分类，主要是便于选择采矿方法，确定和选择采场运搬方式和运搬设备。矿体的倾角常有变化，所以一般所说的倾角常指平均倾角。

1）水平和近水平（微倾斜）矿体：一般是指倾角为0°～5°的矿体。这类矿体开采时，可将有轨设备直接驶入采场装运。如果采用无轨设备沿倾向运行，其倾角可到10°左右。

2）缓倾斜矿体：一般是指倾角为5°～30°的矿体。这类矿体采场运搬通常用电耙，个别情况下也有采用自行设备或运输机的。

3）倾斜矿体：通常是指倾角为30°～55°的矿体。这类矿体常用溜槽或爆力运搬，有时还用底盘漏斗解决采场运搬。

4）急倾斜矿体：一般是指倾角大于55°的矿体。这类矿体开采时，矿石可沿底盘自溜，利用重力运搬。薄矿脉用留矿法开采时，倾角一般应大于60°。

（5）矿体厚度。矿体厚度对于采矿方法选择、采准巷道布置以及凿岩工具和爆破方式的选用都有很大的影响。矿体厚度是指矿体上、下盘间的垂直距离或水平距离，如图1-14所示。前者称为垂直厚度或真厚度，后者称为水平厚度。开采倾斜、缓倾斜和近水平矿体时矿体厚度常指垂直厚度，而开采急倾斜矿体时常指水平厚度。

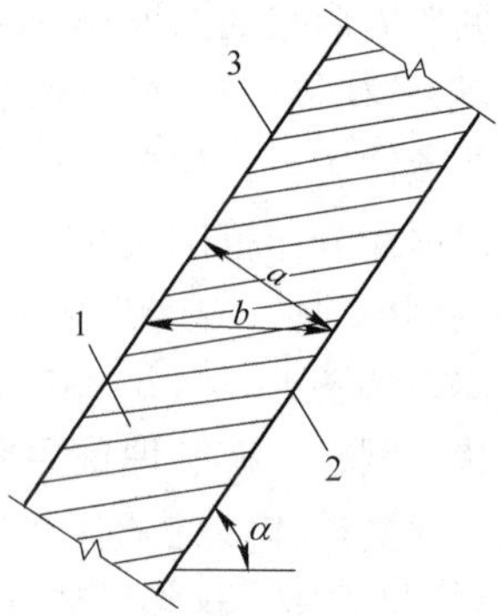

图 1-14 矿体的水平厚度和垂直厚度
1—矿体；2—矿体下盘；3—矿体上盘；
a—垂直厚度；b—水平厚度；α—矿体倾角

由于矿体厚度常有变化，因此常用平均厚度表示。矿体按厚度分类如下：

1）极薄矿体：厚度在0.8m以下。开采这类矿体时，不论其倾角多大，掘进巷道和回采都要开掘围岩，以保证人员及设备所需的正常工作空间。

2）薄矿体：厚度为0.8～4m。回采可以不开采围岩，但厚度在2m以下，掘进水平巷道需开掘围岩。手工开采缓倾斜薄矿体时，4m是单层回采的最大厚（高）度。开采薄矿体一般采用浅孔落矿。

3）中厚矿体：厚度为5～15m。开采这类矿体掘进巷道和回采可以不开采围岩。对于急倾斜中厚矿体可以沿走向全厚一次开采。

4）厚矿体：厚度为15～40m。开采这类急倾斜矿体时，多将矿块的长轴方向垂直于走向方向布置，即所谓垂直走向布置。开采这类矿体多用中深孔或深孔落矿。

5）极厚矿体：厚度大于40m。开采这类矿体时，矿块除垂直走向布置外，有时在厚度方向还要留走向矿柱。

1.2.5 矿床工业特征

由于成矿条件等原因，矿床地质条件一般比较复杂，这给矿床开采带来不少困难，在开采过程中对这些情况应给予足够的重视。

(1) 赋存条件不确定。由于成矿的原因，矿体形态常有变化。两个相邻矿体，甚至一个矿体，其厚度和倾角在走向和倾斜方向都会有较大的变化。脉状矿体常有分枝复合、尖灭等现象。沉积矿床常有无矿带和薄矿带出现。这些地质变化大多无规律可循，使探矿工作和开采工作复杂化。除了加强地质工作外，还要求采矿方法具有一定的灵活性，以适应地质条件的变化，并注意探采结合。

(2) 品位变化大。矿石的品位沿走向和倾斜方向上常有变化，有时变化幅度还较大。例如铅锌矿床，可能在某些地区铅比较富集，另一些地区则锌比较富集。矿体中有时还出现夹石，这就要求在采矿过程中按不同条件（品位、品种、倾角、厚度）划分矿块，按不同矿石品种或品级进行分采，剔除夹石，并考虑配矿问题。

(3) 地质构造复杂。在矿床中常有断层、褶皱、岩脉切入以及断层破碎带等地质构造，这给采矿工作造成很大困难。例如，用长壁崩落法开采时，如出现断距大于矿体厚度的断层切断工作面，工作面就无法继续回采，必须另开切割上山，采场设备也要搬迁，这样既降低工效，又影响产量。有的矿山在开采时，会碰到大量地下水，甚至是地下热水（温泉），使开采非常困难。

(4) 矿石和围岩坚固。绝大多数非煤矿岩都具有坚固性大的特点，因此凿岩爆破工作繁重，难于实现采矿工作的机械化和连续开采。

(5) 矿岩含水。矿岩的含水决定排水设备的能力，含水的矿岩在回采工作和溜矿工作中容易结块。地下暗河及地下溶洞水等地下水给开采带来极大的安全隐患。

地下采矿工作的另一特点是工作地点“流动”。一个矿块采完后，人员、设备又要移到另一个矿块去，而每个矿块又都要经过生产探矿、设计、采准、切割和回采等工序。这也体现了采矿工作的复杂性。

1.3 金属矿地下开采

1.3.1 金属矿地下开采的基本要求

采矿工业与其他工业生产不同。首先，它是在地下作业，作业环境和劳动条件较差，开采的矿床又是复杂多变，作业地点也经常变动；其次，采矿工业是开采工业生产所必须的各种矿物原料，采矿工作是不需要原料的，但保护地下矿产资源和保护环境成了对采矿工业的特殊要求。在整个矿床开采过程中，要特别注意以下要求：

（1）要确保开采工作的安全，并具有良好的劳动条件。安全生产是企业生产的重要准则。企业应该保证工人有良好的劳动条件，保障工人的身体健康。采矿工人是在地下复杂和困难的环境下工作的，更应该具有可靠的安全条件和良好的劳动环境。这是评价矿床开采优劣的重要指标。

（2）符合环境保护法的要求，减少对环境的破坏。采矿工作往往会造成地表破坏；废石的堆放及废水的排放会造成土地破坏和水源污染；废气的排放会造成空气污染；扇风机和空压机的运转会产生噪声。环境的污染已越来越严重地威胁着人类的生存，在采矿设计时应采取措施，尽量防止或减少污染。

（3）高效可持续发展。

1）提高劳动生产率。矿山生产工作复杂，工序繁多，劳动繁重，因此应尽量采用高效率的采矿方法和先进的工艺技术，不断提高机械化水平，提高劳动生产率，减少井下工人人数。

2）减少矿石的损失贫化。矿床开采过程中矿石的损失和贫化是难免的，但应该尽量减少这种质和量的损失。矿石的贫损不仅造成地下资源的损失，也增加矿石成本。

3）降低矿石成本。矿石成本是矿床开采效果的反映，是评价矿山开采工作的一项重要的综合性指标。在采矿生产中减少材料和动力消耗，提高劳动生产率，提高出矿品位，加强生产管理，是降低矿石成本的主要途径。

4）增大开采强度。合理地加大矿床的开采强度，可为国家提供更多的矿产原料，也有利于减少巷道维护费，有利于安全生产。

1.3.2 金属矿地下开采单元的划分

1.3.2.1 矿区的划分

矿床因成因条件的不同，其埋藏范围的大小也各有不同。相对来说，岩浆矿床的规模较小，走向长度常为数百米至一两千米，而沉积矿床埋藏规模较大，常为数千米至数十公里。缓倾斜及近水平的沉积矿床，其倾斜长度也常较大，有的可达一两千米。开采这类规模较大的矿床，就需要将矿床沿走向和倾斜方向划分成若干井田。

以开采矿产为目的的企业称为矿山。我国矿山的管理体制大多是矿业公司下设几个矿山，矿山下设一个或几个采区（或称车间）。矿井（或称坑口）是一个具有独立矿石提运系统并进行独立生产经营的开采单位。习惯上，划归矿井开采的这部分矿床称为井田（有时也称矿段）。

矿床开采前，首先要确定其开采范围，即井田尺寸。井田尺寸一般都用走向长度和倾斜长度来表示（对于急倾斜矿体，常用垂直深度表示）。

金属矿床一般埋藏范围不大，常根据其自然生成条件，划归一个井田来开采，一般井田走向长数百米至1000～1500m。一些沉积矿床，如磷矿、煤系硫铁矿、石膏矿等矿床，其埋藏范围往往较大，因此井田尺寸相对较大。井田的划分应考虑矿床的自然条件、矿井的规模和经济效益。

1.3.2.2 矿段的划分

井田沿倾斜尺寸往往较大。由于开采技术上的原因，缓倾斜、倾斜和急倾斜矿体还必须沿倾斜方向，按一定的高度，划分成若干个条带来开采，这个条带称为阶段，在矿山常称中段，如图1-15所示。

每个阶段都应有独立的通风系统和运输系统。为此，每个阶段的下部应开掘阶段运输平巷，并在其上部边界开掘阶段回风平巷。一般随着上阶段回采工作的结束，上阶段的运输平巷就作为下阶段的回风平巷。这样，阶段的范围是：沿倾斜以上下两个相邻阶段的阶段运输平巷为界，沿走向则以井田边界为界。

上下两个相邻阶段运输平巷底板之间的垂直距离，称为阶段高度。对于缓倾斜矿体，有时也以两相邻阶段运输平巷之间的斜长来表示，称阶段斜长。在矿山，常以阶段运输平巷所处的标高来命名一个阶段。例如，阶段运输平巷标高为+100m的阶段称为+100m中段，或称+100m水平。也有按中段开采顺序命名的，如一中段、二中段等。

阶段沿走向很长，此时根据采矿方法的要求，将矿体沿走向每隔一段距离划分成一个块段，称为矿块。矿块是地下采矿最基本的回采单元，它也应具有独立的通风及矿石运搬系统。多数采矿方法在矿块内要开掘天井以贯通上下阶段，所以矿块之间沿走向常以天井为界（见图1-15）。

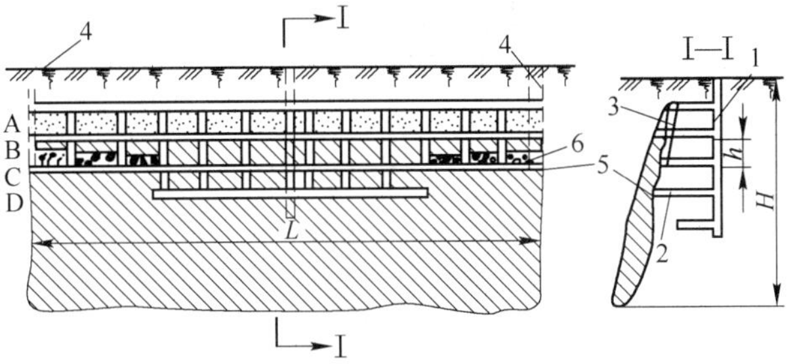

图1-15 阶段和矿块的划分

1—主井；2—石门；3—天井；4—排风井；5—阶段运输巷道；6—矿块；
A—已采完阶段；B—正在回采阶段；C—开拓、采准阶段；D—开拓阶段；
H—矿体垂直延伸深度；h—阶段高度；L—矿体的走向长度

1.3.2.3 采区的划分

开采近水平矿体时，如果也按缓倾斜矿体那样划分为阶段开拓，由于阶段间的高差太小，如用竖井开拓时，井底车场不能布置；如用沿脉斜井开拓，则倾角小于5°～8°时，空车串车不能靠自重下放。因此，近水平矿体开拓时都不划分阶段而采用盘区开拓。

图1-16是盘区开拓的一种方案。它是在矿体倾斜方向的中部，沿走向方向开掘一条

主要运输平巷3。如果采用中央并列式通风，则还应平行开掘一条主要回风平巷8，并与主井、风井相通。两条平巷将矿体划分为上山和下山两部分。再分别将这上山和下山两部分矿体沿走向每200～400m划分成一个盘区，各盘区的上下边界分别是井田的上下边界和主要运输平巷（或主要回风平巷）。盘区沿走向的长度，主要由采区运输平巷内的运输方式来确定。

盘区沿倾斜方向往往较长，可达数百米，这时还要将盘区沿倾斜方向划分成若干条带，称为采区（见图1-16）。采区是盘区开拓时的独立回采单元。

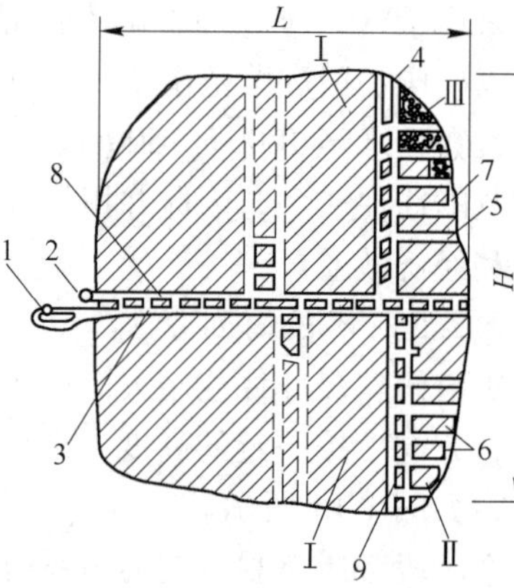

图1-16 盘区和采区

1—主井；2—风井；3—主要运输平巷；4—盘区上山；5—采区运输平巷；6—区段；7—切割上山；8—主要回风平巷；9—盘区下山；L—矿体走向长；H—矿体倾斜长；Ⅰ—盘区；Ⅱ—采准盘区；Ⅲ—回采盘区

1.3.3 金属矿地下开采的顺序

（1）矿田内井田间的开采顺序。一个矿田可由若干个井田组成。在确定矿田内各井田的开发顺序时，应遵循先近后远、先浅后深、先易后难、先富后贫、综合利用的原则。

（2）井田内阶段间的开采顺序。开采急倾斜及倾斜矿体时，阶段间的开采顺序通常采用下行式，即阶段间由上向下、由浅部向深部依次开采的顺序（见图1-17a），

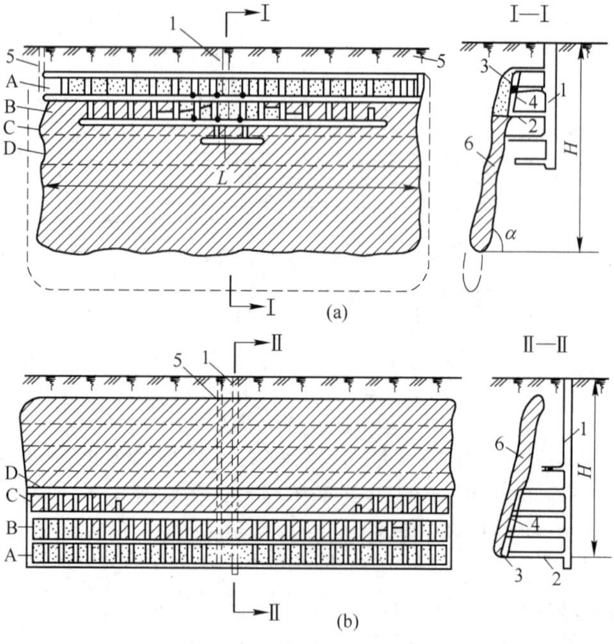

图1-17 井田中阶段间的开采顺序

（a）下行式开采；（b）上行式开采

1—主井；2—石门；3—平巷；4—天井；5—副井；6—矿体；α—矿体倾角；A—采完阶段；B—回采阶段；C—采准阶段；D—开拓阶段

这样可以减少初期的开拓工程量和初期投资，缩短基建时间。另外，由浅部向深部开采，有利于逐步探清深部矿体的变化，逐步提高深部阶段矿体的勘探程度，符合矿床勘探的规律。

由下向上、由深部向浅部的开采顺序称上行式（见图1-17b）。这种开采顺序，特别对矿体较厚的倾斜及急倾斜矿体，在下部已采阶段的空区上方回采，极不安全。一般只有用胶结体充填下部采空区或者留大量矿柱，或开采薄矿体时才有可能。

（3）阶段中矿块间的开采顺序。阶段中各矿块间的开采顺序有前进式、后退式和混合式。

1）前进式。从主井（主平硐）附近的矿块开始，向井田边界方向的矿块依次回采的开采顺序称为前进式（见图1-18 Ⅰ）。

2）后退式。从井田边界的矿块开始，向主井（主平硐）方向依次开采的顺序称为后退式（见图1-18 Ⅱ）。

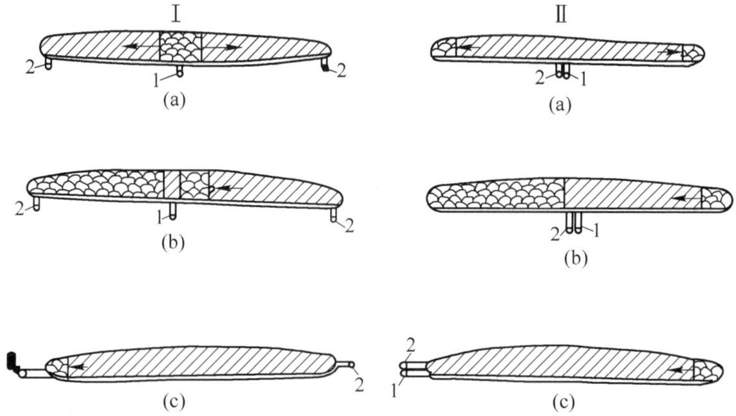

图1-18　阶段中矿块的开采顺序平面图

Ⅰ—前进式开采；Ⅱ—后退式开采

（a）双翼回采；（b）逐翼回采；（c）侧翼回采

1—主井；2—风井

3）混合式。走向较长的井田，初期急于投产，先采用前进式开采，待阶段运输平巷开掘到井田边界后改用后退式开采，或者前进式和后退式同时进行，这种开采顺序称为混合式。它避免了单一使用前进式或后退式的缺点。

（4）相邻矿体间的开采顺序。脉状矿床和沉积矿床的矿体，常可能成群（2个或2个以上）出现而且往往脉（层）间距不大。对于这类近距离矿脉（层）群，应须按一定的顺序进行开采。

急倾斜矿体开采后，上下盘围岩都可能要发生垮落和移动，其移动的界线以移动角来表示，即上盘岩层移动角β和下盘岩层移动角γ（见图1-19）。当矿体倾角α不大于下盘岩石移动角γ时，下盘岩层就不移动。应该指出，这种岩层移动对地表的影响，一般应从矿体的最深部位算起，而对于相邻的矿脉（层）间开采的影响，则局限于一个阶段高度的范围内。

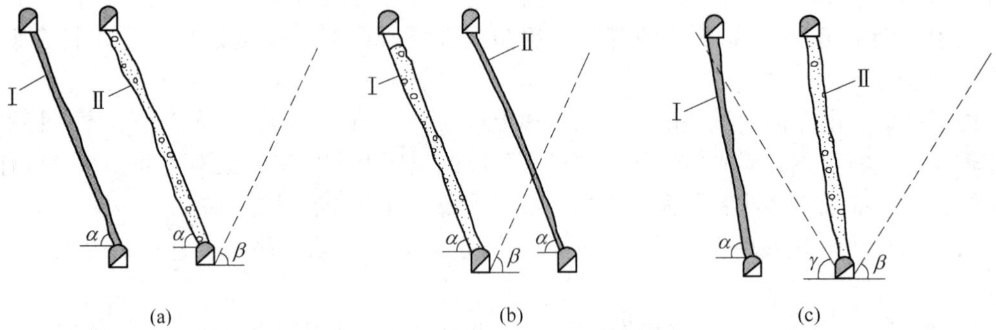

图 1-19 阶段内相邻矿体的开采顺序

(a),(b) 矿体倾角小于或等于围岩移动角;(c) 矿体倾角大于围岩移动角

Ⅰ,Ⅱ—相邻的两条近距矿脉;α—矿体倾角;γ—下盘围岩移动角;β—上盘围岩移动角

1.3.4 金属矿地下开采的步骤

矿床进行地下开采时,一般都按照矿床开采四步骤,即按照开拓、采准、切割、回采的步骤进行。

(1) 开拓。从地表开掘一系列的巷道到达矿体,形成矿井生产所必不可少的行人、通风、提升、运输、排水、供电、供风、供水等系统,以便将矿石、废石、污风、污水运(排)到地面,并将设备、材料、人员、动力及新鲜空气输送到井下,这一工作称为开拓。

(2) 采准。采准是在已完成开拓工作的矿体中掘进巷道,将阶段划分为矿块(采区),并在矿块中形成回采所必须的行人、凿岩、通风、出矿等条件。掘进的巷道称为采准巷道。一般主要的采准巷道有阶段运输平巷、穿脉巷道、通风行人天井、电耙巷道、漏斗颈、斗穿、放矿溜井、凿岩巷道、凿岩天井、凿岩硐室等。

(3) 切割。切割工作是指在完成采准工作的矿块内,为大规模回采矿石开辟自由面和补偿空间。矿块回采前,必须先切割出自由面和补偿空间。凡是为形成自由面和补偿空间而开掘的巷道,称为切割巷道,如切割天井、切割上山、拉底巷道、斗颈等。不同的采矿方法有不同的切割巷道。切割工作的任务就是辟漏、拉底、形成切割槽。

(4) 回采。在矿块中做好采准切割工程后,进行大量采矿的工作,称为回采。回采工作一般包括落矿、采场运搬、地压管理三项主要作业。当矿块划分为矿房和矿柱进行两步骤开采时,回采工作还应包括矿柱回采。

1.3.5 三级矿量

开拓、采准、切割和回采这四个开采步骤的实施过程,也是矿块供矿能力的逐步形成和消失过程,四者之间应保持正常的协调关系,以使矿山保持持续均衡的生产。如果配合失调,就会导致回采矿块接替紧张,使矿山生产被动,产量下降,乃至停产。为此,每个矿山必须做到开拓超前于采准,采准超前于切割,切割超前于回采。这种超前关系是指在时间上和空间上的超前。例如,在矿山正常生产时期,就可能有 1 ~ 2 个阶段进行回采和切割,有一个阶段进行采准和开拓,另有一个阶段专门进行开拓。

掘进和采矿是矿山的两项主要工作，要采矿必须先掘进。因此，必须正确处理好采矿掘进关系，以“采掘并举，掘进先行”的方针指导矿山生产，才能使矿山持续均衡生产。

为了协调开拓、采准、切割之间的关系，应当采用网络计划方法。国家为了考核一个矿山的采掘关系，保证各开采步骤间的正常超前关系，依据矿床开采准备程度的高低，将矿量划分为三个等级，即开拓矿量、采准矿量及备采矿量。有关部门对矿山三级矿量的界限和保有期限做出了规定。

（1）开拓矿量。凡按设计规定在某范围内的开拓巷道全部掘进完毕，并形成完整的提升、运输、通风、排水、供风、供电等系统的，则此范围内开拓巷道所控制的矿量，称为开拓矿量。

（2）采准矿量。在已完成开拓工作的范围内，进一步完成开采矿块所用采矿方法规定的采准巷道掘进工程的，则该矿块的储量即为采准矿量。采准矿量是开拓矿量的一部分。

（3）备采矿量。在已进行了采准工作的矿块内，进一步全部完成所用采矿方法规定的切割工程，形成自由面和补偿空间等工程的，则该矿块内的储量称为备采矿量。备采矿量是采准矿量的一部分。

我国有关部门以矿山年产量为单位，对矿山三级矿量保有年限做有一般规定，见表1-2。允许各矿经批准对三级矿量的保有期限，根据矿床赋存条件、开拓方式、采矿方法、矿山装备水平和技术水平以及矿山年产量等情况，有一定的灵活性。例如，矿石和围岩不稳固的矿山，巷道维护困难，以及开采有自燃发火的矿体时，其采准和备采矿量的保有期可以短些；对于小型矿山，也可适当降低要求。应该指出，过长的保有期限，会造成矿山资金的积压。

表1-2 三级矿量保有期

三级矿量	保有期限	
	黑色金属矿山	有色金属及化工矿山
开拓矿量	3~5年	>3年
采准矿量	6~12月	1年
备采矿量	3~6月	0.5年

1.3.6 金属矿地下开采的损失贫化

1.3.6.1 损失与贫化的概念

（1）矿石的损失。在开采过程中，由于种种原因使矿体中一部分矿石未采下来或虽已采下来但却散失于地下而未运出来，此现象称为矿石损失。损失的工业矿石量与工业矿量之比称为损失率。采出的工业矿石量与工业矿量之比称为回收率。损失率和回收率均用百分数表示，二者之和为1。

（2）矿石的贫化。开采过程中，由于采下的矿石中混入了废石，或由于矿石中有用成分变成粉末而损失，致使采出的矿石品位低于工业矿石的品位，此现象称为矿石的贫化。采出矿石品位降低值与原工业矿石品位的比值称为贫化率，也用百分数来表示。

（3）岩石（废石）的混入。在矿床的开采过程中，由于技术原因，采出的矿石中不可能完全都是工业矿石，必有一部分废石混入到采出矿石中来，增加了采出矿石量，此现象称为岩石混入或混入岩石。混入的岩石量与采出的矿石量之比称为废石混入率（混入废石率）。

当然，前已叙及，开采过程中也不可能采出全部工业矿石，也有一部分永久损失，造成矿石损失。

1.3.6.2 损失与贫化的计算

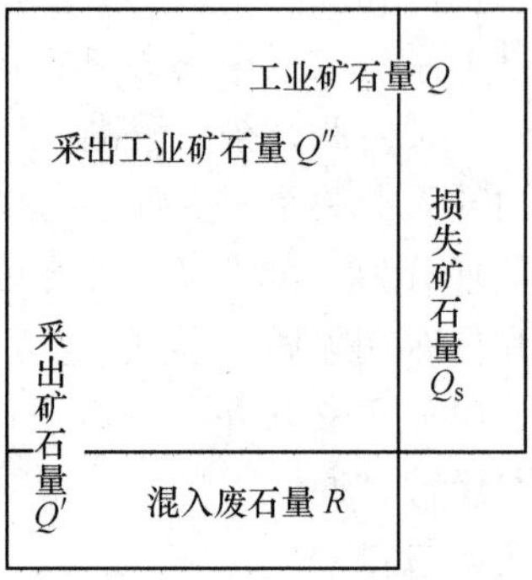

图 1-20 储量变化示意图

如图 1-20 所示，圈定的工业矿石量为 Q（品位 α），开采过程中只有部分矿石被采出，采出矿石量 Q'（品位 α'）。采出的矿石中有部分废石 R（品位 α''）混入到采出矿石中来，同时也有部分工业矿石 Q_s（品位 α'）损失掉。

（1）损失率 q。

$$q = \frac{Q_s}{Q} \times 100\% = \frac{Q - Q''}{Q} \times 100\%$$

式中 Q——工业矿石量，t；

Q''——采出工业矿石量，t；

Q_s——损失工业矿石量，t。

（2）回收率 p。

$$p = \frac{Q''}{Q} \times 100\%$$

（3）贫化率 ρ。

$$\rho = \frac{\alpha - \alpha'}{\alpha} \times 100\%$$

式中 α——工业矿石品位，%；

α'——采出矿石品位，%。

（4）废石混入率 γ。

$$\gamma = \frac{R}{Q'} \times 100\%$$

式中 R——混入废石量，t；

Q'——采出矿石量，t。

根据矿床开采过程中矿石量平衡 $Q' = Q + R - Q_s$ 和矿床开采过程中金属量平衡 $Q'\alpha' = Q\alpha + R\alpha'' - Q_s\alpha$，有：

$$Q - Q_s = Q' - R$$

$$(Q - Q_s)\alpha = Q'\alpha' - R\alpha''$$

整理得：

$$\frac{R}{Q'} = \frac{\alpha - \alpha'}{\alpha - \alpha''}$$

上式中左侧恰好为废石混入率：

$$\gamma = \frac{R}{Q'} \times 100\% = \frac{\alpha - \alpha'}{\alpha - \alpha''} \times 100\%$$

需要说明的是当混入的废石（围岩）品位为零时，在数值上废石混入率和贫化率相等。

复习思考题

1-1 什么是矿石、废石、围岩？什么是品位、矿体及矿床？
1-2 矿石根据金属种类分为哪几类？
1-3 矿石根据化学成分分为哪几类？
1-4 金属矿地下开采的基本要求有哪些？
1-5 简述矿体按稳固性的分类方法。
1-6 什么是矿岩的碎胀性质？其表示方法有哪些？如何计算？
1-7 金属矿床地下开采有哪些步骤？
1-8 回采的工艺过程包含哪些部分？
1-9 井田间的开采顺序、阶段间的开采顺序和矿块间的开采顺序是怎样的？
1-10 倾斜矿体开采单元的划分方法有哪些？
1-11 近水平矿体开采单元的划分方法有哪些？

2 凿岩与爆破

2.1 矿岩性质

2.1.1 影响凿岩爆破的性质

影响凿岩爆破的性质有：

（1）强度。矿岩的强度是指岩石承受载荷的能力，即开始破坏的极限临界应力值。矿岩的强度有抗拉强度、抗剪强度、抗压强度等。

矿岩的抗压强度介于200～300MPa范围，抗剪强度只有抗压强度的8%～12%，抗拉强度只有抗压强度的2%～6%，其数值的大小顺序是：单向抗拉强度＜单向抗剪强度＜单向抗压强度＜二向抗压强度＜三向抗压强度。因此，要使矿岩破坏，应尽可能使其处于拉伸、剪切的状态。

（2）弹性、塑性和脆性。弹性是矿岩除去外力后，恢复其原来形状和体积的性能。弹性大的矿岩，在凿岩爆破时不易破坏。在破坏前具有明显残余变形的矿岩称为塑性矿岩，几乎没有残余变形的矿岩称为脆性矿岩。金属矿山经常遇到的矿岩大多数属于脆性矿岩。

（3）硬度。硬度是矿岩抵抗工具侵入的能力。凡是用刃具切削或挤压的方法凿岩，首先必须使工具侵入矿岩才能达到钻进的目的。因此，研究硬度具有重要意义。矿岩的硬度取决于其组成，即取决于矿物颗粒的硬度、形状、大小、晶体结构以及颗粒间胶结物的情况等，硬度越大凿岩越困难。

（4）磨蚀性。磨蚀性一般指在矿岩表面与工具作用过程中，矿岩对工具的磨损。磨蚀性越大，对工具的磨损越大，对凿岩工作越不利。

2.1.2 岩石的分级

此处所讲的对岩石（矿石）的分级主要是反映岩石的凿岩性能。岩石的可钻性是表示在岩石上钻（凿）孔时，破碎岩石的难易程度的一种概念，也可代表一种综合指标。研究岩石可钻性的主要目的是：合理选择和正确使用凿岩设备，以取得最佳效果。

2.1.2.1 *岩石的坚固性分级*

岩石坚固性分级是目前矿山广泛应用的一种分级方法。这种分级方法认为，岩石破碎的难易程度和岩体的稳定性这两个方面趋于一致，也就是说，岩石难以破碎的也较为稳定。这一分级方法是由原苏联学者普罗特基雅柯诺夫按当时采掘工业水平提出的要求。对岩石依上述原则进行定量分级的，称为普氏分级。它根据岩石坚固性的不同，将岩石划分为十级，见表2-1。

表 2-1 普氏岩石分级表

等 级	坚固程度	代表性岩石	f
Ⅰ	最坚固的岩石	最坚固、最致密和韧性的玄武岩石及石英岩；其他各种特别坚固的岩石	20
Ⅱ	很坚固的岩石	很坚固的花岗岩、石英斑岩、硅质片岩、某些石英岩、最坚固的砂岩和石灰岩	15
Ⅲ	坚固的岩石	致密的花岗岩及花岗质岩石、很坚固的砂岩和石灰岩、石英质矿脉、坚固的砾岩、很坚固的铁矿石	10
Ⅲa	坚固的岩石	坚固的石灰岩、不坚固的花岗岩、坚固的砂岩、坚固的大理岩、白云岩、黄铁矿	8
Ⅳ	相当坚固的岩石	一般的砂岩、铁矿石	6
Ⅳa	相当坚固的岩石	硅质页岩、页岩质砂岩	5
Ⅴ	中等坚固的岩石	坚固的黏土质岩石、不坚固的砂岩和石灰岩	4
Ⅴa	中等坚固的岩石	各种不坚固的页岩、致密泥质岩	3
Ⅵ	相当软弱的岩石	软的页岩、很软的石灰岩、白垩、岩盐、石膏、冻土、无烟煤、普通泥灰岩、裂缝发育的砂岩、胶结砾石、岩质土壤	2
Ⅵa	相当软弱的岩石	碎石质土壤、裂缝发育的灰岩、凝结成块的砾石和碎石、坚固的软硬化黏土	1.5
Ⅶ	软弱的岩石	致密的黏土、软弱的烟煤、坚固的冲积-黏土质土壤	1.0
Ⅶa	软弱的岩石	轻砂质黏土、黄土、砾石	0.8
Ⅷ	土质岩石	腐殖土、泥煤、轻砂质土壤、湿砂	0.6
Ⅸ	松散的岩石	砂、山坡堆积、细砾石、松土、采出的煤	0.5
Ⅹ	流砂类岩石	流砂、沼泽土壤、含水黄土及含水土壤	0.3

2.1.2.2 岩石的可钻性分级

这种分级方法是单项分级，采用两个指标：一是凿碎比功，即破碎单位体积岩石所需要的功，它表示岩石钻凿的难易程度；二是钎刃磨钝宽度，它反映岩石的磨蚀性。

岩石根据凿碎比功的大小分为七级，按钎刃的磨钝宽度分为三级，见表 2-2 及表 2-3。这一分级方法由东北大学提出。大量矿山实践证明，这种分级与凿岩难易程度的相关性很高。

表 2-2 岩石可钻性级别表

岩石级别	软硬程度	凿碎比功（能）W/J·cm^{-3}
Ⅰ	极软	$W<20$
Ⅱ	软	$20\leqslant W<30$
Ⅲ	较软	$30\leqslant W<40$
Ⅳ	中硬	$40\leqslant W<50$
Ⅴ	较硬	$50\leqslant W<60$
Ⅵ	硬	$60\leqslant W<70$
Ⅶ	极硬	$W\geqslant 70$

表 2-3　岩石磨蚀性分级表

岩石级别	磨蚀性	钎刃磨钝宽度/mm
一	弱	<0.2
二	中	0.3～0.6
三	强	>0.8

2.2　地下凿岩设备

2.2.1　凿岩机械分类

凿岩机械根据应用的动力可以分为气动（风动）、液压、电动、内燃、水压，气动的有气动凿岩机和气动潜孔钻机，液压的有支腿式和导轨式，电动的有手持式、支腿式和导轨式；按用途分为掘进凿岩台车（钻车）和采矿凿岩台车；按行走方式分为轨轮式、履带式和轮胎式；按辅助设备可以分为支腿式、钻架式、台车式。

凿岩机械型号应该表示出每种产品的名称、结构形式、用途和主要规格，从而使人们一看到凿岩机的型号就有一个明晰的概念。凿岩机械的型号是按类、组、型分类原则编制的，一般由类、组、型代号与主要参数代号两部分组成，见表 2-4。如需增添特性代号时，其特性代号置于类、组、型代号与主要参数代号之间。

表 2-4　凿岩机型号标注表

类别	组别	型别	特性代号	产品名称及型号	主参数	
					名称	单位符号
凿岩机 Y（岩）	风动	手持式	—	手持式凿岩机 Y	机器质量	kg
			P（频）	手持式高频凿岩机 YP	机器质量	kg
			C（尘）	手持式集尘凿岩机 YC	机器质量	kg
		气腿式 T（腿）	—	气腿式凿岩机 YT	机器质量	kg
			P（频）	气腿式高频凿岩机 YTP	机器质量	kg
			C（尘）	气腿式集尘凿岩机 YTC	机器质量	kg
		上向式 S（上）	—	上向式凿岩机 YS	机器质量	kg
			C（侧）	上向式侧向凿岩机 YSC	机器质量	kg
			P（频）	上向式高频凿岩机 YSP	机器质量	kg
			D（多）	上向式多用凿岩机 YSD	机器质量	kg
		导轨式 G（轨）	—	导轨式凿岩机 YG	机器质量	kg
			P（频）	导轨式高频凿岩机 YGP	机器质量	kg
			Z（转）	导轨式独立回转凿岩机 YGZ	机器质量	kg
	内燃 N（内）	手持式	—	内燃凿岩机 YN	机器质量	kg
			F（附）	带附缸内燃凿岩机 YNF	机器质量	kg
	液压 Y（液）	导轨式 G（轨）	—	导轨式液压凿岩机 YYG	机器质量	kg
	电动 D（电）	手持式	—	手持式电动凿岩机 YD	机器质量	kg
		支腿式 T（腿）	—	支腿式电动凿岩机 YDT	机器质量	kg
		导轨式 G（轨）		导轨式电动凿岩机 YDG	机器质量	kg

续表 2-4

类别	组别	型别	特性代号	产品名称及型号	主参数	
					名称	单位符号
凿岩台车 C（车）	井下	轨轮式 G（轨）	J（掘）	轨轮式掘进台车 CGJ	装凿岩机台数	台
		履带式 L（履）	J（掘）	履带式掘进台车 CLJ	装凿岩机台数	台
		轮胎式 T（胎）	J（掘）	轮胎式掘进台车 CTJ	装凿岩机台数	台
凿岩辅助设备 F（辅）	腿 T（腿）	—	—	气腿 FT	名义推进力	kN
		侧向式 C（侧）	—	侧向式气腿 FTC	名义推进力	kN
		下向式 X（下）	—	下向式气腿 FTX	名义推进力	kN
			S（水）	水腿 FTS	名义推进力	kN
		—	Y（油）	油腿 FTY	名义推进力	kN
			J（机）	机械腿 FTJ	质量	kg
	架 J（架）	Z（柱）	—	凿岩柱架 FJZ	柱架最低高度	dm
		S（双）	—	双柱式凿岩柱架 FJS	柱架最低高度	dm
		Y（圆）	—	圆盘式凿岩台架 FJY	柱架最低高度	dm
		D（吊）	—	伞式吊架 FJD	吊架最小支撑直径	m
		H（环）	—	环式吊架 FJH	吊架最小支撑直径	m
	注油器 Y（油）		—	注油器 FY	容油量	mL
	集尘器 C（尘）		—	集尘器 FC	容尘量	mL
	磨钎机 M（磨）		—	风动磨钎机 FM	砂轮直径	mm

2.2.2 凿岩机工作机构

凿岩要根据炮眼的布置和每一炮眼孔的深度、角度要求来进行，因此，凿岩机由冲击、回转、推进、冲洗、移位等部分组成，如图 2-1 所示。

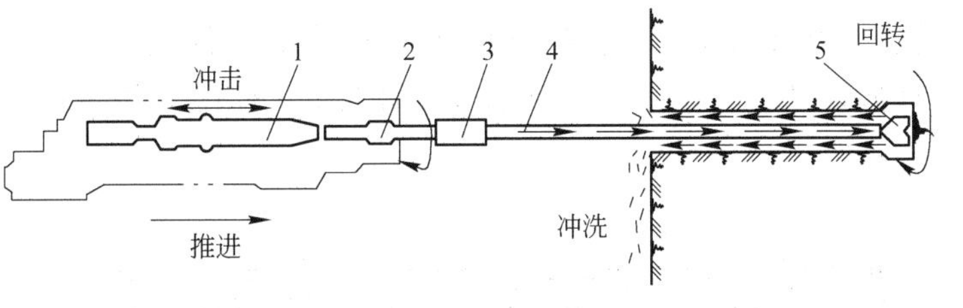

图 2-1 凿岩机的结构

1—活塞；2—钎尾；3—接杆套；4—钎杆；5—钎头

各类凿岩机中，以气腿式凿岩机在金属矿山中应用最广，其结构具有代表性。现以 YT- 23 型（7655）气腿凿岩机为例，说明风动凿岩机的一般构造。YT-23 型气腿凿岩机如图 2-2 所示，由柄体 2、缸体 4 和机头 6 等主要部件组成。从安装在柄体 2 上的进风管进入机器的压缩空气，通过操纵阀 3 实现空气的进给、停止以及强力吹扫炮眼。清洗炮眼的水通过入水管 11 进入连接在柄体内的注水机构。柄体、机体、机头三部分用两根螺栓牢

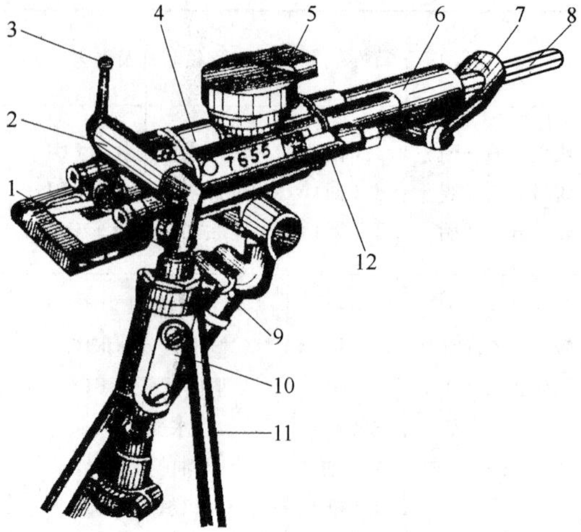

图 2-2　YT-23 型气腿凿岩机

1—手把；2—柄体；3—操纵阀手柄；4—气缸；5—消声罩；6—机头；7—钎卡；
8—钎杆；9—气腿；10—自动注油器；11—水管；12—连接螺栓

固地连接。在机体的排气口上安有消声罩 5。气缸的下部有气腿连接孔用以同气腿相连。凿岩机工作时，钎子插在机头内的钎尾套中，由钎卡 7 卡住，用以拔钎。在把手内装有扳机，用以操纵气腿快速缩回。

2.2.3　凿岩机具

矿山井巷掘进和矿石回采工作主要采用凿岩爆破的方法，通常需要在岩石和矿石中钻凿不同深度、不同直径的孔眼。根据所钻凿的孔深和孔径的不同，分为浅孔凿岩、中深孔凿岩及深孔凿岩。

一般孔深小于 3 ~ 5m、孔径为 30 ~ 46mm 的称为浅孔，孔深为 5 ~ 15m、孔径为 50 ~ 70mm 的称为中深孔，孔深大于 15m、孔径大于 90mm 的称为深孔。

浅孔凿岩机具如图 2-3 所示，是由钎头 1、钎身 3、钎尾 5 组成的一个不可拆卸的整体。

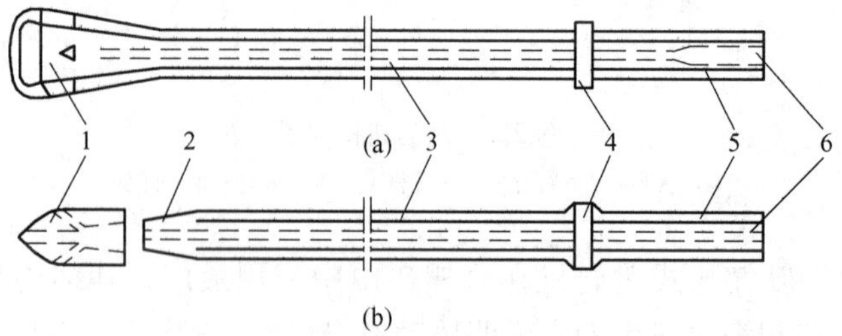

图 2-3　钎子结构

(a) 整体钎子；(b) 活动钎子

1—钎头；2—钎梢；3—钎身；4—钎肩；5—钎尾；6—中心水孔

（1）钎头。钎头是直接破碎矿岩的部分，它的形状、结构、材质、加工工艺等是否合理，都直接影响凿岩效率及其本身的使用寿命。依钎头形状、尺寸的不同，其上硬质合金可分为片状和柱齿状两种。硬质合金片镶制的钎头有一字形钎头、十字形钎头等。钎头直径通常为38~43mm。

（2）钎杆。钎杆是由钎梢、钎身、钎肩和钎尾等组成的，如图2-3所示。钎杆断面形状通常有内切圆直径为22mm、25.4mm的中空六角形和直径为32mm的中空圆形，中心孔径为5~7mm。在钎杆断面积相等的条件下，六角形断面的抗弯能力、相对强度都比圆形断面的更佳，并且排粉间隙大，排粉效果好。因此，浅孔凿岩用的钎杆，大都是中空六角形断面。

2.2.4 气动凿岩机

气动凿岩机也称风动凿岩机，是用压气驱动，以冲击为主，间歇回转（内回转式凿岩机）或连续回转（独立回转式凿岩机，也称外回转式凿岩机）的一种小直径的凿岩设备。目前我国地下金属矿山凿岩作业主要还是用气动凿岩机，少数有条件的矿山采用液压凿岩机。同时，在铁路、公路、水电建设和国防施工中气动凿岩机也是不可缺少的重要施工机具。

凿岩机按支撑方式分为四种机型：

（1）手持式凿岩机。这类凿岩机较轻，一般在25kg以下，工作时用手扶着操作。它可以打各种小直径和较浅的炮孔，一般只打向下的孔和近于水平的孔。由于它靠人力操作，劳动强度大，冲击能和扭矩较小，凿岩速度慢，现在地下矿山很少用它。属于此类的凿岩机有Y3、Y26等型号。

（2）气腿式凿岩机。如前所述，这类凿岩机安装在气腿上进行操作，气腿能起支撑和推进作用，这就减轻了操作者的劳动强度，凿岩效率比前者高，可钻凿深度为2~5m、直径34~42mm的水平或带有一定倾角的炮孔，为矿山广泛使用。YT-23（7655）、YT-24、YT-28、YTP-26等型号均属于此类凿岩机。

（3）上向式（伸缩式）凿岩机。这类凿岩机因气腿与主机在同一纵轴线上，并连成一体，又有“伸缩式凿岩机”之称，专用于打60°~90°的向上炮孔，主要用于采场和天井中凿岩作业。一般其质量为40kg左右，钻孔深度为2~5m，孔径为36~48mm。YSP-45型凿岩机属于此类。

（4）导轨式凿岩机。该类型凿岩机机器质量较大（一般为35~100kg），一般安装在凿岩钻车或柱架的导轨上工作，因而称为导轨式。它可打水平和各个方向的炮孔，孔径为40~80mm，孔深一般在5~10m以上，最深可达20m。YG-40、YG-80、YGZ-70、YGZ-90等型号属于此类。

2.2.5 液压凿岩机

液压凿岩机按其配油方式可分为有阀型和无阀型两大类。前者按阀的结构又可分为套阀式和芯阀式（或称外阀式）；按回油方式分，又有单面回油和双面回油两种，在单面回油中，又分前腔回油和后腔回油两种。常用型号有YYG-20、YYG-260B、YYG-90A（单面回油）、YYG-80（双面回油）。

液压凿岩机也同气动凿岩机基本相同，主要由冲击机构、转钎机构、钎尾反弹吸收装置和机头部分（内含供水装置与防尘系统等部分）组成，如图2-4所示。

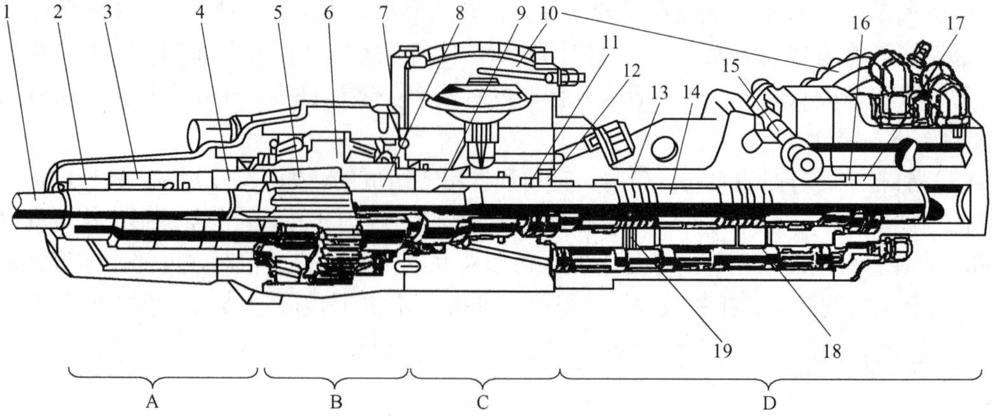

图 2-4 液压凿岩机的结构

A—机头部分；B—转钎机构；C—钎尾反弹吸收装置；D—冲击机构

1—钎尾；2—耐磨衬套；3—供水装置；4—止动环；5—传动套；6—齿轮套；7—单向阀；8—转钎套筒衬套；9—缓冲活塞；10—缓冲蓄能器；11—密封套；12—活塞前导向套；13—缸体；14—活塞；15—阀芯；16—活塞后导向套；17—密封套；18—行程调节柱塞；19—油路控制孔道

2.2.6 掘进凿岩台车

掘进凿岩台车也称掘进凿岩钻车，掘进钻车主要用于地下矿山巷道、铁路与公路隧道、水工涵洞等地下掘进工程，也可用于钻凿锚杆孔、充填法或房柱法采矿的炮孔，它适用于巷道断面为 $3.2 \sim 150 m^2$ 的场合。

掘进凿岩台车（见图 2-5）的机构主要包括推进器、钻臂、操作台、动力系统（压气、电、水、液压）和行走底盘。

图 2-5 掘进凿岩台车

2.2.7 采矿台车

采矿凿岩台车也称钻车，是为回采落矿而进行钻凿炮孔的设备，如图 2-6 所示。不同的采矿方法，需要钻凿不同方向、不同孔径、不同孔深的炮孔，因此也就有了不同种类的

图 2-6 地下采矿凿岩台车

地下采矿凿岩钻车。

钻车的基本动作有行走、炮孔的定位与定向、推进器补偿、凿岩机推进、凿岩钻孔五种功能，分述如下：

（1）钻车的行走。地下采矿钻车一般都要能自行移动，行走方式可分为轨轮、履带、轮胎，行走驱动力可由液压马达或气动马达提供。

（2）炮孔的定位与定向。采矿钻车要能按采矿工艺所要求的炮孔位置与方向钻孔，炮孔的定位与定向动作由钻臂变幅机构和推进器的平移机构完成。

（3）推进器的补偿运动。推进器的前后移动又称为推进器的补偿运动，一般都由推进器的补偿油缸完成。

（4）凿岩机的推进。在采矿钻车凿岩作业时，必须对凿岩机施加一个轴向推进力（又称轴压力），以克服凿岩机工作时的后坐力（又称反弹力），使得钻头能够贴紧炮孔底部的岩石，以提高凿岩钻孔的速度。凿岩机的推进动作是由推进器完成的。

（5）凿岩钻孔。这是钻车最基本的动作，由凿岩系统完成。

除了以上五种基本运动外，还有钻车的调水平、稳车、接卸钻杆、夹持钻杆、集尘等辅助动作。

为完成钻车的各个动作，钻车必须具备相应的机构，这些不同的机构又可划分为三大部分：

（1）底盘。底盘可完成转向、制动、行走等动作。钻车底盘的概念常把内燃机等原动机也包括在内，是工作机构的平台。

（2）工作机构。钻车的工作机构可完成炮孔定位、定向、推进、补偿等动作，由定位系统和推进系统组成。

（3）凿岩机与钻具。凿岩机与钻具可完成破岩钻孔作业，凿岩机有冲击、回转、排渣等功能。凿岩机可分为液压凿岩机与气动凿岩机两大类，钻具由钎尾、钻杆、连接套、钻头组成。

2.2.8 潜孔钻机

潜孔钻机的工作原理和普通冲击回转式风动凿岩机一样。风动凿岩机将冲击回转机构做在一起，冲击能通过钻杆传递给钻头；而潜孔钻机将冲击机构（冲击器）独立出来，潜入孔底，无论钻孔多深，钻头都是直接安装在冲击器上，不用通过钻杆传递冲击能，因而减少了冲击能的损失。潜孔钻机也正是由于冲击机构潜入孔底而得名，其结构如图 2-7 所示。

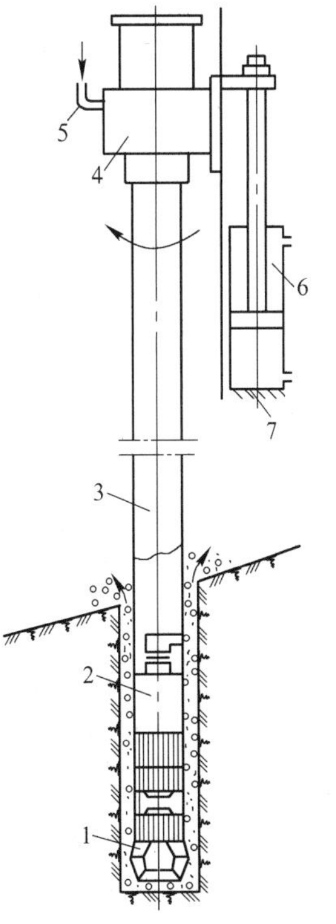

图 2-7 潜孔钻机的结构

1—钻头；2—冲击器；3—钻杆；
4—气接头；5—进气管；
6—加减压气缸；7—钻架

潜孔钻机分露天和地下两大类。地下潜孔钻机由于受空间限制，一般结构紧凑、体积小、拆装方便，多数采用钻架支撑；大型地下潜孔钻机自带行走机构。地下潜孔钻机的穿孔直径为 80～200mm，以孔径 100mm 左右为主。露天潜孔钻机分为轻型、中型和重型。轻型一般本身不带空压机和行走机构，另配空压机和钻架，近几年生产的也有自带行走机构的，机重在 10t 以下，孔径 100mm 左右；中型一般自带履带式行走机构，不带空压机，机重 15～20t，孔径 150～170mm；重型自带空压机和履带式行走机构，机重 30～50t，孔径大于 200mm。

QZJ 型井下潜孔钻机不论 80A、100A 或 100B 型，构造和工作原理都基本相同，由钻具、回转供风机构、推进调压机构、操纵机构、凿岩钻架（支柱）等部分组成。

2.3 露天凿岩设备

2.3.1 露天潜孔钻机

潜孔钻机是我国金属露天矿的重要钻孔设备，潜孔钻除钻凿露天矿的主爆破孔外，还用于预裂孔、锚杆孔、地下水疏干孔及边坡处理孔的钻凿。

露天潜孔钻机按吨位和钻孔直径不同，分为三种：

（1）轻型潜孔钻机。机体质量小于 10t，钻孔直径为 80～100mm，由管路供给压气，电动履带自行。

（2）中型潜孔钻机。机体质量 10～15t，钻孔直径为 150mm，由管路供给压气，电动履带自行。

（3）重型潜孔钻机。机体质量大于 20t，钻孔直径为 200～250mm，自带空气压缩机，电动履带自行。

KQ-150 型潜孔钻机的外貌如图 2-8 所示。履带行走装置上是型钢焊接的机架，机架右侧为司机室，内装钻机的操纵装置；机架左侧是除尘器，被压气从孔内吹出的岩粉经防尘罩被吸入除尘器，除尘后的废气从排气管排出。钻架由两根槽钢和连接钢件焊接制成，铰接在机架前端，可用主轴带动钻架起落机构使之俯仰，定位后将销子插入撑杆的内外套管内，使之固定。回转机构用滑板装在钻架上，可以操纵推压提升机构使之沿钻架上下移动。主钻杆的上下端分别扭接在回转机构和冲击器上，冲击器在回转机构带动下旋转，并由推压提升机构给予轴推力。为了增加钻进时的稳定性，在钻架下端装有托钎器和千斤顶。在主钻杆旁边的下送杆器和上送杆器上装有副钻杆，主钻杆钻完后，可用送杆器将它送至主钻杆上面，扭接在回转机构和主钻杆上，两根钻杆连接后的钻孔深度可达 17.5m。机架后端的上部装有推压提升机构的电动绞车，下部装有主电动机。主电

图 2-8 KQ-150 型潜孔钻机

动机通过皮带驱动主轴，主轴可通过齿轮和链传动使履带行走，还可以通过齿轮传动使钻架起落机构运转。

KQ-200 型潜孔钻机的外形结构如图 2-9 所示，其主体结构与 KQ-150 型潜孔钻机相似，但结构更为完善，因而更为复杂。

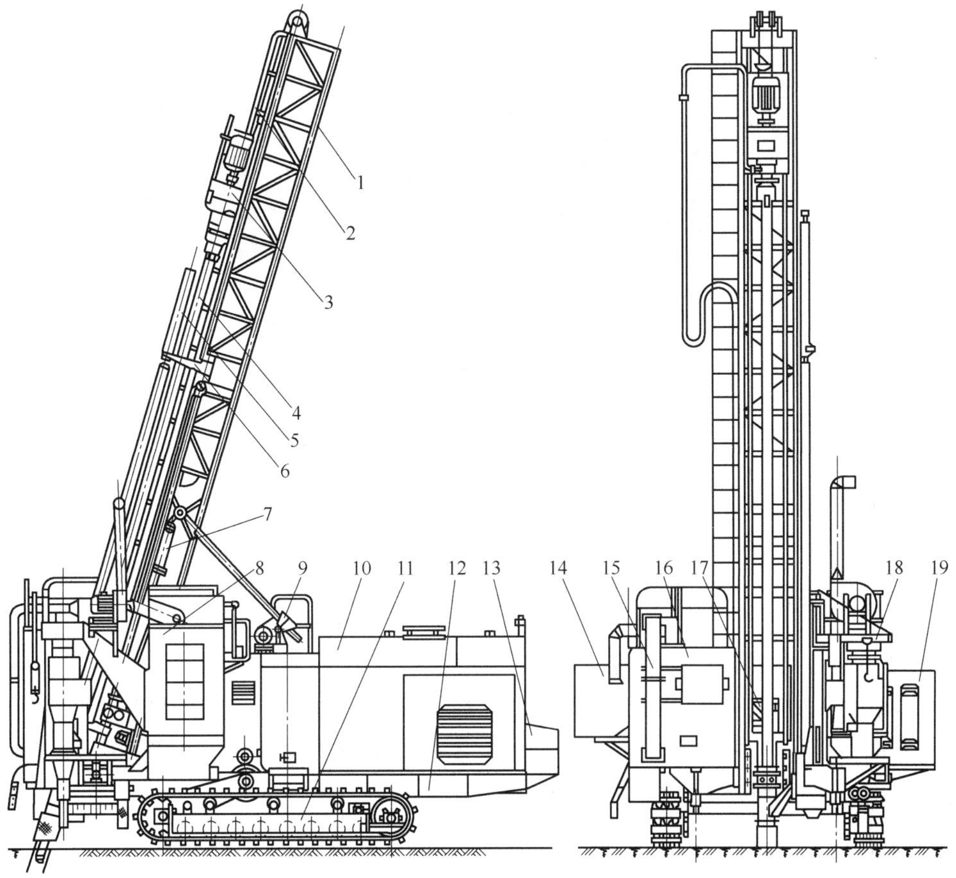

图 2-9 KQ-200 型潜孔钻机外形结构

1—滑架；2—推进提升链条；3—回转供风机构；4—钻具；5—副钻杆；6—送杆机构；7—调压气缸；8—除尘系统；9—起落钻架机构；10—机棚；11—行走机构；12—机架；13—电焊机；14—机棚净化装置；15—司机室净化装置；16—司机室；17—托杆器；18—悬臂吊；19—空压机散热器

2.3.2 牙轮钻机

KY-310A 型牙轮钻机的外形如图 2-10 所示。它能在 $f = 6 \sim 20$ 的岩石中钻垂直孔，孔径为 250 ~ 310mm，孔深为 18m，适用于大中型露天矿山。KY-310A 型钻机的构造特点是：以三牙轮钻头作钻具，滑架式顶部回转，钻具转速能无级调节，封闭链条-齿条连续加压，进给速度能无级调节，可选用干式或湿式除尘并具有履带自行式行走机构。它主要由钻具、钻架与机架、回转供风机构、加压提升机构、接卸及存放钻杆机构、起落钻架机构、稳车千斤顶、行走机构、除尘系统、司机室和机棚的净化装置以及风、水、油、电的控制系统等部分组成。

图 2-10 KY-310A 型牙轮钻机

2.4 炸药

2.4.1 炸药的分类

2.4.1.1 按炸药的组成分类

（1）单质炸药，亦称爆炸化学物。它是各组成元素以一定的化学结构存在于同一分子里的炸药。这类炸药的分子中含有某些具有爆炸性质的特殊基因，这些基因的化学键很容易在外界能量作用下发生破裂而激起爆炸反应。如梯恩梯等就属于这种炸药。

（2）混合炸药。它是由两种或两种以上分子组成的物理混合物。这类炸药可以是气态、液态、固态或多相体系。为控制炸药性能，矿用炸药一般用多种成分的混合物制成，如铵梯炸药等。

2.4.1.2 按炸药用途分类

（1）起爆药。这类炸药的特点是感度高，在很小的外界能量（如火焰、摩擦、撞击等）激发下就发生爆炸。它主要用于制造起爆器材如雷管等。最常用的起爆药有雷汞、氮化铅、二硝基重氮酚等。

（2）猛炸药。这类炸药对外界能量的敏感程度比起爆药低，为了使其达到爆轰状态，需用起爆药的爆炸能来起爆，可用来作起爆器材的加强药或主药包。

猛炸药的爆炸威力比起爆药强大。它又可分为单质猛炸药（如梯恩梯）和混合猛炸药（如铵梯炸药）两大类。

（3）发射药。发射药也称缓性炸药。这类炸药的特点是对火焰感度高。其反应方式为燃烧，而在密闭条件下可转为爆炸。工业上主要用来制造起爆器材（如黑火药作导火索药芯）和火箭弹。

2.4.2 起爆药

起爆药有：

（1）雷汞。雷汞 $Hg(CNO)_2$ 为白色或灰色微细晶体，50℃以上即自行分解，在160～165℃时发生爆炸。干燥的雷汞对撞击、摩擦和火花极敏感。潮湿的或压制的雷汞感度降低。湿雷汞易与铝起作用生成极危险的雷酸盐，故雷汞不允许装入铝管壳。工业用雷汞雷管都用铜壳或纸壳。

（2）氮化铅。氮化铅 $Pb(N_3)_2$ 通常为白色针状晶体，有毒，与雷汞或二硝基重氮酚比较，氮化铅的感度较低，但起爆能力比雷汞大。氮化铅不因潮湿受压而失去爆炸能力，在水下也可起爆。由于氮化铅在有 CO 存在的潮湿环境中易与铜发生反应而生成极敏感的氮化铜，因此氮化铅雷管不可用铜质管壳，而必须采用铝壳或纸壳。

（3）二硝基重氮酚。二硝基重氮酚 $C_6H_2(NO_2)_2N_2O$（简称 DDNP）为黄色或黄褐色晶体。它的安定性好，在常温下长期贮存于水中仍不降低其爆炸性能。干燥的二硝基重氮酚在 75℃时开始分解，170～175℃时爆炸。

二硝基重氮酚在对撞击、摩擦的感度方面均比雷汞或氮化铅低，在热感度方面则介于两者之间，在起爆能力方面高于雷汞和氮化铅。

由于二硝基重氮酚的原料来源广，生产工艺简单、安全，成本较低，而且具有良好的起爆性能，所以国产工业雷管目前几乎都用二硝基重氮酚来做起爆药。

2.4.3 单质炸药

单质炸药有如下几种：

（1）梯恩梯，即三硝基甲苯 $C_6H_2(NO_2)_3CH_3$，简称 TNT。它是黄色晶体，吸湿性弱，几乎不溶于水。梯恩梯的热安定性好，温度在 150℃以下几乎不分解，到 180℃以上才显著分解。梯恩梯遇火能燃烧，在密闭条件下或大量燃烧时可转为爆炸。它的机械感度较低，但如混入细砂一类硬质掺合物时则容易引爆。它受阳光的照射会降低质量。

梯恩梯有广泛的军事用途。许多炸药厂采用精制梯恩梯作雷管中的加强药或硝铵类炸药中的敏化剂。

（2）黑索金，即环三次甲基硝胺 $C_3H_6N_3(NO_2)_3$，简称 RDX。黑索金为白色晶体，熔点 204.5℃，爆发点 230℃，不吸湿，几乎不溶于水；热安定性好，但能被火焰点燃在空气中平稳燃烧；机械感度高于梯恩梯。由于威力和爆速都很高，黑索金除用作雷管中的加强药外，还可用作导爆索的药芯或同梯恩梯混合制造起爆药包。

（3）特屈儿，即三硝基苯甲硝胺 $C_6H_2(NO_2)_3 \cdot NCH_3NO_2$。它是淡黄色晶体，难溶于水，不因含水而失去爆炸能力，热感度及机械感度高于 TNT，爆炸性能好。特屈儿容易与硝酸铵强烈作用而释放热量导致自燃，故严禁与硝酸铵相混合。特屈儿除用于军事用途外，也可用作工业雷管的加强药。

（4）泰安，即季戊四醇四硝酸酯 $C(CH_2ONO_2)_4$，简称 PETN。它是白色粉状晶体，几乎不溶于水。遇火不易燃烧，对冲击、摩擦的感度高于以上几种单质炸药，爆炸威力大。

（5）硝化甘油，即三硝酸酯丙三醇 $C_3H_5(ONO_2)_3$，简称 NG。它是淡黄色油状液体，不溶于水，在水中不失去爆炸性。硝化甘油有毒，应避免皮肤与之接触。硝化甘油在 50℃

时开始挥发，爆发点200℃。它的机械感度很高，受撞击和震动易发生爆炸，一般不单独使用。

（6）硝酸铵，即NH_3NO_3，代号AN。硝酸铵以煤、空气和水作为原料制取，原料来源丰富、成本低廉，工业上绝大部分混合炸药都以它作为主要成分。硝酸铵为白色结晶体，含有微量铁盐和铁的氧化物时略带淡黄色。根据制造时的处理方法不同，可获得不同类型的硝酸铵，如细粉状、抗水细粉状、粒状及多孔粒状等。其中以多孔粒状为最优品种。

以上(1)～(5)为单质猛炸药，只有硝酸铵是单质弱性炸药。单质弱性炸药是指敏感度低、爆炸性能差、相当安全的一类炸药，其典型代表为硝酸铵。

2.4.4 矿用硝铵炸药

黑火药是我国古代四大发明之一，也是炸药的始祖。直到19世纪，瑞典人诺贝尔使硝化甘油炸药得以应用，才使工业炸药面目一新。以硝化甘油为主要原料的炸药威力强大，因而在市场上占据了重要地位。20世纪早期，人们通过偶然的爆炸事故发现硝酸铵不仅可以作化肥使用，而且还是一种爆炸物质，可以用来制炸药。于是，各种各样的价格便宜的硝铵炸药应运而生。大约半个世纪以来，硝铵类炸药逐渐发展到几乎可以完全取代硝化甘油炸药的地步。

硝铵类炸药的主要成分——硝酸铵可由空气制得，来源广泛，成本低廉，颇受用户欢迎。硝铵炸药的品种很多，常用的有铵梯炸药、铵油炸药等系列。尽管组成含水炸药的成分较多，但硝酸铵仍然是主要成分，故含水炸药也属于硝铵炸药类。

2.4.4.1 铵梯炸药

铵梯炸药根据其用途不同可分为露天硝铵炸药、岩石硝铵炸药、煤矿硝铵炸药等。铵梯炸药的主要成分是硝酸铵和梯恩梯（TNT）。

（1）硝酸铵。在铵梯炸药中，硝酸铵是主要成分，可占65%～90%。又因硝酸铵是正氧平衡组分，它在爆炸时还是供氧物质，所以又起氧化剂作用。

（2）梯恩梯。在铵梯炸药中，梯恩梯是敏化剂，既可提高炸药的感度，又可增加炸药的威力，其含量为3%～15%，由于梯恩梯是耗氧物质，因此，它又是还原剂。

（3）木粉。它的作用是阻止硝酸铵发生结块，宜用干燥而较细的（0.38～0.83mm）木粉作疏松剂。同时它又是还原剂，起调解炸药平衡及提高炸药威力的作用。

（4）食盐。食盐是消焰剂，仅在煤矿炸药中加入，其含量为15%～20%。

2.4.4.2 铵油炸药

铵油炸药是我国冶金矿山爆破工程中用量最大的一种炸药。

铵油炸药的主要成分是硝酸铵，配以适量的柴油及木粉。硝酸铵本身是一种弱性炸药，在爆破工作中，装药这道工序费力且效率低，应当尽可能采用机械化装药。然而在使用压气吹送药粉时，由于药粒以高速流经装药管，所产生的静电有引爆孔内电雷管的危险。含有适量柴油的多孔粒状硝酸铵，因其粒径较大，在装药管中的流速较低，可达到消除或减少静电引爆危险的目的。多孔粒状铵油炸药的颗粒较大还有助于降低装药时的“反粉率”。

铵油炸药的优点是原料来源广、价格低廉，矿山可以自行混制，可将硝酸铵和柴油分别按一般危险品或易燃物进行运输和储存。

由于铵油炸药的优点非常突出，故应用很广，但铵油炸药具有容易吸湿和结块的缺点，不能直接用于水孔中爆破。此外，铵油炸药易燃，且燃着后不易扑灭。铵油炸药燃烧时产生大量有毒气体，在密闭条件下还可转变为爆炸。所以尽管铵油炸药机械感度较低，仍应特别注意防火和灭火问题。

2.4.4.3 铵松蜡炸药

铵梯炸药和铵油炸药的优点虽然非常突出，但其所含硝酸铵易溶于水和从空气中吸潮而失效，所以限制了这两类炸药的使用范围。在研制抗水硝铵类炸药方面，当前国内外主要有两个不同的途径：其一是用憎水性物质包覆硝酸铵颗粒；其二是用溶于水的胶凝物系来制造抗水性强的含水炸药。铵松蜡炸药属于前者，下面介绍铵松蜡炸药的成分及性能。

铵松蜡炸药由硝酸铵、松香、石蜡和木粉组成，也可添加适量柴油。

硝酸铵和木粉的性质和作用与铵油炸药相同，松香和石蜡则为还原剂和防水剂。

铵松蜡炸药的爆炸性能良好，能接近 2 号岩石硝铵炸药，适用于中硬以上岩石的爆破。铵松蜡炸药的突出优点是防潮抗水能力强。在雨季或潮湿环境下，敞露在空气中一段时间后，铵松蜡炸药不会因吸湿潮解而失效。

铵松蜡炸药的缺点是有毒气体生成量偏高。在井下生产条件下，它的有毒气体生成量为 2 号岩石硝铵炸药的 1.4 倍左右。

除此以外，浆状炸药、水胶和乳化炸药都在矿山采掘工作中得到推广应用。

2.5 矿山常用起爆方法

根据使用的起爆器材的不同，炸药包的起爆方法可分为火雷管起爆法、电雷管起爆法、导爆索起爆法、导爆管起爆法及联合起爆法。目前，火雷管起爆法的应用逐渐减少；导爆索起爆法主要用于加强起爆；广泛应用的是导爆管起爆法及电雷管起爆法。

2.5.1 火雷管起爆法

火雷管起爆法是利用点燃的导火索引起火雷管爆炸进而引爆药包的起爆方法。火雷管起爆法所用的起爆器材有火雷管、导火索及点火器材等。

火雷管由管壳、起爆药、加强药和加强帽等部分组成，导火索是以粉状或粒状黑火药为药芯，以棉线、塑料皮、纸条、沥青等材料被覆而成的索状起爆器材。导火索用于传递火焰去引爆火雷管。

导火索的燃速是一项重要的质量指标。国产普通导火索的燃速为 100 ~ 125mm/s。燃速过快或过慢的导火索都不得使用。导火索燃烧时不得有断火（药芯燃烧中断，不能继续传递火焰）、透火（火星从索壳喷出）、外壳燃烧或爆燃等现象发生。

2.5.1.1 雷管与导火索的连接

将所需长度的导火索插在火雷管的孔中即可。为防止脱落，可用胶布缠上。这一工作必须在爆破器材库区的专门房间进行。

2.5.1.2 起爆药包的加工

装有起爆雷管的药包称为起爆药包。起爆药包的加工方法是，先将药包一端的包纸解开，再用专门的非铁材料锥子在药上扎出一个小孔，将起爆雷管插入药包，并用胶布或细绳捆好。为防水，可套上防水胶套。起爆药包的加工只准在爆破作业面附近的安全地方或专门地点进行。

2.5.1.3 点火起爆

导火索通常可用导火索段、点火棒、点火线或点火筒等点火器材来点燃，各种方法都是为了控制点火时间。为了保证安全，必须实行一次点火，不能一次点火的要限定点燃导火索的根数。

火雷管起爆法的适用范围很广，主要用于浅孔爆破。火雷管起爆法的优点是操作简便、成本较低；其缺点是需要在工作面点火，毒气量较大，安全性较差。

2.5.2 电雷管起爆法

电雷管起爆法是利用电能引爆电雷管进而引爆药包的方法。

电雷管可分为瞬发电雷管和延期电雷管。延期电雷管根据延期的长短不同分为秒延期电雷管和毫秒延期电雷管。

电爆网路的连接方式有串联、并联、混联等几种基本方式，如图2-11所示。常用导线有铜、铝和铁导线。

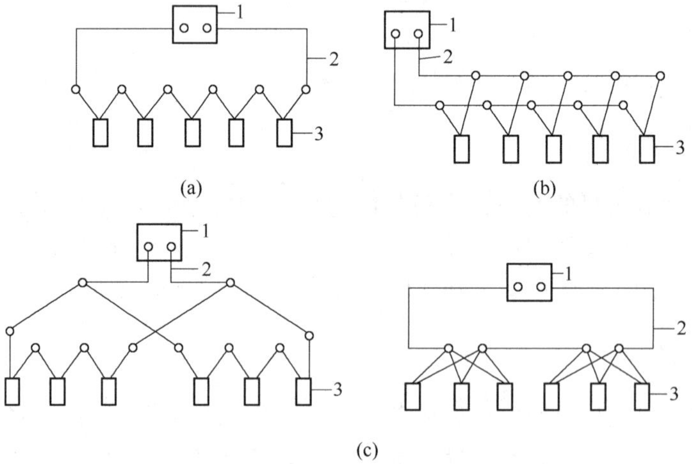

图2-11 电爆网路的连接方法

(a) 串联；(b) 并联；(c) 混联

1—电源；2—导线；3—电雷管

(1) 串联。为确保成组串联电雷管完全起爆，除设法增大流经每个电雷管的电流外，还应选用电阻值相近的电雷管，以使它们的点燃起始能值也比较接近。通常在同一串联网路中，康铜桥丝雷管电阻差值不应大于0.25Ω，镍铬桥丝雷管电阻差值不应大于0.8Ω。此外，同一网路中不应使用不同厂家出品的雷管，以免由于点燃起始能相差过大而不能全爆。

(2) 并联。并联的优点是，即使有个别雷管不通，也不会影响整个网路雷管的起爆。因此，它是比较可靠的一种连线方式。其缺点是，由于网路总电流要求很大，一般的起爆器不能胜任；连接导线消耗量多，而且要求主线粗；如有个别电雷管被漏接，从仪表测量中不易发现。

（3）混联。混联又可分为串并联和并串联两类。为保证串并联网路中通入每个串联组的电流等于或大于单纯串联时的准爆电流，以及为保证流入各串联雷管组中的电流大致相等，必须使各串联雷管组的雷管数相同。同理，也要求并串联网路中各并联雷管组的雷管数相同。

混联兼有单纯串联和单纯并联的优点，在同样电压和起爆电流条件下，一次可起爆的雷管数较多。在串并联或并串联均能满足雷管准爆条件时，考虑到连线方便，多采用串并联。

电雷管起爆法的优点是：操作人员可以撤退到安全地点后再给电起爆；可以同时起爆大量雷管；可以准确控制起爆时间和延期时间；可以在爆破之前用仪表检测电雷管和电爆网路。缺点是操作较复杂，作业时间长，需要有足够的电源和消耗导线较多，易受静、杂电影响而早爆。为了安全起见，在进行起爆网路连线时应当停电，以免杂散电流引爆雷管。

2.5.3 导爆索起爆法

导爆索起爆法是利用雷管爆炸引爆导爆索，再经由导爆索网路引起药包爆炸的方法。这种方法因不必在炮孔内装置起爆雷管，故又称为（孔内）无雷管起爆法。

2.5.3.1 导爆索

导爆索是以黑索金或泰安为索芯，以棉线、麻线或人造纤维为被覆材料的传递爆轰波的一种索状起爆器材。

根据使用条件的不同，导爆索分为两类：一类是普通导爆索，另一类是安全导爆索。普通导爆索是目前生产和使用最多的一种导爆索，它有一定的抗水性能，能直接引爆常用的工业炸药。冶金矿山所用的导爆索均属此类。安全导爆索爆轰时火焰很小，温度较低，不会引爆瓦斯和矿尘。

导爆索的结构与导火索相似，不同之处在于导爆索用黑索金或泰安作芯药，所以呈白色，而不是黑色。索芯中有三根芯线，索芯外有三层棉纱和纸条缠绕，并有两层防潮层。最外层表面涂成红色作为与导火索相区别的标志，导爆索是内白外红，导火索是内黑外白。

2.5.3.2 导爆索的网路连接

导爆索通常采用雷管起爆，也可用起爆药包起爆。通常在距末端约100mm处绑扎起爆雷管，聚能穴朝爆区方向。

导爆索相互间连接的接头形式有搭接、水手接和T形接等，如图2-12所示。

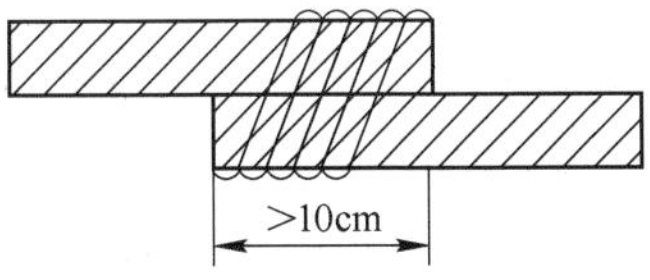

(a)

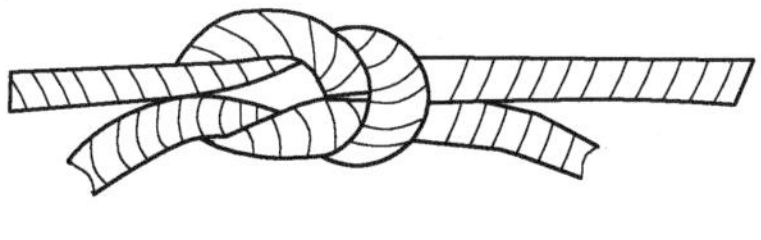

(b)

(c)

图2-12 导爆索间连接形式
（a）搭接；（b）水手接；（c）T形接

导爆索起爆网路的连接方法可分为分段并联和束状并联两种。分段并联是在炮孔之外敷设一条主干索，从炮孔引出的支干索分别同主干索相连接（见图2-13）。这种连接法可靠，导爆索消耗量少，应用较广。束状并联（或称并簇联）是将所有炮孔引出的支干索连成一捆或若干捆，然后同主干索相连接，如图2-14所示。这种连接法导爆索消耗量大，只适用于炮孔比较集中的爆破作业。

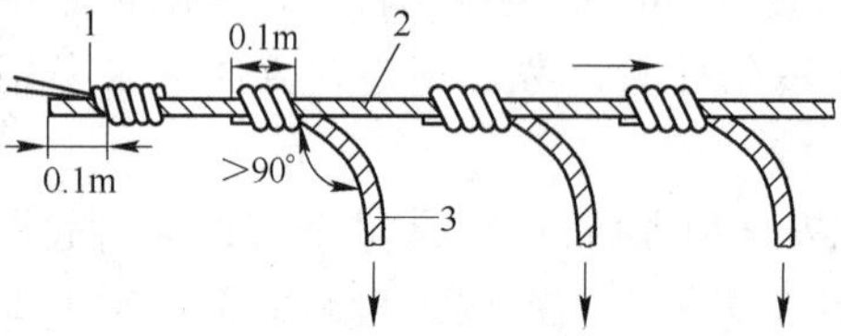

图2-13 导爆索网路分段并联
1—雷管；2—主干索；3—支干索

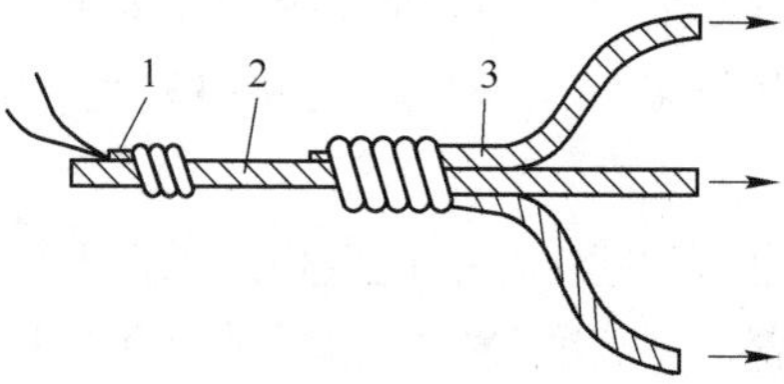

图2-14 导爆索网路束状并联
1—雷管；2—主干索；3—支干索

导爆索起爆法的优点是操作技术比较简单安全，可以使成组药包同时起爆，不受杂散电流、雷电或射频电的干扰；缺点是不能用仪表检测起爆网路的质量，导爆索价格较贵。一般只有深孔爆破或间断装药时使用此法。

2.5.4 导爆管起爆法

在有杂散电流、静电、射频电或雷电干扰存在的地区使用电雷管起爆法，可能会发生意外爆炸事故。在这些情况下宜采用非电起爆的方法。除火雷管起爆法和导爆索起爆法之外，国内外已广泛应用导爆管起爆法。

2.5.4.1 导爆管

典型的导爆管起爆系统由激发器材、激发元件、连接元件和雷管组成。

（1）雷管。雷管分瞬发和延期两类。延期雷管又分秒延期和毫秒延期两类，其延期时间分别与电雷管相对应。

（2）激发器材。导爆管必须用冲击波能起爆，激发枪、雷管、导爆索或起爆药包等都可用于导爆管的起爆。

使用雷管或炸药包激发导爆管时，须将聚能穴背向冲击波传播方向，否则聚能气流及其所挟带的雷管壳金属粒子，有可能超前于导爆管中的冲击波切断导爆管。

（3）连接元件。连接元件的功能是实现导爆管之间的冲击波传播。我国现用的连接元件多由连接块或多路分路器为主体构成。图2-15是由连接块为主体所构成的连接元件。将主发导爆管所连接的一支6号传爆雷管插入连接块中，并用连接块上两块活动的塑料卡子夹住主发导爆管。一支传爆雷管四周可以紧贴四根被发导爆管。从主发导爆管传播过来的冲击波在接块内引爆传爆雷管，转而激发这四根被发导爆管，后者通到起爆雷管（孔内药包），也可以通到另一个连接块。

导爆管的外径只有3mm，而雷管壳的内径为6.18～6.22mm。为了固定导爆管同雷管之间的连接，需要在导爆管外面套上一个塑料卡口塞（见图2-16）。

图2-17是一个由多路分路器为主体构成的连接元件，其作用原理和连接块不一样。

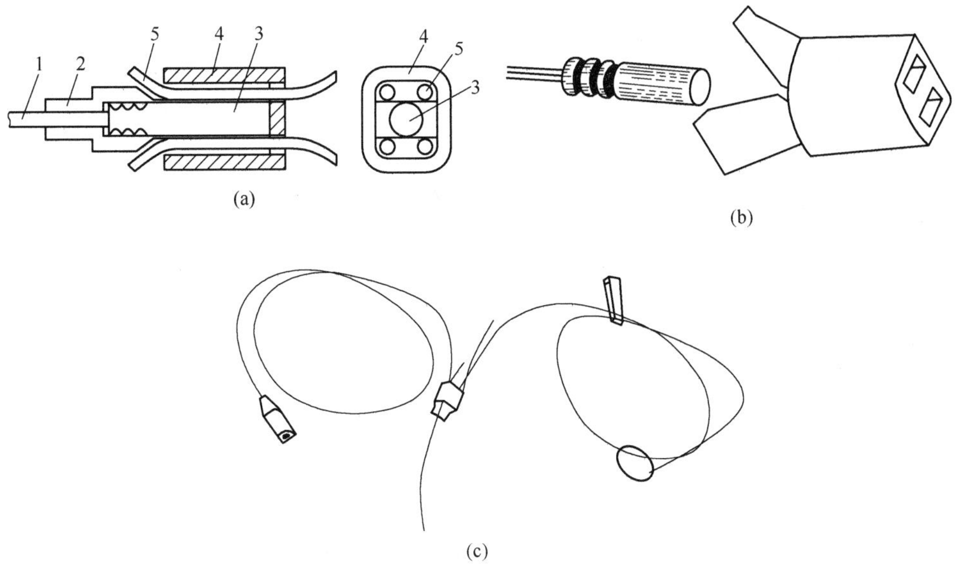

图 2-15 由连接块构成的导爆管连接元件

（a）连接块结构示意图；（b）连接块外貌图；（c）连接元件示意图

1—主发导爆管；2—连接块的塑料卡子；3—传爆雷管；4—接块主体；5—被发导爆管

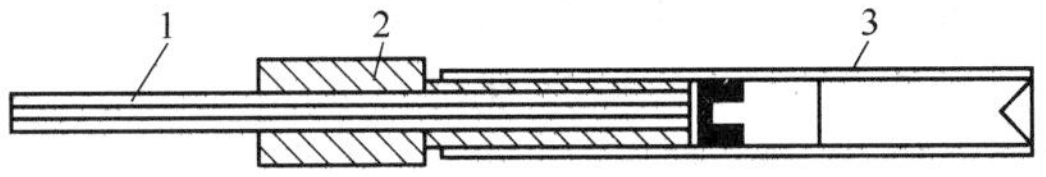

图 2-16 卡口塞的使用

1—导爆管；2—卡口塞；3—雷管

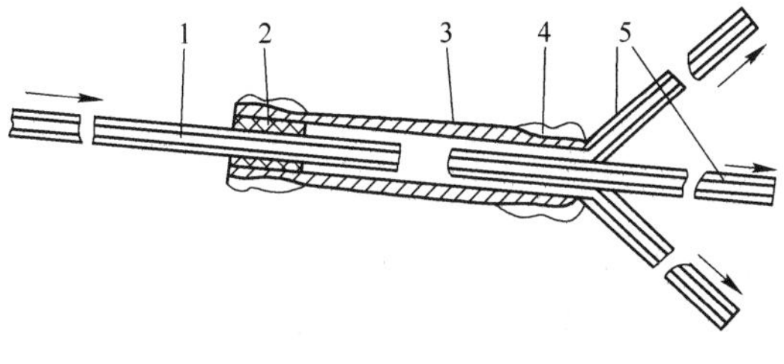

图 2-17 多路分路器构成的导爆管连接元件

1—主发导爆管；2—塑料塞；3—壳体；4—金属箍；5—被发导爆管

它不是通过传爆雷管，而是利用密闭容器中的空气冲击波来实现被发导爆管的激发。通常一根主发导爆管可以通过一个多路器激发几根到几十根被发导爆管。在生产实际中，特别是在同时起爆的炮孔不太多时，多采用绑扎法。

2.5.4.2 导爆管爆破网路

采用导爆管起爆系统时，按爆破工程的实际需要，爆破网路可以连接成各种各样的形式。最基本的爆破网路是串联（见图 2-18a）、并联（见图 2-18b）和簇联（见图 2-18c）。为了提高起爆系统的可靠性，在爆破工程中广泛采用复式爆破网路。复式网路的连接方式

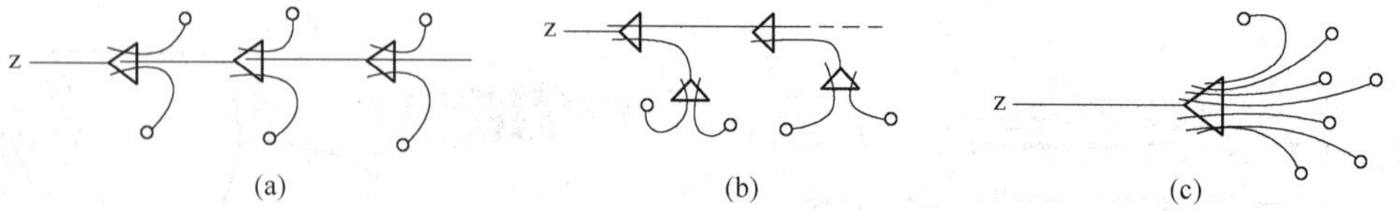

图 2-18　导爆管爆破网路的基本形式
（a）串联法；（b）并联法；（c）簇联法
z—击发元件；—— —导爆管；△ —连接块与传爆雷管；○ —起爆雷管和炮眼

多种多样，图 2-19 是其中的一种，两条网路互相作用，互相补充，大大提高爆破网路的可靠性。

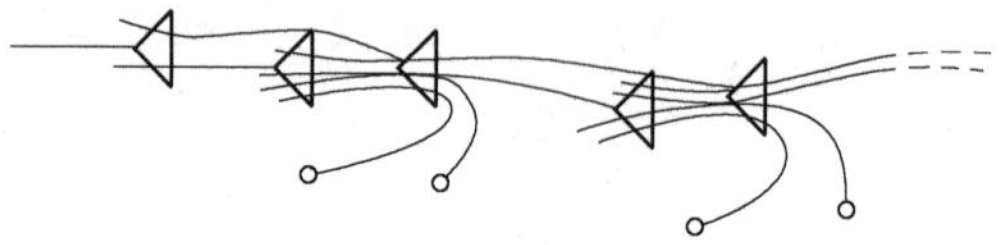

图 2-19　复式导爆管爆破网路

采用导爆管起爆系统时，传爆雷管和起爆雷管根据要求可以采用瞬发的或延期的。进行微差爆破时，通常有两种方法：一种是孔内延期的爆破网路，即传爆雷管采用瞬发雷管，而炮孔中使用毫秒延期雷管；另一种是孔外延期的爆破网路，即炮孔中使用瞬发雷管，而传爆雷管采用毫秒延期雷管。

导爆管起爆系统的优点是：操作简便，比较安全，能抵抗一般杂散电流和静电的干扰；原材料为塑料，可节省大量金属材料、棉纱和起爆药，成本较低。它的缺点是：不能用仪表检测网路连接的质量。由于空气冲击波的产生，它不能应用于有瓦斯或矿尘爆炸危险的地点。

2.6　装药工艺与设备

2.6.1　装药工艺

装药工艺就是将炸药装入炮孔的过程，可以是人工装药或机械化装药。

人工装药一般适合于装药量比较小的小型爆破，或者在没有装药机械的爆破工地。对于小孔径炮孔，人工装药常采用直径略小于炮孔的成品药卷，人工用炮棍将药卷逐个装入炮孔。炮棍用直径与药卷直径相当的木棍，长度视炮孔的深度而定，应比炮孔的深度略长，炮棍必须直，不能用弯曲的木棍。用炮棍将药卷送入炮孔时用力要恰当，不要用力硬往里送，以免损坏炮孔内的起爆线。向直径较大（100mm 以上）的炮孔装填袋装的散药时，人工只能装下向的炮孔。在缺乏必要的运输机械的大型硐室爆破中，也常用人工将袋药送入硐室。

人工装药不需要各种装药机械，技术容易掌握，适合于中小企业采用。当装药量较少、装药结构复杂、药量控制要求高时（如控制爆破），应当首先考虑人工装药。但是人工装药的劳动强度大、效率低、装药密度小，因而大型矿山尤其是露天矿很少采用。

机械化装药是采用各类装药机械代替人工装药，具有机械化程度高、生产效率高、装药密度大等优点，因而被各大型矿山广泛采用。

2.6.2 装药设备

机械化装药设备目前主要有两类：一类是装药车；另一类是装药器。装药器主要用在井下矿山，装药车则用在露天矿。无论是装药车还是装药器，其装药部分的基本原理可以分为以下几类：

（1）喷射式。利用文丘里原理，高速气流在管道中形成负压，将炸药吸入输药管道，压气与炸药一起进入炮孔。

（2）压入式。利用压力将炸药直接压入输药管而送入炮孔。

（3）重力作用式。利用高差，靠炸药自重流入管道送进炮孔。

2.6.2.1 粒状铵油炸药混装车及地面设施

混装车包括混制设备、装药设备和总体设备三大部分。混制设备将分别装在各自容器内的炸药原料按比例混合，配制成粒状铵油炸药，实质上是完成了炸药的制造过程；装药设备完成输送、计量、装药控制、空压等装药工作，是一套完整的装药系统，自动化程度很高；总体设备包括柴油汽车底盘、动力系统、操纵系统和车头。

粒状铵油炸药混装车的炸药输送主要有气力输送式、侧螺旋输送式和高架螺旋输送式三类。HYC-8 型粒状铵油炸药混装车属于气力输送式，其主要装置有储料箱、螺旋输送装置、星形给料装置、喷油装置、计量和操纵装置、传动装置、压气机等，全部装置安装在汽车底盘上，其主要机构如图 2-20 所示。

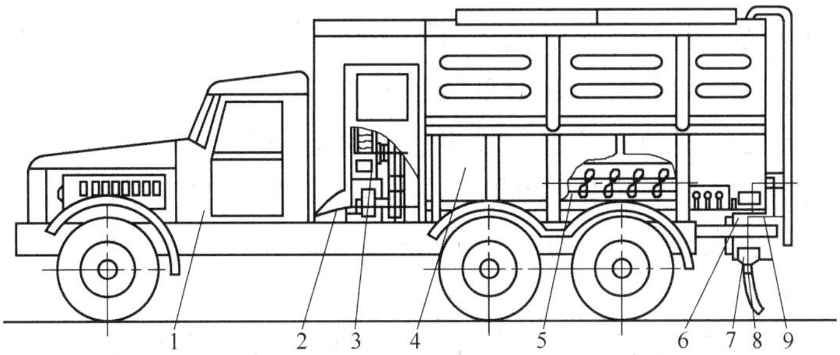

图 2-20 气力输送式粒状铵油炸药混装车

1—汽车底盘；2—传动装置；3—压气机；4—储料箱；5—螺旋输送装置；
6—星形给料装置；7—喷油装置；8—装药管；9—计量、操纵装置

与混装车配套的地面设施有硝酸铵库房、上料装置及加油装置等，如图 2-21 所示。混装车到上料装置处装满硝酸铵，并到加油站加油后，即可驶入爆破现场进行装药作业。

装药车自动化程度较高，效率高，计量准确，操作简便，在爆破现场将硝酸铵与柴油混制成炸药，因而只需要分开的硝酸铵和柴油库房，不需要专门的炸药成品库房。

2.6.2.2 浆状（水胶）炸药装药车、运输车及地面设施

（1）装药车。浆状（水胶）炸药都是流体，装药车利用泵或压气输送设备，按爆破工艺要求将炸药送入炮孔中。我国研制的浆状炸药装药车是在东风 140 型汽车底盘上改制

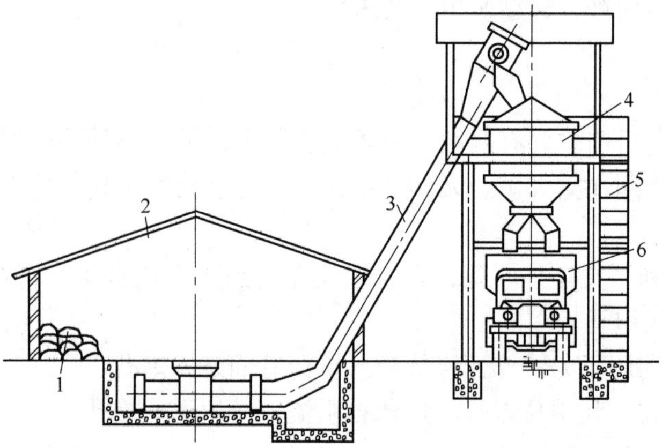

图 2-21 粒状铵油炸药混装车地面设施

1—多孔粒状硝酸铵；2—库房；3—输送机；4—储料罐；5—上料架；6—混装车

成的，装备有动力传动系统、制药输送系统、计量系统、卷管机、气路和清洗装置。

（2）运药车。将混制好的炸药半成品溶液（65%～70%）通过地面装置分别装入 YYC-6 型运药车的两个储罐。储罐内可通以 0.3MPa 以下的压缩空气，以保持输药的连续性和提高装药速度，储罐上部装有液压驱动搅拌装置，此外还装有供冲洗输药管内部残留药液的热水罐，药液储罐容量 6t，外形尺寸为 7600mm×2400mm×2550mm，底盘型号为黄河 JN151。

（3）地面设施。地面设施包括半成品药的制备、保温贮存和药液输送设施三部分。

2.6.2.3 乳化炸药混装车、运输车及地面设施

（1）混装车。它是集制药、装药、计量、控制为一体的完整工作系统。我国研制的 RHC 型混装车是在 15t 汽车底盘上配置的，在地表加工完成的半成品水相、油相乳化液和发泡剂溶液分别输入储罐送到混装车上，在爆破现场由混装车根据不同的配比配制成炸药，用泵直接装入炮孔。

（2）运输车。用 T148SM 翻斗车改装而成，原料溶液储量 7.5t，上面配有乳化炸药配制所需的各种原料溶液储罐以及输送泵和输送管，用来为混装车供应原料溶液。

（3）地面设施。地面设施用于完成半成品（包括水相、油相、乳化剂和混合发泡剂）的制备。

2.6.2.4 多用途混合装药车

多用途混合装药车一车多用，可以用作装药车，也可以用作制药和装药的混装车，可以装散装的铵油类炸药，也可装浆状或乳化炸药。

2.6.2.5 散装炸药装药器

BAF-100 型装药器用于装填粒状铵油或粉状铵油炸药。该装药器为一密闭高压容器，输入 0.2～0.4MPa 压缩空气经调压后进入药桶，由压缩空气将粉状炸药吹入炮孔并压实。装药器结构简单，易于操作，用于地下爆破装药。

2.6.2.6 药卷装药器

药卷装药器有 ZYK-1、FT-28、D-29 等型号，均属风动压力型，适用于井下装药，其

工作原理是用压气将药卷送入孔底，并割破药卷以增大装药密度。

2.6.2.7 地下爆破混装车

地下爆破混装车的作用与露天爆破装药车相同，将炸药原料或半成品装在混装车上，在爆破工作面混制成炸药装入炮孔。

复习思考题

2-1 影响凿岩爆破的基本性质有哪些?

2-2 岩石的分级方法有哪些?

2-3 岩石钻凿的破岩机理是什么?

2-4 浅孔凿岩机由几部分组成? 各部分的作用是什么?

2-5 简述常用的凿岩机械。

2-6 潜孔凿岩机与牙轮钻机破岩机理的区别是什么?

2-7 简述常用的起爆器材。

2-8 简述常用的传爆器材。

2-9 简述矿山常用炸药。

2-10 矿山常用起爆方法有哪些?

3 地下采矿工程

3.1 矿床开拓方法

矿床埋藏在地下数十米至数百米，甚至更深。为了开采地下矿床，必须从地面掘一系列井巷通达矿床，以便人员、材料、设备、动力及新鲜空气能进入井下，采出的矿石、井下的废石、废气和井下水能排运到地面，亦即要建立矿床开采时的行人、运输、提升、通风、排水、供风、供水、供电、充填等系统，这一工作称为矿床开拓。这些系统不一定每个矿山都有，例如，用充填法开采时才有充填系统，用平硐开拓时可不设机械排水系统。

矿床开拓是矿山的主要基本建设工程。一旦开拓工程完成，矿山的生产规模等就已基本定型，很难进行大的改变。矿井开拓方案的确定是一项涉及范围广、技术性与政策性很强的工作，应予以重视。

开拓井巷按照所担负的任务，可分为主要开拓井巷和辅助开拓井巷两类。用于运输和提升矿石的井巷称为主要开拓井巷，如作为主要提运矿石用的平硐、竖井、盲竖井、斜井、盲斜井以及斜坡道等；用于其他目的井巷，一般只起到辅助作用的称为辅助开拓井巷，如通风井、溜矿井、充填井、石门、井底车场及阶段运输平巷等。

矿床开拓方法都以主要开拓井巷来命名，例如，主要开拓巷道为竖井时，称为竖井开拓法。地下矿床开拓方法很多。作为开拓方法分类，应力求简单，概念明确，并且要能够适应新技术发展的需要。一般，开拓方法分成两大类，即单一开拓法和联合开拓法。凡在一个开拓系统中只使用一种主要开拓井巷的开拓方法称为单一开拓法；在一个开拓系统中，同时采用两种或多种主要开拓井巷的开拓方法称为联合开拓法。例如上部矿体采用平硐开拓，下部矿体采用盲竖井开拓，这就构成了联合开拓法。

随着井下无轨采矿设备的出现，开始出现斜坡道开拓的矿井。斜坡道是用于行走无轨设备的斜巷，无轨设备可以从地面直驶井下工作地点，但斜坡道施工工程量大，只有特大型矿山用斜坡道运送矿石。

3.1.1 竖井开拓法

主要开拓巷道采用竖井的开拓方法称为竖井开拓法。当矿体倾角大于45°或小于15°，且埋藏较深时，常采用竖井开拓。由于竖井的提升能力较大，故常用于大中型矿井。竖井开拓法在矿床开采中被广泛采用。

竖井内的提升容器可以是罐笼或箕斗，或既有罐笼又有箕斗，这些井筒分别称为罐笼井、箕斗井和混合井。罐笼提升灵活性大，但生产能力低；箕斗提升能力大，但不能提升人员和材料。装矿、卸矿系统复杂。一般认为，矿石年产量在30万吨以下，井深在300m左右时，采用罐笼提升；矿石年产量超过50万吨，深度大于300m时，通常采用箕斗提升；当开拓深度较大、地质条件复杂、施工困难时，为减少开拓工程量和适当减少井筒数目，可考虑采用混合井。

竖井根据其与矿体位置的不同有下盘竖井、上盘竖井、侧翼竖井和穿过矿体的竖井四种。

（1）下盘竖井开拓法。图3-1所示是位于矿体下盘岩石移动界线以外的下盘竖井开拓法。每个阶段从竖井向矿体开掘阶段石门通达矿体。这种开拓方法是竖井开拓中应用最多的方法。

下盘竖井井筒处于不受矿体开采影响的安全位置，不需留保护矿柱。其缺点是竖井越深，特别是矿体倾角较小时石门长度越大。

（2）上盘竖井开拓法。图3-2所示是将竖井布置在矿体上盘岩石移动界线以外的上盘围岩中的上盘竖井开拓法。每个阶段从竖井向矿体开掘阶段石门，阶段石门穿过矿体后再在矿体或下盘岩石中开掘阶段运输平巷。

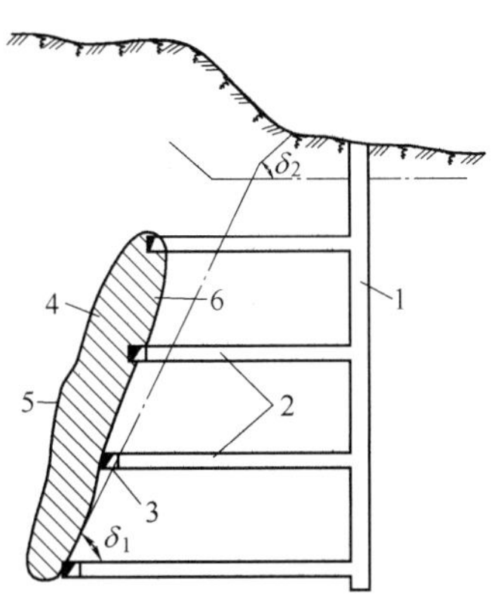

图3-1　下盘竖井开拓方案
1—竖井；2—石门；3—平巷；4—矿体；
5—上盘；6—下盘

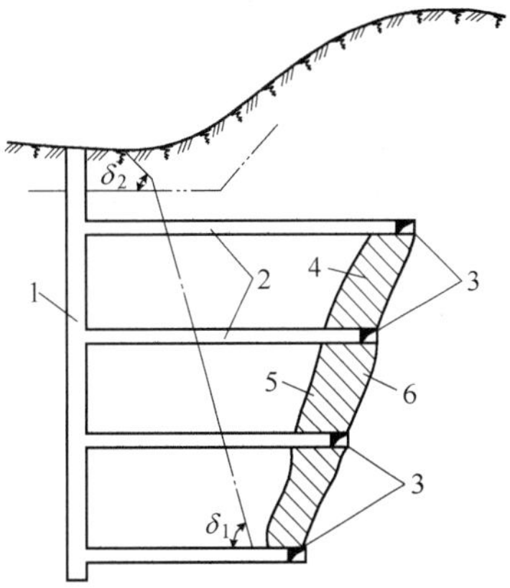

图3-2　上盘竖井开拓方案
1—竖井；2—石门；3—平巷；4—矿体；
5—上盘；6—下盘

上盘竖井开拓法的缺点是一开始就要开掘很长的阶段石门，基建时间长，初期投资大。

（3）侧翼竖井开拓法。侧翼竖井开拓法是指将主竖井布置在矿体走向一端的端部围岩或下盘围岩中的开拓方法，如图3-3所示。此时从竖井向矿体开掘阶段石门后只能单向掘进阶段运输平巷，故矿井的基建速度慢。

（4）穿过矿体竖井开拓法。当矿体倾角很小，平面投影面积很大时，可采用竖井穿过矿体开拓法（见图3-4）。若采用下盘竖井开拓，则石门长度非常长。采用竖井穿过矿体方案需留保安矿柱。当矿体埋藏深度不大，矿体倾角很缓时，保安矿柱矿量不大，矿石损失有限。例如在开采水平及缓倾斜矿体时较广泛采用这种方法。

3.1.2　斜井开拓法

用斜井作为主要开拓巷道的开拓方法称斜井开拓法。它主要适用于倾角15°~45°的矿体、埋藏深度不大、表土不厚的中小型矿山。但采用胶带运输机的斜井可适用于埋藏较深的大型矿井，且可实现自动化。斜井开拓与竖井开拓相比具有施工简便、投产快等优点，

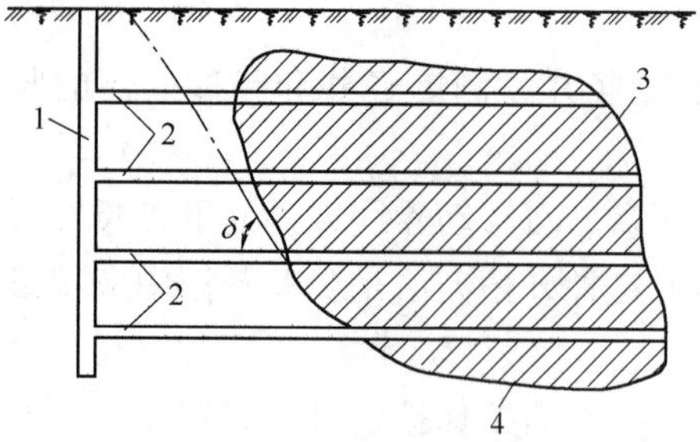

图 3-3 侧翼竖井开拓方案

1—竖井；2—石门；3—矿体；4—地质储量界线

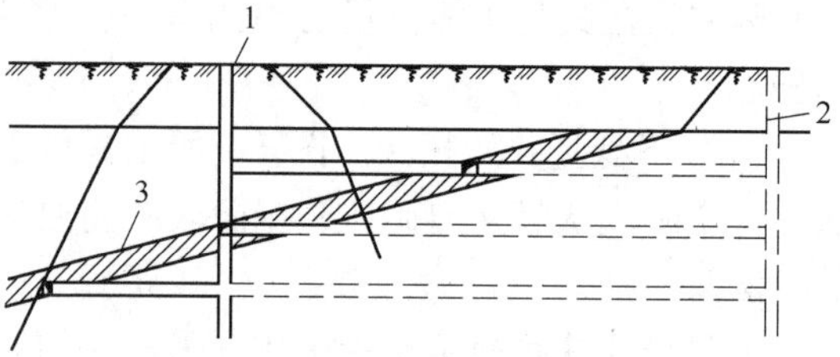

图 3-4 穿过矿体的竖井开拓法

1—穿过矿体的竖井；2—下盘竖井井位；3—保安矿柱

但开采深度及生产能力受提升能力限制，不能太大。

根据所用的提升容器，对斜井倾角有不同的要求：胶带运输机，不大于18°；串车提升，不大于25°~30°；箕斗和台车，不小于30°。但是倾角大的斜井施工和铺轨都很复杂，一般使用很少。斜井按其与矿体的相对位置，可分为脉内、下盘、侧翼三种。

（1）脉内斜井开拓法。脉内斜井开拓是将斜井开掘在矿体内靠近底板的位置上，如图 3-5 和图 3-6 所示。它适用于矿体倾角稳定、底板起伏不大、矿体厚度不大的缓倾斜矿体。

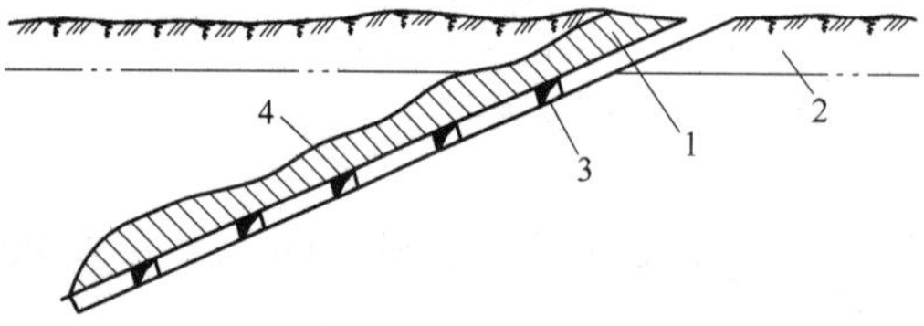

图 3-5 脉内斜井开拓法

1—脉内斜井；2—表土层；3—阶段平巷；4—矿体

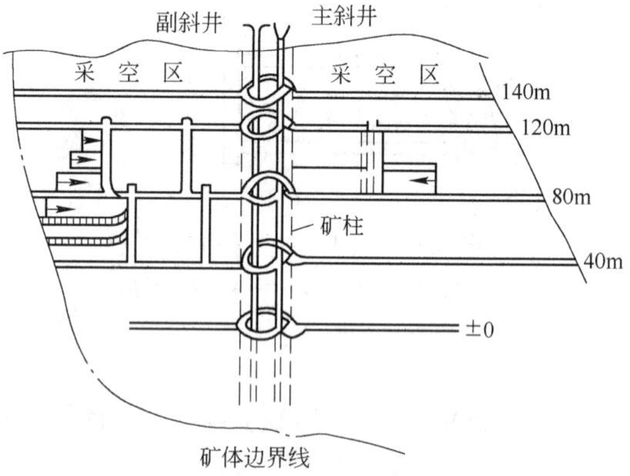

图 3-6 某矿脉内斜井开拓方案

（2）下盘斜井开拓法。图 3-7 所示是将斜井布置在矿体下盘围岩中的下盘斜井开拓法。斜井通过阶段石门与矿体联系。石门长度视围岩稳固程度而定，要求斜井上部矿体开采时产生的压力不致影响斜井的维护为宜，一般不小于 5m。考虑这段距离时，还应该考虑到斜井车场布置时与阶段运输平巷相连所需的距离。

当矿体倾角小于或等于所选用的提升容器要求的极限倾角时，斜井倾角与矿体倾角相同；反之，斜井必须呈伪倾斜开掘（见图 3-8）。

伪倾斜斜井倾角 γ、矿体倾角 α、伪倾斜斜井水平投影与走向线的夹角 β（见图 3-9）三者关系式为

$$\tan\gamma = \sin\beta \times \tan\alpha$$

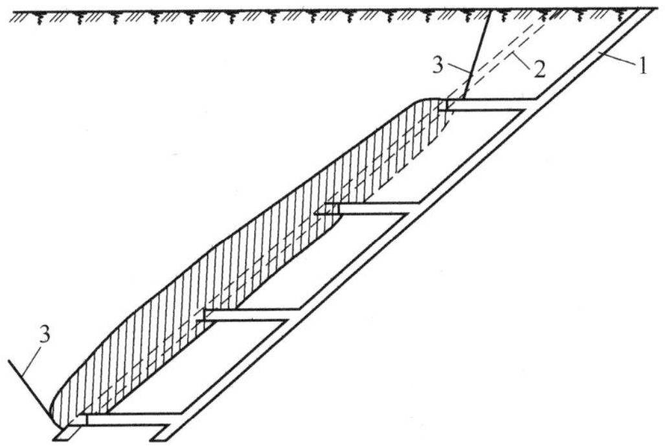

图 3-7 下盘斜井开拓法
1—主斜井；2—矿体侧翼辅助斜井；3—岩石移动界线

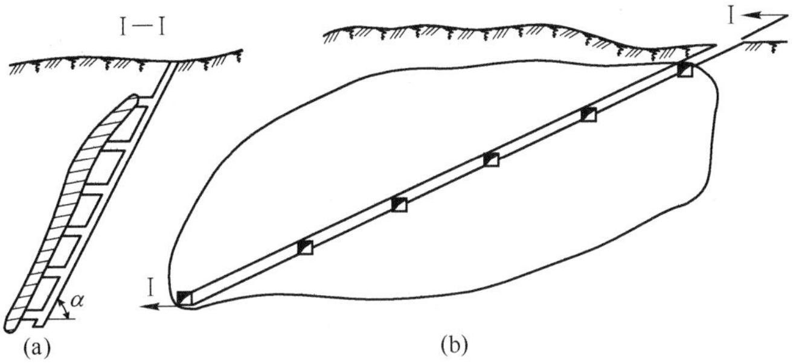

图 3-8 伪倾斜斜井开拓
（a）垂直走向投影图；（b）沿走向投影图

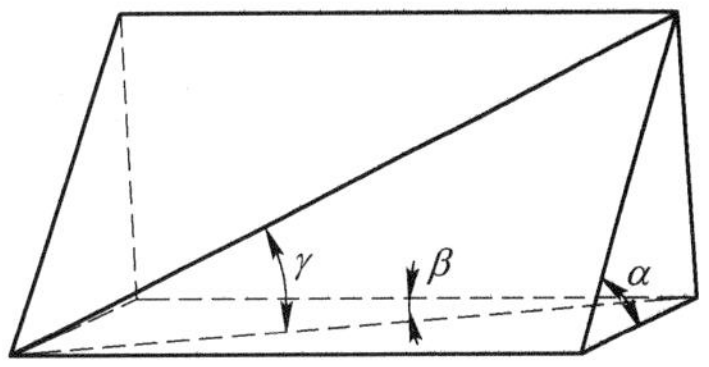

图 3-9 伪倾斜角与倾斜角关系

（3）侧翼斜井开拓法。图 3-10 所示是将斜井布置在矿体侧翼端部岩石移动界线以外的侧翼斜井开拓法。这种开拓方法主要是用于矿体受地形或地质构造的限制，无法在矿体的其他部位布置斜井时；特别是矿体走向不大时，侧翼式开拓有可能减少运输费用和开拓费用。

胶带运输机斜井开拓在我国有应用，最大长度已达 800m 以上。

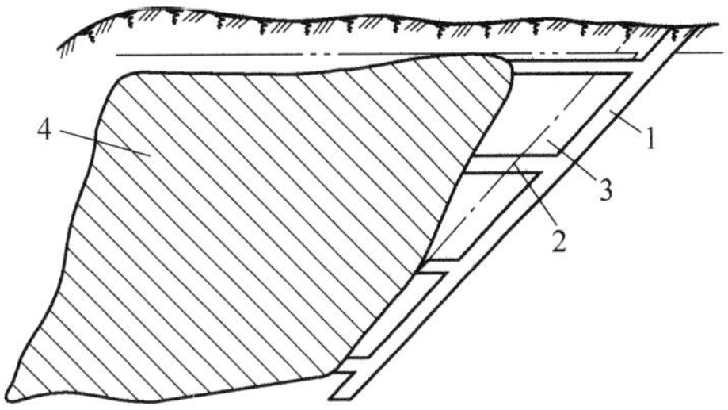

图 3-10 侧翼斜井开拓法
1—斜井；2—石门；3—矿体侧翼岩石移动角；4—矿体

3.1.3 平硐开拓法

以平硐为主要开拓巷道的开拓方法称为平硐开拓法。平硐开拓法只能开拓地表侵蚀基准面以上的矿体或部分矿体。矿体赋存高度较大时，可以采用多个平硐开拓，一般最低的平硐称为主平硐，它担负上部各阶段矿石的集中运输任务，上部各阶段的矿石都通过溜井（个别矿用地表明溜槽）溜放到主平硐。上部各阶段可以与地面贯通，也可不贯通，但为了施工、排废石和通风方便，多数矿山都与地表贯通。

主平硐与上部各阶段间人员、材料和设备的运送，有时通过辅助井筒（竖井、斜井、盲竖井、盲斜井）提升，有时也通过地面公路连通上部各平硐口。

平硐开拓法在我国矿山中应用较广，主平硐最长的达 7000 多米。这类长平硐开拓时，为缩短基建时间，常采取在平硐的中部位置开掘措施井（斜井、竖井）的办法进行多头掘进。

平硐开拓法具有施工简单，速度快，无需开掘井底车场以及不需要提升、排水设备等主要优点，凡具备平硐开拓条件的矿山一般都优先选用平硐开拓法。

平硐开拓法视平硐与矿体的相对位置关系有穿脉平硐开拓法和沿脉平硐开拓法。这主要是取决于外部运输及工业场地与矿体联系的方便程度。

（1）穿脉平硐开拓法。主平硐与矿体垂直或斜交的平硐称为穿脉平硐。根据平硐进入矿体时所在的位置可分下盘穿脉平硐和上盘穿脉平硐两类。

图 3-11 所示为下盘穿脉平硐开拓示意图。主平硐 1 开掘在 598m 水平，阶段高度 40m，主平硐以上各阶段的矿石通过主溜井 2 溜放至主平硐，由电机车牵引矿车运至选矿厂。主平硐与各阶段之间由辅助竖井 3 连通，以解决人员、材料及设备的上下。

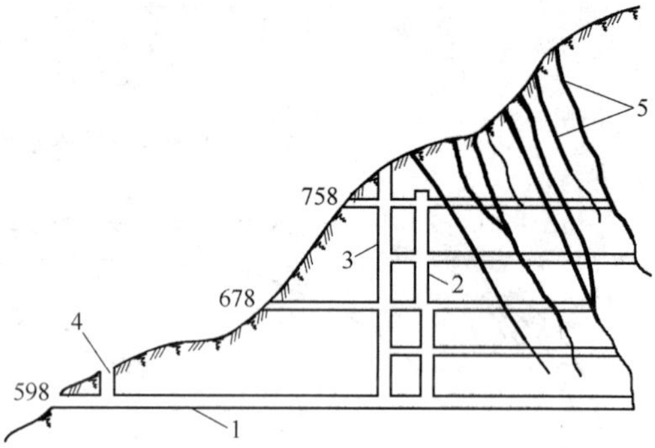

图 3-11 下盘穿脉平硐开拓方案

1—主平硐；2—主溜井；3—辅助竖井；4—入风井；5—矿脉

图 3-12 所示为上盘穿脉平硐开拓。主平硐从矿体上盘进入矿体。为使其不受下部矿体开采时岩层移动的影响，开采平硐下部的矿体时，需要留保安矿柱。

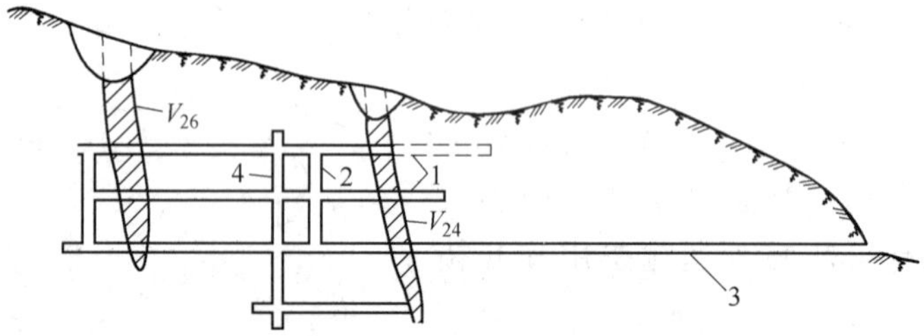

图 3-12 上盘穿脉平硐开拓方案

1—阶段平巷；2—溜井；3—主平硐；4—辅助盲竖井

（2）沿脉平硐开拓法。平硐开掘方向与矿体走向平行的平硐称沿脉平硐。其根据所在位置可分为脉外平硐和脉内平硐两类。

图 3-13 所示为下盘脉外沿脉平硐开拓。根据地形和工业场地的条件，采用沿脉平硐开拓工程量最小，因为沿脉平硐实质上就是阶段运输平巷。

图 3-14 所示为脉内沿脉平硐开拓。主平硐及各阶段平硐都开掘在矿体内。上阶段矿石分别通过溜井 3、4、5 溜放到主平硐 1。人员、设备和材料升降由辅助盲竖井 2 担负。

这种开拓方法投资少、出矿快，并可起到勘探作用，所以多为小型矿山所采用。

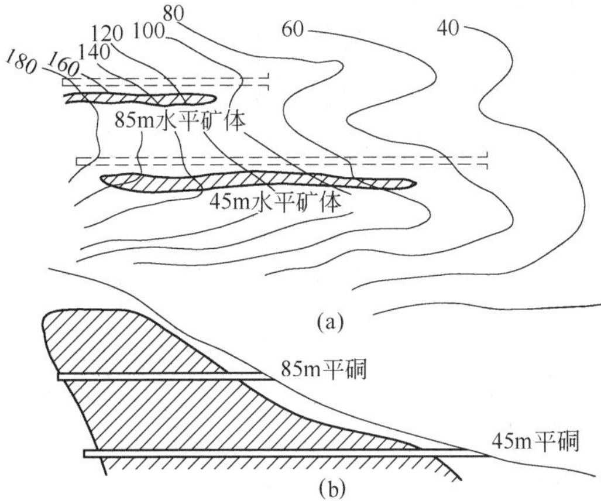

图 3-13 下盘脉外沿脉平硐开拓方案
（a）坑内外对照图；（b）纵投影图

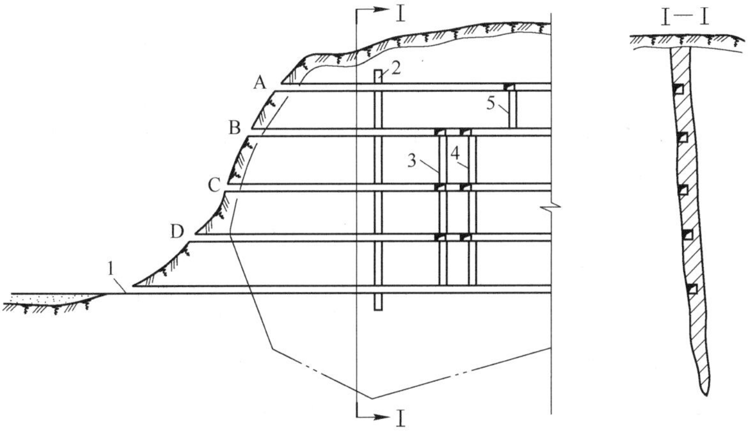

图 3-14 脉内沿脉平硐开拓方案
1—主平硐；2—辅助盲竖井；3，4—主溜井；5—溜井；
A ~ D—上部阶段平硐

3.1.4 斜坡道开拓法

近几十年来，以铲运机为代表的地下无轨采矿设备广泛使用。铲运机集铲装、运输、卸载三功能于一体，不需经过中转环节，因而工作简单、效率高、产量大。特别是大型地下自卸汽车的广泛应用。斜坡道就是适应无轨设备通行而产生的。

斜坡道是一种行走无轨设备的倾斜巷道。用斜坡道作为主要开拓巷道的开拓方法称为斜坡道开拓法。斜坡道一般宽 4 ~ 8m，高 3 ~ 5m，坡度为 10% ~ 15%。使用大型设备时斜坡道弯道半径大于 20m，使用中小型设备时大于 10m。路面结构根据其服务年限可以是混凝土路面或碎石路面。斜坡道开拓适用于开采大型或特大型的矿体；斜坡道形式有螺旋式和折返式两种。

图 3-15 所示为螺旋式斜坡道的结构，它的几何图形是圆柱螺旋线或圆锥螺旋线，其优点是开拓工程量小，但施工困难，行车时司机视距小，安全性差。图 3-16 所示为下盘沿走向折返式斜坡道的结构，它是由直线段和曲线段（折返段）联合组成的。直线段变换高程，曲线段变换方向。直线段坡度一般不大于 15%，曲线段近似水平。其优缺点与螺旋式相反。

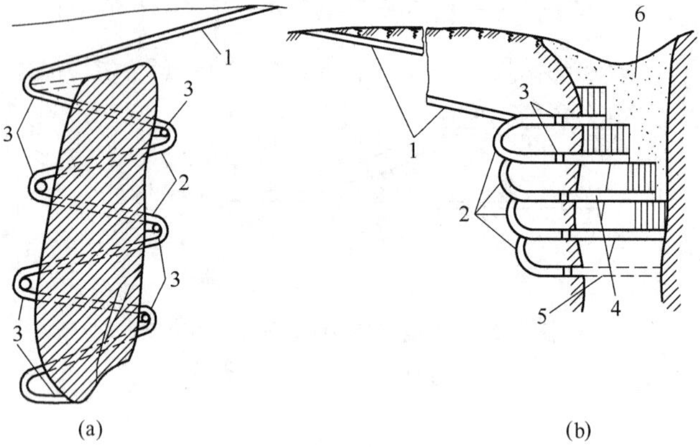

图 3-15　螺旋斜坡道开拓法

（a）环绕柱状矿体螺旋道开拓；（b）下盘螺旋道

1—斜坡道直线段；2—螺旋斜坡道；3—阶段石门；4—回采巷道；5—掘进中巷道；6—崩落覆岩

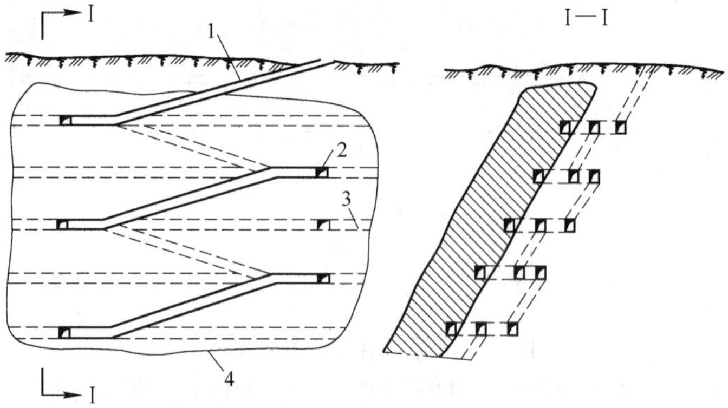

图 3-16　折返式斜坡道开拓法

1—斜坡道；2—石门；3—阶段运输巷道；4—矿体沿走向投影

3.1.5 联合开拓法

采用两种或两种以上的主要开拓巷道联合开拓一个井田的方法称联合开拓法。

用平硐开拓时，平硐以下矿体的开拓以及某些埋藏较深的矿床，或者生产矿井深部发现新矿体时，限于提升能力的关系，对深部矿体采用盲井开拓都可构成联合开拓。

联合开拓法根据井筒类型的不同可分为平硐与盲井（盲竖井、盲斜井）联合开拓法、竖井与盲井（盲竖井、盲斜井）联合开拓法、斜井与盲井（盲竖井、盲斜井）联合开拓法、斜坡道联合开拓法。

3.1.5.1 平硐与盲井（盲竖井、盲斜井）联合开拓法

图3-17所示为一个地平面以上矿体采用平硐开拓，平硐以下矿体采用盲竖井或斜井开拓的平硐与盲井联合开拓法。受地形限制，采用盲井开拓，下部矿体可以大幅度减少石门长度，但是增加了提升系统，加大了工程量和运输的转运环节。这种方法一般在下列条件下应用：

（1）矿体部分赋存在地平面以上，部分赋存在地平面以下；上部采用平硐溜井开拓法，采用平硐与盲井（盲竖井、盲斜井）联合开拓法开拓地平面以下的矿体。

（2）矿体全部赋存在地平面以下，但地表地形限制不能开掘明竖井或明斜井，故采用平硐与盲井（盲竖井、盲斜井）联合开拓法开拓地平面以下的矿体。

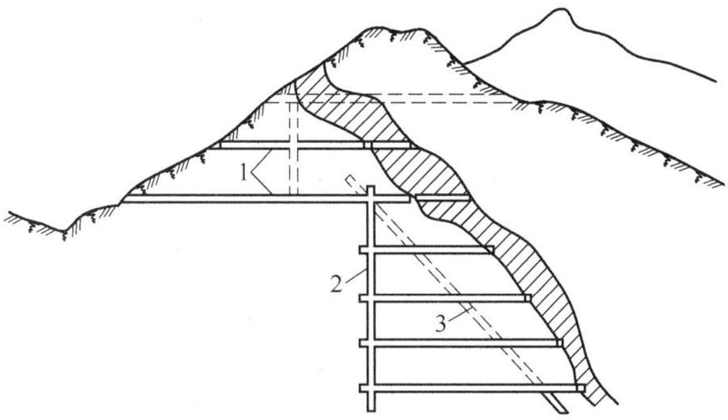

图3-17 平硐与盲竖井联合开拓法
1—主平硐；2—盲竖井；3—盲斜井井位

3.1.5.2 竖井与盲井（盲竖井、盲斜井）联合开拓法

一般在下述情况下应考虑用竖井与盲竖井或盲斜井联合开拓：

（1）矿体埋藏深度较大，或者井田深部发现了新矿体，现有井筒在深部开拓对提升能力不能满足要求时。

（2）矿体深部倾角显著改变，或石门长度大大增加时。

图3-18所示为竖井与盲竖井的联合开拓法。

上部矿体采用明竖井1开拓，深部开拓用多段盲竖井2开拓。明井开拓深度取决于单井最大提升能力。深部采用多段盲井开拓可加大提升能力，缩短石门长度。

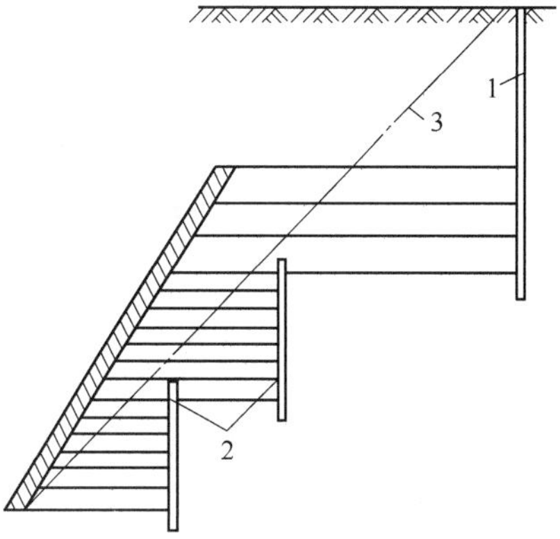

图3-18 竖井与盲竖井的联合开拓法
1—竖井；2—盲竖井；3—下盘移动线

倾斜与缓倾斜矿体深部的开拓可采用上盘明竖井与下盘盲斜井联合开拓，如图3-19所示。

图3-19（a）所示为600～800m以上采用竖井开拓。竖井与矿体相交处的下部矿体采用下盘盲斜井开拓。出矿采用斜井、竖井两段提升。深部采用盲斜井开拓可缩短石门长度。图3-19（b）所示为上部矿体采用明斜井开拓。当明斜井长度相当长时，掘进明竖井，将一段斜井提升改为斜井、竖井两段提升。

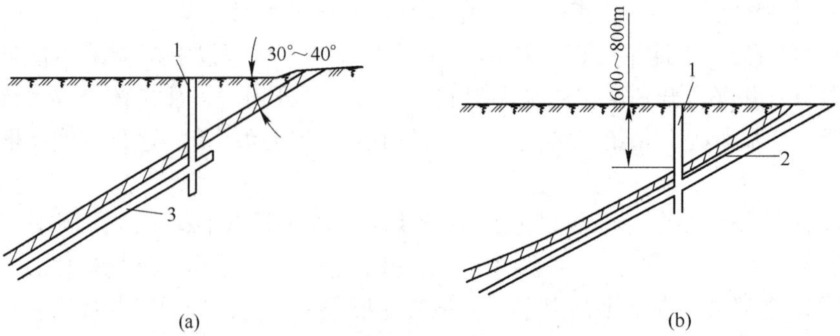

图 3-19　竖井与盲斜井联合开拓法
（a）竖井盲斜井开拓；（b）斜井竖井开拓
1—上盘明竖井；2—明斜井；3—盲斜井

3.1.5.3　斜井与盲井（盲竖井、盲斜井）联合开拓法

斜井与盲井（盲竖井、盲斜井）联合开拓法的原理同竖井与盲井（盲竖井、盲斜井）联合开拓法。

图 3-20 所示是某铁矿采用上盘斜井与盲斜井开拓急倾斜矿体的实例。斜井倾角 11°～16°，采用多段皮带运输机提升。矿体厚 30～90m。矿体上部为疏干的湖底，地形起伏很大，难以布置主井和工业场地。辅助竖井位于疏干的小岛上。皮带运输机总长近 1800m。

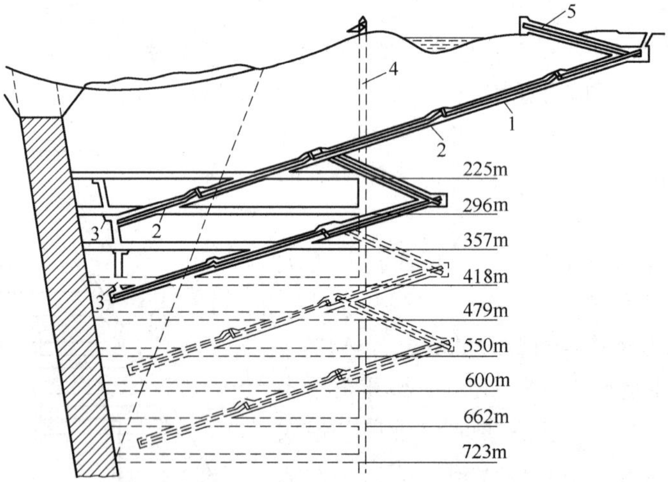

图 3-20　斜井与盲斜井联合开拓法
1—斜井；2—皮带运输机；3—地下破碎装载机组硐室；
4—辅助竖井；5—皮带走廊

3.1.5.4　斜坡道联合开拓法

斜坡道联合开拓法就是以斜坡道作为主井或副井与其他开拓巷道或斜坡道联合开拓矿体的方法。

图 3-21 所示上部矿体采用竖井开拓，下部矿体采用折返斜坡道开拓。斜坡道可采用自行设备运输，也可采用带式运输机。图 3-21 所示的竖井下部矿石系采用带式运输机提升。

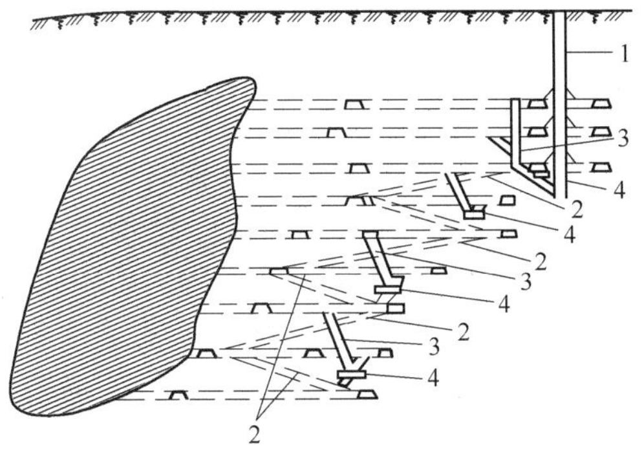

图 3-21　竖井斜坡道联合开拓法
1—竖井；2—折返式斜坡道；3—溜井；4—破碎装载机组硐室

3.2　主要开拓巷道

3.2.1　各种主要开拓巷道的特点

3.2.1.1　平硐与井筒的比较

与井筒开拓相比，平硐开拓具有以下许多优点：

（1）施工简单，基建速度快。

（2）掘进费用低，无须开掘井底车场和硐室，因此基建投资少。

（3）平硐用电机车运输，比井筒开拓用绞车提升的费用低，而且不需要提升设备、井架及绞车房。

（4）采用自流排水，排水费用低，无需水泵房、水仓等设施。

（5）平硐运输要比井筒提升安全可靠。

正是由于平硐开拓有许多优点，所以不少矿山宁可选用数千米长的平硐开拓矿体，也不采用井筒开拓法。

3.2.1.2　竖井与斜井的比较

竖井与斜井相比具有以下特点：

（1）提升能力。竖井长度比斜井小，允许的提升速度大，因此生产能力比斜井大得多。但是用钢绳胶带运输机的斜井，也具有较大的生产能力，而且生产能力不受井筒长度的影响。

（2）开拓工程量。竖井断面比斜井小，长度也比斜井短；斜井开拓的石门长度比竖井短，斜井井底车场比竖井简单，掘进工程量小。

（3）施工技术。竖井施工技术和掘井装备比斜井复杂，斜井施工比较简单。

（4）生产经营费。竖井提升速度快，提升长度小、阻力小，因此提升费用比斜井低。斜井由于长度大，钢绳、管道长度大，阻力大，维修量大，因此其提升和排水费均比竖井大。

(5) 安全方面。斜井维护条件差，特别是用钢绳提升时，易发生脱轨和断绳跑车事故；竖井井筒维修条件好，提升故障少。

综上所述，从使用角度来看，竖井优越性较大；从施工技术和施工速度来看，斜井优越性较大。在实际工作中，大、中型矿山使用竖井较多，小型矿山使用斜井较多。

3.2.1.3 斜坡道与井筒的比较

斜坡道与竖井、斜井相比，其突出的优点是掘进快，投产早。斜坡道掘进时采用包括凿岩台车和铲运机在内的一整套无轨自行设备，效率很高，掘进速度也很快。一般开采浅部矿体时，两年左右的时间就可投产。一条单一斜坡道既可作主井出矿，又可作副井运送材料、人员等，只要配以通风系统就可形成生产系统。当开采较深矿体时，可另开掘竖井出矿，斜坡道改作副井，通行各种无轨设备，并运送材料、人员。

斜坡道的缺点是巷道工程量大，比竖井掘进量多 3 ~ 4 倍。此外，无轨设备投资大，维修技术复杂，采用内燃机动力无轨设备通风费用高也是一个缺点。

3.2.2 主要开拓巷道类型选择的影响因素

(1) 地形条件。矿床埋藏在地表侵蚀基准面以上时应尽可能选择平硐，平硐以下的矿体可用盲竖井或盲斜井开拓。当盲井井口距地表高程不很大时，有的矿山将盲井卷扬机房设在地表，避免开凿复杂的井下卷扬硐室。

(2) 矿井规模及开采深度。选用竖井或是斜井，首先取决于选用的提升容器在矿床开采深度范围内能否满足矿井的生产能力。一般竖井提升和斜井用胶带运输机时能在较大的开采深度下满足较大的矿井生产能力，适用于大型矿井。斜坡道开拓可以达到较大的生产能力，但深度加大时（一般不宜超过 300 ~ 400m），无轨设备运输费用升高，经济上不合理。串车、台车提升的斜井，适合于中小型生产能力的矿山。在选择主要开拓巷道类型时应先进行提升能力计算和设备选型。

(3) 矿体倾角。用竖井开拓缓倾斜矿体时，深部石门长度增大，而缓倾斜矿体用斜井开拓时，石门长度很短。仅从这一点考虑，急倾斜矿体宜用竖井，倾角 10° ~ 40°的矿体宜用斜井，倾角小于 18°时规模较大时可用胶带运输机斜井。但最终还应综合考虑生产能力、埋藏深度和围岩物理力学性质来选定。

(4) 围岩物理力学性质。井巷通过流砂层、含水层、破碎及不稳固岩层时，需要采取一些特殊掘进措施，在这方面竖井施工要比斜井、斜坡道有利得多，因此应考虑采用竖井。

上述各因素常是相互影响的，要进行综合考虑和技术经济比较来选定主要开拓井巷的类型。

3.3 辅助开拓工程

任何一个矿井，要保持正常生产，必须要有两个或两个以上通达地面的独立出口，以利于通风及安全出入。主要开拓巷道一般只供提升和运输矿石。辅助开拓巷道主要是提供矿井的通风，上下人员、设备和材料，提升废石，有时任务过于饱满，还将兼负提升一部分矿石的任务。辅助开拓巷道还应完成溜矿、输送充填料、布设管道及其他为进行采矿而开掘的各种专用硐室设施等。辅助开拓巷道包括副井（平硐）、通风井、溜井、充填井、石门、井底车场及井下硐室等。

具体而言，辅助开拓巷道工程的作用有：

（1）备用出口，安全规程规定要求地下开采不得少于两个安全出口。

（2）井下通风，需有单独的进风与出风井巷。

（3）解决提升与水平运输的衔接。

（4）满足人员上下、设备调配、废石排出、变电、排水、地下破碎装载、充填、机修等要求。

3.3.1 副井硐

副井硐是指副井与副平硐而言，和主井、主平硐是相对应的，也属Ⅰ级保护物。它的作用是辅助主井硐完成一定量的提升任务，并作为矿井的通风和安全通道。副井硐根据需要可安装提升或运输设备、行人管道间格，通过它辅助提升设备、材料和人员，或者提升废石和一部分矿石。

在不同的开拓方法中，副井硐有不同的配置要求。竖井开拓，用罐笼井作提升井时，一般不开副井，由罐笼井来承担副井的作用；用箕斗井或混合井作提升井时，由于井口卸矿会产生大量粉尘，影响入风，故安全规范规定，不允许箕斗井和混合井作为入风井。为解决入风问题，必须开掘副井，与另掘专为排风的通风井构成一个完整的通风系统。罐笼井也需与另掘专为排风的通风井构成成对的通风系统。斜井开拓，主斜井装备串车或台车时，和竖井的罐笼井一样，可以不开副井，利用串车或台车进行辅助提升，并作为入风井使用；主斜井装备箕斗时，必须开掘副井；若主斜井装备胶带运输机，在胶带运输机一侧又铺设轨道作辅助提升时，可以不开副井；单是装备胶带运输机，仍需单独开掘副井。副井为竖井时，提升容器为罐笼，罐笼可以是单层或双层，单罐或双罐。副井中应设管缆间和梯子间，人梯应随时保持完好，以作备用安全出口。副井为斜井时，可用串车或台车提升。

至于平硐开拓，其辅助开拓系统有多种形式：

（1）通过副井（竖井或斜井）联系平硐水平以上各个阶段。此副井可以开成明井，直接与地面联系；也可开成盲井经主平硐与地面联系。提升量大的矿山应尽量采用明井。

（2）在主平硐水平以上每个阶段或间隔一个阶段用副平硐与地面联系。这种副平硐可用来通风或排弃废石；若兼作其他辅助运输用时，要从地表修筑山坡公路或装备斜坡卷扬，以便和工业场地相联系。

（3）采用上面两种结合形式，即用副竖井提升人员、设备和材料，而用副平硐排放废石。

副井硐的具体位置，应在确定开拓方案时和主井硐的位置做统一考虑。副井硐位置确定的原则也和主井硐相同，所不同的只是副井硐与选矿厂关系不大，不受运矿因素的影响。副井硐与主井硐的关系，既可作集中布置又可分散布置，如图3-22所示。

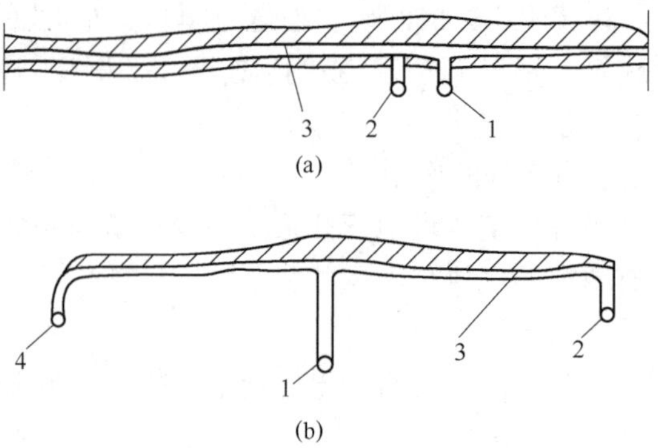

图 3-22 主副井布置形式
（a）集中布置；（b）分散布置
1—主井；2—副井；3—平巷；4—风井

如地表地形和运输条件允许，副井应尽可能和主井靠近，两井之间保持不小于 30m 的安全防火间距，这种布置形式称为集中布置。如地表地形条件和运输条件不允许做集中布置，则副井只能根据工业场地、运输线路和废石场位置等另外选点，两井筒间会相隔很远，这种布置形式称为分散布置。

图 3-23 所示是某铅锌矿用上盘竖井开拓时主副井中央集中布置的实例。该主副井布置在矿体上盘的中央，相距 45km，主井净直径 4m，用 3. 1m^3 的双箕斗提升矿石；副井净直径 5. 5m，供提升人员、设备、材料及废石，副井与东西两侧的回风井构成完整的通风系统，由副井入风，东西两回风井回风，形成中央对角式通风系统。

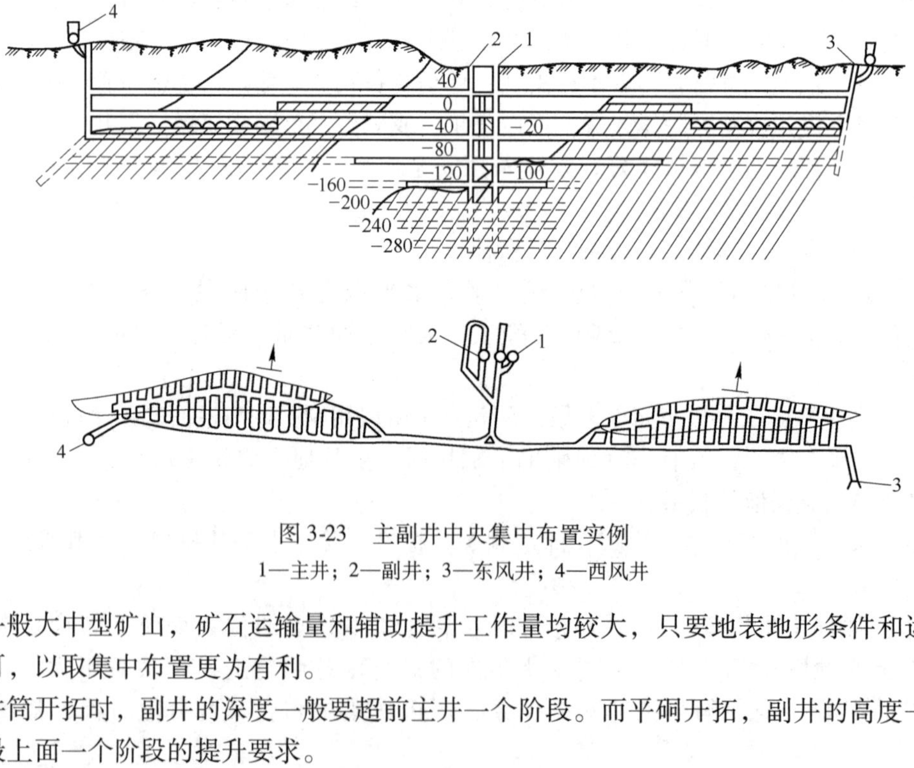

图 3-23 主副井中央集中布置实例
1—主井；2—副井；3—东风井；4—西风井

一般大中型矿山，矿石运输量和辅助提升工作量均较大，只要地表地形条件和运输条件许可，以取集中布置更为有利。

井筒开拓时，副井的深度一般要超前主井一个阶段。而平硐开拓，副井的高度一般要满足最上面一个阶段的提升要求。

3.3.2 风井硐

每个矿井都必须有进风井和出（回）风井。副井及用罐笼提升的主井均可作入风井，也可作回风井。箕斗主井一般不得作进风井用，但可作回风井用。由于用抽出式通风时，回风井要密闭，用压入式时进风井要密闭，而提矿主井及其井架、井口建筑密闭困难，因此，有条件时可设专用风井。风井的类型有竖井、斜井，也有平硐，所以一般风井是泛指通风井与通风平硐。每一个生产矿井，从满足通风的要求上，至少要有一个进风井（进风平硐）和一个回风井（回风平硐）。凡井口不受卸矿污染、不排放废石的井筒或平硐，如罐笼井、不受溜井卸矿污染的主平硐等，都可用作进风井。而回风井则需要专门开掘。从节省基建工程量着眼，有时也可利用矿体端部的采场天井作回风井用。此时，天井的断面和它的完好程度应该满足回风要求。回风井一般不应考虑作为正常生产时的辅助提升和主要行人通道。专用风井的数量与矿井采用的通风系统有关。采用全矿井统一的通风系统，至少要有两个供通风用的井硐；采用分区通风的矿井，则每个分区也至少要有两个供通风用的井硐。分区之间通风是互相独立的。通常在下列条件下考虑采用分区独立的通风系统：

（1）矿床地质条件复杂，矿体分散零乱，埋藏浅，作业范围广，采空区多且与地表贯通。这时，用集中进风和集中回风可能风路过长、漏风很大，不利于密闭。而用分区通风可减少漏风、减少阻力且便于主扇迁移。

（2）围岩或矿石具有自燃危险的、规模较大的矿床。

（3）矿井年产量较大，多阶段开采，为了避免风流串联，采用分区通风。

通风井的位置与通风的布置形式有关。主井为箕斗井时，以箕斗井作回风井，改由副井进风；主井为罐笼井时，以罐笼井作进风井，另掘回风井回风。两井相距不得近于30m；如井口采用防火建筑，也不得近于20m。

按进风井和出风井的位置关系，风井布置有中央并列式、中央对角式和侧翼对角式三种。

（1）中央并列式。中央并列式入风井和回风井采用集中式布置在矿体中央（见图3-24a）。主井为箕斗井时，由主井回风；主井为罐笼井时，为减少漏风，最好由主井进风、副井回风，此时人员若从副井进出会处于污风流中。

（2）中央对角式。中央对角式入风井位于井田中央，两个回风井位于井田的两端。图3-24（b）所示是主井为罐笼井时作入风井时的布置图。如果主井为箕斗井时，则需另开

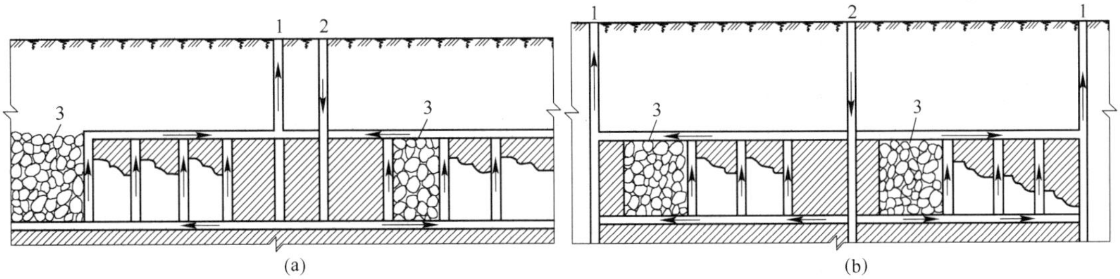

图3-24 中央并列式与对角式布置

（a）中央并列式；（b）中央对角式

1—副井；2—主井；3—已采完矿块

副井作进风，如图3-25所示。

（3）侧翼对角式。侧翼对角式入风井布置在井田的一端，回风井布置在井田的另一端（见图3-26），由罐笼井入风。同样，如果用箕斗提升，还要另开副井进风。

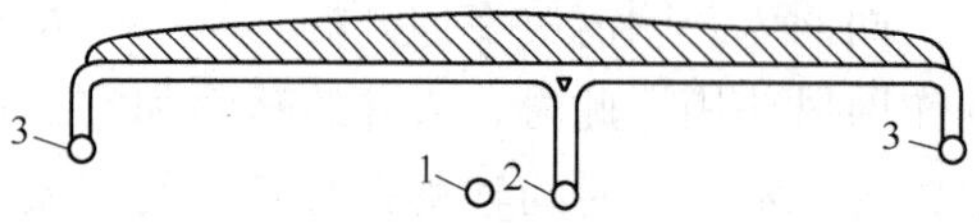

图3-25 副井进风中央对角式布置平面图

1—主井；2—进风副井；3—出风井

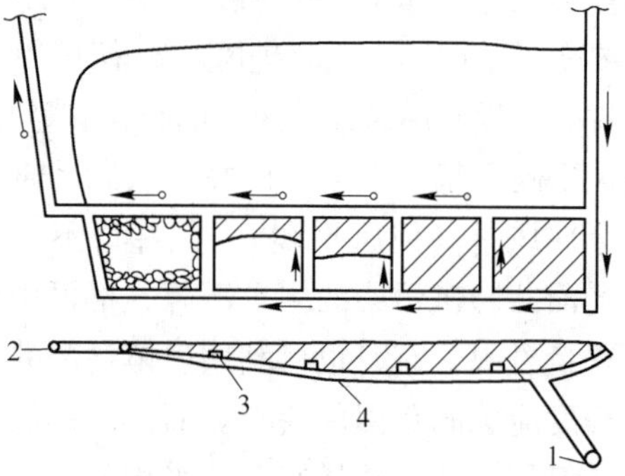

图3-26 侧翼对角式布置

1—主井；2—副井；3—天井；4—沿脉平巷

3.3.3 阶段运输巷道

矿床开拓如按开拓巷道的空间位置，可分立面开拓和平面开拓。竖井、斜井、风井、溜井、充填井以及矿石破碎系统等的布置，包括确定其位置、数量、断面形状及尺寸等，属于立面开拓。井底车场、硐室、阶段运输巷道、石门等的布置，则属平面开拓。

阶段平面开拓又分运输阶段和副阶段。运输阶段一般是指形成完整的阶段运输，通风和排水系统并和井筒有直接运输连接的阶段水平。在运输阶段内，开掘有井底车场、硐室、阶段运输巷道、石门等工程。它能将矿块运搬的矿石直接运出地表，或将矿块生产所需要的设备、材料、人员等，不经转运直接运往矿块下部水平。副阶段则是指上下运输阶段之间增设的中间阶段。副阶段和运输阶段的区别是：它不和井筒直接连接，需通过其他巷道才能与运输阶段相连接。

运输阶段按运输的方式不同，又可分为一般运输水平和主要运输水平。凡采用分散运输，即从每个阶段内采场放出的矿石，直接经运输平巷运往井底车场，有独立运输功能的均属一般运输水平。主要运输水平是指上部各阶段的矿石通过其他运输方式集中运往此运输水平，而后运往井底车场或破碎系统。

常用阶段运输巷道布置如下所述。

（1）单一沿脉布置。这种布置可分为脉内布置和脉外布置。按线路布置形式又可分为单轨会让式和双轨渡线式。

单轨会让式如图3-27（a）所示。除会让站外，其运输巷道皆为单轨，重车通过空车待避或相反，因此通过能力小，多用于薄或中厚矿体中。

当阶段生产能力增大时，采用单轨会让式难以完成生产任务。在这种情况下，采用双轨渡线式布置，如图3-27（b）所示。即在运输巷道中设双轨线路，在适当位置用渡线连接起来。这种布置形式可用于年产量20万～60万吨的矿山。

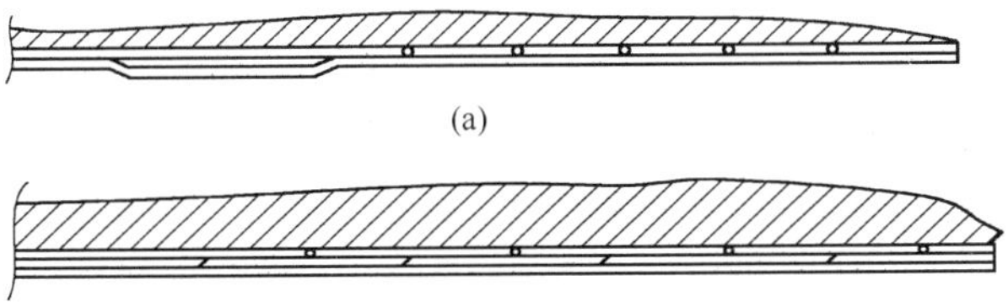

图 3-27 单一沿脉平巷布置
（a）单轨会让式；（b）双轨渡线式

在矿体中掘进巷道的优点是能起探矿作用，并能顺便采出矿石，减少掘进费用，装矿方便。但矿体沿走向变化较大时，巷道弯曲多，对运输不利。因此，脉内布置适用于规则的中厚矿体、产量不大、矿床勘探不足和品位低不需回收矿柱的情况。

当矿石稳固性差、品位高、围岩稳固时，采用脉外布置，有利于巷道维护，并能减少矿柱的损失。对于极薄矿脉，应使矿脉位于巷道断面中央，以利于掘进时适应矿脉的变化。如果矿脉形态稳定，主要考虑巷道维护时，应将巷道布置在围岩稳固的一侧。

（2）下盘双巷加联络道布置。这种布置如图 3-28 所示，分为下盘环形式和折返式。

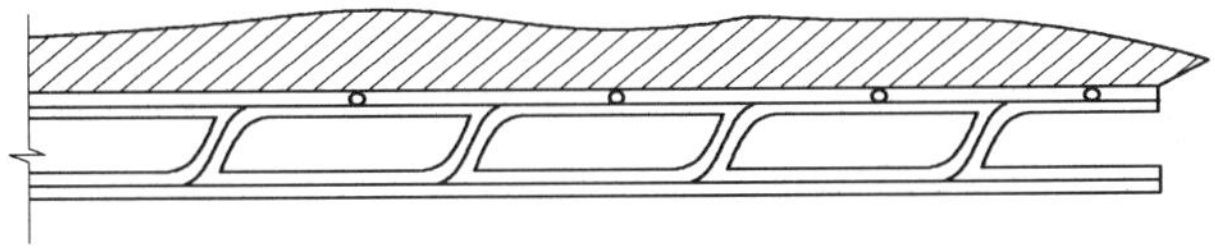

图 3-28 下盘沿脉双巷加联络道布置

下盘沿走向布置两条平巷，一条为装车巷道，一条为行车巷道，每隔一定距离用联络道按环形或折返式连接起来。这种布置是从双轨渡线式演变来的。其优点是行车巷道平直有利于行车，装车巷道掘在矿体中或矿体下盘围岩中，巷道方向随矿体走向而变化，有利于装车和探矿。装车线和行车线分别布置在两条巷道中，生产安全、方便，巷道断面小，有利于维护。其缺点是掘进量大。

这种布置多用于中厚和厚矿体中。

（3）沿脉平巷加穿脉布置。这种布置如图 3-29 所示，一般多采用下盘脉外平巷和若干穿脉配合。从线路布置上讲，采用双线交叉式，即在沿脉巷道中铺双轨，穿脉巷道中铺单轨。沿脉巷道中双轨用渡线连接，沿脉和穿脉用单开道岔连接。

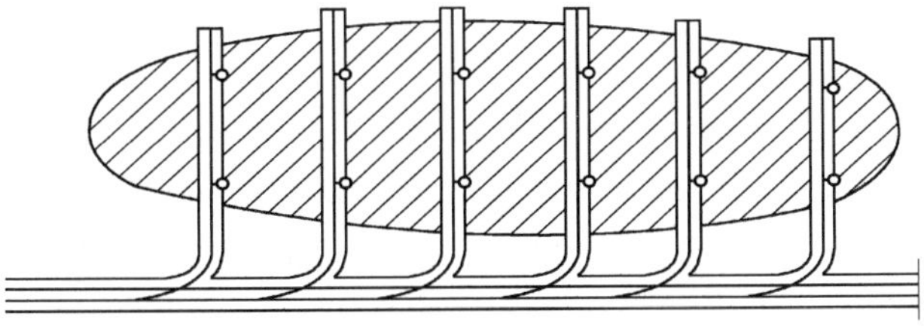

图 3-29 沿脉平巷加穿脉布置

这种布置的优点是阶段运输能力大，穿脉装矿生产安全、方便、可靠，还可起探矿作用。其缺点是掘进工程量大，但比环形布置工程量小。

这种布置多用于厚矿体，阶段生产能力为 60 万 ~ 150 万吨/年。

（4）上下盘沿脉巷道加穿脉布置（即环形运输布置）。这种布置如图 3-30 所示，线路布置上设有重车线、空车线和环形线。环形线既是装车线，又是空、重车线的连接线。从卸车站驶出的空车，经空车线到达装矿点装车后，由重车线驶回卸车站。环形运输的最大优点是生产能力可以很大，穿脉装车生产安全、方便，也可起探矿作用。其缺点是掘进工程量很大。这种布置通过能力可达 150 万 ~ 300 万吨/年，多用于规模大的厚和极厚矿体中，也可用于几组互相平行的矿体中。当开采规模很大时，也可采用双线的环形布置。

（5）平底装车布置。这种布置方式（见图 3-31）主要是由于采用高效率的装矿设备和平底装车结构的出现而发展起来的。这种布置有两个主要特点：一是装矿设备直接在运输水平上装车；二是装矿点之间的距离不可能很远，一般只有 6 ~ 8m。如果采用有轨装岩设备，装矿点与运输巷道连接困难，这种布置的行车和调车与上述漏斗闸门装车的相同。

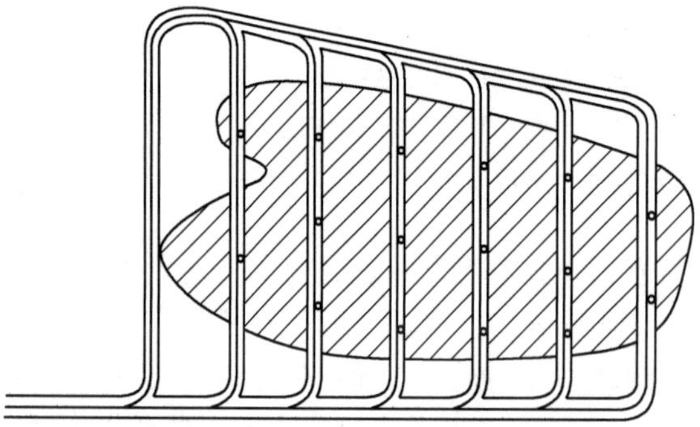

图 3-30　环形运输布置

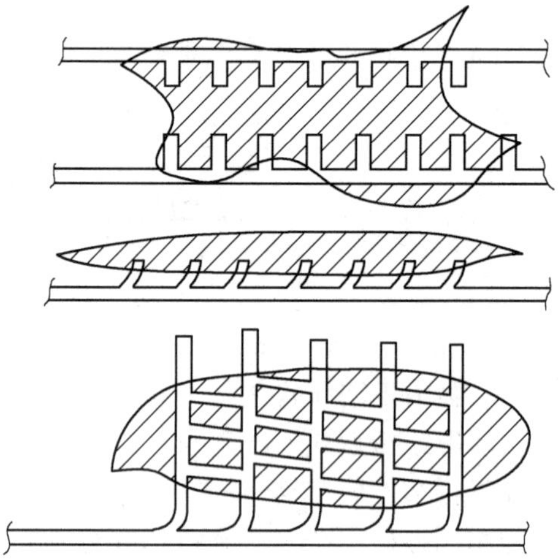

图 3-31　平底装车布置

必须指出，上述的仅是一些基本的布置形式，而在实际布置中矿体的形态、厚度和分布等往往是复杂多变的，生产上要求也是不同的，因此阶段运输巷道的布置也必须根据具体条件，灵活掌握。

3.3.4　溜井

溜井是指利用自重从上往下溜放矿石的巷道。它在平硐开拓或竖井开拓的矿山获得广泛应用。习惯所指的溜井有两种：一种是供上部阶段转放矿石或废石到下部阶段或下部矿仓，为一个或多个阶段服务的，称为主溜井，它属于辅助开拓巷道；另一种是供采场内转放矿石到阶段运输巷道，为一个或多个采场服务的称为采场溜井。采场溜井属于采准巷道。

溜井放矿简单可靠，管理方便，尤其是当开采水平与主要运输水平之间的高差越大，穿过矿岩越稳固，这种放矿的优越性就越是突显。如平硐开拓矿山，将主平硐以上各阶段采下的矿石，经溜井转放到主平硐，可以实现集中运输。竖井开拓矿山，将几个阶段的矿石集中溜放到下部某一阶段，可以实现集中破碎和集中出矿。这对于节省提升、运输设备，节约动力及材料消耗，都将发挥重要的作用。但也要看到，溜井放矿对于黏结性很大的矿石，或选矿对破碎程度有特殊要求的，并不能适用。溜井放矿的缺点是一旦溜井出现故障，将会影响到阶段的运输能力和竖井的提升能力。因此，正确选择和设计溜井的形式、结构参数、生产能力以及合理位置等，是矿床开拓工作中的一项重要任务。

溜井按其开掘的倾角、溜放阶段的数目以及溜放过程中能否控制等不同，具有多种形式。图 3-32（a）、（e）属单阶段型；图 3-32（b）、（c）、（d）、（f）、（g）属多阶段型；图 3-32（a）、（b）属垂直型；图 3-32（e）、（f）属倾斜型；图 3-32（c）、（d）为控制型；图 3-32（b）、（f）、（g）为非控制型。

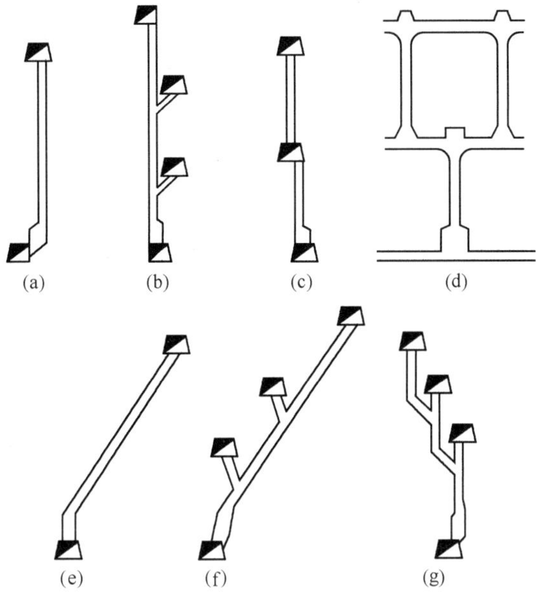

图 3-32 溜井的结构形式

（a）单阶段垂直溜井；（b）多阶段分支垂直溜井；（c）多阶段分段控制垂直溜井；（d）多阶段捣段溜井；（e）单阶段倾斜溜井；（f）多阶段分支倾斜溜井；（g）多阶段瀑布溜井

与倾斜溜井相比，垂直溜井易于施工，便于管理，矿石呈中心落矿，对井壁的冲击磨损小，磨损主要在上口；但中心落矿冲击力大，矿石容易冲碎。倾斜溜井通向溜井的石门长度较长，溜井大量磨损在溜井底壁。

与多阶段溜井相比，单阶段溜井的施工与管理都较简单，而且可以在溜井内贮矿，这对降低矿石在溜井内的落差，减轻矿石对溜井壁的冲击磨损，调节上下阶段矿石的运输量，都是十分有利的。多阶段卸矿溜井中储矿高度受到限制，由于落差高，放矿冲击力大，对溜井壁的磨损也较为严重。

与多阶段分支溜井相比，分支溜井的分支处不易加固，但易堵塞；分支对侧溜井壁的磨损比较严重，而且分支较多时难于控制各阶段的出矿量。采用分段控制溜井每个阶段都要设置闸门与转运硐室，它可以控制各阶段的矿石溜放，限制矿石在溜井中的落差，减轻矿石对溜井壁的冲击与磨损；但对这些设施的安装与控制，使生产管理大为复杂化。

瀑布式溜井是上阶段溜井与下阶段溜井间通过斜溜道相连，矿石以瀑布的形式从斜溜道溜下。这种结构形式相对缩短了矿石在溜井中的落差高度，对减轻溜井壁的冲击磨损能起一定的作用。但对施工和处理堵塞工作带来很大困难。所以，除在岩层整体性好、稳固、坚硬的地段以及生产规模不大的矿山有使用外，一般应用较少。

3.3.5　井底车场

井底车场是井下生产水平连接井筒与运输大巷间的一组近似平面的开拓巷道，如图3-33所示。它担负着井下矿石、废石、设备、材料及人员的转运任务，是井下运输的枢纽。各种车辆的卸车、调车、编组均在这里进行，因此要在井筒附近设置储车线、调车线和绕道等。同时它又是阶段通风、排水、供电及服务等的中继站。在这里设有调度室、候罐室、翻车机操纵室、水泵房、水仓及变电整流站等各种生产服务设施。

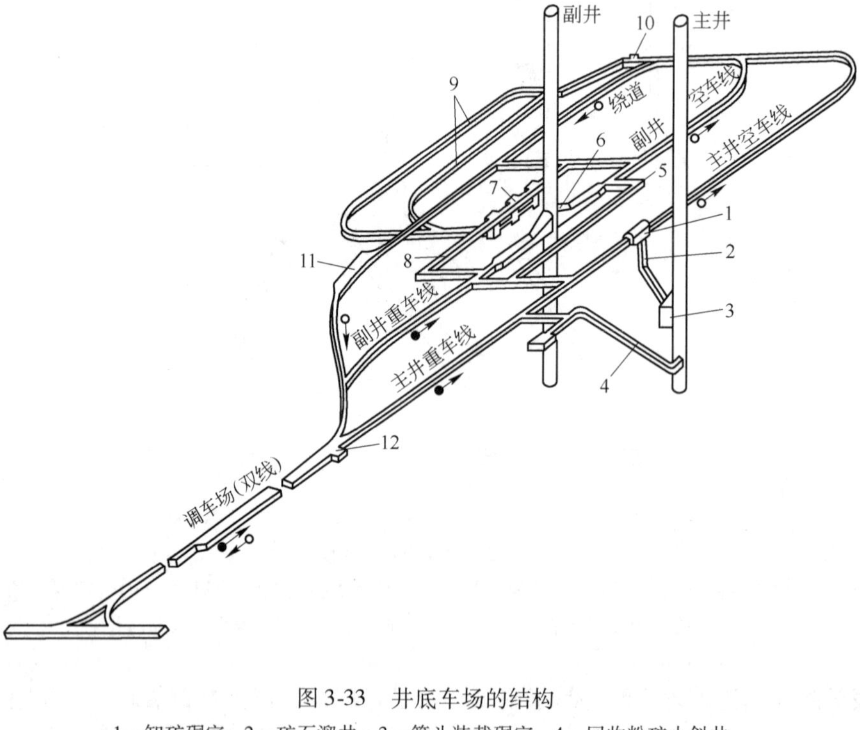

图3-33　井底车场的结构

1—卸矿硐室；2—矿石溜井；3—箕斗装载硐室；4—回收粉矿小斜井；5—候罐室；6—马头门；7—水泵房；8—变电整流站；9—水仓；10—清淤绞车硐室；11—机车修理硐室；12—调度室

井底车场根据开拓方法的不同分为竖井井底车场和斜井井底车场；根据对应井筒的作用分为主井井底车场和副井井底车场；根据井筒提升设备分为罐笼井井底车场和箕斗井井底车场及混合井井底车场；根据井底车场的形式分为尽头式井底车场、折返式井底车场及环形式井底车场。

3.3.5.1 竖井井底车场

竖井井底车场按使用的提升设备分为罐笼井底车场、箕斗井底车场、罐笼-箕斗混合井井底车场和以输送机运输为主的井底车场；按服务的井筒数目分为单一井筒的井底车场和多井筒（如主井、副井）的井底车场；按矿车运行系统分为尽头式井底车场、折返式井底车场和环形井底车场。

尽头式井底车场如图3-34（a）所示，用于罐笼提升。其特点是井筒单侧进、出车，空、重车的储车线和调车场均设在井筒一侧，从罐笼拉出来空车后，再推进重车。这种车场的通过能力小，主要用于小型矿井或副井。

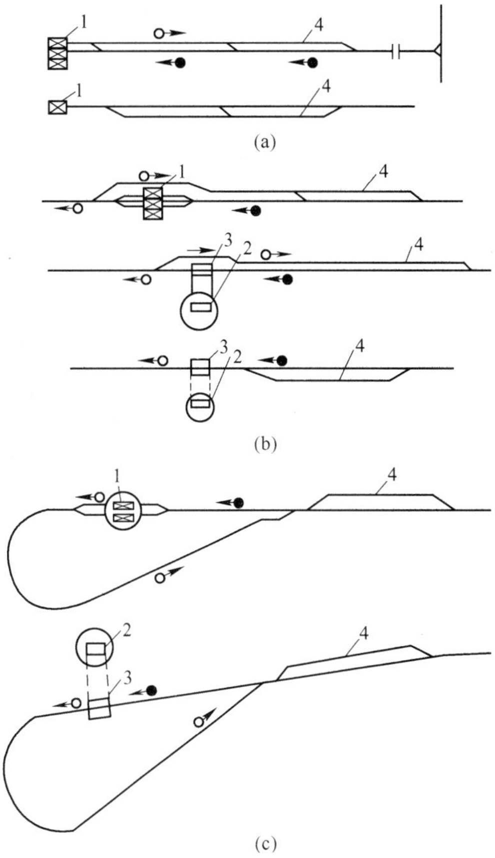

图3-34 井底车场形式
（a）尽头式；（b）折返式；（c）环形
1—罐笼；2—箕斗；3—翻车机；4—调车线路

折返式井底车场如图3-34（b）所示。其特点是井筒或卸车设备（如翻车机）的两侧均铺设线路。一侧进重车，另一侧出空车。空车经过另外铺设的平行线路或从原线路变头（改变矿车首尾方向）返回。折返式井底车场的优点主要是：提高了井底车场的生产能力；由于折返式线路比环形线路短且弯道少，因此车辆在井底车场逗留时间显著减少，加快了车辆周转；开拓工程量省。由于运输巷道多数与矿井运输平巷或主要石门合一，弯道和交叉点大大减少，简化了线路结构；运输方便、可靠，操作人员减少，为实现运输自动化创造了条件。列车主要在直线段运行，不仅运行速度高，而且运行安全。

环形井底车场如图3-34（c）所示。它与折返式相同，也是一侧进重车，另一侧出空车，但其特点是由井筒或卸载设备出来的空车经由储车线和绕道不变头（矿车首尾方向不变）返回。

图3-35（b）所示是双井筒的井底车场，主井为箕斗井，副井为罐笼井。主、副井的运行线路均为环形，构成双环形的井底车场。

为了减少井筒工程量及简化管理，在生产能力允许的条件下，也有用混合井代替双井筒，即用箕斗提升矿石，用罐笼提升废石并运送人员和材料、设备的。此时线路布置与采用双井筒时的要求相同。

图3-35（c）所示为双箕斗单罐笼的混合井井底车场线路布置。箕斗提升采用折返式车场，罐笼提升采用尽头式车场。

图3-35（a）所示也是混合井井底车场的线路布置，箕斗线路为环形车场，罐笼线路为折返式车场，通过能力比图3-35（c）所示的形式大。

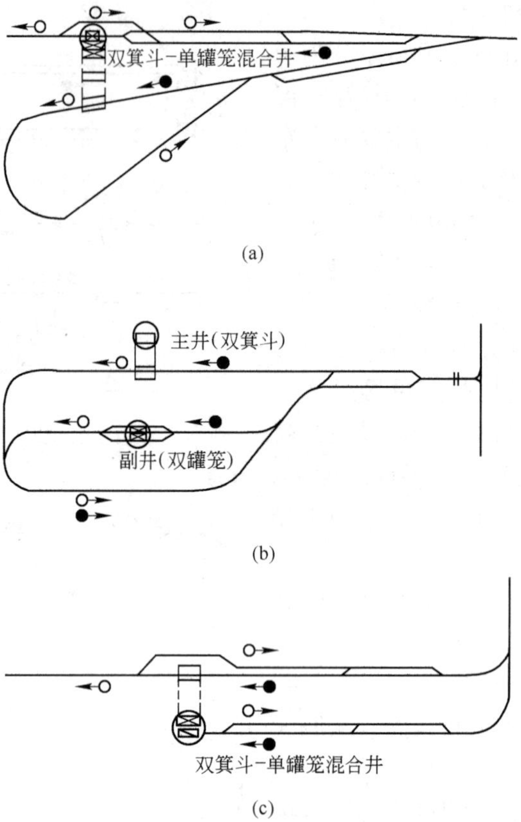

图 3-35 两个井筒或混合井的井底车场

（a）双箕斗单罐笼混合井；（b）主井双箕斗，副井双罐笼，双环形井底车场；

（c）双箕斗单罐笼混合井，折返-尽头式井底车场

3.3.5.2 斜井井底车场

斜井井底车场有折返式和环形式两种。环形式用于箕斗井提升或胶带提升，对于使用串车提升的斜井多用折返式井底车场。

竖井与其井底车场直交，通过马头门连接、斜井与井底车场的连接方式有旁甩式（甩车道）、吊桥式、平场式三种。

（1）甩车道连接（见图 3-36a）。甩车道是一种既改变方向又改变坡度的过渡车道，用在斜井内可从井筒的一侧（或两侧）开掘。当串车下行时，串车经甩车道由斜变平进入车场；在车场内（见图 3-37a）如果从左翼来车，经车场线路 1 调转车头，将重车推进主井重车线 2，再回头去主井空车线 3 拉走空车；空车拉至调车场线路 4，又调转车头将空车拉向左翼巷道。右翼来车，电机车也要在调车场调车头，而空车则直接拉走。主副井的调车方法是相同的。

（2）平车场连接（见图 3-36c）。平车场连接只适用于斜井同最下一个阶段的车场连接。车场连接段重车线与空车线坡度方向是相反的，以利于空车放坡，重车在斜井接口提升。车场内运行线路（见图 3-37b），斜井为双钩提升。从左翼来车，在左翼重车调车场支线 1 调车后，推进重车线 2，电机车经绕道 4 进入空车线 3，将空车拉到右翼空车调车场

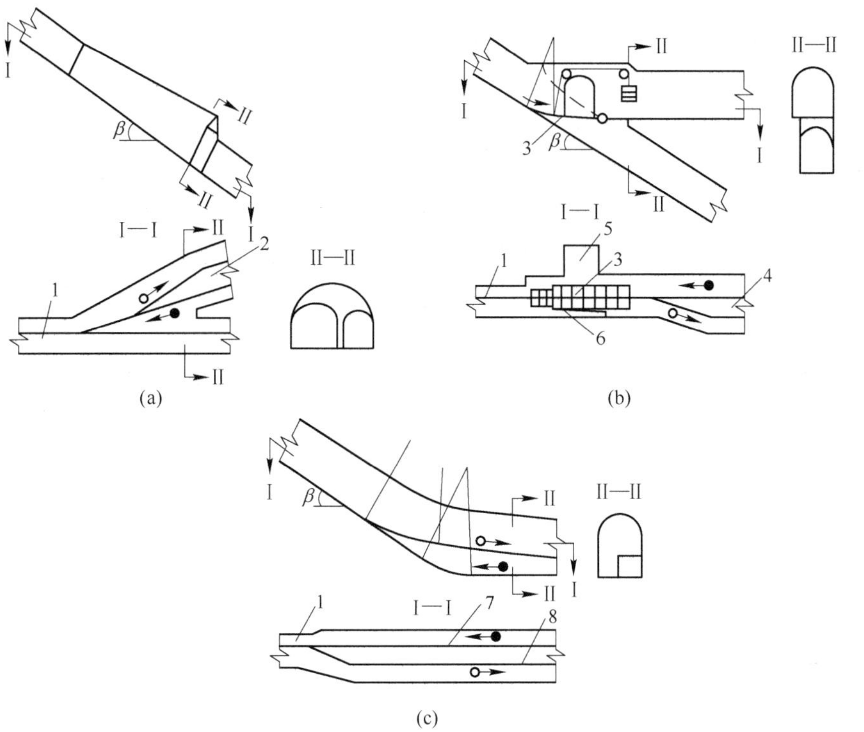

图 3-36 斜井与井底车场的连接方式

（a）甩车道；（b）吊桥；（c）平车场

1—斜井；2—甩车道；3—吊桥；4—吊桥车场；5—信号硐室；6—行人；7—重车道；8—空车道

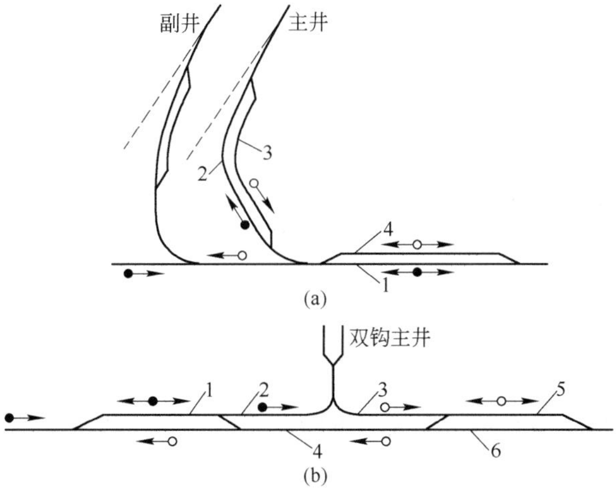

图 3-37 串车斜井折返式车场线路图

（a）甩车道；（b）平车场

5，在支线 6 进行调头后，经空车线 6 将空车拉回左翼巷道。

（3）吊桥连接（见图 3-36b）。吊桥连接是指从斜井顶板出车的平车场。它有平车场的特点，但它不是同最下一个阶段连接，而是通过能够起落的吊桥、连通斜井与各个阶段之间的运行。吊桥放落时，斜井下来的串车可以直接进入阶段车场，这时下部阶段提升暂时停止；当吊桥升起时，吊桥所在阶段的运行停止，斜井下部阶段的提升可以继续。

吊桥连接是斜井串车提升的最好方式。它具有工程量最少、结构简单、提升效率高等优点；但也存在着在同一条线路上摘挂空、重车，增加了推车距离和提升休止时间等缺点。使用吊桥时，斜井倾角不能太小，否则，吊桥尺寸过长，重量太大，对安装和使用均不方便，而且井筒与车场之间的岩柱也很难维护；倾角过大，对下放长材料很不方便，而且在转道时容易掉道。根据实践经验，斜井倾角大于20°时，使用吊桥效果较好。吊桥上要过往行人，吊桥密闭后又会影响上下阶段通风，故只宜铺设稀疏木板，以保证正常工作。

吊桥与甩车道比，钢丝绳磨损较小，矿车也不易掉道，提升效率高，巷道工程量少，交叉处巷道窄，易于维护；但下放长材料不及甩车道方便。

图3-38所示是箕斗和串车提升主、副斜井的折返式和环形式运行线路。该车场主井线路采用折返式或环形式运行，副井串车线路采用尽头式运行。

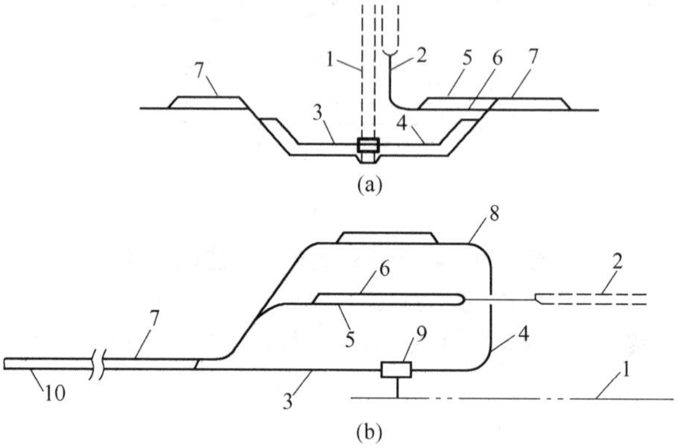

图3-38 斜井折返式和环形式车场

（a）箕斗斜井折返式车场；（b）箕斗斜井环形式车场

1—主井（箕斗井）；2—副井（串车井）；3—主井重车线；4—主井空车线；5—副井重车线；6—副井空车线；7—调车支线；8—回车线；9—翻车机；10—石门

3.3.6 硐室

3.3.6.1 水仓及水泵房

用竖井、斜井或斜坡道开拓地平面以下的矿床，均需在地下设置水泵房及水仓，使矿坑水能从井底车场汇流至水仓，澄清后由水泵房的水泵排出至地表。

水泵房及水仓的设置由矿井总的排水系统来决定，并与矿井的开拓系统有着密切的关系。一般矿井的排水系统分直接式、分段式及主水泵站式。

直接式是指各个阶段单独排水，此时需要在每个阶段开掘水泵房及水仓，其排水设备分散，排水管道复杂，从技术和经济上是不合理的，应用也较少。

分段式是指串接排水，各个阶段也都设置水泵房，由下一阶段排至上一阶段，再由上一阶段连同本阶段的矿坑水，排至更上一阶段，最后集中排出地表。这种方式的水头是没有损失的，但管理非常复杂。

多阶段开拓的矿山，普遍采用主水泵站式，即选择涌水量较大的阶段作为主排水阶段，设置主水泵房及水仓,让上部未设水泵房阶段的水下放至主排水阶段,并由此汇总后一齐排出地表。这种方式虽然损失一部分水头能量,但可简化排水设施,且便于集中管理。

图3-39所示为主排水阶段水泵房及水仓的布置形式，通常设在井底车场内副井的一侧，以其水沟坡度最低处将涌水汇流至内、外水仓。内、外水仓作用相同，供轮流清泥使用。水仓的容积应按不小于8h正常涌水量计算。水仓断面积需根据围岩的稳固程度、矿井水量大小、水仓的布置情况和清理设备的外形尺寸等综合考虑确定，一般为5~10m²，断面高度不小于2m。水仓入口处应设置水箅子。但采用水砂充填采矿法或矿岩含泥量大的崩落法矿山，水仓入口通道内应设立沉淀池。沉淀池的规格一般为长3m、宽3m、深2m。水仓顶板的标高应比水泵硐室地面标高低1~2m。经水仓澄清的净水，导流至吸水井供水泵排送至上一主水泵站或地表。水泵房内必须设置两套排水管道，由管子道、副井管子间接出地面。有关水泵房及水仓的详细设计规定，可参阅有关的设计参考资料。

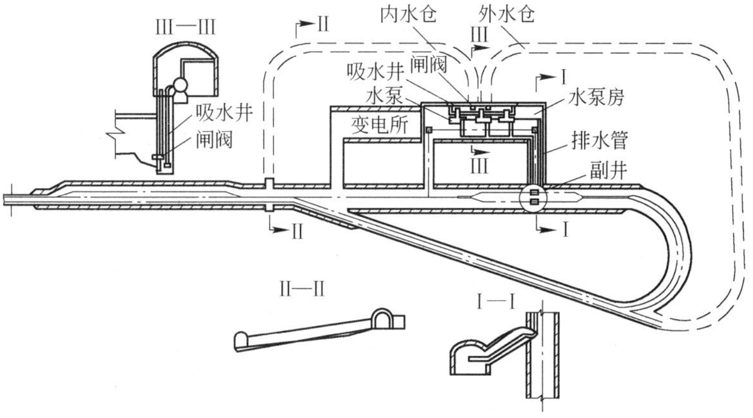

图3-39 主排水站阶段排水系统

3.3.6.2 机车检修硐室

一般在机车检修硐室中进行电机车的例检、清洗、润滑、小修等。

机车检修硐室根据需要有扩帮型、专用型、尽头型三种类型，如图3-40所示。扩帮型最简单，只需在适当位置，将井底车场一侧扩宽即可。扩帮型只适用于机车检修工作量很小时。

机车库硐室工程量一般为200~400m³，其长度取决于同时检修机车台数。机车库中应有机车检修地坑。

3.3.6.3 无轨自行设备检修硐室

无轨内燃自行设备检修工作量大且复杂，所以凡有直达地表辅助斜坡道的矿山，无轨设备检修工作多在地表进行。但有些老矿山改变原设计采用无轨自行设备，没有直达地表斜坡道，只好在地下开掘无轨设备检修硐室。为了避免无轨自行设备与有轨运输设备的工作互相干扰和保证安全，某些矿将无轨设备检修硐室、井下破碎硐室及主排水站集中设一专用阶段，其无轨设备检修硐室平面布置，如图3-41所示。

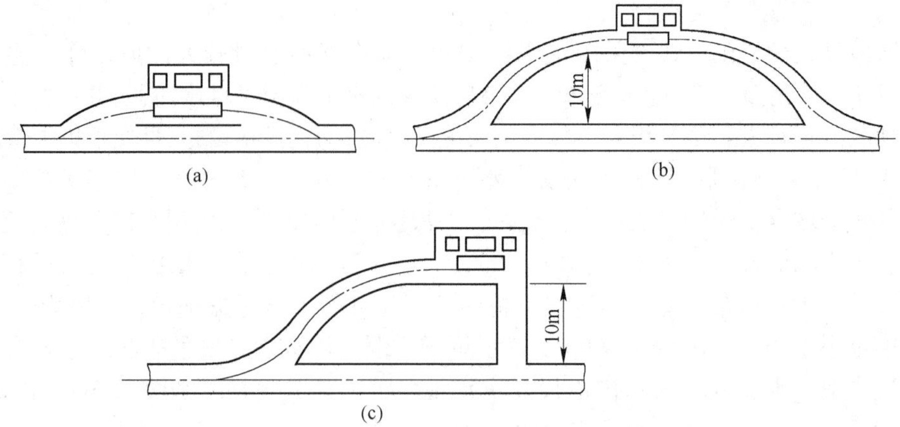

图 3-40　机车检修硐室

（a）扩帮型；（b）专用型；（c）尽头型

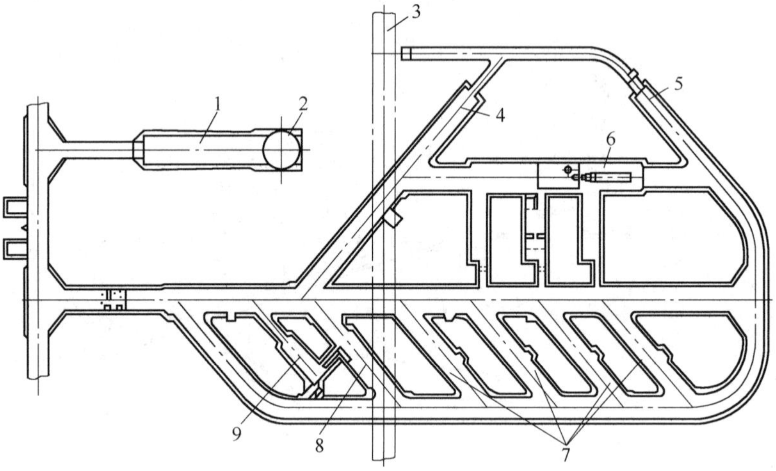

图 3-41　无轨自行设备检修硐室

1—设备接运硐室；2—设备材料井；3—斜坡道；4—焊接室；5—内燃机调试室；6—修理硐室；7—自行设备库；8—设备清洗室；9—清洗设备污水净化室

有的矿山无条件为无轨设备开拓专门阶段。为了解决有轨运输与无轨自行设备工作互相干扰的矛盾，采用两条石门，一条专供无轨自行设备使用，一条供有轨运输。无轨自行设备检修硐室位于两条石门之间，如图 3-42 所示。

3.3.6.4　医疗站

井下应设医疗站，以便进行医务紧急处理。每班井下同时工作人数不足 80 人时，有一间即可，人数大于 80 人时应有两间，工程量为 30 ~ 85m^3。医疗站内应有药品柜、问诊床、担架、消毒洗手池等，如图 3-43（a）所示。

3.3.6.5　调度室

调度室一般由两格组成。一格供调度员调度和指挥井下运输用，另一格供检修人员值班使用。年产量小于 30 万吨的矿山，调度室的工程量可为 30m^3，大于 30 万吨的矿山，工程量可为 60m^3，如图 3-43（b）所示。

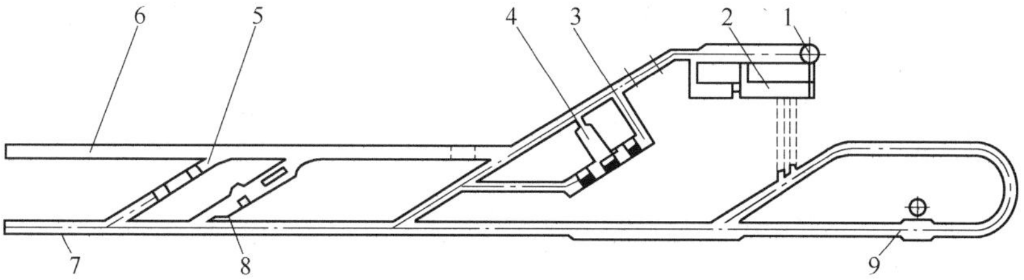

图 3-42 双石门井底车场无轨自行设备检修硐室位置

1—罐笼井；2—水泵房与主变电站；3—炸药库；4—炸药加工室；5—油料库；6—无轨自行设备石门；7—有轨运输石门；8—无轨自行设备检修硐室；9—主箕斗井

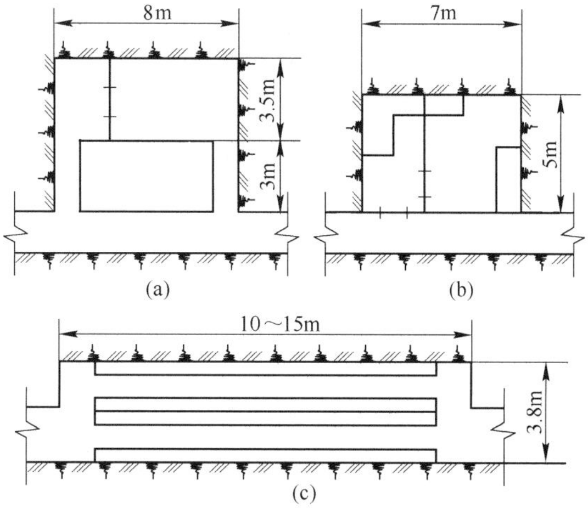

图 3-43 硐室

（a）医疗站；（b）调度室；（c）候罐硐室

3.3.6.6 候罐硐室

候罐硐室供工人等候上井和下井及分工用。设计中每人座位宽可取 0.4m，可设一排或两排长凳。硐室长 10 ~ 15m，宽 1.5 ~ 3.6m，工程量为 40 ~ 150m^3，如图 3-43（c）所示。

3.3.6.7 防火材料硐室

防火材料硐室结构一般与机车检修硐室相似，内铺有轨道，但硐室规格不同，主要用来存放井下防火材料。井下防火材料主要有砖、混凝土、黏土、立柱、通风管道等。年产量小于 30 万吨的矿山，硐室轨道上能容下 10 ~ 12 车防火材料即可。年产量为 30 万 ~ 80 万吨的矿山，除轨道上停放 6 ~ 8 车防火材料外，还需另设防火材料间。年产量大于 80 万吨的矿山，轨道上应停放 8 ~ 10 车防火材料及另有防火材料间。防火硐室的工程量为 100 ~ 200m^3。

3.4 地面辅助工程

3.4.1 生产设施

3.4.1.1 主井周围的设施

主井周围有井架、井口房、矿石仓、卷扬机房和变电所等生产设施。

井架是用来支撑天轮的金属支架，其结构有普通式和斜支式两种。罐笼井的井架高度由容器高度，过卷高度及设备间安全距离决定。箕斗井的井架高度除以上高度外还要加上卸载高度。

井口房的作用是夏天防雨，冬天取暖，进风井冬天防冻，保护井筒安全，防止滚石、泥石流、雪崩等侵害主井。

箕斗井提升时，矿石提升到地表卸入矿仓，用其他运输方式转运至选矿厂，矿仓的另一作用是减少提升与运输的相互干扰。

卷扬机房是安设卷扬的场所，内有变电所、配电间、卷扬机（电动机、减速器、控制台、高度指示器、卷筒）、休息室等。

3.4.1.2 副井周围的设施

副井周围有井架、井口房、卷扬机房、变电所、空压机房、机修厂、锻钎厂、木材场、材料仓库、充填系统、沉淀水池、干燥室、更衣室、浴室。

由于副井的作用，周围有供应井下动力的空压机房（空压机、配电室、变电室）、变电所和完成设备检修的地面检修车间，完成钎头和钎杆修理任务的锻钎厂，存放材料设备的木材场、仓库，供应地下用水的沉淀水池。采用充填采矿法的矿山还有充填系统。

3.4.1.3 风井周围的设施

风井周围的设施比较简单，有出风用的扩散塔、通风机房（配电室、变电室、主扇、控制室）。采用巷道反风的矿山还有反风装置。

3.4.1.4 其他设施

矿山地表除采矿工业场地外，还有地面炸药库。炸药库应位于人口稀少比较偏僻的地方，有公路或铁路相通；选矿厂应位于坡度为10°~20°的斜坡上；废石堆应位于远离生活区主导风流的下风侧；尾矿坝是存放选矿场尾矿的地方，一般位于偏僻的山沟。

3.4.2 生活设施

生活设施分为生活性设施（生活区）和生产性设施（生产区）。

（1）生活区。生活区应该远离生产区，选择就近城镇居住和生活，距离一般控制在30~40km内。

（2）生产区。生产性生活设施大部分位于上下人员的副井周围，主要有浴室，供井下人员更换工作服时洗浴；干燥房，井下工作条件艰苦，常有淋水，工作服需要加热干燥。除此以外，还应有办公场所和食堂、卫生所等。

3.4.3 地面管线

3.4.3.1 运输路线

地下开采的金属矿山地面的运输线路有：

（1）矿石从主井运往选矿厂，有公路或铁路。

（2）废石从副井运往废石场，一般均为窄轨铁路。

（3）人员往返于生活区和工作地点。

（4）材料、设备从附近站场运回仓库、材料场，从仓库、材料场运往副井。

（5）生产的精矿运往附近的站场。

3.4.3.2 各种通信、动力线路

地下开采的金属矿山地面的各种通信、动力线路有：

（1）通信用的内外部电话线、有线电视信号线。
（2）供应生产、生活用的动力线。
（3）生产指挥用的各种生产信息监控线。

3.4.3.3 各种生产生活管网

地下开采的金属矿山地面的各种生产生活管网有：
（1）井下排往地表水池的排水管。
（2）供应井下生产用水的供水管。
（3）生活用的上下水管。
（4）北方矿山生产、生活用的取暖热水管。
（5）供应井下生产的压风管。
（6）输送尾矿用的尾矿输送管。

3.4.4 地面总图布置

3.4.4.1 总图布置的概念

总图布置是根据采矿工艺，矿石和废石及尾矿运输、加工工艺的要求，在节省投资、有利管理，结合矿区地形、矿体赋存、水文、气象等自然条件，按照安全、卫生、环保的有关规定对矿山地面设施的各组成部分进行全面的、立体的规划和布置，使其相互联系，相互配合形成彼此协调的有机总体。

3.4.4.2 总图布置的任务

总图布置的任务有：
（1）选择场地，进行矿山地面总体布局的研究。
（2）根据总体布局的规划，进行场地内各种建筑物、构筑物的位置确定、布置地面的各种设施。
（3）全面解决矿山各种设施的运输联系、矿山与外部的运输联系、各类管线的布设。

3.4.4.3 总图布置注意事项

总图布置的注意事项有：
（1）空压机房位于上风侧，靠近副井。
（2）机修厂、设备库等运输条件要好，距离要近。
（3）各种设施注意防火、防水。
（4）废石堆位置要处于下风侧。
（5）炸药库远离生产生活区。

3.4.4.4 运输线路的布置原则

运输线路的布置原则为：
（1）尽量避免交叉或穿过生活区。
（2）尽量避免坡度变化较大。
（3）尽量与基建时的路线一致。
（4）符合各自线路的布置原则。
（5）尽量避免从高压线下穿过。

复习思考题

3-1 何为开拓工程?
3-2 平硐溜井开拓法有哪几种方式?平硐溜井开拓方法的特点是什么?
3-3 竖井开拓法有哪几种方式?竖井开拓法的特点是什么?
3-4 平硐溜井开拓法的适用条件是什么?
3-5 竖井开拓法的适用条件是什么?
3-6 斜井开拓法有哪几种方式?斜井开拓法的适用条件是什么?
3-7 斜井开拓法有什么特点?
3-8 斜坡道有哪几种形式?各自的特点是什么?

4 地下采矿工艺

4.1 采矿方法概述

4.1.1 采矿方法的概念

在金属矿床地下开采基本原则中，已经阐述：金属矿床地下开采，必须先把井田划分为阶段（或盘区），再把阶段（或盘区）划分为矿块（或采区）。矿块是基本的回采单元。

所谓采矿方法，就是指从矿块（或采区）中采出矿石的方法，是采准、切割和回采工作在空间上、时间上的有机结合，是采准、切割、回采工作的总称。

采准工作是按照矿块构成要素的尺寸来布置的，为矿块回采解决行人、运搬矿石、运送设备材料、通风及通信等问题；切割则为回采创造必要的自由面和落矿空间；等这两项工作完成后，再直接进行大面积的回采。这三项工作都是在设定的时间与空间内进行的。

采矿方法与回采方法的概念是不同的。在采矿方法中，完成落矿、矿石运搬和地压管理三项主要作业的具体工艺，以及它们相互之间在时间与空间上的配合关系，称为回采方法。开采技术条件不同，回采方法也不相同。矿块的开采技术条件在采用何种回采工艺中起决定性作用，所以回采方法实质上成了采矿方法的核心内容，由它来反映采矿方法的基本特征。采矿方法通常以它来命名，并由它来确定矿块的采准、切割方法和采准、切割巷道的具体布置。

在采矿方法中，有时常将矿块划分成矿房与矿柱，分两步骤采，先采矿房，后采矿柱，采矿房时由周围矿柱支撑开采空间，这种形式的采矿方法称为房式采矿法，以区别于不分矿房、矿柱，整个矿块进行一次采完的矿块式采矿法。在条件有利时，矿块也可不分矿房、矿柱，而回采工作是沿走向全长，或沿倾斜（逆倾斜）连续全面推进，则成了全面式回采采矿法。

4.1.2 采矿方法的分类

4.1.2.1 采矿方法分类的目的

由于金属矿床的赋存条件十分复杂，矿石与围岩的性质又变化不定，加之随科学技术的发展，新的设备和材料不断涌现，新的工艺日趋完善，一些旧的效率低、劳动强度大的采矿方法被相应淘汰，而在实践中又创新出各种各样与具体矿床赋存条件相适应的采矿方法，故目前存在的采矿方法种类繁多、形态复杂。这些采矿方法尽管有其各自的特征，但彼此之间也存在着一定的共性。

为了便于认识每种采矿方法的实质，掌握其内在规律及共性，以便通过研究进一步寻求更加科学、更趋合理的新的采矿方法，需对现已应用的种类繁多的采矿方法进行分类。

4.1.2.2 采矿方法分类的要求

(1) 分类应能反映出每类采矿方法的最主要的特征，类别之间界限清楚。

(2) 分类应该简单明了，不宜烦琐庞杂，要体现出新陈代谢。目前正在采用的采矿方法必须逐一列入，明显落后趋于淘汰的采矿方法则应从中删去。

(3) 分类应能反映出每类采矿方法的实质和共同的适用条件，以作为选择和研究采矿方法的基础。

4.1.2.3 采矿方法分类的依据

目前，采矿方法分类的方法很多，各有其取用的根据。一般以回采过程中采区的地压管理方法作为依据。采区的地压管理方法实质上是基于矿石和围岩的物理力学性质，而矿石和围岩的物理力学性质又往往是导致各类采矿方法在适用条件、结构参数、采切布置、回采方法以及主要技术经济指标上有所差别的主要因素。因此按这样分类，既能准确反映出各类采矿方法的最主要特征，又能明确划定各类采矿方法之间的根本界限，对于进行采矿方法比较、选择、评价与改进也十分方便。

4.1.2.4 采矿方法的分类特征

根据采区地压管理方法，现有的采矿方法可分为三大类。每一大类采矿方法中又按方法的结构特点、回采工作面的形式、落矿方式等进行分组与分法。

表 4-1 所示为按上述依据划分的金属矿床地下采矿方法分类表。

表 4-1 金属矿床地下采矿方法分类表

类 别	回采期间采空场填充状态	组 别
Ⅰ 空场采矿法	空 场	(1) 房柱采矿法 (2) 全面采矿法 (3) 分段采矿法 (4) 阶段矿房采矿法 (5) 留矿采矿法
Ⅱ 充填采矿法	充填料	(6) 单层充填采矿法 (7) 上向分层充填采矿法 (8) 下向分层充填采矿法 (9) 下向进路充填采矿法
Ⅲ 崩落采矿法	崩落围岩	(10) 单层崩落采矿法 (11) 分层崩落采矿法 (12) 有底柱分段崩落采矿法 (13) 有底柱阶段崩落采矿法 (14) 无底柱分段崩落采矿法

表 4-1 的分类体现了采矿方法在处理回采空区时的方法不同，反映了采矿方法对矿体倾角、厚度、矿石与围岩稳固性的适应性，也反映了每类采矿方法之间生产能力等的变化规律，并且有利于不同采矿方法之间的相互借鉴。

三类主要采矿方法的界限是这样划定的：

第一类空场法。通常是将矿块划分为矿房与矿柱，进行两步骤回采。先采矿房，所形成的采空区，一般不作处理，用周围矿柱及围岩自身的强度维护其稳定性；即使矿房采用留矿采矿，因留矿不能作为支撑空场的主要手段，仍需依靠矿岩自身的稳固性来支持。所以，用这类方法矿石与围岩均要稳固是其基本条件。

第二类充填法。此类方法矿块一般也分矿房与矿柱，进行两步骤回采；也可不分房柱，连续回采矿块。矿石性质稳固时，可进行上向回采；稳固性差的可进行下向回采。回采过程中空区及时用充填料充填，以它来作为地压管理的主要手段（当用两步骤回采时，采第二步骤矿柱需用矿房的充填体来支撑）。因此，矿岩稳固或不稳固均可作为采用本类方法的基本条件。

第三类崩落法。此类方法不同于其他方法的是矿块按一个步骤回采。随回采工作面自上向下推进，用崩落围岩的方法处理采空区。围岩崩落以后，势必引起一定范围内的地表塌陷。因此，围岩能够崩落，地表允许塌陷，乃是使用本类方法的基本条件。

值得指出的是：随着对采矿方法的深入研究，现实生产中已陆续应用跨越类别之间的组合式采矿方法。如空场法与崩落法相结合的分段矿房崩落组合式采矿法、阶段矿房崩落组合式采矿法、空场法与充填法相结合的分段空场充填组合式采矿法等。这些组合式采矿法在分类中还体现得不够完善。采用这些组合方法，能够汲取各自方法的优点，摒弃各自方法的缺点，起到扬长避短的作用，并且在适用条件方面加以扩大。组合式采矿方法的这种趋向，有利于发展更多、更加新颖的采矿方法。

此外，采用两个步骤回采的采矿方法时，第二步骤的矿柱回采方法应该与第一步骤矿房的回采方法进行通盘考虑。第二步骤回采矿柱，受矿柱自身条件的限制以及相邻矿房采出后的空区状态、回采间隔时间等影响，采柱工作变得更为复杂。但其回采的基本方法，仍不外乎上述三类。

4.2 采准切割工程

采准工程与切割工程可简称采切工程。采准、切割巷道的布置方式分别称采准方法与切割方法，简称采切方法。

4.2.1 采准切割工程的划分

为获得采准矿量，在开拓矿量的基础上，按不同采矿方法工艺的要求掘进的各类井巷工程，称为采准工程。采准工程的任务是：划分矿块（采区）及形成矿块（采区）内的矿石运搬、人行、通风、材料运送等系统。采准巷道按其作用不同分为阶段运输巷道、穿脉运输巷道、天井（上山）、人行材料天井、通风巷道、电耙道、采场溜井、采场充填井、凿岩井巷等。应当指出，多数阶段运输巷道本属开拓工程，但由于它与采矿方法所规定的采准工程关系极为密切，为便于研究多将其纳入采准工程范畴。

为获得备采矿量，在采准矿量的基础上，按不同采矿方法的规定，在回采作业之前所必须完成的井巷工程，称为切割工程。切割工程的任务是：为大量开采矿石，用掘进的手段开辟回采的最初工作面，如切割天井、切割上山、切割平巷、拉底巷道、切割槽、漏斗等。

采准切割工程的划分各矿山并不统一，矿山可根据实际情况进行划分，并将采准切割工程的费用算入生产成本。

4.2.2 采准工程

4.2.2.1 脉内采准与脉外采准

按采准巷道与矿体的相对位置，采准方法分为脉内采准与脉外采准两种。

脉内采准在掘进过程中可以得到副产矿石，矿体疏水效果好，并可起补充探矿的作用，但矿体较薄且产状变化大时，巷道难以保持平直，给铺轨及运输带来不便。此外矿石不稳固时，采场地压大，巷道维护工作量大。

脉外采准虽然无副产矿石，矿体疏水效果也差，但它可以使矿块的顶底柱尺寸达到最小，并有可能及时回收，巷道维护费用低，通风条件好，且开采有自燃性矿石时易封闭火区。

一般厚矿体多用脉外采准，薄矿体多用脉内采准。

4.2.2.2 阶段运输平巷的布置形式

阶段运输平巷的布置必须与矿块、阶段的生产能力及采矿方法的要求相适应。运输平巷若兼作下阶段的回风巷道时，应布置在下阶段矿体所圈定的岩石移动范围之外。

(1) 沿脉单线有错车道布置。这种布置形式适用于中、小型矿山。矿体较规则、采用充填法回采或因矿体薄而不回收阶段矿柱时采用脉内布置，如图 4-1 (a) 所示。当矿体变化大或矿柱需回收时，可采用如图 4-1 (b) 所示的脉外布置；亦可根据矿体变化情况采用脉内外联合布置，如图 4-1 (c) 所示。

这种布置可适应年产矿石 20 万 ~60 万吨的矿井要求。

在薄或极薄矿体中布置阶段运输平巷，应考虑有利于装车、探矿及维修，布置形式可如图 4-2 所示。当矿脉为急倾斜时，可使矿脉在平巷断面的中间或一侧。缓倾斜矿体，可使矿体位于平巷断面的中间或者位于顶板、底板附近。

矿体产状变化大时，为便于探矿，可使矿脉位于巷道中间。巷道服务年限较长，两盘岩石稳固性不同时，巷道应布置在较稳固的岩石中。

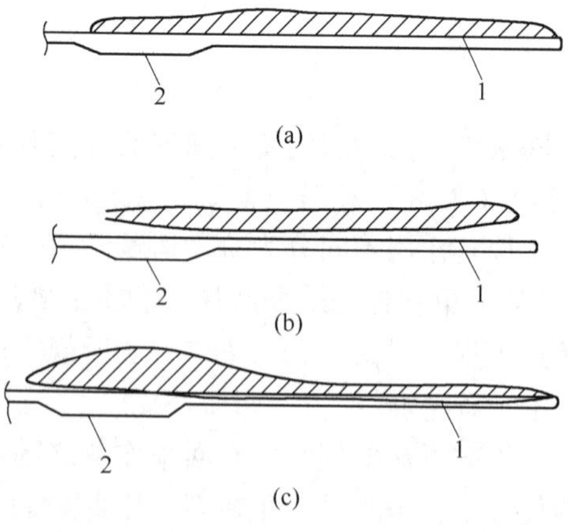

图 4-1 脉内或脉外错车道平巷布置
(a) 脉内布置；(b) 脉外布置；
(c) 脉内脉外联合布置
1—沿脉巷道；2—错车道

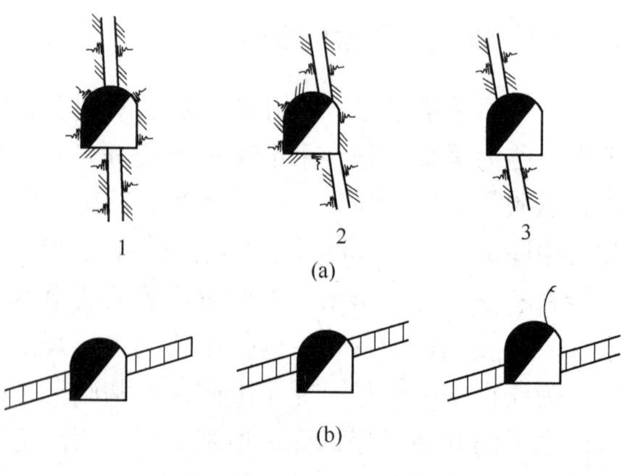

图 4-2 薄矿脉阶段平巷的布置
(a) 急倾斜矿体；(b) 缓倾斜矿体
1—矿脉位于巷道断面中间；2—位于巷道顶板；3—位于巷道底板

（2）穿脉或沿脉尽头式布置。这种布置如图4-3所示，它适用于大中型矿山，特别是对双机车牵引的矿山最为有利。矿体不规则时，使用穿脉巷道利于探矿，且掘进时受外界干扰少。矿体规整、沿脉巷道布置较穿脉巷道布置工程量小，但矿体不稳固时，维护比穿脉巷道困难。开采易燃矿石，使用穿脉布置易封闭火区；地面有泥浆从采空区下井的矿山，采用穿脉巷道布置可减少泥浆对沿脉巷道污染的机会。

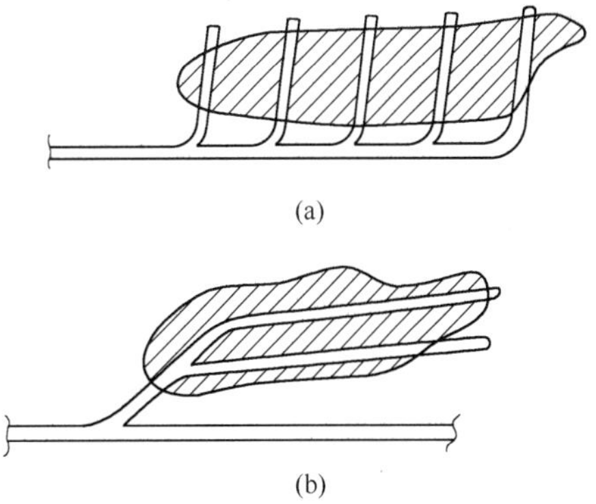

图4-3 穿脉及沿脉尽头式布置
（a）穿脉尽头布置；（b）沿脉尽头布置

该种布置的年生产能力为60万~150万吨。

（3）脉内外环形布置。这种布置如图4-4所示，适用于厚大矿体或平行多条矿脉、生产能力大的矿井。一般采用单线环形布置，当生产能力很大时（800万~1000万吨/年），可采用双线环形布置（见图4-4a）。如果开采缓倾斜厚矿体，其中一条沿脉平巷可布置在靠近上盘的矿体内（见图4-4b）。脉内外环形布置在我国大型矿井中使用广泛。

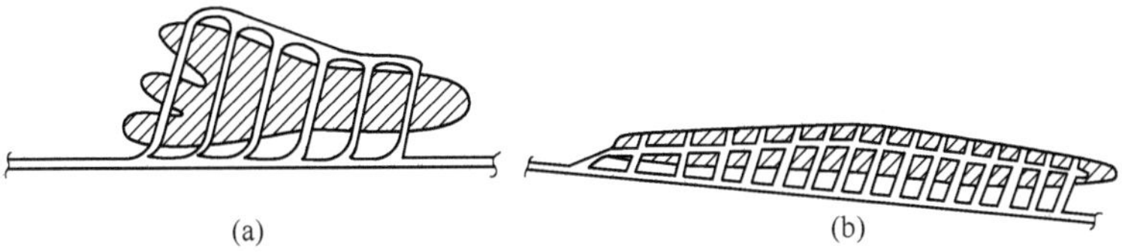

图4-4 脉内外环形布置

穿脉巷道既是装车线又是空、重车线的连接线，空、重车线分别布置在两条沿脉巷道中，各条巷道均无反向运输。

这种布置，年生产能力可达100万吨以上。

（4）脉外环形布置。这种布置如图4-5所示，环形巷道全在脉外，适用于倾角不大的中厚矿体开采。采场溜井布置在靠近下盘的沿脉运输巷道内，两沿脉巷道之间的联络道可环形连接（见图4-5a），也可折返连接。装车线、行车线分别布置在两条沿脉巷道内，互不干扰，安全，方便。与双线单巷相比，巷道断面小，便于维护，但掘进工程量大。

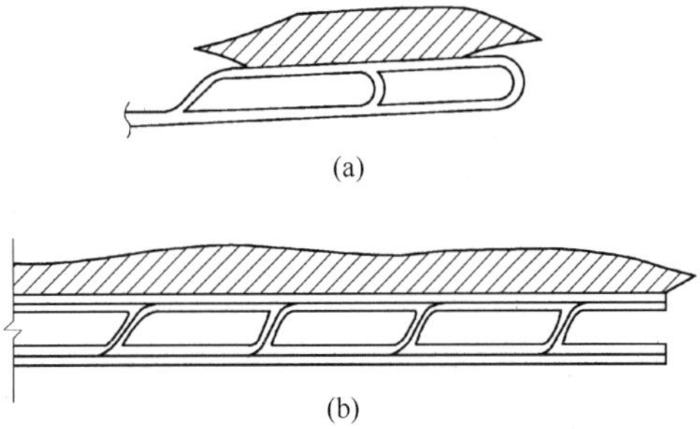

图4-5 脉外环形布置
（a）环形连接；（b）折返连接

（5）无轨装运设备运输巷道布置。随着无轨自行装运设备的推广使用，这种布置的使用越来越多。一般采用无轨自行设备运输时，采场爆落矿石直接落到装矿短巷底板上，装矿短巷的底板高程与阶段运输巷道相同。

在多数情况下，装运设备自行装载矿石后沿运输巷道将矿石运卸入溜井中。视矿体厚度不同，装矿短巷可以从沿脉运输巷道开掘，也可以从穿脉运输巷道开掘，如图 4-6（a）、（b）所示。装矿短巷可集中布置于运输巷道的一侧，也可交错布置于运输巷道两侧，如图 4-7 所示。

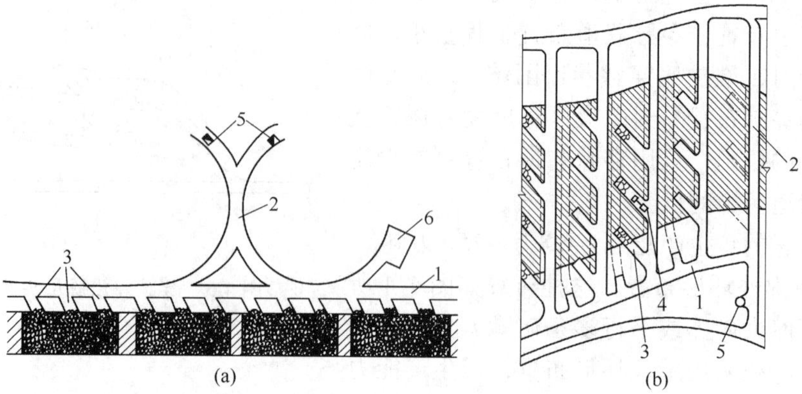

图 4-6 无轨运输巷道装矿短巷单侧布置

（a）装矿短巷在沿脉运输巷道一侧；（b）装矿短巷在穿脉巷道一侧

1—沿脉运输巷道；2—穿脉运输巷道；3—装矿短巷；4—铲运机；5—溜井；6—设备修理硐室

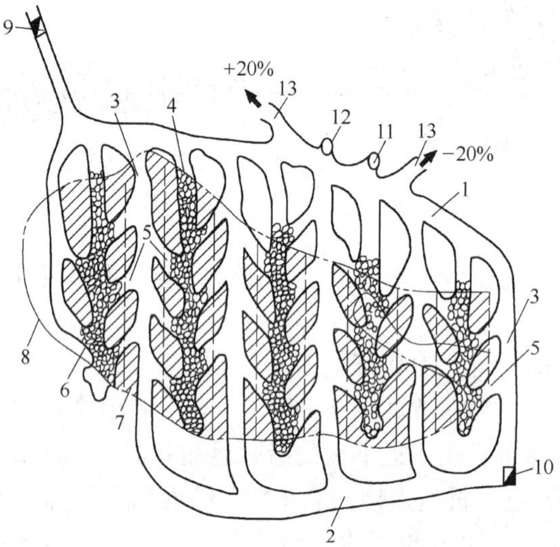

图 4-7 装矿短巷在穿脉运输巷道双侧布置

1—下盘运输平巷；2—上盘运输平巷；3—穿脉运输巷道；4—拉底巷道；5—装矿短巷；6—矿房；7—间柱；8—矿体边界；9—进风天井；10—回风天井；11—矿石溜井；12—废石溜井；13—开拓斜巷

运输巷道轴线与装矿短巷轴线之间的夹角一般为 45°～90°。装矿短巷的长度不小于无轨设备的长度。卸矿溜井间距取决于设备的合理运距及矿块的生产能力。

4.2.2.3 采准天井（上山）

采准天井（上山）的作用是：划分开采单元，将阶段（盘区）运输巷道与回采工作面连通以供人行并运送材料、设备及充填料、通风及溜放矿石，为掘进分段、分层巷道、凿岩硐室形成通道，为开切割立槽形成补偿空间等等。

A　对采准天井的要求

采准天井的布置应满足以下要求：

（1）使用安全，与回采工作面联系方便；

（2）具有良好的通风条件；

（3）便于矿石下放和人员、材料、设备进入工作面，有利于其他采切巷道的施工；

（4）巷道工程量小，维修费用低；

（5）有利于探采结合，并与所选用的采矿方法相适应。

B　布置形式

按照与矿体的关系，天井有脉内天井与脉外天井之分，其布置形式如图 4-8 所示。脉内天井按其与回采空间联系方式不同，又有四种布置形式，如图 4-9 所示。图 4-9（a）的天井在间柱内，通过天井联络道与矿房连通；图 4-9（b）中天井在矿块中央，随着回采工作面向上推进，天井逐渐消失，若要保持天井，需重新进行支护，架设台板与梯子；图 4-9（c）、（d）中天井在矿块中央或两侧，随着工作面的回采，天井逐渐消失；若需保留，则在充填料或留矿堆中用混凝土预制件或横撑支柱逐渐重新架设，形成新的顺路天井。

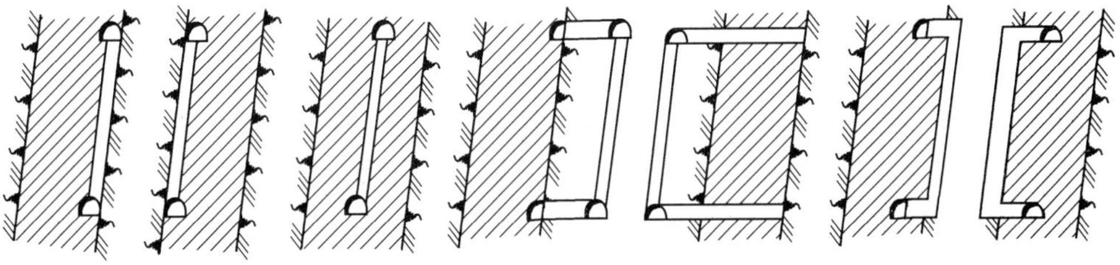

图 4-8　天井的布置形式

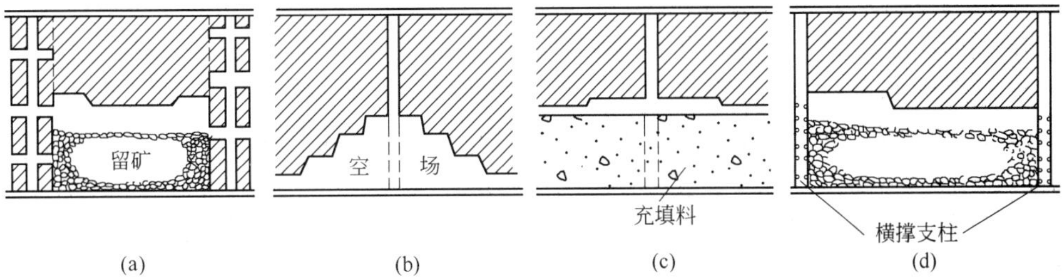

图 4-9　天井与回采空间联系方式

根据天井用途确定其断面尺寸及是否合格。除专用天井外，一般采场天井分为 2 ~ 3 格，1 格用于人行和通风，其断面尺寸根据梯子布置方式与通风要求决定；另外 1 ~ 2 格用于运送材料、设备及放矿。

4.2.2.4　斜坡道采准

使用无轨自行设备的矿山，建立阶段运输水平与分段、分层工作面之间联络的方法有两种方式：一种是采用专门的大断面天井；另一种是用斜坡道来联系。用斜坡道来联系的采准方式称斜坡道采准。斜坡道采准虽然掘进工作量大，但与大断面专用设备井的采准相比，设备运行调度、人员进出采场、材料设备运送等均较方便，且劳动条件大为改善。因此，国内外使用无轨自行设备的矿山，大多采用斜坡道采准。

采准斜坡道只为一个或几个矿块服务，为整个阶段服务的斜坡道则属于开拓范畴。

斜坡道采准包括采准斜坡道与采准平巷两部分。此外，用来为无轨采矿服务的各种井巷（如溜井、联络道等）和硐室（如机修硐室等）也属于斜坡道采准工程。采准平巷一般包括阶段平巷、分段平巷、分层平巷及其与采场、溜井和斜坡道之间的各种联络平巷。

4.2.3 切割工程

切割工作的任务是为回采创造爆破的自由面，为回采凿岩创造工作面，为回采爆破创造补偿空间。回采工作需要完成的切割工程有拉底、扩漏（辟漏）、切割槽。

（1）拉底空间。采用矿房式两步骤回采的采矿方法的矿块，为回采创造自由面和工作面及为回采创造最初的补偿空间，一般在矿房的最下面需形成拉底空间。拉底空间的形成方法一般是掘进拉底巷道和拉底横巷，在此基础上开凿水平平行孔。

（2）扩漏。在采用漏斗受矿底部结构的采矿方法中，为形成漏斗而完成的工作称为扩漏。矿房崩落的矿石依靠重力运搬到漏斗内，而后依靠重力或机械完成矿石的运搬任务。一般是在需要形成漏斗的空间首先开掘漏斗颈，而后以漏斗颈为自由面打束状炮孔完成扩漏工作。

（3）切割槽。在采用中深孔、深孔落矿的采矿方法中，采用堑沟、平底受矿的底部结构中，为创造初始回采的自由面和补偿空间及形成受矿空间，均需开掘切割槽。切割槽的形成一般是在切割槽内掘进切割天井、切割横巷、凿岩巷道、堑沟巷道等工程，而后借助这些工程形成切割槽。

各种切割工程的开挖形式、形成方法都与各种采矿方法密切相关，相应切割工程的施工方法与相应的采矿方法一同研究。

切割工程为获得备采矿量，在采准矿量的基础上，按不同采矿方法的要求，在回采作业之前为大量开采矿石而用掘进的手段开辟回采最初工作面，如切割天井、切割上山、切割平巷、拉底巷道以及扩切割槽、扩漏等，同时，这些工程还为大量回采时的爆破提供了补偿空间。

切割工程与采矿方法关系密切，各种切割工程的切割方法将结合具体的采矿方法讨论。

4.3 回采的生产工艺

回采的主要生产工艺有落矿、矿石运搬和地压管理。

落矿又称为崩矿，是将矿石从矿体上分离下来，并破碎成适于运搬的块度；运搬是将矿石从落矿地点（工作面）运到阶段运输水平，这一工艺包括放矿、二次破碎和装载；地压管理是为了采矿而控制或利用地压所采取的相应措施。

通常，各种采矿方法均包含这三项工艺。但因矿石性质、矿体和围岩条件、所用设备及采矿方法结构等不同，这些工艺的特点并非完全相同。回采工艺对矿床开采的效益影响很大。三项工艺的费用占回采总费用的75% ~90%，而回采费用又占整个矿石成本的35% ~50%；采场的劳动消耗占全矿劳动消耗的40% ~50%；矿石的损失率、贫化率亦与回采工艺直接相关。但是，每一工艺的费用所占回采总费用的比例在不同的采矿方法中是不同的，波动范围还很大。如开采坚硬的薄矿体（用浅孔留矿法），落矿工艺的费用所占比例最大；在支柱充填法中，则地压管理工艺费用最大。

回采工艺之间的联系是非常密切的。例如，增加深孔间距，可以降低落矿费用，但矿石块度加大，放矿费用随之增加。又如，采用高效率的装载设备，不仅可以降低放矿和装载费用，而且可提高回采强度，降低地压管理费用。为了确保回采工作的安全，提高劳动生产率和采矿强度，降低矿石的损失与贫化，必须正确选择回采工艺方法，并从设备和工艺改革上提高三项主要工艺的技术水平。

4.3.1 落矿

目前广泛应用的落矿方法是凿岩爆破，本书重点介绍坚硬矿石常用的浅孔、中深孔、深孔及药室落矿。开采松软破碎的矿石的落矿方式及其他特殊落矿方式可参阅其他相关文献。

评价落矿效果的主要指标是：凿岩工劳动生产率、实际落矿范围与设计范围的差距、矿石的破碎质量。

（1）凿岩工劳动生产率。凿岩工劳动生产率用凿岩工每班所凿炮孔的落矿量表示。

（2）实际落矿范围与设计范围的差距。此差距对矿石回采率与废石混入率影响很大。这一指标可以用实际验收炮孔的深度、倾角和排面方位角与设计数据对比表述。

（3）矿石的破碎质量。矿石的破碎质量主要用大块产出率表示。矿块中不合格的大块矿石的总重量占放出矿石总重量的百分比，称为大块产出率（简称大块率）。为便于进行放矿和运搬，将不合格的大块破碎成合格块度的作业，称为矿石的二次破碎。大块产出率取决于凿岩爆破参数与合格块度的尺寸。大块率可以直接测定，也可以用矿石二次破碎的单位炸药消耗量表示。

4.3.1.1 凿岩爆破落矿方法

A 浅孔落矿

目前，我国地下矿山浅孔落矿仍占有近一半的比重。

浅孔凿岩一般采用轻型风动凿岩机。回采工作面浅孔布置如图4-10所示，爆破顺序如图4-11所示。

a 爆破参数

钎头直径范围为30~46mm，少数为51mm；最小抵抗线一般按钎头直径的25~30倍确定，也可用式（4-1）计算，一般为0.5~1.6m，矿石坚固时取小值；炮孔深度一般小于3~5m，多为平行排列。

$$W = d\sqrt{\frac{0.785\rho\eta}{mq}} \tag{4-1}$$

式中，d 为浅孔直径，dm；ρ 为装药密度，kg/m^3；η 为装药系数，0.6~0.85；m 为炮孔邻近系数；q 为炸药单耗，kg/m^3。

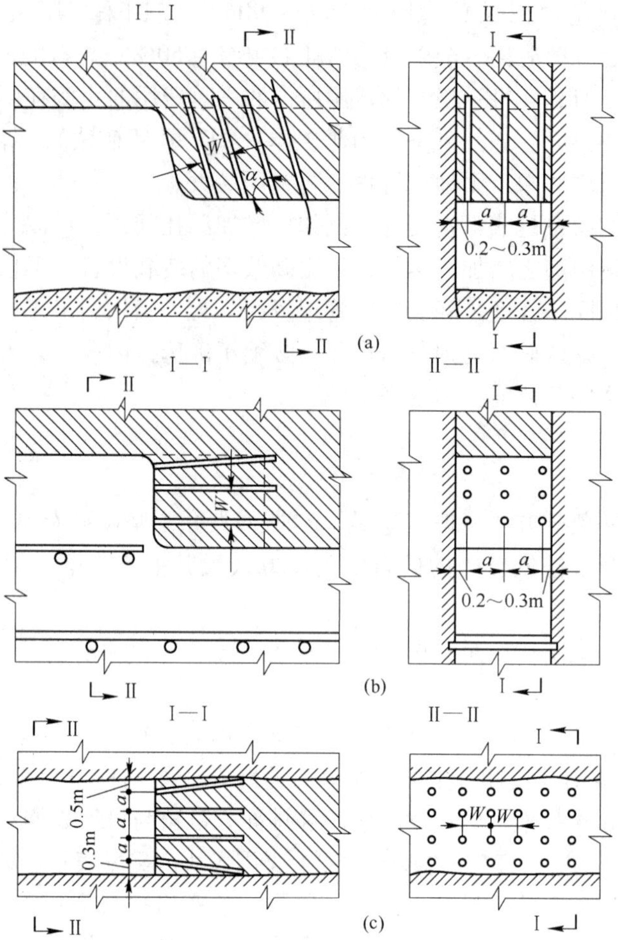

图 4-10 浅孔落矿炮眼布置形式

（a）急倾斜矿体中阶梯工作面上向孔；（b）急倾斜矿体水平孔；（c）水平或缓倾斜矿体中浅孔

a—孔间距；W—最小抵抗线

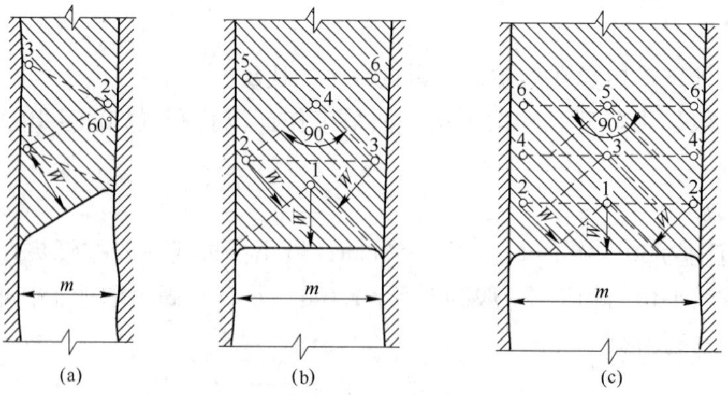

图 4-11 开采薄矿体浅孔布置与爆破顺序

（a）$W=m$；（b）$W=0.5m$；（c）$W=\frac{1}{3}m$

1～6—起爆顺序；m—矿脉厚度；W—最小抵抗线

b 凿岩机效率

常用凿岩设备有 YT 系列的 23、24、26、27，YTP-26 和 YSP-45。根据机型不同、矿石硬度不同，凿岩机效率一般为 20～50m/台班。

c 每米浅孔落矿量

每米浅孔落矿量一般为 0.3～1.5m^3。当矿体不规则时采用浅孔，可以“精收细采”，尽可能提高回收率，降低贫化率。但浅孔落矿特别是手持式凿岩，效率低，落矿量小，工作面安全卫生条件差。在缓倾斜矿体中，一般采用轮胎式浅孔凿岩台车，不仅效率高（可达 400～500m^3/工班），且作业安全。

B 中深孔落矿

a 凿岩设备

由于重型风动凿岩机的改进、液压凿岩机及凿岩台车的应用，中深孔落矿目前已成为我国金属矿山劳动生产率最高的落矿方法之一。

我国金属矿山用于中深孔落矿（有的矿山称为接杆炮孔落矿）的凿岩机，主要有风动的内回转的 YG-40、YG-80 型和外回转的 YGZ-70、YGZ-90、YGZ-120 型。国产液压凿岩机有 YYG-80、TYYG-20 等型号。

b 爆破参数

炮孔布置形式常用的有上向及水平扇形布置，但上向扇形居多。

钎头直径一般为 51～65mm，少数矿山采用 46mm 和 70mm。

在使用铵油炸药时，最小抵抗线一般为钎头直径的 23～30 倍，若装药密度或炸药威力较高，可适当加大。

一般在用 YG-80、YGZ-90 型凿岩机时孔深不大于 15m，采用更重型凿岩机、液压凿岩机时孔深可大于 15m，但凿岩速度显著下降。

孔底距一般为(0.85～1.2)W，矿岩不坚固时取大值。近年来，有些矿山采用加大孔底距、减小最小抵抗线的交错排列布孔方式，取得了良好的落矿效果。

在扇形中深孔落矿装药时，应调整相邻炮孔装药深度，使炸药爆破能在不同部位尽可能均匀分布。装药合理时，扇形布孔可以基本达到平行布孔均匀装药的落矿效果（见图 4-12）。

c 凿岩效率

中深孔凿岩机台班效率一般为 30～40m，台车凿岩可提高效率 25%～30%。每米中深孔落矿量通常为 5～7t。

C 深孔落矿

深孔落矿主要用于阶段矿房法、有底柱分段崩落法和阶段强制崩落法以及矿柱回采与采空区处理等。目前我国的深孔凿岩设备主要是潜孔凿岩机，常用的国产机型是 QZJ-80、YQ-100、QZJ-100A、QZJ-100B、KQD100 等。

深孔凿岩在凿岩硐室内进行操作。水平深孔凿岩硐室最小尺寸为高 2m、宽 2.5m、长 3～3.5m。上向和下向深孔凿岩硐室尺寸为高 3～3.5m，宽大于 2.5m。

a 深孔的落矿方式与深孔布置

深孔落矿方式有水平层落矿，垂直层落矿和倾斜层落矿。倾斜层落矿应用较少。落矿层的厚度范围为 3～15m，或更厚。每次落矿层厚取决于炮孔直径、炸药爆力和每层中深

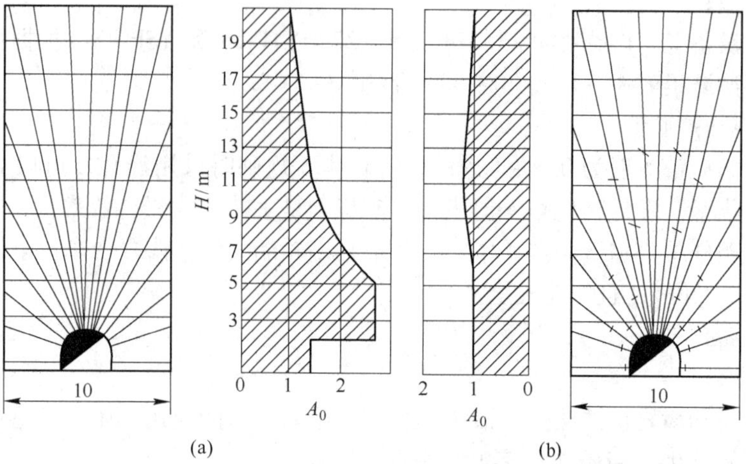

图 4-12　垂直扇形孔不同装药方式的炸药能量分布

(a) 全部孔装满；(b) 合理装药

H—矿脉厚度；A_0—炸药能分布情况

孔的排数。深孔的布置一般平行于落矿层的层面，也可垂直于落矿层层面。在落矿层内部深孔可平行布置、扇形布置或密集布置。密集深孔有扇形的，也有平行的。

平行布置中又可分为垂直深孔（上向或下向）、水平和倾斜深孔（上向和下向）。落矿层的面积取决于矿块的参数和钻机合理凿岩深度，也与矿岩接触带的变化有关。

图 4-13 是深孔布置的各种形式，在实践中可以根据矿岩及采矿设备灵活应用。

b　爆破参数

钎头直径一般为 80 ~ 120mm，常用 95 ~ 105mm。

目前尚没有计算最小抵抗线的理想公式。对于平行深孔，最小抵抗线可采用体积计算公式。

$$W = d\sqrt{\frac{0.785\rho\eta}{mq}} \tag{4-2}$$

式中，W 为最小抵抗线，m；d 为炮孔直径，m；ρ 为炮孔内装药密度，kg/m^3；η 为炮孔装药系数，孔深 5 ~ 50m 时，一般为 0.7 ~ 0.95；m 为炮孔邻近系数，当工作面与裂隙方向垂直时 $m=0.8$，当工作面与裂隙方向平行时 $m=1\sim1.2$，当矿石整体性好时一般可取 $m=1$；q 为单位炸药消耗量，kg/m^3。

目前，国内矿山使用的深孔深度一般在 25m 以下，深孔落矿最小抵抗线一般为钎头直径的 25 ~ 35 倍。若用铵油炸药，以 30 倍以下为宜。

c　凿岩与凿岩机效率

潜孔式深孔钻机台班效率一般为 10 ~ 18m，每米深孔崩矿量为 10 ~ 20t。影响潜孔钻机生产率的因素有：

（1）深孔倾角。上向或水平深孔的效率比下向稍高，因为上向孔排碴容易，岩碴的过粉碎量小。

（2）孔深。随着孔深加大，钎杆重量增加，也增加了钎杆在炮孔中运动的阻力，辅助

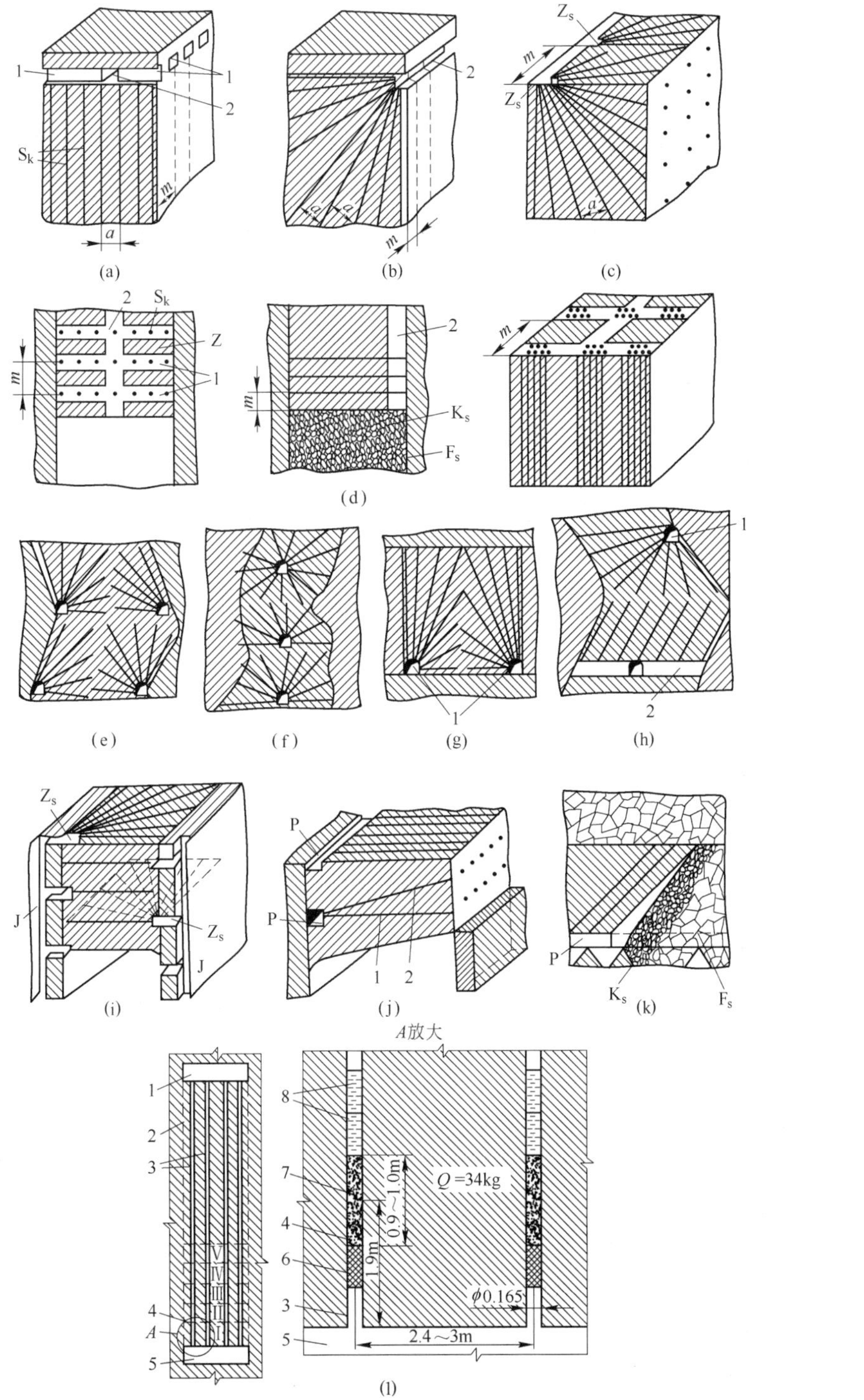

图 4-13 深孔布置与落矿方式

(a)，(b)，(e)，(f)，(g)，(h) 平行或扇形深孔垂直层落矿；(c)，(d) 密集深孔垂直层落矿；
(i)，(j)，(l) 水平层落矿；(k) 倾斜层落矿
S_k—深孔；m—落矿层厚；a—炮孔间距；K_s—矿石；Z_s—凿岩硐室；Z—矿柱；J—天井；P—平巷，F_s—废石；
Ⅰ～Ⅴ—落矿层顺序号；1，5—上下拉底层；2—设计矿房边界；3—大直径下向平行垂直深孔；
4—炸药；6—堵孔塞；7—球状药包中心；8—封孔橡胶水袋

作业也随之增加，效率下降。

（3）冲击器的回转速度。岩石不硬时，回转速度应当快，但超过一定限度，凿岩速度又开始下降。钻具的回转速度一般为 80 ~ 120r/min。

（4）水耗。经验表明，水量相对不大时（2 ~ 6L/min），凿岩速度快，增加供水量（达 10 ~ 14L/min），凿岩速度下降，但是随着水量的减小，粉尘浓度增加。

深孔落矿凿岩工劳动生产率高，劳动卫生条件好，潜孔钻机凿岩粉尘小，比中深孔落矿采切工程量小，落矿费用低。深孔落矿的缺点是：矿石破碎不均匀，大块产出率高，地震效应很大，矿石损失贫化大。

深孔落矿适用于矿石价值不高、赋存要素比较稳定的厚大矿体，最好能在抗震性能好的底部结构中采用大型装运设备。

D 药室落矿

药室落矿崩矿效率高，但是需要的巷道（硐室）工程量大，容易产生大块，因此很少用于正常的矿房或矿柱回采，而多用于特殊情况下回采矿柱处理采空区。但在矿石极坚硬，深孔凿岩效率特别低，或者矿石非常松软、破碎用炮孔落矿有困难，或缺乏深孔凿岩设备时，可考虑采用。这种方法在我国的弓长岭铁矿、杨家仗子钼矿曾经应用。

4.3.1.2 矿石的合格块度及二次破碎

如果崩落的矿石过于粉碎，将使炸药消耗量、矿石成本、粉矿损失与井下粉尘浓度增加。反之，若块度过大，与装运设备、放矿闸门的规格不相适应，则会引起以下问题：

（1）生产效率降低。二次破碎工作量增加及漏斗、溜井堵塞的处理将影响出矿效率。

（2）安全性降低。大量的二次破碎对作业人员及闸门、漏斗与底部结构的安全造成影响，若大块卡于急倾斜薄矿脉的采空区时对安全更是不利。

合格块度的最大尺寸由放矿、运搬、装载和运输设备的规格确定。目前，矿山采用的合格块度尺寸范围是：由 250 ~ 300mm 至 800 ~ 1000mm。

4.3.1.3 深孔落矿大块产出率高的原因

当矿岩条件一定时，影响大块产出率的主要因素是爆破参数和施工质量。根据矿山实践经验分析，造成大块产出率高的主要原因有：

（1）最小抵抗线或孔底距过大，单位炸药消耗量太小；

（2）炮孔较深，相应地扇形孔孔底距离太大，而该处孔径又最小，因而药量不足；

（3）装药密度过小，通常要求装药密度为 1g/cm^3，而目前人工装药密度有的仅达 0.6 g/cm^3，不能满足要求；

（4）水平深孔落矿时因自由面较大，矿石重力与爆力作用方向一致向下，矿石中的结构弱面使崩落瞬间炸药的爆破能未能充分发挥作用；

（5）深孔偏斜，改变了设计的爆破参数从而使局部地方炮孔太稀；

（6）由于炮孔严重变形、错位、弯曲以及落碴堵孔等，装药量严重不足；

（7）在节理裂隙发育的矿体中，用秒差电雷管起爆时，可能带落相邻炮孔的药包，使之拒爆。

经验证明，在最小抵抗线变化不大的情况下，大块产出率的高低在很大程度上取决于一次破碎（即落矿）单位炸药消耗量的大小。适当加大一次破碎单位炸药消耗量，降低二次破碎单位炸药消耗量，在技术上与经济上都是合理的。

4.3.1.4 二次破碎方法

大块的二次破碎，通常采用覆土爆破法。此外，还可用导爆索或小浅孔（孔深 20 ~ 30cm）爆破法。个别易碎的大块可用人工锤击破碎。

国外对风锤、机械锤、热力、电烧等二次破碎方法进行了大量研究工作，目前有的矿山开始使用风锤、机械锤，在大量放矿的地方得到了较好的应用。

4.3.2 矿石运搬

运搬与运输的概念和任务不同，运输是指在阶段运输平巷中的矿石运送，而运搬则指将矿石从落矿地点运送到阶段运输巷道装载处。

矿石的运搬方法分为重力运搬、爆力运搬、机械运搬、水力运搬、人力运搬以及联合运搬等。例如，在开采急倾斜矿体时，矿石从崩落地点运到运输巷道装载处，通常要经过三个环节：

（1）矿石借自重从落矿地点下落到底部结构的二次破碎水平；

（2）在二次破碎水平进行二次破碎，然后用机械或借自重运搬到装载处；

（3）在装载处经放矿闸门装入运输设备。

4.3.2.1 重力运搬

这是一种效率高而成本低的运搬方式，是借助于矿石自重的运搬方法。重力运搬可以通过采空场，也可以通过矿石溜井。它必须具备的条件是：矿体溜放的倾角大于矿石的自然安息角。安息角的大小取决于矿石块度组成、有无粉矿和黏结物质、矿石湿度、矿石溜放面的粗糙程度与起伏情况等。自重运搬一般要求溜放倾角大于 50° ~55°，采用铁板溜槽时可降为 25° ~30°。

重力运搬适用于倾角大于矿石的自然安息角的薄矿体及各种倾角的厚大矿体。

4.3.2.2 爆力运搬

采用房式采矿法开采倾角小于矿石自然安息角的矿体（见图 4-14），矿石不能用重力运搬时，可借助于落矿时的爆力将矿石抛到放矿区。

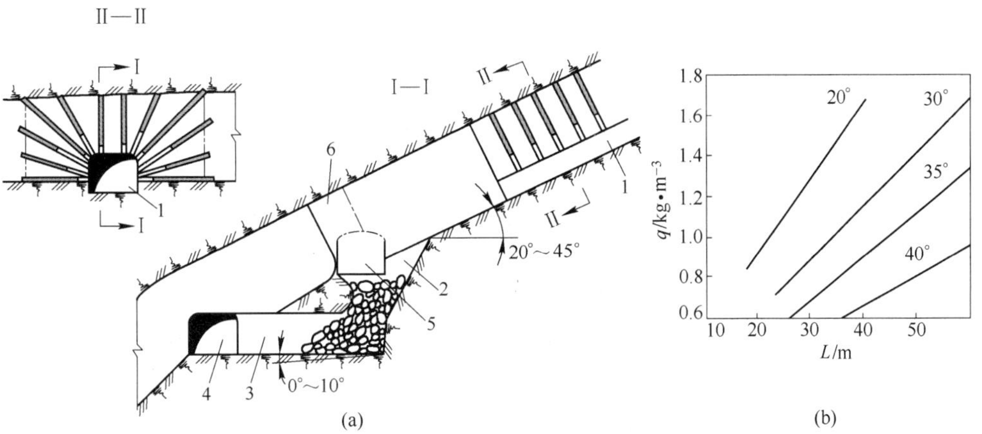

图 4-14 爆力运搬

（a）扇形孔爆力运搬落矿方案；（b）不同倾角下单位炸药消耗量 q 与爆力运搬距离 L 的关系曲线

1—凿岩巷道；2—受矿堑沟或喇叭口；3—装矿巷道；4—运输巷道；5—开切割槽及拉底巷道；6—切割槽

为了提高矿石回收率，凿岩巷道应深入矿体底板0.5m以上（见图4-14中Ⅱ—Ⅱ剖面）。

爆力运搬的效果可用抛入重力放矿区的矿石量来衡量。影响矿石抛掷效果的主要因素是单位炸药消耗量、端壁的倾角和矿体的倾角。

现场经验表明，抛掷效果随矿体倾角和端壁倾角的加大而提高。爆力运搬落矿所需单位炸药消耗量大于正常落矿的单位炸药消耗，单位炸药消耗加大，爆力运搬距离加大。但炸药的增加有一定限度，如果增加过大，并不一定能达到提高抛掷效果的目的，因为药量加大会使碎块矿与粉矿增加，而碎粉矿的抛掷效果不好。

采用爆力运搬，可避免在矿体底板开大量漏斗，从而大幅度减少采切工程量；工人不必进入采空区，作业安全。但矿体倾角不宜太小，一般要求在35°~40°左右；矿房也不能太长，否则后期清理采场残留矿石的工作量太大。清理采场残留矿石一般采用遥控推土机或水枪。

4.3.2.3 机械运搬

机械运搬适用于各种倾角的矿体，在国内外地下矿山广泛应用。

现在国内矿山常用的机械运搬方式有：

（1）电耙运搬。这是我国目前使用最广的运搬方式，其投资少，操作简单，适用性强，由电耙绞车、耙斗和牵引钢绳组成。国产电耙绞车功率一般为4~100kW，耙斗容积一般为0.1~1.4m³。

（2）装岩机运搬。常用设备有轨轮式电动或风动单斗装岩机，其需要在钢轨上运行，机动性受限。

（3）装运机运搬。常用轮胎式风动装运机，机动性好，运搬能力大。

（4）铲运机运搬。常见的有内燃铲运机和电动铲运机，铲斗容积为0.75~3m³，机动性好，运搬能力大。

（5）振动放矿机械及运输机运搬。这种运搬方式可实现连续运搬，能力大，但投资大，机动性差。

开采水平或缓倾斜矿体所用运搬机械与开采急倾斜矿体所用设备基本相同，但当矿体厚大和矿岩稳固时，设备规格更大，甚至接近露天型设备。

各种运搬机械使用情况参见底部结构和采矿方法部分的相关内容。

4.3.3 采场地压管理

在矿床地下开采中，采场地压管理是主要生产工艺之一。它的目的是防止开采工作空间的围岩失控，发生大的移动和威胁人员工作安全。

正确选择回采期间采场地压管理方法有非常重要的意义。采场地压管理工作是影响矿山安全工作、矿石成本、矿石损失贫化和矿山生产能力的主要因素。当前矿床地下开采的采矿方法分类中，很多都是以采场地压管理方法为基础的。

从时间上矿山地压管理可分为两个阶段：矿块回采阶段和大范围采空区形成后的阶段。前一阶段地压管理亦称为采场地压管理。这两个阶段的地压管理是有区别的，但又是密切联系的。

采场地压管理比一般井下工程（如硐室、隧道、井巷）的地压管理复杂，主要是因采场开采空间大，采场尺寸不断变化，形状复杂，并且地压会随相邻采场的开采而发生变化，亦即在相当长时间内采场地压是处于“不断变化”状态的。当然，对地下开采空间稳定性的要求，也不同于地下永久工程，采场地压只着重于采场回采期间开采空间的稳定性和地压控制。

4.3.3.1 采场地压管理任务

一般说来，采场地压管理任务有三个方面：

(1) 正确认识不同采矿方法采场开采空间所承受的载荷及应力变化规律，为正确选择地压管理方法提供符合实际的地压理论或假说。

(2) 从实际出发正确选择地压管理方法及其有关参数，保持一定时间内开采空间的稳固性。

(3) 处理好矿块回采期间遇到的局部地压问题，如构造弱面（断层、破碎带）、溶洞、老硐等造成的特殊地压问题。

4.3.3.2 采场地压管理方法

通常采用的地压管理方法大致可分为以下几类：

(1) 使开采空间具有较稳固的几何形状，使应力较平缓地集中过渡。

(2) 用矿柱、充填体、支柱或联合方法支撑或辅助支撑开采空间。

(3) 边采矿边崩落围岩，使开采空间某些部位的应力重新分布，降低工作空间围岩应力集中，减小工作空间的地压。

(4) 使开采空间围岩达到自然崩落所需的尺寸，通过自然崩落释放应力，减小周围采场的地压。

复习思考题

4-1 采矿方法分类有什么意义？目前常用的分类依据是什么？据此采矿方法分为几类？

4-2 什么是采准工程？采准工程主要有哪些？

4-3 什么是切割工程？切割工程主要有哪些？

4-4 影响采准工程布置的因素有哪些？各种采准方法分别适用于什么情况？

4-5 采切比和采掘比有什么意义？简述二者的计算方法。

4-6 回采的主要生产工艺是什么？各有什么作用？

4-7 简述地下落矿的方法、特点其及适用条件。

4-8 简述矿石运搬的方法、特点其及适用条件。

5 采 矿 方 法

5.1 空场采矿法

在矿房开采过程中不用人工支撑，充分利用矿石与围岩的自然支撑力，将矿石与围岩的暴露面积和暴露时间控制在其稳固程度所允许的安全范围内的采矿方法总称为空场采矿法。

空场采矿法的特点是，将矿块划分为矿房与矿柱，先采矿房，后采矿柱，开采矿房时用矿柱及围岩的自然支撑力进行地压管理，开采空间始终保持敞空状态。

矿柱视矿岩稳固程度、工艺需要与矿石价值可以回采也可以作为永久损失。由于矿柱的开采条件与矿房有较大的差别，若回采则常用其他方法。为保证矿山生产的安全与持续，在矿柱回采之前或同时，应对矿房空区进行必要的处理。

显然，使用空场采矿法开采矿体的必要条件是矿石围岩均需稳固。

空场采矿法是生产效率较高而成本较低的采矿方法，在国内外的各类矿山得到了广泛的使用。

使用空场采矿法，必须正确地确定矿块结构尺寸和回采顺序，以利于采场地压管理及安全生产。

由于被开采矿体的倾角、厚度及开采方法不同，空场采矿法又分为留矿采矿法、房柱采矿法、全面采矿法、分段矿房采矿法、阶段矿房采矿法。

5.1.1 留矿采矿法

留矿采矿法的特征是在采场中由下向上逐层进行回采矿石，每层采下的矿石只放出约1/3的矿量，其余的采下矿石暂留采场中作为继续上采的工作台，并可对采空场进行辅助支撑；待整个采场的矿石落矿完毕后，再将存留在采场内的矿石全部放出。

留矿采矿法是一种较为简单、经济、容易的采矿方法，在我国的黑色金属、有色金属、黄金、稀有金属及非金属矿山中得到广泛的应用。

留矿采矿法原则上虽可用于开采厚大矿体，但主要用于开采中厚及中厚以下矿体。

根据矿块布置方式及回采工艺不同，留矿采矿法可分为普通留矿法、无矿柱留矿法和倾斜矿体留矿法。

5.1.1.1 *矿块构成要素*

阶段高度一般为30～60m，当矿石围岩稳固、矿体倾角大、产状稳定时，可采用较大的阶段高度。

矿块的长度一般为40～60m，其值取决于矿岩的稳固程度及矿体的厚度。矿房的暴露面积一般可达400～600m^2。

间柱的宽度根据矿岩稳固程度及矿体厚度、间柱回采方法等因素来确定，通常为6～

8m，当矿体较薄而且采用脉外天井时可取 2 ~3m。

顶柱高度一般为 4 ~6m，当矿体较薄时为 2 ~3m。

底柱高度取决于矿石稳固程度与底部结构的形式，漏斗放矿底部结构为 5 ~6m，电耙道及格筛巷道底部结构为 12 ~14m。

5.1.1.2 采准切割

采准切割的主要任务是掘进阶段运输平巷 5、矿块天井 2、联络道 3、拉底巷道 4 及漏斗颈（见图 5-1）。

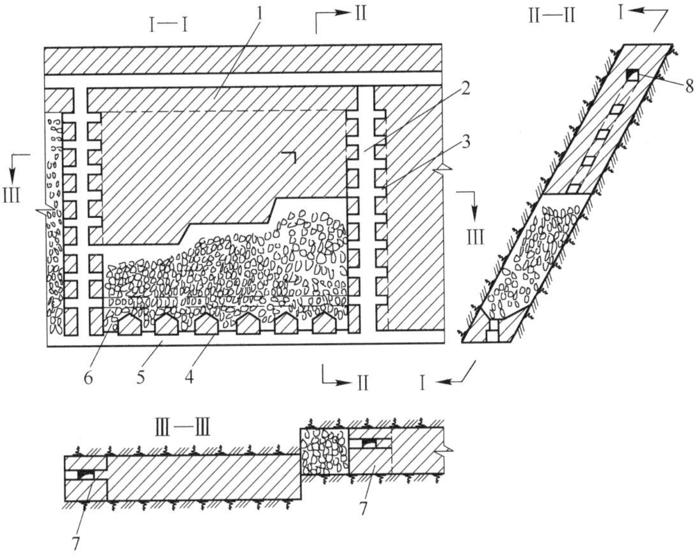

图 5-1 普通留矿法
1—顶柱；2—矿块天井；3—联络道；4—拉底巷道；5—阶段运输平巷；
6—漏斗闸门；7—间柱；8—回风巷道

当矿体较薄时，可利用勘探时的脉内沿脉巷道作为阶段运输巷道；矿体较厚时，应把阶段运输巷道布置在矿体下盘接触线上，以减少矿房开采中局部放矿后的平场工作量；当开采产状变化较大且不太稳固的贵重矿石时，为提高矿石回采率，减少坑道维护工作量，也可把阶段运输平巷布置在矿体的下盘脉外。矿块天井 2 布置在间柱中。在天井的两侧每隔 5 ~6m 向矿房开联络道 3。当矿房不分梯段回采时，矿房两侧的联络道应交错布置。在阶段运输平巷的侧上方每隔 4 ~6m 掘进放矿漏斗颈。矿体较厚时需在拉底水平掘进拉底巷道 4。

普通留矿法切割工作为拉底及扩漏。

掘进拉底巷道的拉底扩漏法如图 5-2 所示。在拉底水平从漏斗向两边掘进平巷，与相邻的斗颈贯通，形成拉底巷道。然后在拉底巷道中用水平浅孔向两侧扩帮至矿体上下盘，形成拉底空间。最后，由斗颈中向上或从拉底空间向下钻凿倾斜炮孔扩漏（扩喇叭口）。

不掘进拉底巷道的拉底扩漏法如图 5-3 所示，此法用于厚度不太大的矿体。

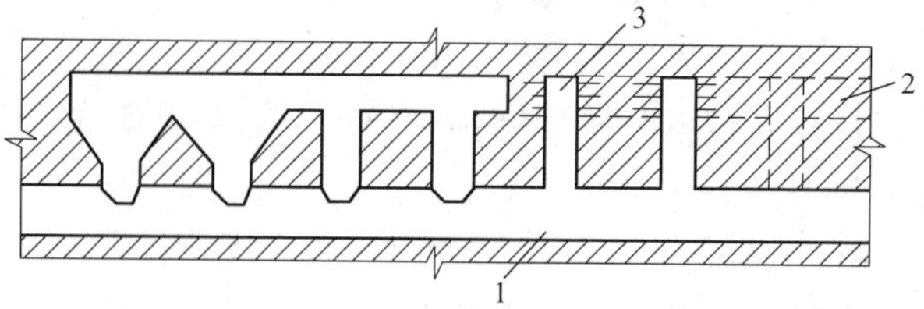

图 5-2 掘进拉底巷道的拉底扩漏法

1—运输平巷；2—拉底平巷；3—漏斗颈

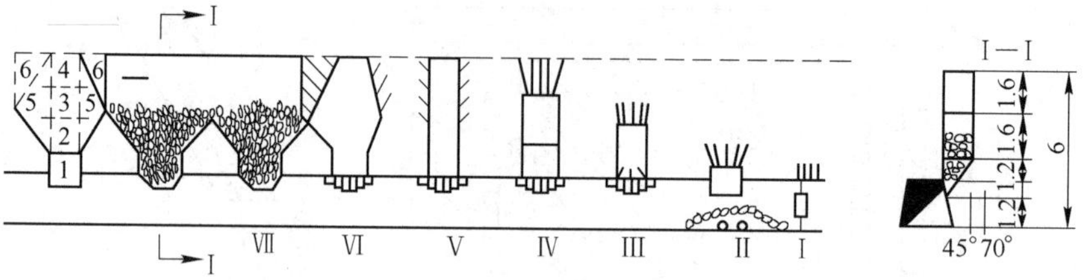

图 5-3 不掘进拉底平巷的拉底扩漏法

1～6—掘进爆破顺序；Ⅰ～Ⅶ—各步骤浅孔布置

在运输平巷应开漏斗的一侧，按漏斗规格用向上式凿岩机开 40°～50°的第一茬炮孔。在第一茬炮孔的碴堆上钻凿第二茬约 70°的炮孔，爆破后将全部矿石出完运走。架设漏斗口及工作台，继续开凿第三茬、第四茬炮孔，爆破后的矿石全由漏斗口放出，此时已形成高为 4～4.5m 的漏斗颈。自漏斗颈上部向四周打倾斜炮孔扩漏，使两相邻漏斗喇叭口扩大至相互连通，从而同时完成拉底及扩漏工作。

5.1.1.3 回采

矿房回采自下而上分层进行，分层高度为 2～2.5m，工作面多呈梯段布置，采用上向或水平浅孔落矿。

回采工作包括凿岩、爆破、通风、局部放矿、撬毛平场、二次破碎及整个矿房落矿完毕后的大量放矿。

（1）凿岩。凿岩在矿房内的留矿堆上进行。矿石稳固时，多用上向式凿岩机钻凿前倾 75°～85°的炮孔，孔深 1.5～1.8m。上向孔效率高，工作方便，单梯段也能多机作业，一次落矿量大，作业辅助时间少，梯段的长度可以为 10～15m。上向炮孔的排列形式，根据矿体厚度和矿岩分离的难易程度而定，炮孔排距为 1～1.2m，间距为 0.8～1m。常用的炮孔排列方式有如图 5-4 所示的几种。

1）一字形排列，适用于矿岩易分离、矿石爆破效果好、厚 0.7m 以下的矿体。

2）之字形排列，适用于矿石爆破性较好、矿脉厚度 0.7～1.2m，这种布置能较好地控制采幅宽度。

3）平行排列，适用于矿石坚硬、矿体与围岩接触界线不明显或难于分离、厚度较大的矿体。

4）交错排列，用于矿石坚硬、厚度较大的矿体，崩下的矿石块度均匀，生产中使用

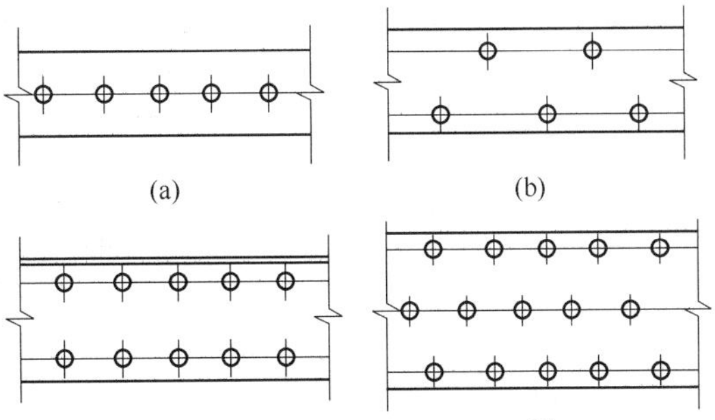

图5-4 炮孔排列形式

(a) 一字形排列; (b) 之字形排列; (c) 平行排列; (d) 交错排列

很广泛。

当矿房中央有天井时，可利用天井作为爆破自由面，否则需在矿房长度的中央掏槽。但不应在矿房两侧联络道或顺路天井附近同时爆破，以免它们被爆下的矿石同时堵住而影响正常的作业。

当矿石的稳固性稍差时，为避免矿石可能发生片落而威胁凿岩工的安全，此时可用水平孔落矿，孔深2~3m。为增加同时工作的凿岩机数，工作面分成多个梯段，梯段长度较小，一般为2~4m，梯段高度为1.5~2m。

（2）爆破。爆破一般采用直径为32mm的铵油或硝铵炸药卷，单位炸药消耗量可根据矿山实际情况选取。最好使用微差导爆管起爆。

（3）通风。新鲜风流从上风向天井进风，清洗工作面后从下风向天井出风；或由两侧天井进风，清洗工作面后由中央天井出风。为防止风流短路，应在进风天井的上口、回风天井的下口设置风门。

（4）局部放矿。每次落矿爆破后，由于矿石体积膨胀，为保证工作面有1.8~2m的作业高度，必须放出本次爆破矿石体积约1/3的矿石量，这个工作称为局部放矿。局部放矿时，放矿工应与平场工紧密配合，在规定的漏斗中放出规定数量的矿石。放矿中，应随时注意留矿堆表面的下降情况是否与放出矿量相适应，以减少平场工作量和及时发现并设法防止留矿堆内形成空洞。为保证工作的安全，发现空洞，必须及时处理。

（5）撬毛平场。局部放矿之后，确认留矿堆内无空洞时，就可进行撬毛平场工作。先对工作面喷雾洒水，然后敲帮问顶，撬除松动矿岩，将局部放矿所形成的凸凹不平矿堆扒平，为下次凿岩工作做好准备。

（6）二次破碎。二次破碎在工作面局部放矿后进行，撬毛平场的同时若发现大块，应及时用锤子或炸药破碎。应尽量避免在放矿口闸门处破碎大块，费工费时还易损坏闸门。

局部放矿时，严禁任何人员在放矿漏斗上部的留矿堆上作业。必须进入采场处理事故时，下部漏斗应停止放矿，并在留矿堆上铺设木板。

上述凿岩、爆破、通风、局部放矿、撬毛平场及二次破碎构成了一个回采工作循环。一个分层的回采可以由一个或几个循环来完成。待矿房所有的分层全部落矿后，即可进行大量放矿，完成整个采场的开采。

5.1.2 房柱采矿法

房柱采矿法是用于开采水平、微倾斜、缓倾斜矿体的采矿方法。它的特点是，在划分采区（或盘区）和矿块的基础上，矿房与矿柱交替布置，回采矿房的同时留下规则的连续或不连续矿柱，用以支撑开采空间进行地压管理。

水平矿体使用房柱法，矿房的回采由采场的一侧向另一侧推进。缓倾斜矿体通常是由下向上逆矿体的倾向推进工作面，采下的矿石可用电耙、装运机、铲运机等设备运搬。矿块回采后留下的矿柱，一般不予回采，作为永久性支撑。但开采高价矿或富矿时，有的矿山为提高矿石回采率先留下了较大的连续矿柱，待矿房采完并充填后再回采矿柱。也有的矿山留下连续的条带状矿柱，待矿房采完后，后退式地切采部分矿柱。房柱采矿法是劳动生产率较高的采矿方法之一，在国内外的矿山使用广泛。目前，使用最多的是浅孔落矿房柱法，也有的矿山开始使用中孔落矿。随着无轨设备的大量使用，不少矿山已开始使用无轨设备深孔开采方案。

浅孔房柱采矿法典型方案如图 5-5 所示。

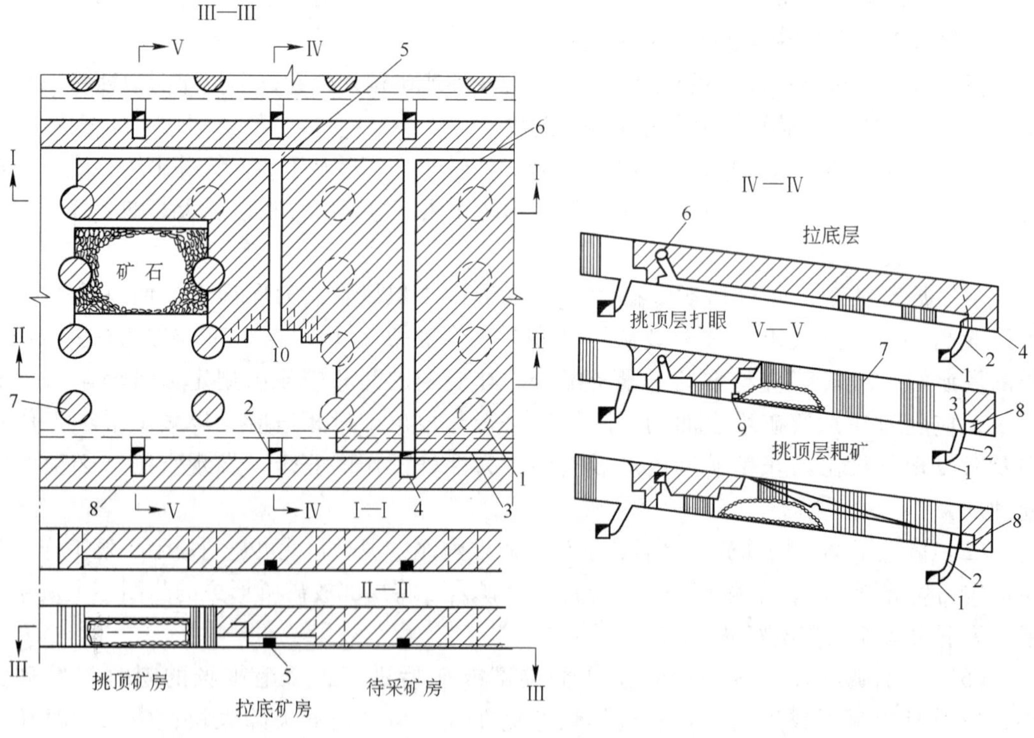

图 5-5 浅孔房柱采矿法典型方案

1—运输巷道；2—放矿溜井；3—切割平巷；4—电耙硐室；5—上山；
6—联络平巷；7—矿柱；8—电耙绞车；9—凿岩机；10—炮孔

5.1.2.1 矿块构成要素

矿块沿矿体倾斜布置，划分为矿房与矿柱。矿块矿柱亦称支撑矿柱，其横断面多为圆形或矩形，支撑矿柱规则排列并与矿房交替布置。为使上下阶段采场相互隔开，各阶段留有一条连续的条带状矿柱，称为阶段矿柱。沿矿体走向每隔 4 ~6 个矿块再留一条沿倾向的条带状连续矿柱，称为采区矿柱。上下以两阶段矿柱为界，左右以两采区矿柱为界的开采范围称为采区。

（1）矿房长度。矿房长度取决于电耙的有效耙运距离，一般不超过60m。无轨设备运搬不受此限制。

（2）矿房宽度。矿房宽度取决于矿体顶板的稳定程度与矿体的厚度，一般为 8 ~ 20m。

（3）矿柱尺寸及间距。矿柱尺寸及间距取决于矿柱强度及支撑载荷。采区矿柱与支撑矿柱的作用是不相同的。采区矿柱主要用于支撑整个采区范围顶板覆岩的载荷，保护采区巷道，隔离采区空场，宽度一般为 4 ~6m。支撑矿柱的主要作用是限制开采空间顶板的跨度，使之不超过许用跨度并支撑矿房顶板。目前，计算矿柱尺寸的方法尚不成熟，大多参考类似矿山的经验值，采用经验法来设计，再逐步通过生产实践，确定符合矿山实际条件的最优矿柱尺寸与间距。一般矿柱的直径或边长为 3 ~7m，间距为 5 ~8m。

为避免应力集中，提高矿柱的承载能力，矿柱与顶底板应采取圆弧过渡的方式相连。矿柱的中心线应与其受力方向一致或基本一致，当矿体倾角较大时尤其应注意到这一点。

（4）采区尺寸。采区的宽为矿块的长度，采区的长取决于采区的安全跨度及采区的生产能力。一个采区一般不少于 2 ~4 个回采矿房与 2 个以上正在采切的矿房。

5.1.2.2 采准切割

在下盘脉外距矿体底板 5 ~8m 掘进阶段运输巷道 1，自每个矿房中心线位置开矿石溜井 2 至矿体，在阶段矿柱中掘进电耙绞车硐室 4，沿矿房中心线并紧靠矿体底板掘进矿房上山 5，贯通联络平巷 6。矿房上山 5 与联络平巷 6 用于采场人行、通风及运搬材料设备，矿房上山 5 还是回采时的一个自由面。

5.1.2.3 回采工作

若矿体厚度不大于 2.5 ~3m，矿房采用单层回采，由矿房上山 5 与切割平巷 3 相交的部位用浅孔扩开，开始回采，工作面逆矿体倾斜推进。

矿体厚度大于 2.5 ~3m，应分层回采，分层高度为 2m 左右。若矿石比上盘岩石稳固或同等稳固，可采用先拉底，再挑顶采第二层、第三层，直至顶板的上向阶梯工作面回采，如图 5-6 所示。

可用气腿式凿岩机、平柱式凿岩机，也可以用上向式凿岩机落矿。工作面推至预留矿柱处，多布眼少装药将矿柱掏出来，采下矿石暂留一部分在采场内，作为继续上采的工作台。紧靠上盘的一层矿石，宜用气腿式凿岩机打光面孔爆破落矿，以便保护顶板。

当矿体上盘岩石比矿石稳固时，有的矿山采用如图 5-7 所示的下向阶梯工作面回采。下向阶梯工作面回采就是通过切割天井先采紧靠顶板的最上一分层（亦称切顶），待其推

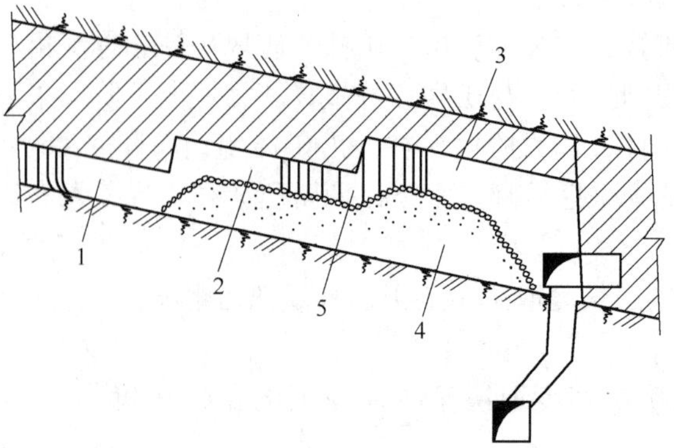

图 5-6 上向阶梯工作面回采

1—拉底层；2—第二分层；3—第三分层；4—矿堆；5—矿柱

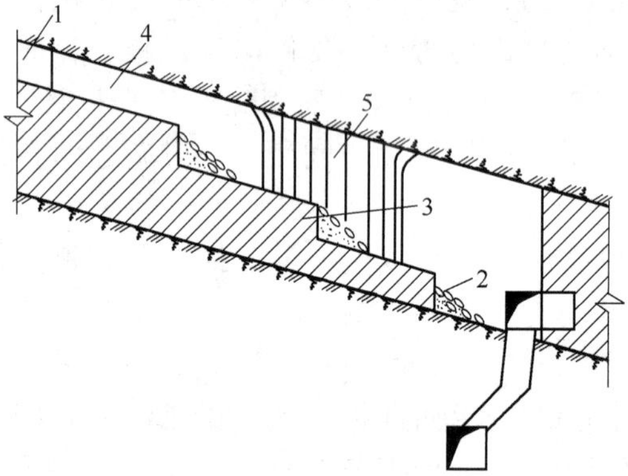

图 5-7 下向阶梯工作面回采

1—矿房上山；2—第一分层；3—第二分层；4—最上一分层；5—矿柱

进至适当距离后，再依次回采下面分层；上分层间超前下分层一定距离，近矿体底板的一层最后开采。

有的矿山顶板不够稳固，采用下向阶梯工作面使顶板先暴露出来，以便对顶板实施杆柱支护（杆柱护顶）。

上向阶梯工作面回采比下向阶梯工作面回采由于效率高、清扫底板容易、在高悬顶板下作业的时间短等优点而广泛被矿山采用。

电耙运搬矿石，需经常改变电耙滑轮的位置。使用三卷筒电耙绞车，虽省去了多次改变电耙滑轮位置之烦，但电耙绞车旁边的矿石仍无法耙走。一些矿山使用如图 5-8 所示的移动电耙绞车接力耙运，可把整个矿房范围内的矿石耙完。第一台电耙安装于可在轨道上行走的小车中，耙

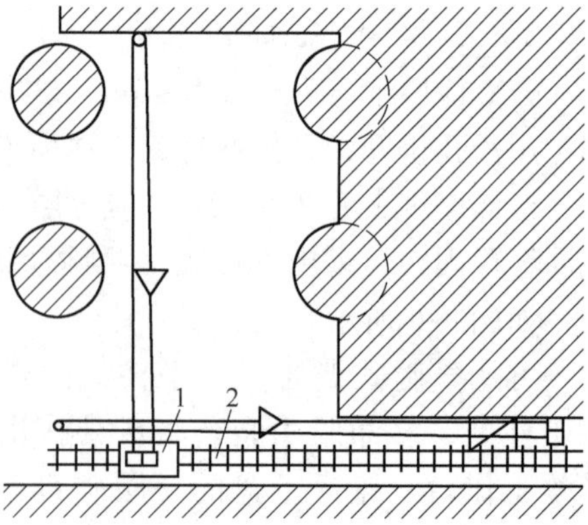

图 5-8 移动电耙绞车接力耙运

1—移动小车；2—轨道

下来的矿石，再由第二台电耙接力耙至相邻采场的溜井中。采场通风简单，新鲜风流由采区人行进风井进入，经切割平巷清洗工作面，污风通过矿房上山、联络平巷进入回风巷道排出。

采切巷道有脉外阶段平巷、放矿溜井、切割平巷、矿房上山、电耙绞车硐室及联络巷道。用上阶段脉外阶段平巷回风。

矿房采用单层回采。首先，沿矿房下部边界拉开高为矿体厚的切割槽，并以矿房上山为第二自由面，用浅孔逆矿体倾向回采。相邻矿房可同时回采，但需互相保持 15 ~ 25m 的距离。用杆柱维护稳固性较差的页岩顶板，杆柱长 2.3m，网度为 1m × 0.8m，每套杆柱支护面积为 0.77m^2。为保证回采工作的安全，在较大断层及顶板不稳处留下矿柱支撑。

5.1.3 全面采矿法

全面采矿法与房柱采矿法极为相似，也是用来开采水平微倾斜、缓倾斜矿体的空场采矿法。但全面采矿法所开采的矿体厚度不应大于 3 ~ 4m。全面采矿法的采区可不划分为矿块，回采工作面可以逆倾向、沿走向、逆伪倾向全面推进。因此，采场范围大，沿走向长度可达 50 ~ 100m。回采过程中留下来的矿柱（或岩柱），可以是不规则的，其数量、形状、间距、尺寸及位置比较灵活，可将贫矿、夹石、无矿带留下，或按顶板管理的要求留下不规则的孤立矿柱来支撑空区。

开采高价矿、富矿时也可用木柱、木垛、石垛、混凝土垛、杆柱等人工材料来代替矿柱，提高矿石回采率。

常用的全面采矿法是如图 5-9 所示的浅孔落矿电耙运搬的全面采矿法。

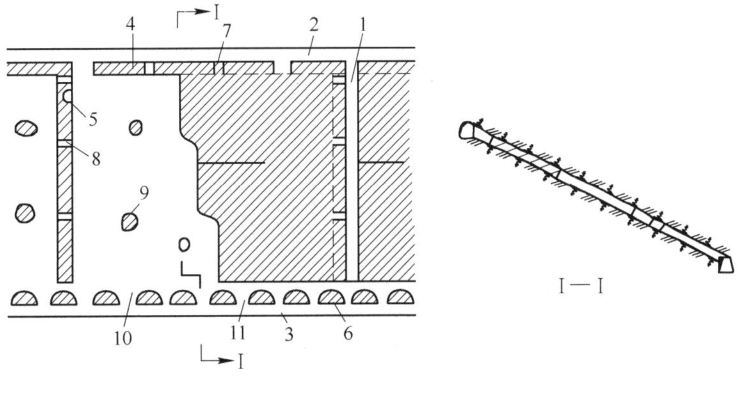

图 5-9 全面采矿法

1—切割上山；2—回风平巷；3—阶段平巷；4，6—阶段矿柱；5—采区矿柱；7，8—人行道；9—矿柱或岩柱；10—矿石溜子；11—切割平巷

矿块沿走向布置，其长度可以是 50m 或更大，矿块沿倾斜方向的长度一般为 40 ~ 60m，增加沿走向的长度可以减少矿块数，减少采切工程量，但阶段内同时工作的矿块数也将相应减少，会影响阶段生产能力，故采区长度还应当用阶段生产能力来校核。

年产量不大、走向长度小的矿体，阶段可不划分采区，整个阶段沿走向、逆倾向或伪倾向全面推进。

阶段矿柱宽度 2 ~ 3m，采区矿柱宽度 6 ~ 8m，矿石溜子间距 5 ~ 7m。采区内的矿柱，根据夹石、贫矿的分布及顶板管理的需要来确定其数量、规格与位置。

5.1.3.1 采切工程

采切工程先掘进阶段平巷3。阶段平巷一般布置于脉内，当矿体产状变大时也可将它布置在下盘围岩中，这样虽增加了脉外工程量，但矿石溜子有一定的储矿能力，对缓和采场运搬与矿石运输、提高阶段生产能力有利。矿石溜子10的间距为5~7m。

切割平巷11连通各矿石溜子的上口，作为回采工作的一个自由面。逆矿体倾向掘进的切割上山1贯通回风平巷2，并作为回采工作的起始线。在采区矿柱（亦称矿壁）内每隔10~15m掘进人行道8。回采过程中，在上部阶段矿柱内每隔一定距离掘进人行道7连通回风平巷2，电耙硐室的位置与矿石溜子相对应，也可以用移动电耙接力耙运矿石。

5.1.3.2 回采工作

回采工作由切割上山的一侧或两侧开始沿矿体走向全面推进，为使凿岩与采场运搬平行作业，工作面可布置成阶梯状，依次超前一定的距离，阶梯数常为2~3。

使用气腿式凿岩机凿岩，视矿石坚固程度、矿体厚度及工作循环要求来确定凿岩爆破参数，但炮孔不可穿过顶底板，以保证安全及降低矿石贫化损失。若有可能，近顶板的炮孔使用光面爆破技术，以保持顶板的稳固性。

采场使用电耙运搬矿石。

回采过程中，应视顶板的稳固程度及矿床有用组分的分布情况，将贫矿、夹石、无矿带留作不规则的矿（岩）柱。当然，必要时一般矿石也得留作矿柱。圆形矿柱的直径常为3~5m，矩形矿柱的规格为3m×5m。为提高矿石回采率，也可以用木柱、丛柱、杆柱及垛积材料进行支撑。采场回采完毕，视安全情况，可部分地回收矿柱。杆柱支护工作量小，成本低，效果好，且利于矿石运搬。杆柱长度一般为1.8~2.5m，安装密度为0.8m×(0.8~1.5)m×1.5m。

5.1.4 分段落矿阶段矿房采矿法

分段落矿阶段矿房采矿法是将阶段划分为矿块，矿块再划分为矿房与周边矿柱，矿房用中孔或深孔在阶段全高上进行回采，采下矿石由矿块底部结构全部放出的空场采矿法。矿房回采过程中，空区靠矿岩自身稳固性及矿柱支撑，回采工作是在专用的巷道、硐室、天井内进行的。矿房回采完毕再用其他方法回采矿柱。

由于凿岩设备及操作技术等条件的限制，难以穿凿深度等于矿房高度的深孔时，可将矿房划分为分段，用中深孔进行落矿。

分段落矿阶段矿房采矿法的特点是：在矿块划分为矿房与周边矿柱的基础上，将矿房在高度上进一步用分段巷道划分为几个分段，在分段巷道内用中深孔落矿，工作面竖向推进，采下矿石由矿块底部结构放出。

分段落矿阶段矿房采矿法的矿房布置方式有沿走向布置矿块、垂直走向布置矿块两种形式。

沿走向布置矿块的分段落矿阶段矿房采矿法如图5-10所示。

5.1.4.1 矿块构成要素

阶段高度由矿房高度、顶柱厚度与底柱高度三部分组成，其值取决于围岩的允许暴露面积与暴露时间，一般为50~70m，围岩稳固、采矿强度大取大值。

(1) 矿房长度：根据围岩及顶柱的允许暴露面积确定。

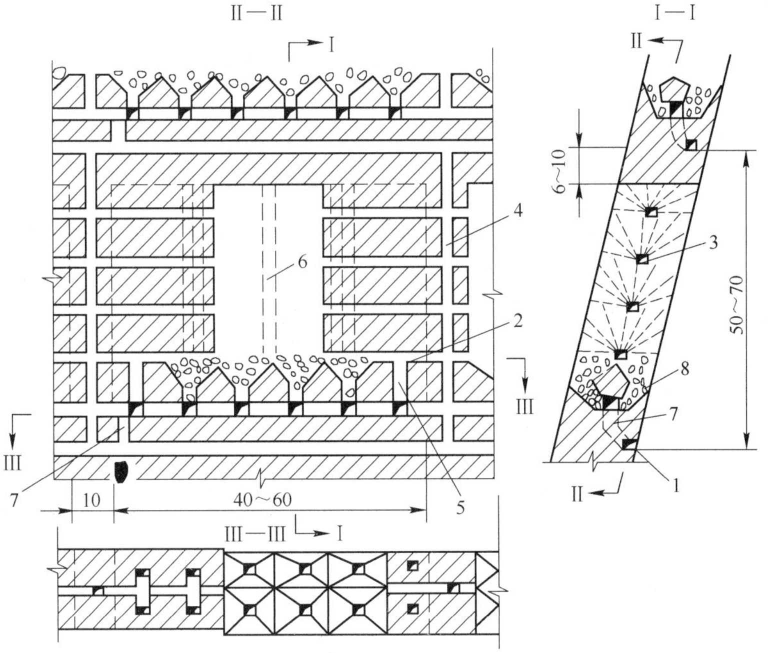

图 5-10 沿走向布置矿块的分段落矿阶段矿房采矿法
1—阶段运输巷道；2—拉底巷道；3—分段凿岩巷道；4—通风人行天井；
5—漏斗颈；6—切割天井；7—溜井；8—电耙道

（2）矿房宽度：等于矿体厚度。

（3）顶柱厚度：由矿岩的稳固性及矿体的厚度决定，一般为 6 ~ 10m。

（4）间柱宽度：取决于矿岩的稳固性、间柱的回采方法、矿块天井是否布置在间柱内等因素，一般为 8 ~ 10m。

（5）底柱高度：取决于所采用的二次破碎底部结构的形式，采用电耙巷道时为 7 ~ 11m，格筛巷道为 11 ~ 14m，平底或铲运机出矿底部结构可降为 4 ~ 6m。

（6）分段高度：即两相邻分段巷道之间的垂直距离，其值取决于所使用凿岩设备的能力，中孔设备凿岩为 8 ~ 12m，深孔可为 15 ~ 20m。

（7）漏斗间距：一般为 5 ~ 7m。

5.1.4.2 采准切割

A 采准切割工程

采准工程有阶段运输巷道 1、分段凿岩巷道 3、通风人行天井 4、溜井 7、电耙道 8、斗穿及漏斗颈 5；切割工程有拉底巷道 2、切割横巷及切割天井 6 等。

阶段运输平巷布置在脉内外均可。脉内常紧靠下盘布置，以便摸清矿体的下盘变化情况，减少脉外工程。布置在脉外可增加矿房矿量，并可即时回采矿柱。具体采用何种形式，应结合矿山阶段平面开拓设计来综合考虑。

通风人行天井常布置在脉内，具体位置应结合矿柱回采方法来确定，它依次贯通电耙道、拉底巷道、分段凿岩巷道及上阶段运输巷道。

分段凿岩巷道应布置在靠近矿体下盘的位置，以便减小落矿炮孔的深度差，提高凿岩、爆破效率。

溜井的倾角应满足储矿与放矿的要求。此外，其储矿体积最好不小于一列矿车的装载体积，使耙矿与运输工作得以协调。

B 扩切割立槽、拉底与扩漏

分段落矿阶段矿房采矿法的切割工作是扩切割立槽、拉底与扩漏。

切割立槽位置是否合理，关系着矿房的落矿效果及技术经济指标。一般按下列原则确定切割立槽的位置：当矿体厚度均匀，切割立槽可布置在矿房中央，从中央向两侧退采，回采工作面多，采矿强度高；若矿房长度大，切割立槽也可布置在靠近溜井的一侧，矿石借落矿时的爆力抛掷一段距离，减少电耙运搬距离，提高耙矿效率。

当矿体厚度变化较大时，切割立槽应布置在矿体的最厚部位。当矿体倾角发生变化时，切割立槽应布置在下盘最凹部位，以减少回采中的矿石损失。

扩切割立槽的方法很多，归纳起来可分为浅孔法与深孔法。

浅孔扩切割立槽的实质是把切割立槽当作一个急倾斜薄矿体，用浅孔留矿法回采，大量放矿后形成立槽，切割立槽的宽度为2.5～3m。此法易于保证切割立槽的规格，但效率低、速度慢、工作条件差、劳动强度大。

深孔扩切割立槽又分为水平深孔扩立槽法与垂直深孔扩立槽法。

水平深孔扩立槽法的实质是把切割天井当作深孔凿岩天井，切割立槽当作矿房，拉底后分层爆破的凿岩天井用水平深孔落矿阶段矿房采矿法回采形成切割立槽。此法可形成宽5～8m的切割立槽，扩槽效率高，但工人需在凿岩天井的下段、靠近空场处装药爆破，工作安全条件差，并需多次修复工作台板，现使用不多。

垂直深孔扩立槽法是在垂直分段凿岩巷道并贯通切割天井的切割横巷内，打上向平行深孔，以切割天井为自由面，爆破形成切割立槽，如图5-11所示。以前扩槽炮孔多用逐

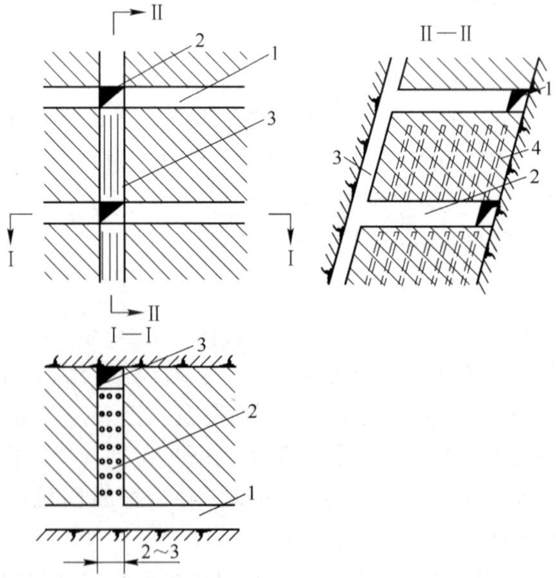

图5-11 垂直平行深孔开掘切割槽

1—分段凿岩巷道；2—切割横巷；3—切割天井；4—炮孔

排爆破或多次多排同次爆破，现广泛使用全部扩槽炮孔分段微差一次爆破。

拉底一般与扩漏同时进行。由于回采工作面是竖向推进，故拉底扩漏没有必要，也不应该一次完成，而是采取随回采工作面的推进超前 1 ~2 对漏斗的拉底扩漏方法。拉底扩漏的方法也分为浅孔法与深孔法两种。

（1）浅孔法：在超前回采工作面一排漏斗的范围内，由拉底巷道开始用浅孔扩帮至上下盘，随即进行扩漏。扩漏可以从拉底水平由上向下，也可以从漏斗颈内由下向上进行。

（2）深孔法：拉底巷道实际上又是第一分段凿岩巷道，只要把落矿炮孔中倾角最小的炮孔适当加密，爆破后即可形成拉底空间。扩漏与浅孔法的相同。

此外，一些矿山采取如图 5-12 所示的预先切顶措施，来消除最上一分段上向落矿炮孔爆破时对顶柱稳定性的影响。在矿体的中部顶柱下檐沿矿房的长轴方向开切顶巷道 1，在切顶巷道两帮布置切顶炮孔 2，回采工作面落矿前爆破切顶炮孔形成切顶空间 3。切顶只需超前回采工作面 1 ~2 排落矿炮孔即可。

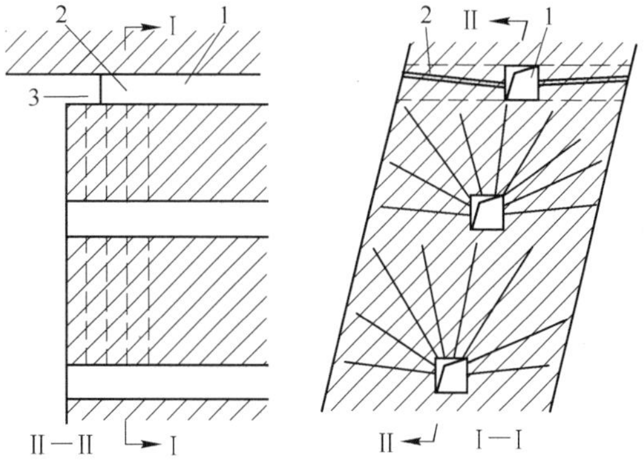

图 5-12 预先切顶措施

1—切顶巷道；2—切顶炮孔；3—切顶空间

5.1.4.3 回采工作

大量回采是以切割立槽、拉底空间为自由面，通过爆破分段凿岩巷道中的上向炮孔来实现的。现在各矿山多是用扇形炮孔落矿，使用平柱式凿岩机凿岩，孔径 60 ~75mm，最小抵抗线 1.5m 左右，孔底距 1.5 ~2.0m，孔深不超过 20m，每次爆破一排或几排炮孔。当补偿空间足够大时，应尽量采用多排孔微差爆破，以提高爆破质量。爆下的矿石一般不在空场中储存，及时经二次破碎底部结构放出。

通风工作比较简单，目前绝大多数矿山是把落矿炮孔全部凿完后再分次爆破落矿。分段落矿阶段矿房采矿法采场通风方式按工作面单侧推进和工作面双侧推进有两种，如图 5-13 所示。

5.1.5 水平深孔落矿阶段矿房采矿法

水平深孔落矿阶段矿房采矿法的典型方案如图 5-14 所示。

5.1.5.1 矿块构成要素

水平深孔落矿阶段矿房采矿法由于工人是在专用的巷道或硐室内作业，而且顶柱是在矿房最后一个分层落矿后才暴露出来，因此可以采用较大的矿房尺寸。

水平深孔落矿量大，大块产出率高，故常用平底二次破碎底部结构。

5.1.5.2 采准切割

在间柱下部掘进运输横巷 3，将上、下盘的脉外运输平巷 1、2 贯通，形成环形运输系统。在运输平巷的上部掘进两条电耙道 8，在电耙道中每隔 6 ~8m 掘进放矿口 9 连通矿房

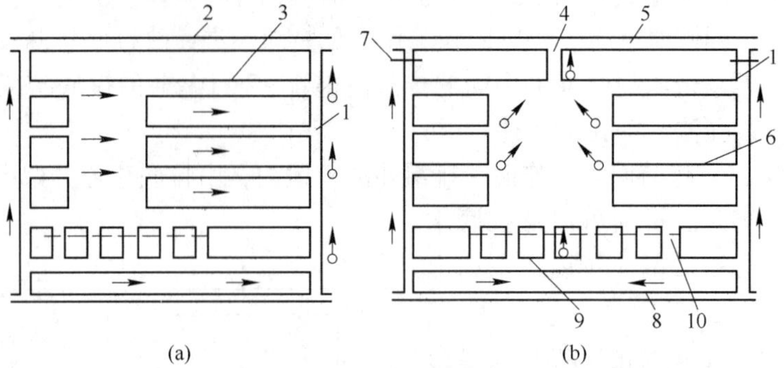

图 5-13 分段落矿阶段矿房采矿法采场通风方式
（a）工作面单侧推进；（b）工作面双侧推进
1—天井；2，5—上阶段运输平巷；3—切顶巷道；4—顶柱；6—分段巷道；
7—风门；8—本阶段运输巷道；9—电耙巷道；10—漏斗颈

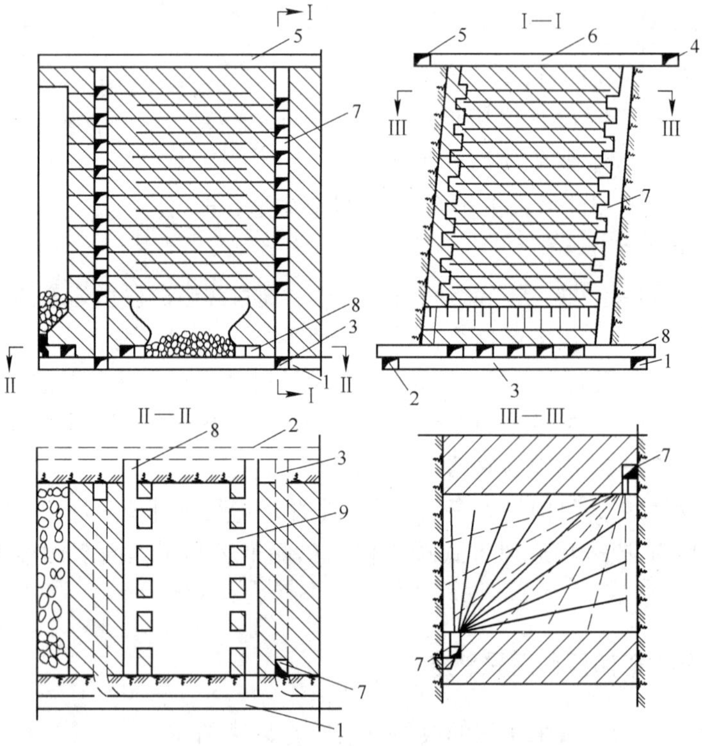

图 5-14 水平深孔落矿阶段矿房采矿法
1—下盘运输平巷；2—上盘运输平巷；3—运输横巷；4—下盘通风平巷；5—上盘通风平巷；
6—通风横巷；7—凿岩天井；8—电耙道；9—放矿口

底部的平底，形成二次破碎平底底部结构。凿岩天井 7 在间柱中矿房对角线的两端，凿岩天井旁的凿岩硐室垂直距离为 6m，两天井的凿岩硐室交错布置。为保证凿岩硐室的稳固，上下相邻两凿岩硐室的投影不应重合。

第一排水平深孔的爆破补偿空间是平底底部结构的拉底空间，其拉底方法如图 5-15 ~ 图 5-17 所示。

电耙道的上部留有梯形保护檐。电耙道、放矿口的规格、位置应满足电耙耙矿的要求。两放矿口之间留有 5m × 2m 的矿柱，以增加保护檐的强度（见图 5-15）。

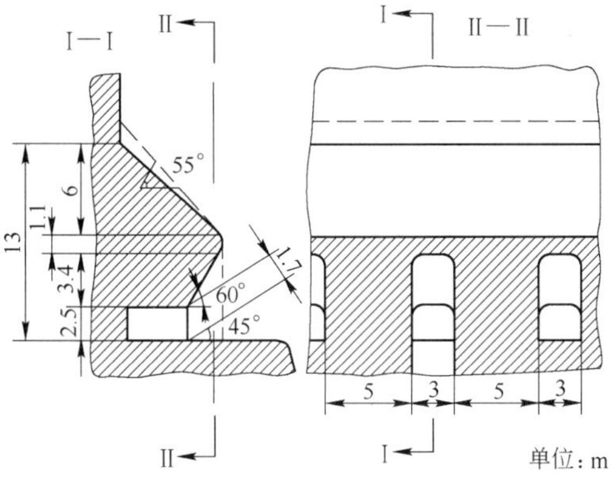

图 5-15 电耙巷道及放矿口

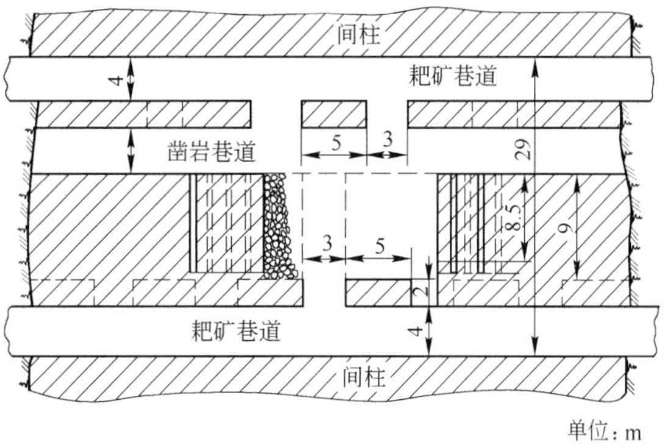

图 5-16 平底底部结构矿房拉底平面图

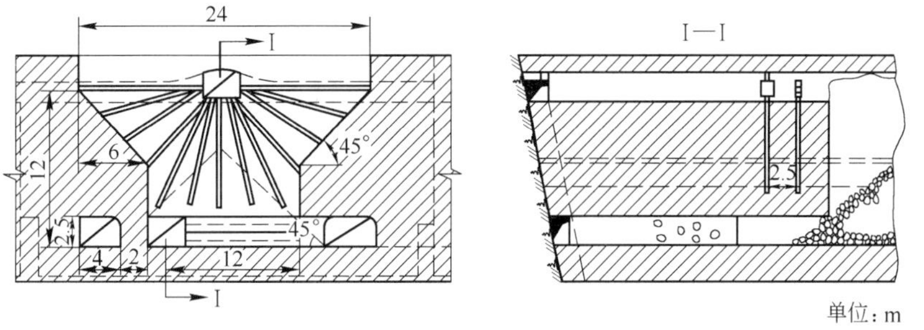

图 5-17 平底底部结构矿房拉底第二步骤

拉底工作分两步进行。先在一条电耙道的侧方开掘与其平行的凿岩巷道，垂直凿岩巷道在矿房中部开切割巷道，以切割巷道为自由面，爆破在凿岩巷道中布置的水平深孔形成第一步骤的拉底空间（见图 5-16）。于电耙道中每隔 8m 开放矿口，两条电耙道的放矿口交错布置，以利放矿。在电耙水平上部约 12m 处沿矿房长轴方向开掘第二条拉底凿岩横巷（见图 5-17），自第一步骤拉底水平中心，向上开凿切割天井连通凿岩横巷，然后用下向深孔将其扩大成垂直凿岩横巷的切割自由面，并将矿石全部放出，最后沿凿岩横巷分次逐排爆破下向扇形深孔，形成整个拉底空间。

5.1.5.3 回采工作

使用 YQ-100 型凿岩机钻凿水平扇形深孔，最小抵抗线 3m 左右，孔底距 2.85 ~ 3.9m。为保护底柱及适应拉底补偿空间的需要，初次爆破 1 ~ 2 排为宜，以后可适当增加爆破排数。凿岩硐室的规格应满足操作钻机的需要，通常高为 2.2 ~ 2.4m，长度与宽度不小于 3m。

水平扇形深孔常用的布置方式有如图 5-18 所示的几种。

(1) 下盘单一布置（见图 5-18a）。天井布置于矿房下盘的中央，在每个硐室内打两排

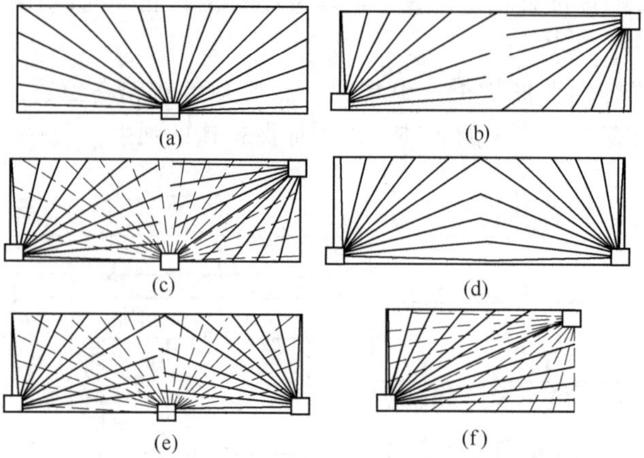

图 5-18 水平扇形深孔排列形式

炮孔。这种布置，天井、硐室的掘进、维修工作量小，但不易控制上盘与间柱方向的矿房界线。

（2）上、下盘对角式（见图 5-18b）。天井布置于间柱内，硐室对角布置。这种布置容易控制矿房边界，天井今后可作回采矿柱之用，每个硐室仍需打两排炮孔。

（3）上、下盘对角与中央混合式（见图 5-18c）。这种布置为上两种布置的混合使用，容易控制矿房边界，每个硐室只钻一排孔，落矿爆破对天井的破坏小，两侧天井仍可用于矿柱回采。此方案掘进工程量大。

（4）下盘对称式（见图 5-18d）。这种布置对下盘边界控制较好，其他同图 5-18（b）。

（5）下盘对称与中央混合式（见图 5-18e）。这种布置对下盘控制最好，其他同图 5-18（c）。

（6）上下盘对角交错式（见图 5-18f）。这种布置一个硐室只钻一排孔，交错控制矿房边界，效果好，但炮孔长度大，易产生偏斜，矿房长度不大时常用这种布置。

矿山经验表明，靠近矿房上盘的矿石较易崩落，即使落矿时未能崩落，在放矿过程中往往也会与围岩一齐片落，故靠近上盘的矿石损失较小，而下盘未崩下的矿石则易形成永久损失。因此，选择炮孔布置方式时应考虑有利于控制下盘边界，并且使与下盘相交的炮孔超出矿体边界 0.2 ~ 0.3m。

矿房落矿炮孔通常一次钻凿完毕，而后分次爆破。分次爆破的间隔时间不宜过长，以免炮孔变形。矿柱若用大爆破回采，则其落矿炮孔应与矿房回采炮孔同时凿完，矿房矿石放完后，间柱、顶柱与上阶段矿房底柱同期分段爆破。

5.2 充填采矿法

随着工作面的推进，用充填料充填空区进行地压管理的采矿方法称充填采矿法。充填体起到支撑围岩、减少或延缓采后空区及地表的变形与位移。因此，它也有利于深部及水下、建筑物下的矿床开采。充填法中的矿柱可以用充填体代替，所以用充填法开采矿床的损失、贫化率可以是最低的。国内外在开采贵重、稀有、有色金属及放射性矿床中广泛应用充填采矿法。

充填采矿法按工作面的类型及其工作面推进方向不同分为单层充填采矿法、上向分层充填采矿法、下向分层充填采矿法、分段充填采矿法、阶段充填采矿法、方框支柱充填采矿法及分采充填采矿法；按充填料的性质不同又分为干式充填采矿法、水砂充填采矿法、尾砂充填采矿法、胶结充填采矿法；按回采工作面与水平面的夹角不同又可分为水平回采、倾斜回采、垂直回采三种；按回采工作面的形式不同又分为进路回采方案、分层回采方案、分段回采方案与阶段回采方案。

充填采矿法一般用于开采矿石中等稳固以上、围岩稳固性差的矿体，或用于围岩虽稳固，但地表需保护不允许崩落的矿山。

5.2.1 单层充填采矿法

单层充填采矿法多用于开采水平微倾斜和缓倾斜薄矿体，或者上盘岩石由稳固到不稳固、地表或围岩不允许崩落的矿体。

图5-19所示为湘潭锰矿的单层充填采矿法，其比较具有代表性。湘潭锰矿矿床为外生浅海相沉积碳酸锰矿床，矿体厚度为1.8～2.5m，倾角25°～30°，矿石稳固，有少量夹石层。直接顶板为震旦纪叶片状黑色页岩，厚3～127m，不透水，但含黄铁矿，易氧化自燃，$f=2\sim5$，易崩落。直接顶板的上部为富含裂隙水的砂质页岩，厚70～200m，不允许崩落。直接底板为黑色页岩，其下部为砂岩，稳固性较好。

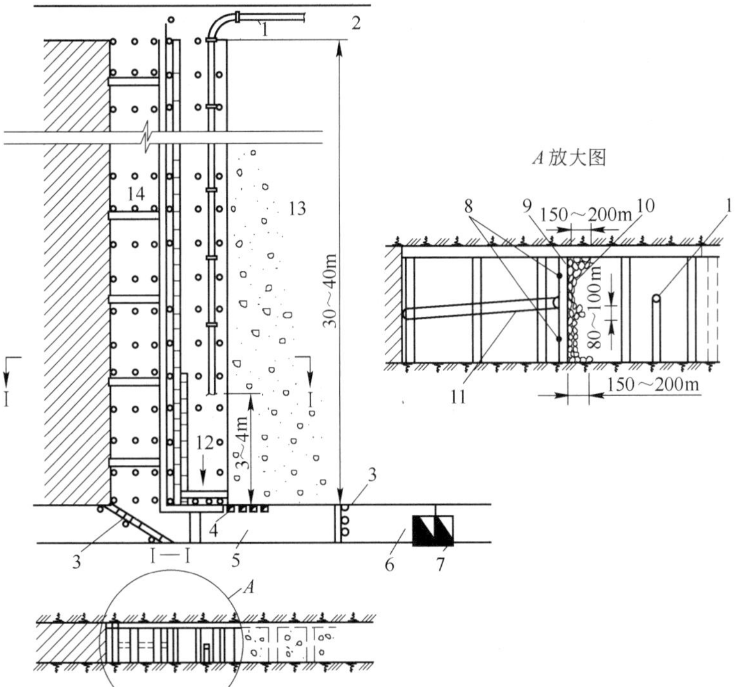

图5-19 湘潭锰矿单层壁式充填采矿法

1—注砂管；2—上部脉内平巷；3—半截门子；4—帮门子；5—工作面沉淀池；6—切割巷道；7—溜矿井；8—钢丝绳；9—砂帘子；10—木板钉条；11—横撑；12—泄水方向；13—充填区；14—空顶区

阶段高 20 ~ 30m，矿块沿倾斜长度为 40 ~ 50m，以不超过电耙耙运有效距离为原则；工作面沿走向可以连续推进，不留矿柱，故矿块沿走向的长度原则上可不限制，但为增加阶段内同时回采的矿块数，多取 60 ~ 80m。

5.2.1.1 采准切割

因矿体下盘起伏不平，故阶段运输巷道布置在下盘脉外。距矿体底板 8 ~ 10m，每隔 20 ~ 40m 掘进矿石溜井 7，切割巷道 6 沿矿体底板掘进，并连通各矿石溜井作为人行、通风、排水等之用。每个矿块自切割巷道的溜井上口处沿矿体的底板逆倾斜开切割上山，与上部脉内平巷 2 贯通，切割上山的高度应与矿体厚度相等。上部脉内平巷 2 除为本阶段充填安装管道以外，还作为回风、材料及人行通道。尚未出矿的溜矿井作采场的进风与人行通道，也可在适当的位置布置双格井，其中一格用于溜矿。

5.2.1.2 回采

回采由切割上山与切割巷道的相交部位开始。由于顶板稳固性差且易氧化自燃，因此回采工作面未沿壁式全长落矿，而是逆倾向以宽 1.2m 的小断面推进，孔深 1m 左右，每次推进 2m。崩下的矿石用电耙运搬，先将矿石耙至切割平巷，再转耙至出矿溜井。

支柱须紧跟工作面，落矿后立即支护。最大悬顶距为 4.8m，充填步距 2.4m，控顶距 2.4m，支柱间距 0.7 ~ 0.9m，排距为 1.2m。

5.2.1.3 充填

充填采用水砂充填，充填料是自采石场采下并破碎至 -40mm 的碎石。充填前的准备工作包括清理待充场地，建滤水密闭结构，架设充填管道等。矿山称滤水设施为堵砂门子，其作用是将充填料拦截于计划充填区内，而将水滤出。其中，隔离采矿工作面与充填空间的堵砂门子称帮门子，隔离充填空区与切割平巷的堵砂门子称堵头门子。

堵头门子由立柱墙与砂帘子组成。帮门子的立柱墙是在原有的两根立柱之间补加一根立柱；而堵头门子的立柱墙是密集立柱。立柱墙均需在外侧用横撑加固，必要时还要用废钢丝绳进一步加固。立柱墙内钉滤水帘子。滤水帘子由高粱秆、稻草、芦苇等材料编织而成，挂在立柱墙上用竹条或木条钉紧。顶梁与顶板之间的缝隙需用碎帘子或稻草堵严实。为防止跑砂，底板处须将帘子折回 0.2m。此外，还有半截门子，用于控制水流方向或进一步拦截泥砂，这种门子只需在立柱墙的下半部钉砂帘子即可。

充填是逆倾斜分段进行的，先自下而上分段拆除立柱，再分段进行充填。分段拆柱与分段充填的长度应视顶板稳定程度决定。若不分段充填，则支柱难以回收。一般几个小时至一个班就可完成一个步距的充填工作。

5.2.2 上向分层充填采矿法

上向分层充填采矿法的矿块多用房式回采。将矿块划分为矿房与矿柱，先采矿房后采矿柱。矿柱的回采是在阶段或若干矿房采完后进行的，视围岩或地表是否允许崩落，使用与矿房回采相同或不同的采矿方法。

回采自下而上分层进行，随着工作面的推进，用充填料逐层充填空区。充填体除支撑上下盘围岩、维护空区进行地压管理外，还作为继续上采的工作台。

上向分层充填采矿法按充填料的性质及其输送方法不同，分为干式充填采矿法、水力充填采矿法、胶结充填采矿法三种。

5.2.2.1 干式充填采矿法

干式充填采矿法的矿块布置方式，根据矿体厚度及矿岩稳固程度不同而定。当矿体厚度小于 10 ~ 15m 时，一般沿走向布置；矿体厚度大于 10 ~ 15m，垂直走向布置。但目前垂直走向布置矿块的充填法大都不用干式充填。

图 5-20 所示为干式充填采矿法的典型方案。

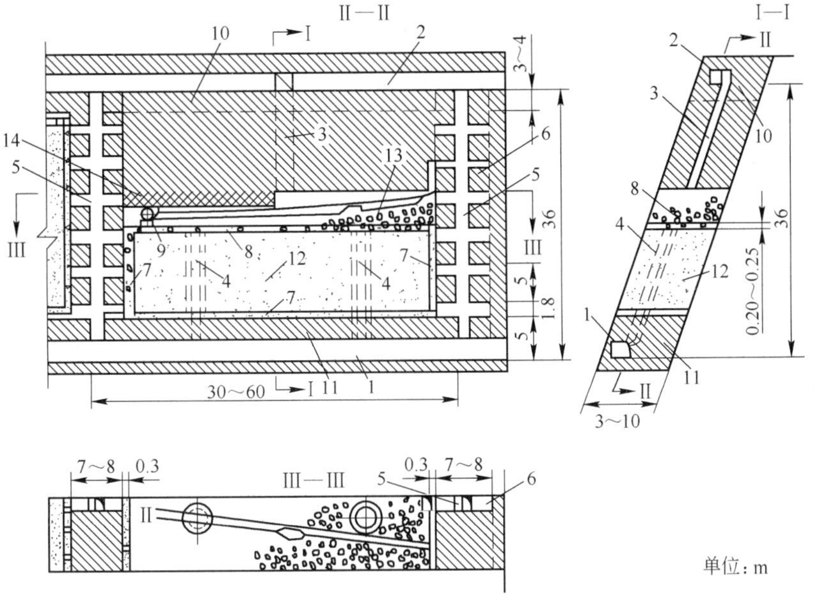

图 5-20 上向水平分层干式充填采矿法

1—阶段运输巷道；2—回风巷道；3—充填天井；4—放矿溜井；5—人行通风天井；6—联络道；7—隔墙；8—垫板；9—电耙绞车；10—顶柱；11—底柱；12—充填料；13—崩下矿石；14—炮孔

A 矿块构成要素

矿房长 30 ~ 60m，宽为矿体的水平厚度，间柱的宽度取决于矿柱的回采方法、矿岩稳固程度及人行、通风天井是否在间柱之中，一般为 7 ~ 10m。矿房的面积主要取决于矿石的稳固程度，矿石稳固时为 300 ~ 500m^2，矿石极稳固时可达 800 ~ 1200m^2。

阶段高度一般为 30 ~ 60m，加大阶段高度，可以增加矿房矿量，降低采切比及损失贫化率。但是，当矿体厚度不大而倾角变化大时会造成溜矿井的架设困难。溜井溜放矿石多，下部磨损大，维护困难。

无二次破碎底部结构，底柱高度一般为 4 ~ 5m，顶柱 3 ~ 5m。

B 采准切割

采准工程包括阶段运输巷道 1、矿块人行通风天井 5、联络道 6、充填天井 3 及溜矿井在底柱中的部分、回风巷道 2。

切割工程是在矿房拉底水平的中央沿采场的长轴方向掘进拉底平巷。

溜井的下部在底柱中的一段是掘进形成，空区内的部分是在充填料内顺路架设而成。

采用木料支护时溜井断面为方形或矩形，用混凝土支护则为圆形。溜井短边尺寸或内径由溜放矿石的块度决定，一般为1.5～1.8m。每个矿房的溜井数应不少于两个，爆破时应将一落矿范围内的溜井上口盖住，而用另一个溜井出矿。溜井位置的确定以运搬矿石距离最小为原则。阶段运输巷道采用脉内布置形式，这样便于布置溜井。矿块人行通风天井设于间柱之中，并靠近上盘，以便将来改为回采间柱的充填天井。天井用联络道与矿房连通，上下两联络道的间距为6～8m。

为了减少采切工程，也可以在充填料中顺路架设人行井，这样还能适应矿体的形态变化。充填天井一般不储存充填料，故其倾角大于充填料自然安息角即可。为便于充填料的铺撒，充填天井应布置在矿房的中部靠上盘的地方。为保证安全，任何顺路井不得与充填井布置在同一垂面上。

（1）不留矿石底柱的拉底方法，如图5-21（a）所示。拉底由阶段运输巷道开始，用浅孔扩帮到矿房边界，矿石出完后，用上向式凿岩机挑顶两次，使拉底高度达到6m左右。撬毛清理松石后，将矿石出完，在拉底层底板上铺0.3m的钢筋混凝土底板，并在原运输巷道的位置上架设模板，浇灌混凝土假巷，混凝土厚度为0.3～0.4m。在溜矿井的设计位置浇灌放矿溜口及溜矿井，若人行井顺路架设还需浇灌人行井。然后下充填料充填，当充填高度达到假巷上部1m时，再浇灌0.2m厚的混凝土垫板，以防矿石与充填料混合，造成贫化损失。

（2）留矿石底柱的拉底方法，如图5-21（b）所示。由运输巷道打溜矿井接通拉底巷道。若人行井也顺路架设，还要打人行井。在拉底巷道中用浅孔扩帮到矿房边界，然后在拉底层上铺0.3m厚的钢筋混凝土底板，拉底即告完成。

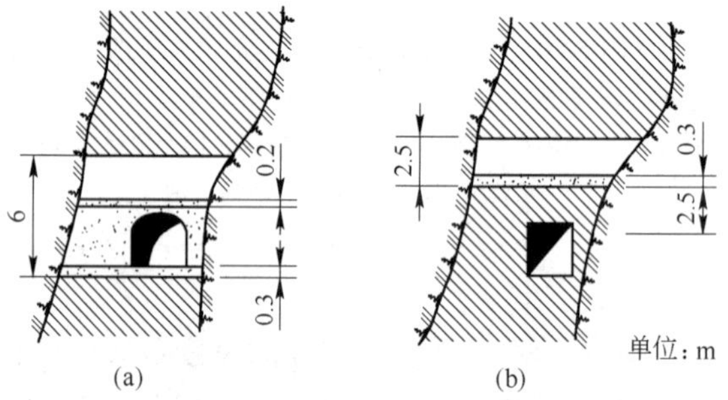

图5-21 拉底方法

（a）不留底柱；（b）留底柱

不留矿石底柱的拉底方法，需浇灌人工假巷，工作量大，效率低，若阶段运输巷道为脉内布置，相邻采场互相干扰大，但避免了将来回采底柱的麻烦。

留矿石底柱的拉底方法简单、方便，效率高，但将来回采底柱困难，底柱回采安全性差、贫化损失率高。

C 回采及充填工作

大量回采是由下向上水平分层逐层回采，采完一层及时充填一层。回采一个分层的作业有凿岩爆破、洒水撬毛、矿石运搬、砌筑隔墙、接高顺路井、充填及浇灌混凝土垫板等，上述作业的总和称为一个分层的回采循环。

回采分层高度为1.5～2m。用上向式或水平式凿岩机浅孔落矿，前者可一次集中把分层炮孔全部打完，然后一次或分次爆破。上向孔凿岩工时利用率高，辅助作业时间少，大块产出率低，但打上向孔操作条件差，在节理发育的地方作业不够安全；整个分层一次爆破时，需拆除所有设备及管线，凿岩与运搬难以平行作业，所以用上向孔落矿时多采用分次爆破。水平孔落矿顶板平整，作业安全，凿岩与运搬可同时平行作业，但每次爆破矿石量少，辅助作业时间比例高。

矿石运搬使用电耙，电耙坚固耐用，操作简便，维修费用低，并可辅助铺撒充填料，但采场四周边角的矿石不易耙尽，需辅以人工出矿。此外，需在充填料上铺高强度的混凝土垫板，不然贫化损失增加。

为了防止将来回采间柱时，矿石与充填料相混，需预先将充填料与间柱分开。分开的方法是在矿房充填体与间柱之间浇灌或砌筑混凝土隔墙，隔墙的厚度为0.5～1m。接高顺路井可与砌隔墙同时进行。为提高效率减轻劳动强度，一些矿山使用了先充填后筑墙的方法，即先用混凝土预制砖的干砌体构成隔墙的模板，然后开始采场干式充填。当充填至应充高度还差0.2m时停止，由充填井下混凝土，同时浇灌隔墙、混凝土垫板及顺路井井壁。

干式充填料为各种废石，要求含硫不能太高，无放射性，块度不超过300～500mm，以便充填料的铺撒。

干式充填系统简单，由矿山废石场或采石场将充填料运至矿山充填井，下放至采场充填巷道（上一阶段运输巷道）水平，再由采场充填井下放至采场充填。混凝土可在采场充填巷道内搅拌后经采场充填井用管道送至工作面。

5.2.2.2 上向水平分层水力充填采矿法

水力充填是利用水力将充填料输送到充填地点，水滤出后，充填料填充于回采空间。水力充填的压头可以是自然压头，也可以是机械加压；充填线路可以是沟道、管道、钻孔或其组合。采用水力充填的采矿方法称为水力充填采矿法。水力充填采矿法也多将矿块划分为矿房和矿柱分别进行回采。

按充填料的种类不同，水力充填又分为水砂充填与尾砂充填两种。前者充填料为碎石、砂、炉渣等，后者为选厂尾砂。

水力充填采矿法虽然充填系统复杂，基建投资费用高，但充填体致密，充填工作易实现机械化，工人作业条件好，广为矿山采用。

A 矿块构成要素

图5-22所示为水力充填采矿法的典型方案。矿体厚度小于10～15m，矿块沿走向布置，矿块长为30～60m；矿体厚度大于10～15m，矿块垂直走向布置，矿房宽度为8～15m。

影响阶段高度的因素与干式充填法相同，阶段高度一般为30～60m。矿体倾角大，矿体规整时，可选取较大的阶段高度。

间柱的宽度为6～8m，矿岩稳固性差时取大值。阶段运输巷道布置在脉内时，需留顶柱，顶柱厚度为4～5m；留矿石底柱时，底柱高5m左右。采用混凝土假巷时，可不留底柱。

B 采准切割

图5-22所示为垂直走向布置矿块方案。在矿体的上下盘布置脉外沿脉运输巷道。为

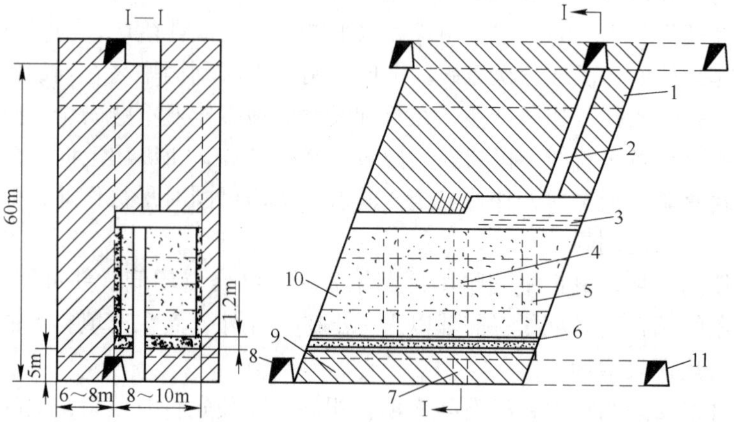

图 5-22 上向水平分层水砂充填采矿法

1—顶柱；2—充填天井；3—矿石堆；4—人行滤水井；5—放矿溜井；6—主副钢筋；7—人行天井联络道；8—沿脉巷道；9—穿脉巷道；10—充填体；11—脉外巷道

减少采切工程量，在矿房与矿柱的交界处布置穿脉运输巷道，形成穿脉装矿的环形运输系统。在矿房内布置一个充填天井、两个溜矿井和一个人行滤水井。溜矿井与人行滤水井的下部需穿过底柱，是掘进形成的，其余部分在充填料中随充填顺路架设而成。矿房面积较大时，需在拉底水平掘进拉底巷道。

溜矿井常用圆形断面，内径 1.2 ~ 2m。溜矿井可用预制混凝土构件或钢板溜井组成，采场的滤水井兼作人行井，在内部架设台板及梯子。也有矿山采用滤水塔滤水。滤水塔不兼人行，是用孔网为 150mm × 150mm 的金属网或钢板网卷成直径 460mm 的圆筒，并用直径 100mm 的塑料管把滤水塔与排水井连通，用排水井排水。滤水塔外包金属丝网、尼龙纤维布、麻布等滤水材料。

切割工作与干式充填采矿法基本相同，但有两个问题需要注意：

一是拉底层中钢筋混凝土底板的强度要大，很多矿山使用如图 5-23 所示的厚 0.8 ~ 1m 的钢筋混凝土底板，配双层钢筋。两层钢筋间距为 700mm，主筋直径 12mm，副筋直径6 ~ 8mm，平面上网格为 300mm × 300mm；要求混凝土标号达 150 号。

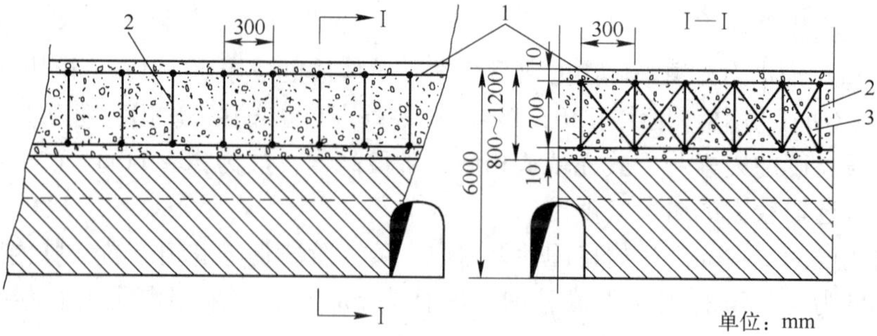

图 5-23 钢筋混凝土底板结构

1—主钢筋；2，3—副钢筋

二是顺路天井要有锁口装置，以防止充填料从顺路天井与底柱矿石接合部的缝隙中流出（亦称跑砂）而造成事故。在井与拉底水平的相交部位必须设置如图5-24所示的锁口结构，该结构也可与钢筋混凝土底板浇灌成一个整体。

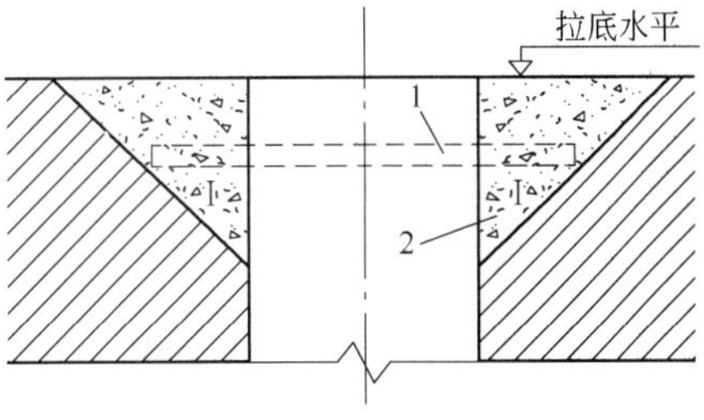

图5-24 顺路天井锁口
1—钢架；2—混凝土

C 回采工作

大量回采工艺过程由凿岩爆破、洒水撬毛、清理松石、矿石运搬、清理采场矿石、筑混凝土隔墙、加高顺路天井、充填、铺设混凝土垫板等工序组成。大量回采是逐层进行的，采完一层，及时充填一层，并使作业空间保持一定的高度：垂直孔落矿应保持在2~2.2m，水平孔落矿可低些。

加大分层高度可减少清场、铺设混凝土垫板的数量及浇灌混凝土隔墙的次数，有利于提高效率。但加大分层高度，使运搬及充填时采场空间高度加大，对采场的安全不利。

采用水平浅孔落矿时，分层高度一般为1.8~2m。有的矿山矿石较稳固，先用上向中深孔落矿，然后再用水平浅孔光面爆破护顶，此时分层高度可达4~5m。一些矿石很稳固的矿山，为了减少充填工艺的重复次数，回采两个分层的矿石后才充填一次，这种工艺称为“两采一充”，此时出完矿的空场高度可达6~8m。

为防止运搬矿石时设备将充填料与矿石一起运走，造成矿石贫化，以及防止高品位粉矿落入充填料中造成损失，在充填料上必须铺设隔离垫板。目前多用浇灌混凝土及水泥砂浆形成垫板。

回采空间靠充填料支撑或靠充填料强化矿柱与围岩自身支撑力进行支撑。采场顶板矿石欠稳时，可用锚杆局部支护。上盘局部不稳的也可用木料支撑。

D 充填

充填前应对充填管道、通信、照明等系统的线路进行检修，架设采场内的充填管道，加高顺路天井，修筑隔墙，采场设备的移运与吊挂。

主干管道多用钢管，采场管道可用内径100~150mm的塑料管。架设管线时要求平直，易装易拆，并能在一定范围内移动。为了检查管道是否通畅或漏水，充填前应先通清水10min。充填时以充填天井为中心，由远而近分条后退。尾砂充填的最初落砂点应远离人行滤水井，以保证滤水井附近的尾砂有较粗的粒径和足够的渗透系数。充填高度为3~4m时，可分为2~3次完成。

每次充填结束，需用清水清洗管道5~10min。整个充填过程中，砂仓、搅拌站、砂泵、管路沿线及采场内应有专人巡视，以便掌握系统运行及充填情况。

混凝土隔墙及顺路天井的砌筑方法有两种。一种是先砌筑隔墙、接高顺路天井再充填；另一种是先充填再砌筑隔墙、接高顺路天井。前者，要架设模板，工人劳动强度大，材料（特别是木料）消耗大，而且充填完后还要再送一次混凝土供铺设垫板之用。因此，很多矿山使用混凝土预制砖干砌体代替隔墙模板和顺路天井的外侧模板，先充填，而后再浇灌隔墙、顺路井并在充填料表面铺混凝土垫板。顺路天井内侧模板可使用质轻、耐用、安装拆卸方便的塑料模板。

5.2.2.3 胶结充填采矿法

用干式、水砂、尾砂充填料充填空区，虽可以承受一定的压力，但它们都是松散介质，受力后被压缩而沉降，控制岩移效果差。回采矿房时需砌筑混凝土隔墙、浇灌钢筋混凝土板，但回采矿柱时，隔墙隔离效果不理想，还需要建立水力充填料及混凝土输送的两套系统及排水、排泥设施。

目前，为更有效地控制岩移，保护地表，降低矿石损失贫化指标，国内外的矿山越来越多地采用胶结充填采矿法。

胶结充填的实质，就是在松散充填料中加入胶结材料，使松散充填料凝结成具有一定强度的整体，最大限度地发挥控制地压与岩移、强化矿岩自身支撑能力的作用。目前最常用的胶结材料仍是硅酸盐水泥。

使用胶结充填料进行充填的充填采矿法，称为胶结充填采矿法。

A 矿块构成要素

图5-25所示为胶结充填采矿法的典型方案。将矿块划分为矿房与矿柱，先用胶结充填法回采矿房，再用水力充填法回采矿柱。因为胶结充填成本高于水充填，故将矿房的尺寸设计得比矿柱小。矿房尺寸应根据被开采矿床的矿岩稳固程度及矿房开采以后形成的"人工柱子"能保证第二步回采矿柱时的安全需要来确定。

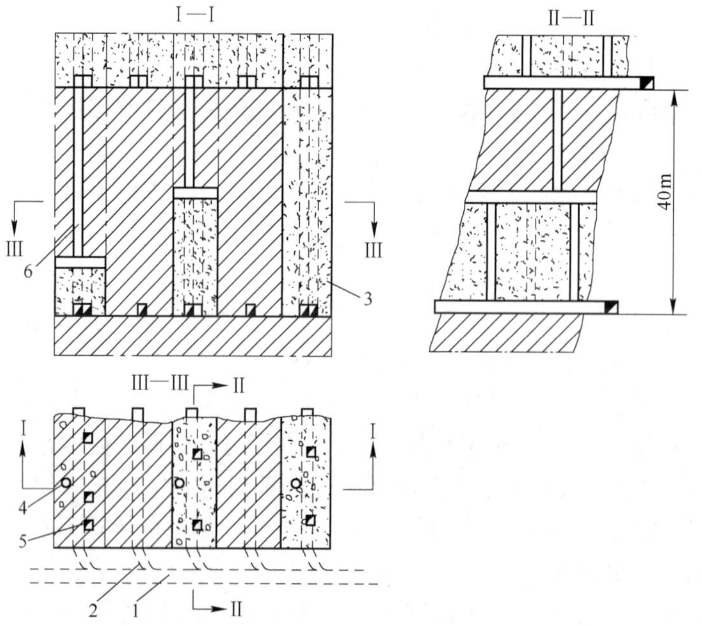

图5-25 胶结充填采矿法典型方案

1—运输巷道；2—穿脉巷道；3—胶结充填体；4—溜矿井；5—人行井；6—充填天井

胶结充填采矿法多用于开采厚大矿体，因此，采场多垂直走向布置，阶段高度40m，矿房宽度6～8m，矿柱宽度8～10m。矿房、矿柱的长度为矿体的水平厚度，可达35～40m。顶柱厚度4～6m；当留矿石底柱时，其高度为5～6m。

B 采准切割

在下盘脉外掘进阶段运输平巷1（见图5-25），然后在矿房中部掘进穿脉巷道2，自每个矿房拉底水平掘进充填天井6，贯通充填巷道。采用矿石底柱时，自穿脉巷道上掘两个溜矿井和一个人行井至拉底水平，在拉底水平掘进与采场长度相同的拉底巷道。

切割工作留矿石底柱时，自拉底巷道用浅孔扩帮至采场边界，即完成采场的拉底，拉底层的高度为2～2.5m。采用人工底柱时自穿脉巷道扩帮至采场边界，矿石出完后，挑顶一层，使拉底高度不小于5m。将矿石出完并清理干净后，在预留假巷及顺路井的位置架设模板，然后下胶结充填料充填，充填高度为3m，分层作业空间高度约为2m。

C 回采及充填

回采分层高度为2～2.5m。为提高效率，减少辅助作业时间，在矿岩稳固程度允许的条件下，可以采用“两采一充”工艺。落矿多用上向浅孔；矿石稳固性差时，也可以使用水平浅孔落矿，但爆破、通风等耗用的总时间多。采场运搬可用无轨设备或电耙，或者是两者的配合。矿石运搬完后，若采场全断面一次充填，此时可将凿岩、运搬设备悬吊在工作面顶板上；若采场分成两段，一段出矿，一段充填时，可将设备移运至未充填的地方即可。

充填前，应将采场底板的粉矿清扫干净，这样做除可减少矿石损失外，还有利于两层混凝土的胶合。接高顺路井只需内侧单面架设模板，顺路井周围的胶结充填料需进行捣实。胶结充填料的水灰比合适时，人行井无需考虑兼作滤水之用。

采场充填工作，是利用胶结充填料自身的流动性及搅拌站与充填地点的高差，采取自流并辅以人工耙运来进行的。

为了保护地表和围岩，降低矿石的损失贫化，采场最后充填时，充填料必须紧密地接触采场顶板，才能有效承受地压，充分体现胶结充填的优点，这一工作称为“接顶”。常用的接顶方法有两种：人工接顶与加压接顶。

用人工接顶时，沿采场的长度方向将最后一个分层需充填的空间分成1～2m宽的条带，在条带交界处按充填顺序架设模板，然后逐条浇注充填料。当充填至顶板0.5m时，改用浆砌块石或混凝土预制块接顶，将残留的空间全部填满。这种接顶方法可靠，但劳动强度大，效率低，木料消耗量大。

加压接顶是利用砂浆泵、混凝土泵、混凝土输送机等机械设备对胶结充填料加压，使之沿管道压入接顶空间。接顶充填前应对接顶空间进行密封，以防充填料流失，而且输送充填料管道的出口应尽量高些。这种方法简单易行，接顶压力高，接顶密实，劳动生产率高，木料消耗少，但投资费用高，接顶效果不易检查。

此外，体积较大的接顶空间，也可打垂直钻孔进行接顶充填。

5.2.3 下向倾斜分层充填采矿法

下向水平分层充填采矿法在分层充填中很难做到密实接顶，充填料脱水后收缩，在充填料的上部常常留有0.2～0.5m的空隙，不能有效地控制地压、限制岩移。若采用加压充填消灭空隙，则需增加大量专用设备。为解决这一问题，可采用下向倾斜分层充填。图5-26所示为金川龙首矿下向倾斜分层进路充填采矿法的典型方案。

龙首矿矿床生成于超基性岩体的中下部，呈似层状、扁豆状产出，富矿体的四周包裹贫矿体，矿体倾角65°～80°，矿区断层、裂隙发育、矿石破碎，且受强烈风化的煌斑岩脉

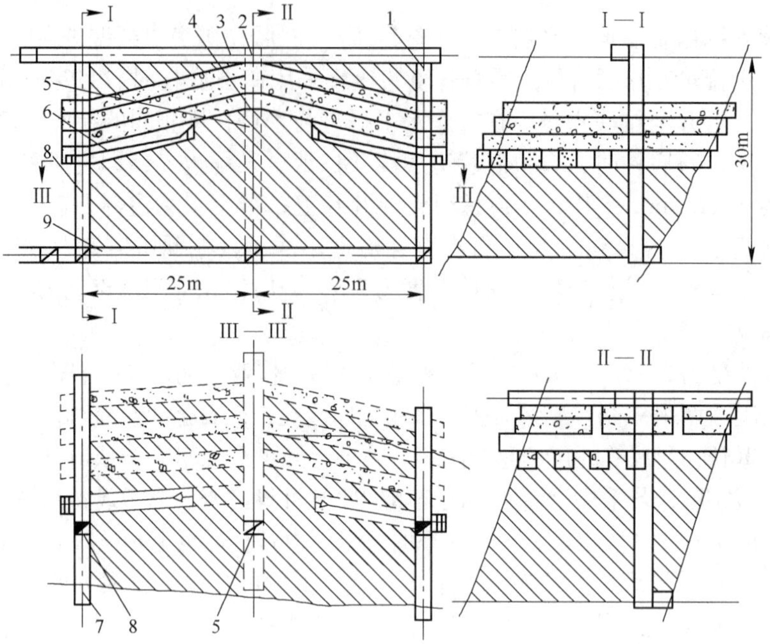

图 5-26 金川下向倾斜分层充填采矿法
1—人行井；2—穿脉充填平巷；3—沿脉充填平巷；4—第三层充填巷道；5—充填天井；6—回采进路；7—分层横巷；8—溜矿井；9—沿脉运输巷道

穿插、破坏。矿体厚度 30～100m，沿走向长 450～550m，矿石品位高，并含多种稀有、贵重金属。要求开采时尽可能地降低矿石损失率并保护远景贫矿资源。为此，金川龙首矿经过多年的探索，成功地使用了下向倾斜分层充填采矿法。

A 矿块构成要素

阶段高 30m。由于矿体厚大，矿块垂直走向布置。充填天井的一侧布置回采进路时，矿块长 25m，两侧布置进路时长 50m。

B 采准切割

在矿体近下盘处掘进沿脉运输巷道 9，沿走向每隔 50m 在矿块中开溜矿井，并用厚度为 4.5～6mm 的钢板全焊接护壁、钢板后充填混凝土。掘进充填天井 5 通穿脉充填平巷 2。上部分层开采后，充填井在胶结充填料中顺路形成，每分层垂直矿体走向掘进分层横巷 7，规格为 2.5m×2.5m，作为初始切割巷道。

C 回采及充填

分层高度为 2.5m。分层倾角视充填料的流动角而定，用细砂胶结充填为 3°～5°，用粗骨料胶结充填为 8°～10°。分层用进路回采，随采随充。回采进路垂直分层横巷布置，可以间隔回采，也可以依次回采。回采进路规格为 2.5m×(3～4)m。相邻两条进路共用一个充填小井，充填小井与穿脉充填平巷 2 连通。使用气腿式凿岩机浅孔落矿，30kW 电耙出矿。矿石经回采进路 6、分层横巷 7、溜矿井 8 落至沿脉运输巷道 9，用振动放矿机装车运出。因为上分层的充填料是胶结体，且铺了金属网。所以，回采进路不需再进行支护。

进路底板矿石清理干净后，在进路与分层横巷的结合部做木板隔墙，并用立柱加固，再钉上草袋、塑料编织布等滤水材料后开始充填。充填料经过沿脉充填平巷3、穿脉充填平巷2、充填小井进入待充进路，充填料的输送全用电耙。建滤水隔墙的目的是滤出充填前后清洗耙道而进入进路的多余水。每个进路的充填必须一次连续完成，不能多次充填，不然难以保证质量。最末的进路与分层横巷同时充填。

六角形进路高4m，上下宽3m，腰宽5m，其形成过程如图5-27所示。先用高2.5m的普通进路采两层，再采高2m、宽4m，隔一采一的预备层Ⅰ，采后封口充填。接着采高进路扩帮层Ⅱ，采高4m、宽3m，再适当扩帮至腰宽5m，也是采一隔一。以下分层就可按正常六角形断面开采。

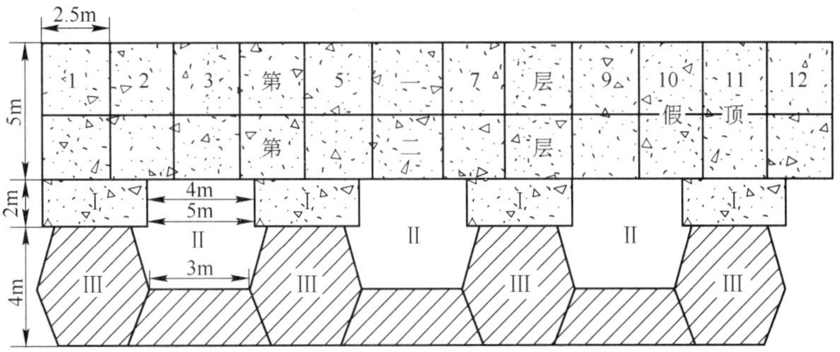

图5-27 六角形进路形成过程

Ⅰ—预备层；Ⅱ—高进路扩帮层；Ⅲ—六角形进路

采场平场后，将耙矿时换下的废钢丝绳留在进路底板上，待下层回采时从顶板露出来的钢丝绳供挂耙矿滑轮之用。

在六角形进路内，顶板充填体被两帮充填体托住，两帮未采矿石又托着两帮充填体，故可提高作业的安全。据对六边形断面采场稳定性非线性有限元分析研究，六角形进路的应力集中系数是正方形进路的1/3~1/4，且把进路两帮的拉应力变为压应力，增加了进路周围充填体与矿石的承载能力，提高了进路的稳定性。据现场调查，自使用六角形进路回采以来，采场从未发生因冒顶、片帮而引起的重大安全事故。

5.3 崩落采矿法

崩落采矿法是一种国内外广泛应用的、高效率的、能够适应各种矿山地质条件的采矿方法。崩落采矿法控制采场地压和处理采空区的方法是随着回采工作的进行，有计划、有步骤地崩落矿体顶板或下放上部的覆盖岩石。落矿工作通常采用凿岩爆破方法，此外还可以直接用机械挖掘或利用矿石自身的崩落性能进行落矿。崩落采矿法的矿块回采不再分为矿房与矿柱，故属于单步骤回采的采矿方法。由于采空区围岩的崩落将会引起地表塌陷、沉降，所以地表允许陷落成为使用这类方法的基本前提之一。

5.3.1 无底柱分段崩落采矿法

无底柱分段崩落采矿法（见图5-28）是将阶段再用分段巷道划分为分段；分段再划分

为分条，每一分条内有一条回采巷道（进路）；分条中无专门的放矿底部结构，而是在回采巷道中直接进行落矿与运搬。分条之间按一定顺序回采，分段之间自上而下回采。随着分段矿石的回采，上部覆盖的崩落围岩下落，充填采空区。分条的回采是在回采巷道内开凿上向扇形炮孔，以小崩矿步距（1.5～3m）向充满废石的崩落区挤压爆破；崩下的矿石在松散覆岩下，自回采巷道的端部底板直接用装运设备运到溜井。

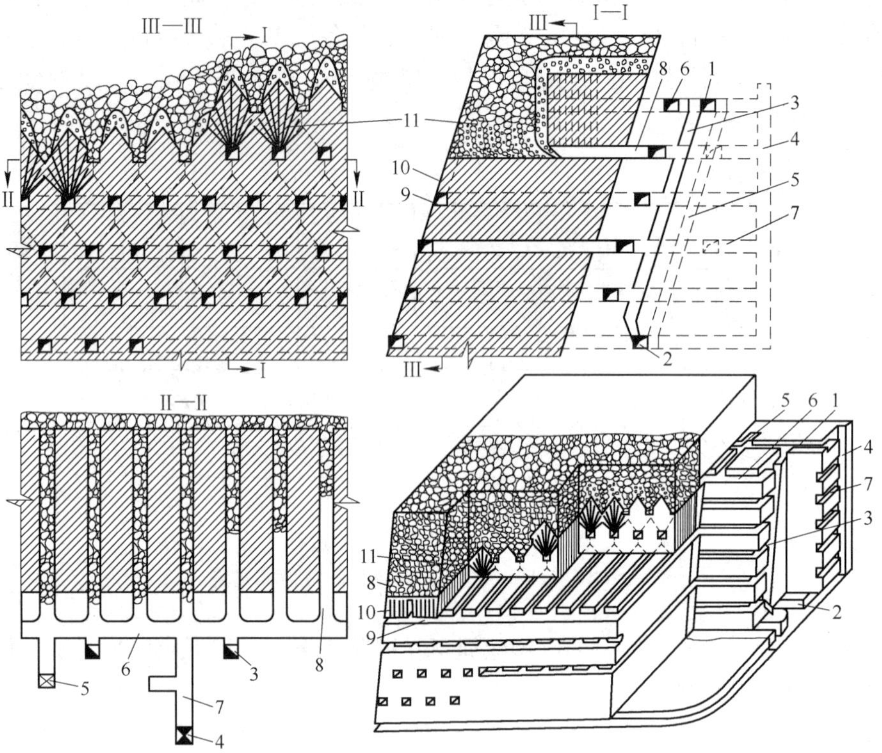

图 5-28　无底柱分段崩落采矿法典型方案

1，2—上、下阶段沿脉运输巷道；3—矿石溜井；4—设备井；5—通风行人天井；
6—分段运输平巷；7—设备井联络道；8—回采巷道；9—分段切割平巷；
10—切割天井；11—上向扇形炮孔

5.3.1.1　*采准工程*

一个溜井所负担的范围称为一个矿块。矿体厚度小于 15m 时，分条多沿走向布置，反之垂直走向布置。矿块构成要素和回采巷道的布置与所用运搬设备类型有关。

分段之间的联络，主要有两种方案：设备井方案和斜坡道方案。在我国地下矿山，使用装运机早于铲运机，所以很多采用无底柱分段崩落法的矿山仍采用设备井方案。

主要采准巷道有阶段运输巷、天井、分段巷道、回采巷道。

阶段运输平巷在下盘。天井有 3～4 条，分别用于溜矿、下放废石、上下人员、设备、材料和通风；有时人员上下与设备材料提升分开，人员上下利用电梯；设备井安装大罐笼，用慢动绞车提升，上下设备、材料。

溜矿井一般布置在脉外，溜井之间的距离取决于所用运输设备的合理运距。采用

ZYQ-14 装运机时，合理运距为 40 ~ 50m。当沿走向布置分条溜井在矿块中央时，溜井间距可达 120m。开采稳固的急倾斜厚矿体，阶段高度可取大值，部分矿山有达 100 ~ 150m 的。

由天井按设计的分段高度掘进分段巷道。由分段巷道掘进回采巷道，回采巷道的断面取决于凿岩及运搬设备的工作规格。回采巷道与分段巷道一般是垂直相交，但当设备转弯半径大时，则需采用弧形相交。

分段高度大，可减少采切工程量，但分段高度受凿岩爆破技术和放矿时矿石损失贫化指标的限制。在现有风动凿岩设备条件下，孔深 12 ~ 15m 时，凿岩效率急剧下降，且易发生卡钎、断钎等事故。所以从凿岩角度考虑，分段高度以 10m 左右为宜，采用液压凿岩机凿岩，可提高分段高度。

分段巷道应有一定的坡度，以利于排水及运搬设备重载下坡行驶。若矿石中含有大量黄泥或矿石遇水黏结，则不能将水排入溜矿井，可采取打专用泄水孔等措施，以免发生堵塞溜矿井等事故。

5.3.1.2 切割工程

在回采前必须在回采巷道的末端形成切割槽，作为最初的崩矿自由面及补偿空间。

回采巷道沿走向布置时，爆破往往受上、下盘围岩的夹制作用。为了保证爆破效果，常用增大切割槽面积或每隔一定距离重开切割槽的办法来解决。切割槽开掘方法有以下三种：

（1）切割平巷与切割天井联合拉槽法。这种拉槽法如图 5-29 所示。沿矿体边界掘进一条切割平巷贯通各回采巷道端部，然后根据爆破需要，在适当的位置掘进切割天井；在切割天井两侧，自切割平巷钻凿若干排平行或扇形炮孔，每排 4 ~ 6 个炮孔；以切割天井为自由面，一侧或两侧逐排爆破炮孔形成切割槽。这种拉槽法比较简单，切割槽质量容易保证，在实际中应用广泛。

（2）切割天井拉槽法。这种拉槽法如图 5-30 所示。此法不需要掘进切割平巷，只在回采巷道端部掘进断面为 1.5m × 2.5m 切割天井。天井短边距回采巷道端部留有 1 ~ 2m 距离，以利于台车（或台架）凿岩；天井长边平行回采巷道中心线；在切割天井两侧各打三排炮孔，微差爆破，一次成槽。

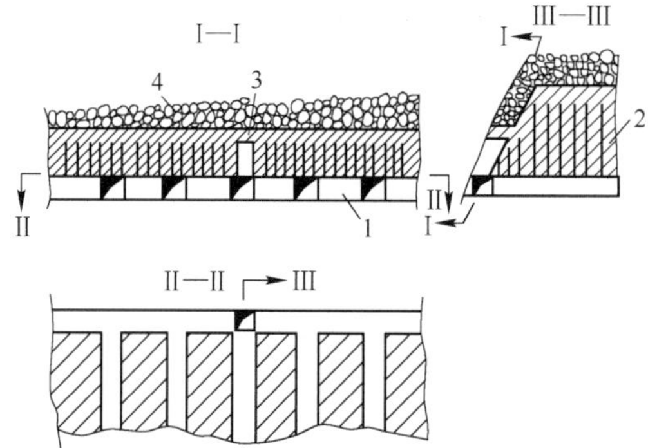

图 5-29 切割平巷和切割天井联合拉槽法

1—切割平巷；2—回采炮孔；3—切割天井；4—切割炮孔

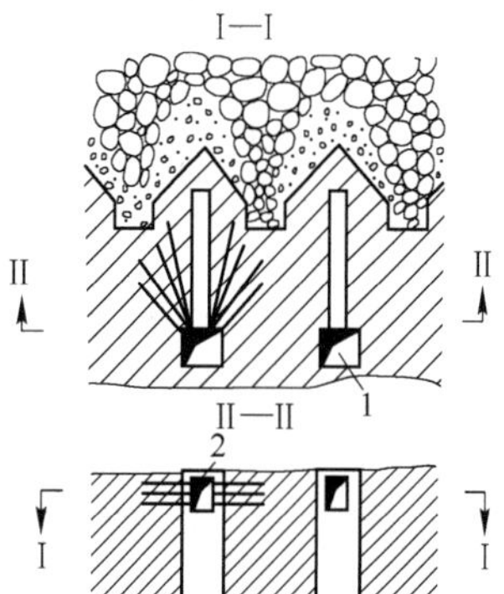

图 5-30 切割天井拉槽法

1—回采巷道；2—切割天井

该法灵活性较大、适应性强，且不受相邻回采巷道切割槽质量的影响。沿矿体走向布置回采巷道时，多用该法开掘切割槽。垂直矿体走向布置回采巷道时，由于开掘天井太多，在实际中使用不如前者广泛。

(3) 炮孔爆破拉槽法。这种拉槽法的特点是不开掘切割天井，故有“无切割井拉槽法”之称。此法仅用在回采巷道或切割巷道中，凿若干排角度不同的扇形炮孔，一次或分次爆破形成切割槽。

1）楔形掏槽一次爆破拉槽法。这种拉槽法是在切割平巷中，凿 4 排角度逐渐增大的扇形炮孔，然后用微差爆破一次形成切割槽，如图 5-31（a）所示。这种拉槽法在矿石不稳固或不便于掘进切割天井的地方使用最合适。

2）分次爆破拉槽法。这种拉槽法如图 5-31（b）所示，在回采巷道端部 4 ~ 5m 处，凿 8 排扇形炮孔，每排 8 个孔，按排分次爆破，这相当于形成切割天井。此外，为了保证切割槽的面积和形状，还布置 9、10、11 号三排切割孔，其布置方式相当于切割天井拉槽法。该拉槽法也是用于矿石比较破碎的情况，在实际中应用不多。

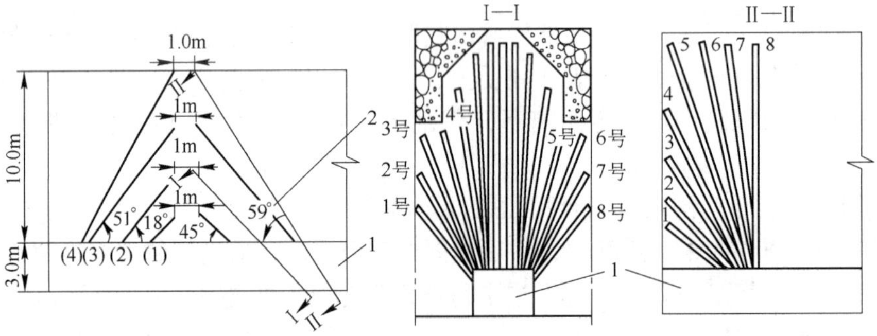

(a)

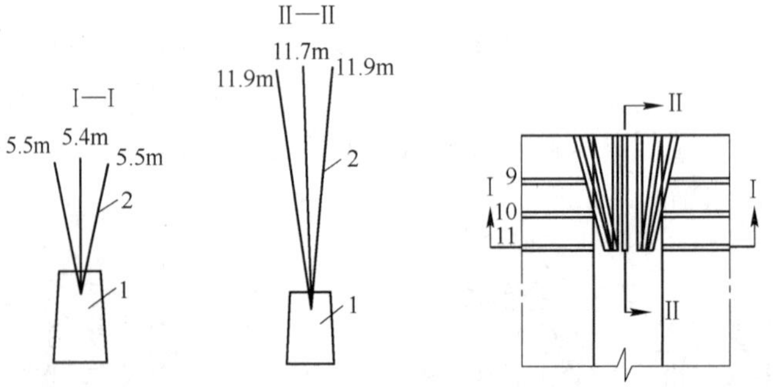

(b)

图 5-31　炮孔爆破拉槽法

(a) 楔形掏槽一次爆破拉槽法；(b) 分次爆破拉槽法

1—凿岩巷道；2—炮孔

5. 3. 1. 3　回采

回采工作包括落矿、出矿、通风及地压管理。

(1) 扇形炮孔布置与崩矿步距。炮孔布置与爆破参数对矿石回收率有很大影响。炮孔布置可通过炮孔排间距、排面角、边孔角、深度、孔底距等来表示。每次爆破的矿层厚度称为崩矿步距，它等于排间距与爆破排数的乘积。矿山生产中，崩矿步距多采用1.8~3m。扇形炮孔排面与水平面间的夹角称为排面角，它与分条端壁倾角相等，有前倾、垂直与后倾三种（见图5-32）。边孔角是扇形排面最边侧两个炮孔与水平面的夹角，有三种，即5°~10°、40°~50°与70°以上（见图5-33）。因为放出角一般都大于70°，故边孔角以大于70°的爆破效果最好。

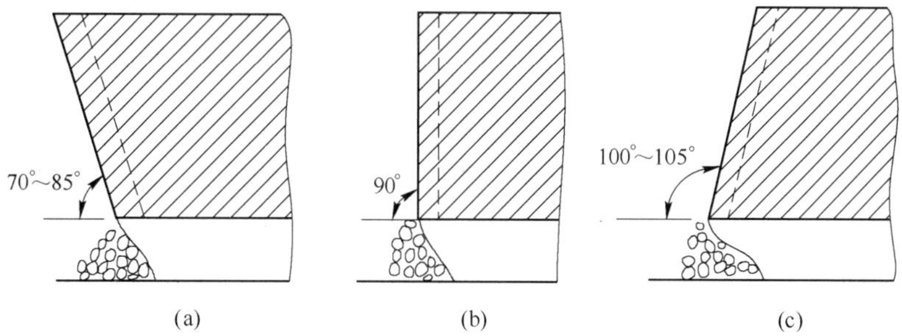

图5-32 炮孔排面角

（a）前倾布置；（b）垂直布置；（c）后倾布置

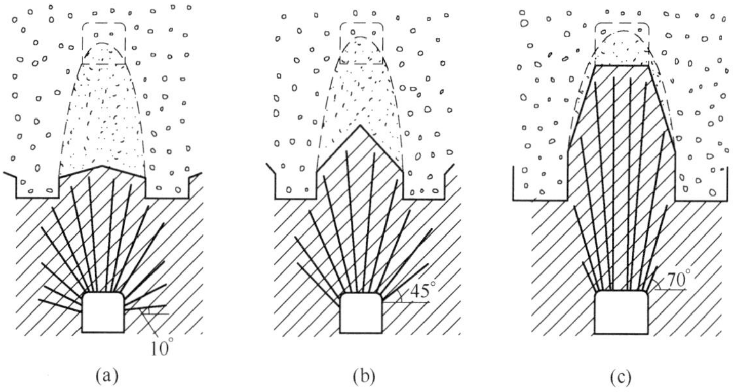

图5-33 不同边孔角扇形布孔

（a）边孔角为10°；（b）边孔角为45°；（c）边孔角为70°

（2）凿岩爆破。应用无底柱分段崩落法的矿山，主要使用CZZ-700型胶轮自行凿岩台车，或圆盘凿岩台架，装YG-80、YGZ-90或BBC-120F重型凿岩机。为保证爆破效果，需特别注意炮孔质量。炮孔的深度与角度都应严格按设计施工，并建立严格的验收制度。装药一般采用装药器。每次爆破一排孔时，用导爆线或同段雷管起爆；每次爆破两排以上炮孔时，用导爆线与毫秒雷管或继爆管微差起爆。目前，我国有的矿山为提高爆破质量，采用同期分段起爆，中央炮孔先爆，边侧炮孔后爆。

（3）矿石运搬。我国金属矿山过去主要用ZYQ-14型风动自行装运机装运矿石。后来许多矿山开始用内燃无轨铲运机，近年来开始采用电动铲运机。

（4）地压管理与回采顺序。当矿石坚固性大和稳固时，回采巷道地压不大，一般都不进行支护；当矿岩稳固性差，节理裂隙发育时，用喷锚支护即可保持回采巷道的稳固完好。

同一分段内各回采巷道的回采工作面，应尽量保持在一条整齐的回采线上。这样，可以减少回采工作面的侧部废石接触面，有利于降低矿石的损失与贫化；同时，还有利于保持巷道的稳固性。

（5）通风。无底柱分段崩落法的回采巷道都是独头巷道，数目多，断面大且互相连通，每条回采巷道都通过崩落区与地表相通。当采用内燃无轨设备时，所需风量又特别大。因此，通风比较困难，回采巷道工作面一般要用风筒和局扇供风，通风管理也较为复杂。

设计采矿方法时，应尽量使每个矿块都有独立的新鲜风流。采用内燃设备时，要坚持在机内净化符合要求的基础上，加强通风与个体防护。图 5-34 所示为回采矿块通风系统。

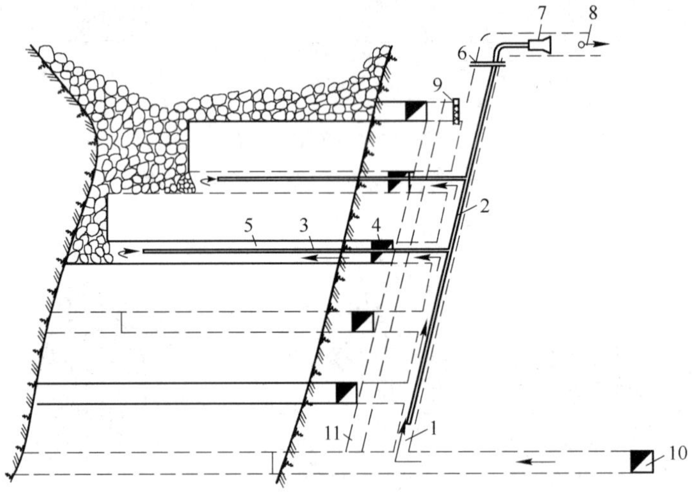

图 5-34　回采矿块通风系统

1—通风天井；2—主风筒；3—分支风筒；4—分段巷道；5—回采巷道；6—隔风板；7—局扇；8—回风巷道；9—封闭墙；10—阶段运输平巷；11—溜矿井

5.3.2　有底柱分段崩落采矿法

图 5-35 所示为胡家峪铜矿垂直深孔落矿有底柱分段崩落采矿法的典型方案。

5.3.2.1　构成要素

阶段高 50 ~ 60m；采场沿走向布置，其长度与耙运距离一致，为 25 ~ 30m；分段高度 10 ~ 13m；在垂直走向剖面上每个分段开采矿体范围近于菱形。

5.3.2.2　采准切割

阶段运输水平采用穿脉装车的环形运输系统，穿脉巷道间距 25 ~ 30m。

在下盘脉外布置底部结构，一般采用单侧堑沟受矿电耙道，斗穿间距 5 ~ 5.5m，斗穿斗颈规格均为 2.5m × 2.5m，堑沟坡面角 60°。上两个分段用倾角 60°以上的溜井及分支溜井与电耙道连通，下两个分段采用独立垂直溜井放矿。在分段矿体中间部位设专门凿岩巷道并用切割井与堑沟拉底巷道连通。每 2 ~ 3 个矿块设置一个进风人行天井，用联络道与各分段电耙绞车硐室连通。每个矿块的高溜井均与上阶段脉外运输巷道贯通，并用联络道与各分段电耙道连通，兼作各个采场的回风井。采场沿走向每隔 10 ~ 12m 开凿切割井和切割横巷（见图 5-35），以保证耙运层以上的补偿空间体积达 15% ~20%。

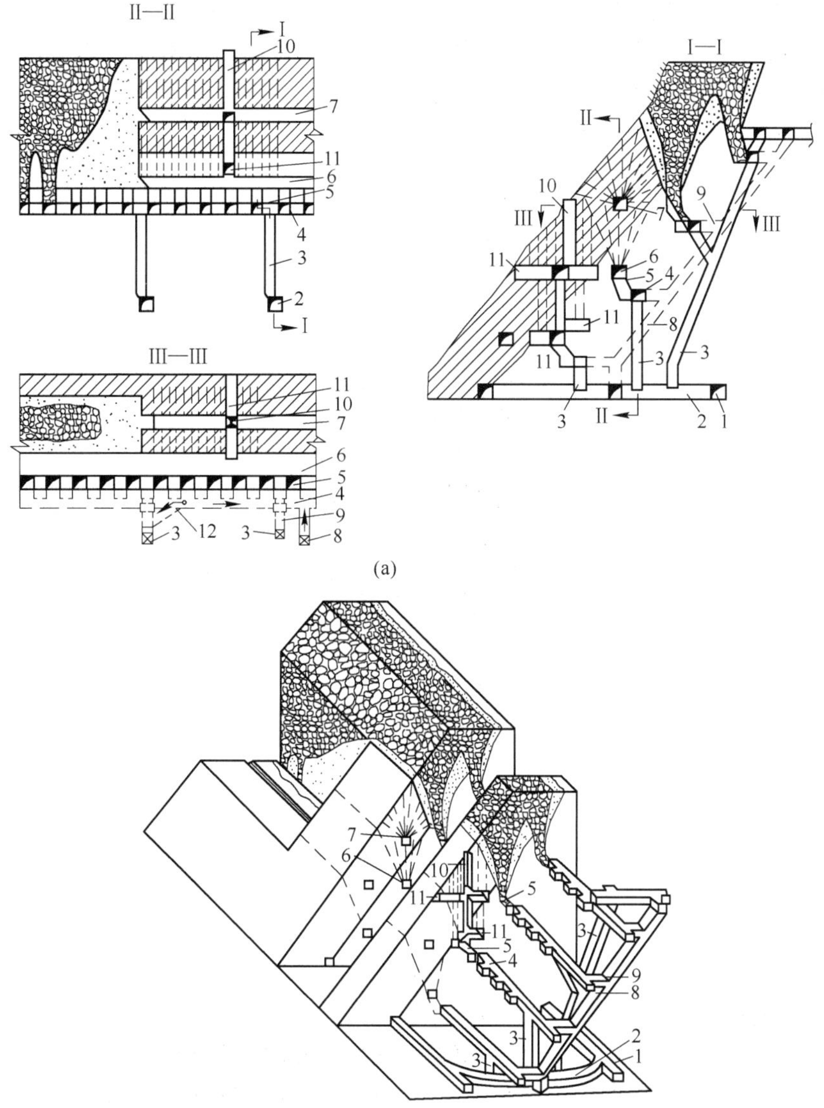

(a)

(b)

图 5-35 垂直深孔落矿有底柱分段崩落法

（a）三面投影图；（b）立体图

1—阶段沿脉运输巷道；2—阶段穿脉运输巷道；3—矿石溜井；4—耙矿巷道；5—斗颈；6—堑沟巷道；7—凿岩巷道；8—行人通风天井；9—联络道；10—切割井；11—切割横巷；12—电耙巷道与矿石溜井的联络道（回风用）

5.3.2.3 回采

凿岩主要采用 YG-80 和 YGZ-90 型凿岩机。扩切割槽的最小抵抗线 W 为 1.6 ~ 1.7m，孔底距为(0.5～0.7)W。落矿的最小抵抗线W为1.8～2m，炮孔密集系数为1～1.1。最终孔径一般不大于65mm，孔深10～13m。切割槽与落矿炮孔同期、分段起爆。

出矿采用30kW电耙绞车和0.3m^{3}的耙斗，在生产中的实际放矿制度是：首先由近而远，然后再由远而近地单斗顺序放矿。

为了减少放矿时的废石混入，阻止崩落废石过快落入耙巷，可在崩落矿岩接触带设法形成一个细碎矿石隔层（崩落废石块度则较大）。有的矿山采取减小上部炮孔孔底距，由一般的2.3～2.8m，减小到1.5～1.8m，爆破后在矿岩接触面处形成5m左右的细碎矿石隔层，可使矿石贫化率下降到5.2%（见图5-36）。

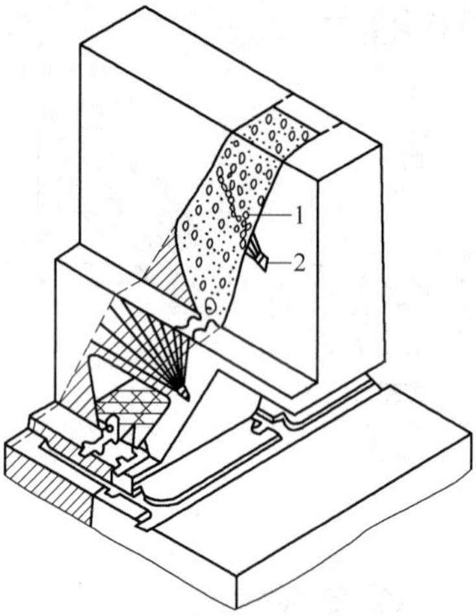

图5-36　分段崩落法加密炮孔

1—细碎矿石隔层；2—凿岩巷道

复习思考题

5-1　空场采矿法的特点是什么？

5-2　常用的空场采矿法有哪些？分别适用于什么条件？

5-3　全面法和房柱法有什么共同点和不同点？

5-4　空场法为什么要进行空区处理？处理方法有哪几种？分别适用于什么场合？

5-5　什么是充填采矿法，它有哪些主要采矿方案？下向分层充填法的应用条件是什么？充填体的作用体现在哪些方面？

5-6　什么是崩落采矿法？其适用条件是什么，有哪几种类型？

5-7　有底柱分段崩落法的基本特点是什么？绘出垂直深孔落矿有底柱分段崩落法典型方案图，标明巷道名称，说明该方法的采准切割过程。简述该方法的优缺点及适用条件。

5-8　无底柱分段崩落法的基本特点是什么？绘出无底柱分段崩落法典型方案图，标明巷道名称，说明该方法的采准切割过程以及如何进行回采的。简述该方法的优缺点及适用条件。

6 井 巷 设 计

6.1 平巷设计

6.1.1 平巷净断面尺寸确定

不同用途的巷道，其断面尺寸的设计方法不同。大多数巷道，依据通过巷道中运输设备的类型和数量，规定的人行道宽度和各种安全间隙，并考虑管路、电缆及水沟的合理布置等来设计净断面尺寸。专为通风或行人用的巷道断面尺寸，只要满足通风或行人的要求即可。然后用通过该巷道的允许风速来校核，合格后再设计支护结构及尺寸，绘制施工图和工程量表。

6.1.1.1 巷道净宽（B_0）确定

拱形巷道的净宽度系指直墙内侧的水平距离，如图 6-1 所示，可按式（6-1）计算。

$$\left.\begin{aligned} B_0 &= 2b + b_1 + b_2 + m(\text{双轨}) \\ B_0 &= b + b_1 + b_2(\text{单轨}) \end{aligned}\right\} \tag{6-1}$$

式中 b——运输设备的宽度，按表 6-1 选取，mm；

b_1——运输设备到支护体的安全间隙，按表 6-2 选取，mm；

b_2——人行道的宽度，按表 6-3 选取，并要求双轨线路之间及溜矿口一侧禁设人行道，人行道尽量不穿越或少穿越线路，在人行道侧敷设管路（架高敷设除外）时要相应增加人行道宽度，mm；

m——双轨运输设备间的安全间隙，按表 6-2 选取，mm。

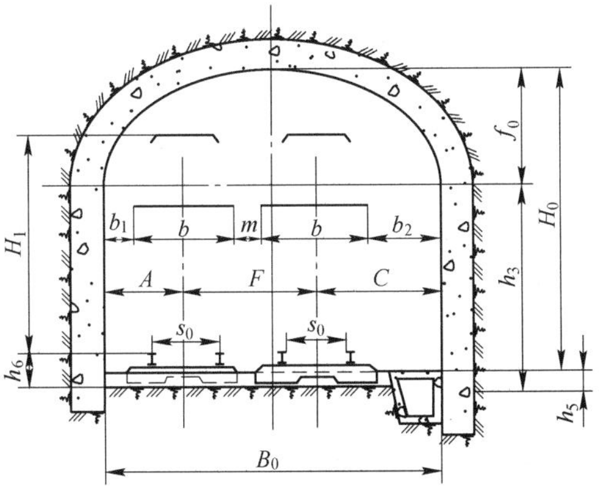

图 6-1 巷道净尺寸计算图

A—非人行道侧线路中心线到支架的距离；C—人行道侧线路中心线到支架的距离；F—双轨运输线路中心距，在任何情况下，应使两列对开列车最突出部分间距 m（m 按表 6-2 选取）满足安全要求，此外还要考虑设置渡线道岔的可能性；一般按表 6-1 选取 F 值，然后按通过运输设备最大宽度来验算 F 值是否符合要求

设计曲线巷道时，要考虑矿车在弯道运行时，由于车体中心线和线路中心线不相吻合，产生矿车外侧车厢边角外伸和矿车内侧车帮内移现象。所以按式（1-1）计算出的巷道净宽度 B_0 后，还要适当加宽，按表 6-4 选取加宽值。

表 6-1　金属矿井下运输设备类型规格尺寸　　mm

运输设备类型			设备外形尺寸			轨距	架线高度	线路中心线
			长 l	宽 b	高 h	s_0	H_1	F
电机车	架线式	ZK1. 5/100	2100	920	1550	600	1600 ~ 2000	1200
				1040		762		1300
		ZK3/250	2700	1250	1550	600	1700 ~ 2100	1500
						762		1600
		ZK7/250	4500	1060	1550	600	1800 ~ 2200	1300
				1360		762		1600
		ZK7/550	4500	1060	1550	600	1800 ~ 2200	1300
				1360		762		1600
		ZK10/250	4500	1060	1550	600	1800 ~ 2200	1300
				1360		762		1600
		ZK10/550	4500	1060	1550	600	1800 ~ 2200	1300
				1360		762		1600
	蓄电池式	XK2. 5/48	2100	950	1550	600	—	1200
		XK2. 5/48A	2100	950	1550	762	—	1200
				1050			—	1300
		XK6/100	4430	1063	1550	900	—	1300
矿　车	固定式车厢	YGC0. 5　(6)	1200	850	1000	600	—	1100
		YGC0. 7　(6)	1500	850	1050	600	—	1100
		YGC1. 2　(6)	1900	1050	1200	600	—	1300
		(7)				762	—	
		YGC2　(6)	3000	1200	1200	600	—	1500
		(7)				762	—	
		YGC4　(7)	3700	1330	1550	762	—	1900
		(9)				900	—	
	翻转式车厢	YFC0. 5　(6)	1500	850	1050	600	—	1200
		YFC0. 7　(6)	1650	980	1200	600	—	1300
		(7)				762	—	
	单侧曲轨侧卸式	YCC0. 7　(6)	1650	980	1050	600	—	1300
		YCC1. 2　(6)	1900	1050	1250	600	—	1300
		YCC2　(6)	3000	1250	1300	600	—	1500
		(7)				762	—	
	底卸式	YDC4　(7)	3900	1600	1650	762	—	1900

表 6-2 各种安全间隙 mm

运输设备	运输设备之间（m）			设备与支护之间（b_1）		
	冶金部门	建材部门	化工部门	冶金部门	建材部门	化工部门
小于 3.5m³ 矿车	≥300	≥250	≥300	≥300	≥250	≥300
小于 10m³ 矿车	≥300	≥250	≥300	≥300	≥250	≥300
无轨运输皮带				≥600		≥600
				≥400	≥400	≥400

表 6-3 人行道宽度 mm

部 门	电机车		无轨运输	皮 带	人车停车处的巷道两侧	矿车摘挂钩处两侧
	<14t	≥14t				
冶金部门	≥800	>800	≥1000		≥1000	
建材部门	≥800	≥800	≥1000	≥800	≥1000	≥1000
化工部门	≥800	≥800	≥1000		≥1000	

表 6-4 曲线巷道加宽值 mm

运输方式	内侧加宽	外侧加宽	线路中心线加宽
电机车	100	200	200
人推车	50	100	100

6.1.1.2 巷道净高（H_0）确定

巷道净高度是指从道砟面至拱顶内缘的垂直距离。从图 6-1 可知，拱形断面巷道的净高度 H_0 为：

$$H_0 = f_0 + h_3 - h_6$$

式中 f_0——拱形巷道拱高，mm；

h_3——拱形巷道墙高，mm；

h_6——巷道铺轨道砟厚度，mm。

A 拱的形式及拱高（f_0）的确定

拱的高度常用高跨比来表示，即拱高与净宽度之比。选用较高的拱时，有利于巷道围岩的稳定和支架受力，相反则不利于巷道围岩的稳定和支架受力，但前者断面利用不好，后者断面利用较好。根据理论推导，结合矿山实际，通常认为$f_0 = (0.35 \sim 0.40)B_0$是合理的拱高范围。目前矿山常用的拱高及拱形的几何参数如下：

（1）半圆拱。半圆拱是以巷道净宽为直径作圆，取其一半作巷道拱部形状。其拱高及拱半径均为巷道净宽之半，即$f_0 = B_0/2, R = B_0/2$。半圆拱拱高较大，能承受较大的顶压，但断面利用率低，金属矿山平巷中较少采用。

（2）圆弧拱。圆弧拱是取圆周的一部分构成巷道拱部形状。其承压性能比半圆拱差，比三心拱好；断面利用率比半圆拱高；与三心拱相比，拱部成型比较容易，施工也比较方便，故多用。圆弧拱的具体参数见表 6-5。

表 6-5 圆弧拱有关参数

几何形状	f_0/B_0	$f_0(B_0)$	$R(B_0)$	α	拱弧长 $P(B_0)$
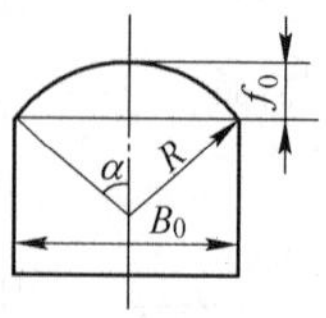	1/3	0.3333	0.5417	67°23′	1.2740
	1/4	0.2500	0.6250	53°8′	1.1591
	1/5	0.2000	0.7250	43°36′	1.1035

(3) 三心拱。取一段大圆弧和两段小圆弧组合成新的拱形，由于这个拱有三个圆心故称三心拱。它的承压性能比圆弧拱差，碹胎加工制作也比圆弧拱复杂，但断面利用较好。

根据所选择的拱的类型和巷道净宽，可以得出拱高尺寸。按几何作图法可绘出拱形，其中半圆拱、圆弧拱的绘制简单，三心拱的作图法（见图 6-2）如下。

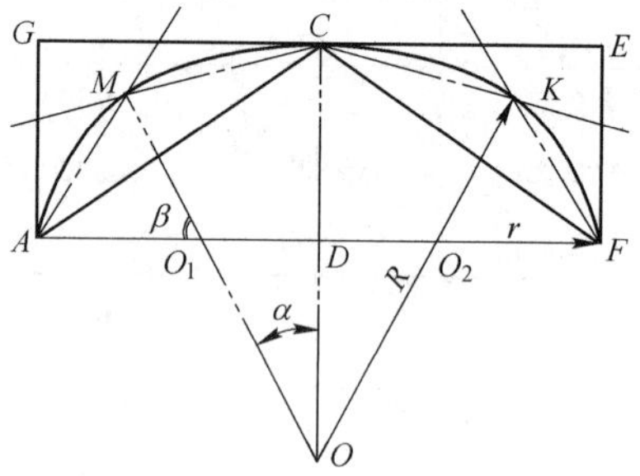

图 6-2 三心拱作图绘法

先作矩形 $AFEG$，令 $AF = B_0$，$AG = f_0$，$CD \perp AF$ 且 $AD = DF = B_0/2$。连接 AC、CF，过 C 点作 $\angle ECF$ 与 $\angle ACG$ 的平分线，与过 F、A 作 $\angle EFC$ 与 $\angle GAC$ 的平分线交于 K、M 点。由 M 作 AC 垂线，由 K 作 CF 垂线，均与 CD 延长线交于 O 点，与 AF 线分别交于 O_1、O_2 点，则得 $OK = OM = R$，$O_1A = O_2F = r$。以 O_1、O_2 为圆心，以 r 为半径作弧 AM、KF，再以 O 为圆心，以 R 为半径作圆弧 MCK，得出三心拱弧形为 $AMCKF$。

为简化巷道断面设计，按表 6-6 的三心拱的几何参数，可直接绘出三心拱形。

表 6-6 三心拱有关参数

几何形状	f_0/B_0	$f_0(B_0)$	$R(B_0)$	$r(B_0)$	β	α	拱弧长 $P(B_0)$	拱面积 $S_{拱}(B_0^2)$
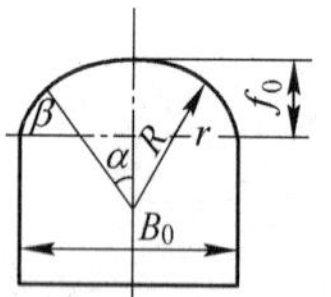	1/3	0.3333	0.6920	0.2620	56°19′	33°41′	1.3287	0.2620
	1/4	0.2500	0.9044	0.1727	63°26′	26°34′	1.2111	0.2000
	1/5	0.2000	1.1290	0.1285	68°12′	21°48′	1.6510	0.1600

B 拱形巷道墙高（h_3）的确定

拱形巷道墙高指巷道底板至拱基线的距离，见图 6-1。通常墙高是根据电机车架线要求计算，再按行人及管道架设要求验算比较，最后选其中最大值。计算过程分述如下：

(1) 按架线式电机车导电弓子顶端两切线的交点与巷道拱壁间安全距离（≥250mm）计算。

1) 圆弧拱巷道墙高（见图 6-3a）。

$$h_3 = H_1 + h_6 - \sqrt{(R-250)^2 - (K+Z)^2} + \sqrt{R^2 - \left(\frac{B_0}{2}\right)^2}$$

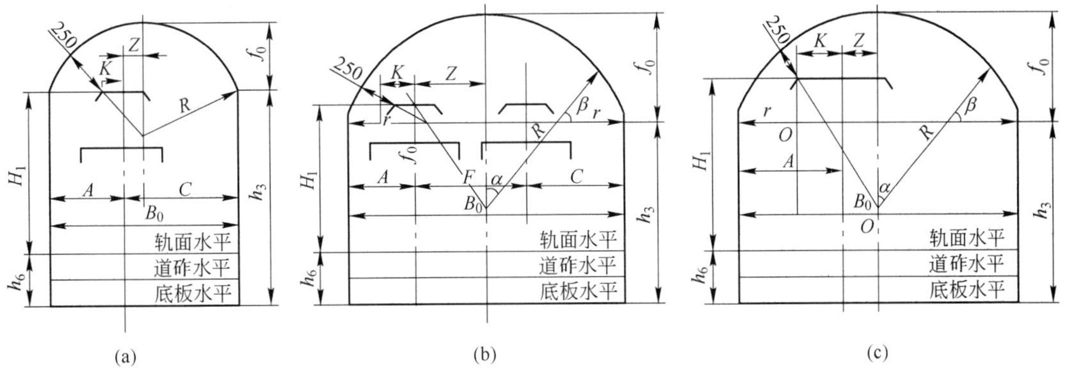

图 6-3 架线式电机车墙高计算图

（a）圆弧拱；（b）三心拱（导电弓子进入小圆弧）；（c）三心拱（导电弓子进入大圆弧）

2）三心拱巷道墙高。当导电弓子进入小圆弧断面内（见图 6-3b），即 $\cos\beta = \dfrac{r-A+K}{r-250} \geqslant 0.554$ 时：

$$h_3 = H_1 + h_6 - \sqrt{(r-250)^2 - (r-A+K)^2} \tag{6-2}$$

当导电弓子进入大圆弧断面内（见图 6-3c），即 $\cos\beta < 0.554$ 时：

$$h_3 = H_1 + h_6 - \sqrt{(R-250)^2 - (K+Z)^2} + R - f_0 \tag{6-3}$$

式中 H_1——巷道轨面至导电弓子的高度，mm；

h_6——巷道底板至轨面高度，按表 6-7 选取，mm；

K——电机车导电弓子宽度之半，一般取 400mm；

Z——轨道中心线至巷道中心线间距，mm。

对于 H_1，安全规程规定：①主要运输巷道，电源电压小于 500V 时，不低于 1800mm；电源电压为 500V 或 500V 以上时，不低于 2000mm。②井下调车场、架线式电机车道与人行道交叉点，电源电压小于 500V 时，不低于 2000mm；电源电压为 500V 或 500V 以上时，不低于 2200mm；井底车场（至运送人员车站），不低于 2200mm。

上述 0.554 是指拱高 $f = B_0/3$ 的三心拱小圆的圆心角的余弦值，即是 $\cos 56°19' = 0.554$。当 $\cos\beta \geqslant 0.554$ 时，表明导电弓子在小圆弧断面内；反之，$\cos\beta < 0.554$ 时，表明导电弓子只在大圆弧断面内。如此可区分式（6-2）与式（6-3）的使用条件。

表 6-7 轨道结构尺寸参考

轨道型号 /kg·m^{-1}	钢筋混凝土轨枕		木 轨 枕	
	h_6/mm	h_5/mm	h_6/mm	h_5/mm
8	320(260)	160(100)	300(250)	140(100)
11	320(270)	160(100)	320(260)	140(100)
15	350	200	320	160
18	350	200	320	160
24	400	250	350	200
33	420	250	360	220

（2）按行人要求确定巷道墙高。巷道墙高应保证行人避车靠壁站立时，距壁 100mm 处的巷道有效净高不小于 1900mm。

1）圆弧拱巷道墙高（见图 6-4a）按式（6-4）计算。

$$h_3 = 1900 + h_5 + [R - \sqrt{R^2 - (B_0/2 - 100)^2}] - f_0 \tag{6-4}$$

2）三心拱巷道墙高（见图 6-4b）按式（6-5）计算。

$$h_3 = 1900 + h_5 - \sqrt{r^2 - (r - 100)^2} \tag{6-5}$$

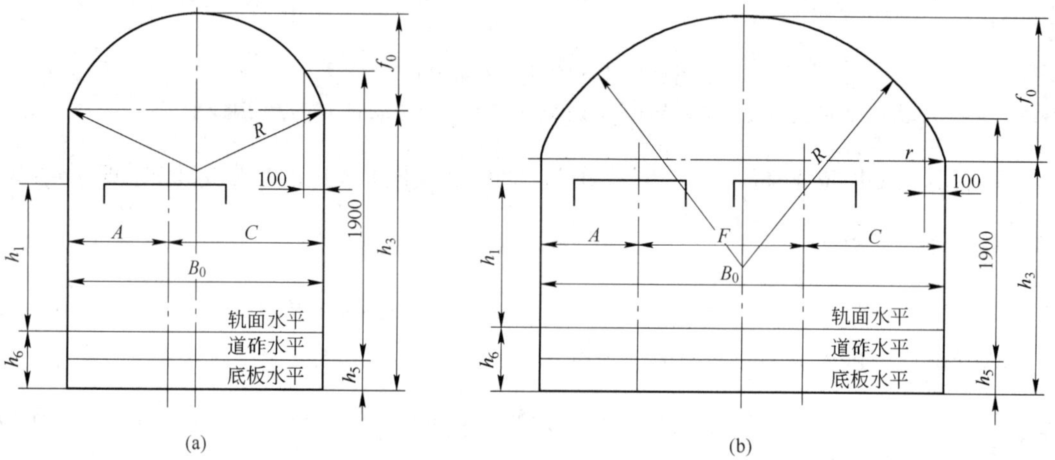

图 6-4　按行人高度要求的墙高计算图
（a）圆弧拱；（b）三心拱

（3）按架设管道要求确定巷道墙高。要求导电弓子与管道距离不小于 300mm，管道最下边应满足 1900mm 的行人高度。

6.1.1.3　道床与水沟

A　道床

道床指轨道、轨枕和道砟，其结构如图 6-5 所示。

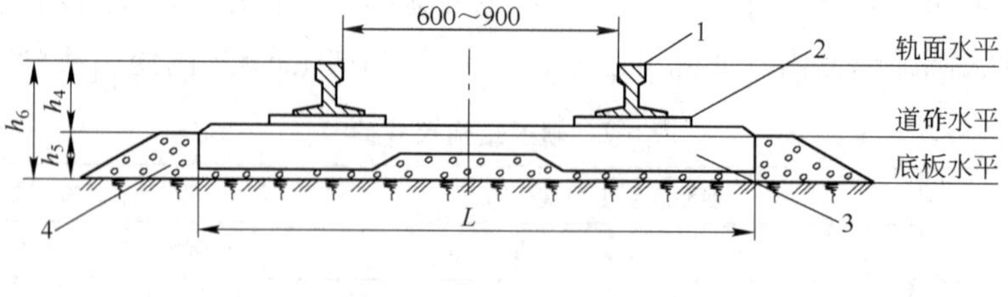

图 6-5　矿用道床结构
1—钢轨；2—垫板；3—轨枕；4—道砟

轨道型号按通过该巷道的运输量、电机车类型及矿车容积而定，可按表 6-8 选取。轨枕、道砟应与轨道类型相适应，可按表 6-7 确定轨道结构尺寸。

表 6-8 巷道运输量与机车、矿车及轨道型号规格关系

运输量/万吨	机车重量/t	矿车容重/m^3	轨距/mm	轨道型号/$kg \cdot m^{-1}$
8 ~ 15	1.5 ~ 3	0.6 ~ 1.2	600	8 ~ 11
15 ~ 30	3 ~ 7	0.7 ~ 1.2	600	11 ~ 15
30 ~ 60	7 ~ 10	1.2 ~ 2.0	600	15 ~ 18
60 ~ 100	10 ~ 14	2.0 ~ 4.0	600/762	18 ~ 24
100 ~ 200	14 ~ 20	4.0 ~ 6.0	762/900	24 ~ 33
>200	20	>6.0	900	33

B 水沟

巷道一侧均应设置水沟（见图 6-6），以排除井下涌水及其他污水。水沟设置应满足下述要求：

（1）除车场外，水沟一般应设在人行道一侧，其坡度与巷道坡度相同，通常 $i = 3‰ \sim 5‰$。

（2）水沟应加盖板，常用的有钢筋混凝土预制盖板。砌碹巷道的水沟在靠墙一侧应留有100mm 距离，以便铺设盖板。通常盖板顶面与道砟齐平。

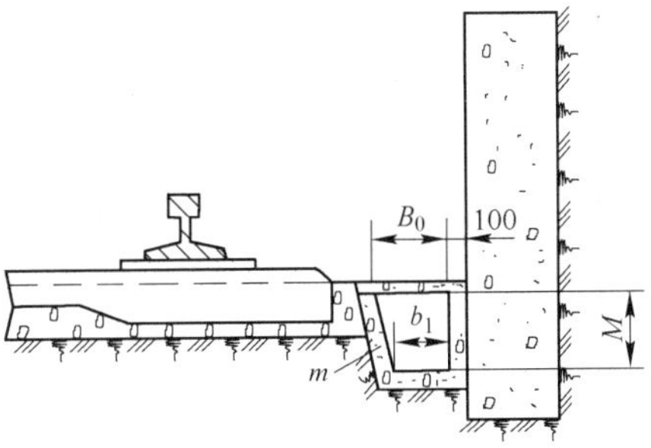

图 6-6 水沟

（3）水沟断面形状常采用矩形、对称梯形或不对称梯形。一般开拓和采准巷道中的水沟均要支护，多用现浇或预制混凝土；回采巷道和坚硬的岩石巷道中的水沟可不支护。

（4）水沟中水的最大流速，在混凝土支护时为 5 ~ 10m^3/s，不支护时为 3 ~ 4.5m^3/s；水沟中水的最小流速应保证泥沙不致沉淀，一般不应小于 0.5m^3/s。

（5）为简化设计，水沟的各项参数可根据巷道的涌水量、支护材料以及坡度等条件，按表 6-9 选取。

表 6-9 水沟规格尺寸

水沟支护材料	涌水量/$m^3 \cdot h^{-1}$		水沟净尺寸/mm			水沟断面/m^2	
	坡度 $i = 3‰$	坡度 $i = 5‰$	上宽	下宽	深度	净	掘
混凝土	0 ~ 100	0 ~ 120	310	280	200	0.059	0.132
	101 ~ 150	121 ~ 180	330	280	250	0.073	0.161
	151 ~ 200	181 ~ 260	350	310	300	0.099	0.192
	201 ~ 300	261 ~ 340	400	360	350	0.133	0.238
钢筋混凝土	0 ~ 100	0 ~ 160	360	340	200	0.070	0.101
	101 ~ 150	161 ~ 230	360	340	250	0.088	0.122
	151 ~ 200	231 ~ 270	360	340	300	0.105	0.143
	201 ~ 300	271 ~ 400	400	380	350	0.137	0.181
木 材	0 ~ 100	0 ~ 120	310	280	200	0.059	0.082
	101 ~ 150	121 ~ 180	330	290	250	0.078	0.103
	151 ~ 200	181 ~ 260	350	310	300	0.099	0.129
	201 ~ 300	261 ~ 400	400	360	350	0.133	0.167
无支护	0 ~ 100	0 ~ 120	380	230	280	0.085	0.085

6.1.1.4　管线布置

按生产要求，巷道内要设置管道和电缆，如压风管、排水管、供水管、动力电缆、照明电缆和通讯电缆等。这些管线的布置要考虑安全、架设与检修的方便，通常应满足下述要求：

（1）管道常设于人行道一侧，也可设在对侧。架设可用管墩、托架或锚杆吊挂的方式。设在人行道侧时，应不影响行人；设在水沟上时，应不妨碍清理水沟。

（2）巷道内如有电机车架线，管道不应沿底板铺设（应采用管墩等），以防电流腐蚀管道。

（3）动力和通讯电缆不应设在同一侧。如在同侧，通讯电缆应位于动力电缆之上，并保证有 0.3m 以上的距离，以减少电磁场对通讯的干扰。

（4）电缆与管道设在同一侧时，电缆应在管子上部，其相互间距不应小于 0.3m。

（5）电缆悬挂高度应保证当矿车掉道时不致撞击电缆；电缆坠落时不致掉在轨道或运输机上；电缆悬吊点间距应不大于 0.3m。

6.1.1.5　风速验算

几乎井下所有巷道都起通风作用。当通过该巷道的风量确定后，断面越小，风速越大。风速过大会扬起粉尘，影响工作效率和工人健康。为此，安全规程规定了各种用途的巷道所允许的最高风速（见表 6-10）。故设计出巷道净断面后，还必须进行风速验算。若风速超过允许的最高风速，则应重新修改断面尺寸，直至满足通风要求。通常按式（6-6）验算风速 v。

$$v = Q/S_{通} \leqslant v_{允} \tag{6-6}$$

式中　Q——根据设计要求通过该巷道的风量，m^3/s；

$S_{通}$——巷道通风断面积，按表 6-10 所列公式计算，m^2；

$v_{允}$——允许通过的最大风速，按表 6-11 确定，m/s。

表 6-10　圆弧拱巷道工程量计算公式

项 目 名 称	单位	符号或计算公式	
		$f_0 = B_0/3$	$f_0 = B_0/4$
从轨面算起电机车（矿车）高度	mm	h	h
从轨面算起墙高	mm	h_1	h_1
道砟高度	mm	h_5	h_5
道砟面到轨面高	mm	h_4	h_4
巷道底板到轨面高度	mm	$h_6 = h_4 + h_5$	$h_6 = h_4 + h_5$
从道砟面算起墙高	mm	$h_2 = h_1 + h_4$	$h_2 = h_1 + h_4$
从底板算起墙高	mm	$h_3 = h_2 + h_5$	$h_3 = h_2 + h_5$
电机车架线高度	mm	H_1	H_1
拱　高	mm	f_0	f_0
拱　厚	mm	d_0	d_0
巷道掘进高度	mm	$H = h_3 + f_0 + d_0$	$H = h_3 + f_0 + d_0$
运输设备宽度	mm	b	b

续表 6-10

项目名称		单位	符号或计算公式	
			$f_0 = B_0/3$	$f_0 = B_0/4$
运输设备到支架间隙		mm	b_1	b_1
运输设备之间的间隙		mm	m	m
人行道宽度		mm	b_2	b_2
巷道净宽	单轨	mm	$B_0 = b_1 + b_2 + b$	$B_0 = b_1 + b_2 + b$
	双轨	mm	$B_0 = b_1 + b_2 + 2b + m$	$B_0 = b_1 + b_2 + 2b + m$
墙厚		mm	T	T
巷道掘进宽度		mm	$B = B_0 + 2T$	$B = B_0 + 2T$
巷道净周长		mm	$P = 2.274B_0 + 2h_2$	$P = 2.159B_0 + 2b_2$
净断面积(通风断面积)		m^2	$S_{净} = (h_2 + 0.241B_0)B_0$	$S_{净} = (h_2 + 0.175B_0)B_0$
拱部面积		m^2	$S_{拱} = (1.13B_0 + 1.30d)d$	$S_{拱} = (0.95B_0 + 1.20d)d$
墙部面积	整体式	m^2	$S_{墙} = 2h_3T$	$S_{墙} = 2h_3T$
	喷射混凝土	m^2	$S_{墙} = 2(h_3 + 0.1)T$	$S_{墙} = 2(h_3 + 0.1)T$
掘进断面积 $d_0 = T$		m^2	$S_{掘} = S_{净} + S_{拱} + S_{墙} + h_5B_0$	$S_{掘} = S_{净} + S_{拱} + S_{墙} + h_5B_0$
每米巷道掘进体积		m^3	$V_{掘} = S_{掘} \times 1$	$V_{掘} = S_{掘} \times 1$
每米巷道砌拱所需材料		m^3	$V_{拱} = S_{拱} \times 1$	$V_{拱} = S_{拱} \times 1$
每米巷道砌墙所需材料		m^3	$V_{墙} = S_{墙} \times 1$	$V_{墙} = S_{墙} \times 1$
每米巷道基础所需材料		m^3	$V_{基} = (m_1 + m_2)T + m_1e$	$V_{基} = (m_1 + m_2)T + m_1e$

注：1. 表中符号见图 6-3。
2. 由于超挖部分在预算中计入，此处不予考虑。
3. 掘进断面未包括基础和水沟。
4. 通常有水沟一侧基础深 m_1 =500mm，无水沟一侧 m_2 =250mm；e 值随着砌水沟的方法不同而定，一般 e =100mm。

表 6-11 井巷最高风速

井巷名称	最高风速/$m \cdot s^{-1}$	备注
专用风井、风硐	15	设梯子间的井筒风速不得超过 8m/s；修理井筒时，风速不得超过 8m/s
专用物料提升井	12	
风桥	10	
提升人员和物料的井筒、主要进风巷、回风道、修理中的井筒	8	
运输巷道、采区进风道	6	
采矿场、采准巷道	4	

6.1.1.6 绘制巷道断面图并编制工程量及材料消耗量表

巷道设计的最终成果，是按比例（1∶50）绘制巷道断面图，并附有工程量及材料消耗量表。表 6-10 是圆弧拱巷道工程量计算公式，表 6-12 是三心拱巷道断面及工程量计算公式。巷道的施工图发至施工单位，作为指导施工的设计依据。

表 6-12 三心拱巷道断面及工程量计算公式

名称		单位	符号和计算公式	
			$f_0 = B_0/3$	$f_0 = B_0/4$
从轨面起电机车(矿车)		mm	h	h
从轨面起墙高		mm	h_1	h_1
道砟厚度		mm	h_5	h_5
道砟面到轨面高		mm	h_4	h_4
巷道底板到轨面高度		mm	$h_6 = h_4 + h_5$	$h_6 = h_4 + h_5$
从道砟面算起墙高		mm	$h_2 = h_1 + h_4$	$h_2 = h_1 + h_4$
从底板起墙高		mm	$h_3 = h_2 + h_4$	$h_3 = h_2 + h_4$
架线高度		mm	H_1	H_1
巷道掘进高度		mm	$H = h_3 + f_0 + d_0$	$H = h_3 + f_0 + d_0$
拱厚		mm	d_0	d_0
运输设备宽度		mm	b	b
运输设备到支架的间隙		mm	b_1	b_1
两运输设备之间的间隙		mm	m	m
人行道宽度		mm	b_2	b_2
巷道净宽	单轨	mm	$B_0 = b_1 + b + b_2$	$B_0 = b_1 + b + b_2$
	双轨	mm	$B_0 = b_1 + 2b + m + b_2$	$B_0 = b_1 + 2b + m + b_2$
墙厚		mm	T	T
巷道掘进宽度		mm	$B = B_0 + 2T$	$B = B_0 + 2T$
巷道净周长		mm	$P = 2h_2 + 2.33B_0$	$P = 2h_2 + 2.24B_0$
净断面(通风断面)		m^2	$S_{通} = B_0(h_2 + 0.262B_0)$	$S_{通} = B_0(h_2 + 0.196B_0)$
掘进断面 $d_0 = T$		m^2	$S_{掘} = Bh_3 + 0.262B_0^2 + (1.33B_0 + 1.55d_0)d_0$	$S_{掘} = Bh_3 + 0.196B_0^2 + (1.22B_0 + 1.58d_0)d_0$
每米巷道掘进体积		m^3	$V_{掘} = S_{掘} \times 1$	$V_{掘} = S_{掘} \times 1$
每米巷道砌拱所需材料		m^3	$V_{拱} = (1.33B_0 + 1.55d_0)d_0$	$V_{拱} = (1.22B_0 + 1.58d_0)d_0$
每米巷道砌墙所需材料		m^3	$V_{墙} = 2h_3T$	$V_{墙} = 2h_3T$
每米巷道基础所需材料		m^3	$V_{基} = (m_1 + m_2)T + m_1e$	$V_{基} = (m_1 + m_2)T + m_1e$

注：1. 表中符号见图 6-4；
2. 考虑到超挖部分在预算中计入，此处不予考虑；
3. 掘进断面未包括基础和水沟；
4. 通常有水沟一侧基础深 $m_1 = 500$mm，无水沟一侧 $m_2 = 250$mm；e 值随着砌水沟的方法不同而定，一般 $e = 100$mm。

6.1.2 碹岔设计

井下巷道相交或分岔部分称为巷道交岔点，如图 6-7 所示。

按支护方式不同，交岔点可分为简易交岔点和砌碹交岔点。前者长度短，跨度小，可直接用木棚或料石墙配合钢梁支护，多用于围岩条件好、服务年限短的采区巷道或小型矿

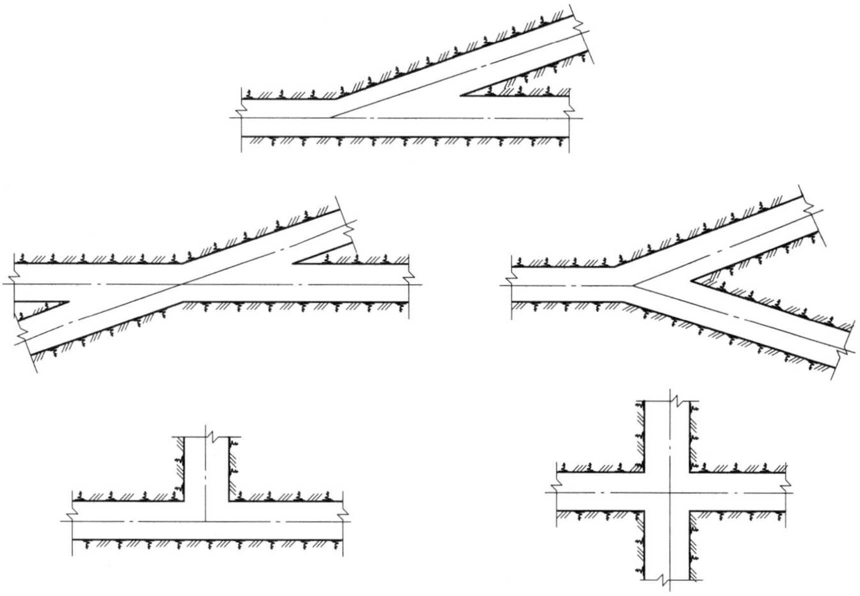

图 6-7 巷道分岔或交岔的类型

井中。井底车场、主要运输巷道和石门的交岔点，多用喷锚支护或混凝土、料石支护。碹岔是指井下巷道相交或分岔点的整体支护部分。

6.1.2.1 *碹岔的类型*

碹岔按其结构分为穿尖碹岔和牛鼻子碹岔，如图 6-8 所示。

（1）穿尖碹岔。穿尖碹岔的优点是长度短、拱部低，故工程量小，施工简单，通风阻力小，但其承载能力低，多适用于坚硬稳定的岩层，其最大宽度不大于 5m。

（2）牛鼻子碹岔。牛鼻子碹岔应用最广，可适用于各类岩层和各种规模的巷道，特别

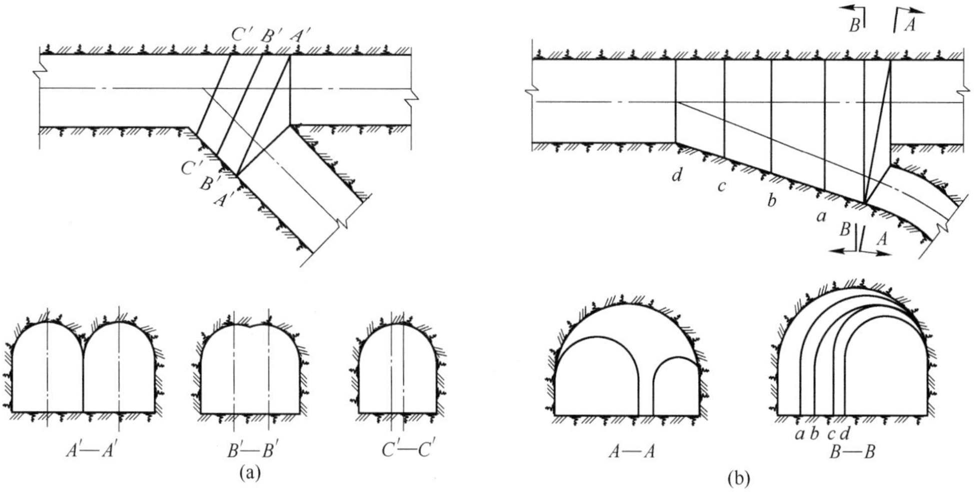

图 6-8 牛鼻子碹岔和穿尖碹岔

（a）穿尖碹岔；（b）牛鼻子碹岔

是在井底车场和主要运输巷道中，多数是用此类碹岔。牛鼻子碹岔按照碹岔内线路数目、运输方向及选用道岔类型不同，可归纳为三类，如图 6-9 所示。

1）单开碹岔，其中又有单线单开和双线单开两种碹岔。

2）对称碹岔，其中又有单线对称和双线对称两种碹岔。

3）分支碹岔，其中又有单侧分支和双侧分支两种碹岔。

上述三种类型，其共同点是从分岔起，断面逐渐扩大，在最大断面上，即两条分岔巷道的中间常常要砌筑碹垛（也称牛鼻子）以增强支护能力。其不同点是单开碹岔和对称碹岔的轨道线路用道岔连接，而分支碹岔内则没有道岔，故确定平面尺寸的方法也不相同。

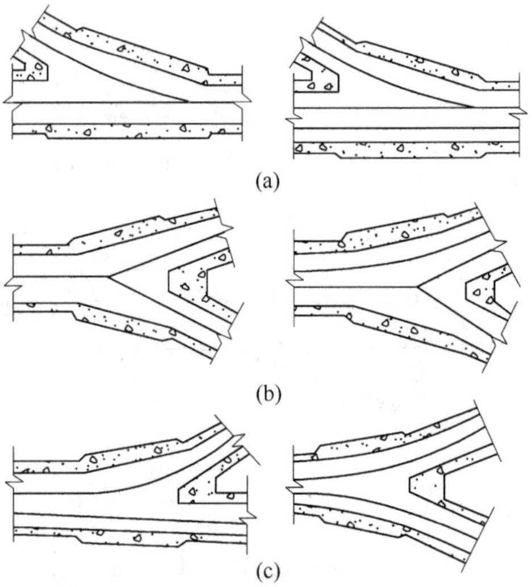

图 6-9　碹岔形式

（a）单开碹岔；（b）对称碹岔；（c）分支碹岔

6.1.2.2　碹岔尺寸的确定

碹岔尺寸的确定包括平面尺寸和中间尺寸的确定，其断面设计原则与平巷相同，区别之处在于碹岔中间断面是变化的。

A　碹岔平面尺寸的确定

常用的三类六种碹岔形式的计算方法，都是按照几何关系推导的。现以单线单开碹岔尺寸计算为例来说明，如图 6-10 所示。

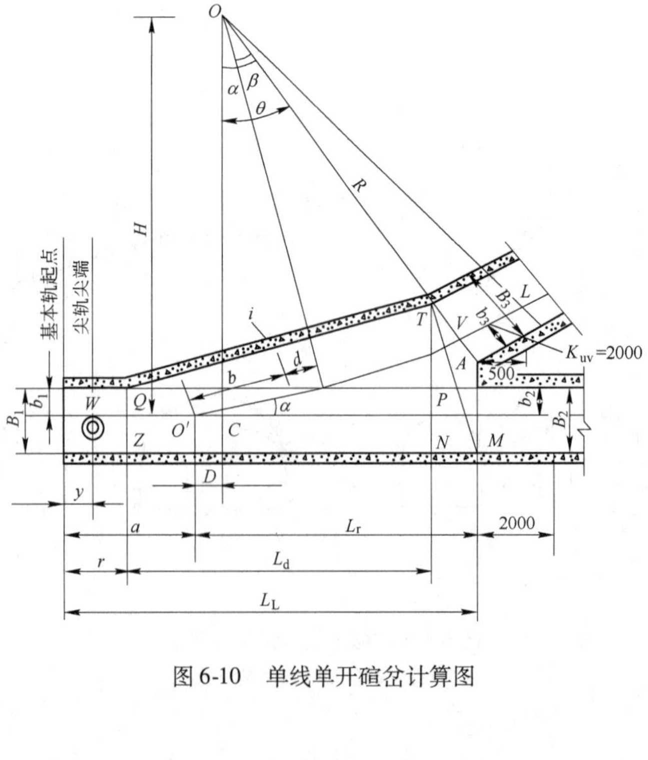

图 6-10　单线单开碹岔计算图

作计算图前先将碹岔处的轨道连线图绘出。已知数据有道岔参数 a、b、α，巷道断面宽度 B_1、B_2、B_3，线路中心线距碹垛一侧边墙的距离 b_2、b_3，弯道曲率半径 R。碹岔的起点就是线路基本轨起点；碹岔的终点就是从碹垛尖端 A 作垂线垂直于线路中心线所得的交点，再沿线路中心线方向延长 2m 处。图 6-10 中$\overline{TN}$为碹岔最大断面宽度（最大碹胎尺寸）；$\overline{TM}$为碹岔最大断面跨度（计算支护等）；$\overline{QZ}$断面为中间断面的起点，其尺寸大小就等于 B_1 断面。

下面按图 6-10 来推算出碹岔主要尺寸的计算式。

（1）确定弯道曲线半径中心 O 的位置。只有先决定 O 的位置，然后才能以 O 为圆心、以 R 为半径画出曲线线路。O 点的位置，距离道岔中心的横轴长度为 D，纵轴长度为 H。

$$D=(b+d)\cos\alpha-R\sin\alpha$$

$$H=R\cos\alpha+(b+d)\sin\alpha$$

若 D 为正值，则 O 点在道岔中心右侧；若 D 为负值，则位于左侧。

（2）确定碹岔角 θ。从碹垛尖端 A 点和曲线半径圆心 O 的连线与垂线 OC 的夹角，即碹岔角 θ。

$$\theta=\arccos\frac{H-b_2-500}{R+b_3}$$

（3）确定碹垛面到岔心的距离 l_1。

$$l_1=(R+b_3)\sin\theta\pm D$$

（4）确定碹岔最大断面处宽度。图 6-10 中最大断面宽度$\overline{TN}$及长度$\overline{NM}$以及最大断面跨度$\overline{TM}$的计算方法如下：

$$\overline{TN}=B_2+500+B_3\cos\theta$$

$$\overline{NM}=B_3\sin\theta$$

$$\overline{TM}=\sqrt{\overline{TN}^2+\overline{NM}^2}$$

（5）确定碹垛面至基本轨起点的跨度 L_1。

$$L_1=l_1+a$$

（6）确定碹岔断面变化部分长度 L_0。为了计算碹岔断面的变化，在$\overline{NT}$线上截取$\overline{NP}=B_1$。作出$\triangle TPQ$，得$\overline{TQ}$线的斜率为：

$$i=\overline{TP}/\overline{PQ}$$

根据所选定的斜率，便可求得 L_0。

$$L_0=\overline{PQ}=\overline{TP}/i=(\overline{TN}-B_1)/i$$

（7）确定碹岔扩大断面起点 Q 至基本轨起点的距离 r。

$$r=L_1-\overline{NM}-L_0$$

上述计算的目的在于求得参数 L_1、L_0、r、$\overline{TN}$和$\overline{TM}$，以便按设计进行施工。至于参数 H、D、θ、l_1、$\overline{MN}$，则是为求得上述参数服务的。

应当指出，斜墙的斜率 i 在标准设计中常用固定斜率。当轨距为600mm 时，斜率常取 0.25 或 0.30；当轨距为 900mm 时，常取 0.20 或 0.25。斜墙斜率一旦选定，斜墙起点位置也就确定了。采用固定斜率的优点在于，碹岔内每米长度递增宽度一定，有利于砌碹时碹骨的重复使用。但随着喷锚支护交岔点的广泛使用，固定斜率也就不是很必要了。

除了采用固定斜率外，也可采用任意斜率，其方法有二：

（1）以基本轨为起点作为斜墙起点，于是斜墙的水平长度 L_0 为：

$$L_0 = l_1 + a - \overline{NM}$$

（2）以道岔尖轨尖端位置作为斜墙起点，即 $r = t$（t 为道岔悬距）。这时斜墙的水平长度最短，碹岔工程量最小，其值为：

$$L_0 = l_1 + a - \overline{NM} - t$$

设计时，除上述计算外，还可用作图法求碹岔平面尺寸。只要严格按比例作图，作图法的精度也能满足施工要求。

B　碹岔中间尺寸的确定

计算碹岔中间断面尺寸是为了求出各碹胎断面变化的宽度、拱高和墙高的数值，以满足施工时制造碹胎的需要，如图 6-11 所示。

（1）确定中间断面净宽度。在确定中间断面净宽度时，需作如下简化：将起点 A 断面至终点 T 断面在考虑了曲线巷道的加宽要求后，连为直线$\overline{AT}$，使中间断面变成单侧或双侧逐渐扩大的喇叭状结构。这样可避免弯道部分碹墙作成曲线形，从而简化了施工。根据斜墙斜率 i 求出断面变化的长度 L_0，然后从变化断面起点 A 起，在 L_0 内每隔 1.0m 作一个断面，终点 TN 断面间隔不受 1.0m 限制，剩多少算多少。若将中间断面分为从 1 ~ n 个，则其净宽度 B_n 按式（6-7）确定。

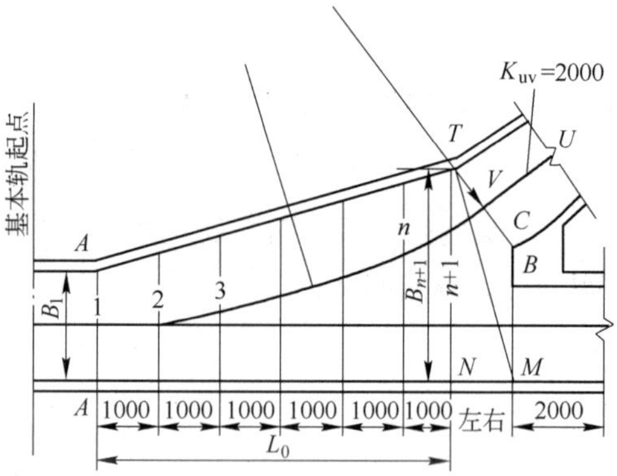

图 6-11　碹岔中间断面平面图

$$B_n = B_1 + (n - 1)i \tag{6-7}$$

（2）确定中间断面拱高。随着中间断面宽度的逐渐增大，巷道断面宽度与拱高的相应比例关系不变，中间断面的拱高也逐渐增高，如图 6-12 所示。

对于半圆拱碹岔，1 ~ n 中间各断面的拱高值 f_0^n 按式（6-8）计算；对于圆弧拱和三心拱碹岔，1 ~ n 中间各断面的拱高值 f_0^n 按式（6-9）计算。

$$f_0^n = \frac{B_n}{2} = \frac{B_1 + (n - 1)i}{2} \tag{6-8}$$

$$f_0^n = \frac{B_n}{3} = \frac{B_1 + (n - 1)i}{3} \tag{6-9}$$

（3）确定中间断面墙高。设计碹岔时，通常中间断面的墙高除满足生产要求外，尽量让墙高按一定斜率 i 降低，使中间断面不致因断面加宽导致拱高加高后形成过大的无用空间。这不仅可以减少开拓工程量，而且有利于安全施工。一般墙高的降低值，按每米巷道下降的平均值（即斜率）Δh 计算，如图 6-12 所示。

$$\Delta h = (h_3^{AA} - h_3^{TN})/L_0$$

式中 h_3^{AA} ——AA 断面处墙高，mm；

h_3^{TN} ——TN 或 TM 断面处墙高，一般 T、M、N 三点的墙高均相等，mm；

L_0——碹岔断面变化段的巷道长度，mm。

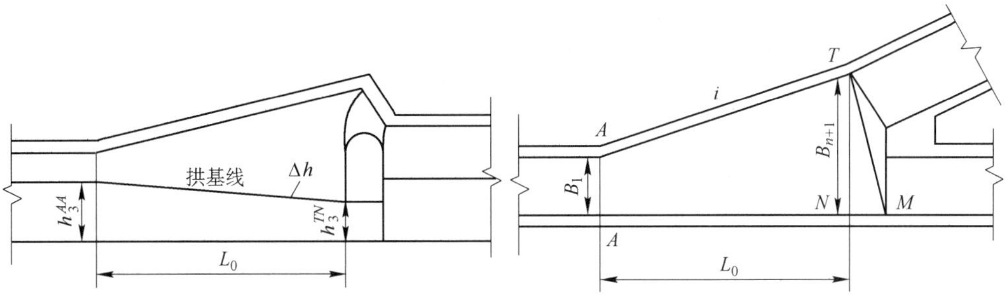

图 6-12 中间断面拱高、墙高和宽度示意图

实际设计时，h_3^{TN} 或 h_3^{TM} 与相邻两条巷道墙高差距取 200 ~ 500mm。若差距取得过大，对施工和安全均不利。按断面变化的斜率 Δh 来求算，1 ~ n 中间各断面墙高值的通用式为：

$$h_3^n = h_3^{AA} - (n-1)\Delta h$$

在生产中，为了生产方便，也有不降低墙高的做法。

6.1.2.3 碹岔支护厚度的确定

碹岔处巷道宽度是由小到大渐变的，为了便于施工和保证质量，按最大宽度 $\overline{TM}$ 选取支护厚度，拱墙同厚。分支巷道按各自的宽度选取。

两巷道中间的碹垛，是碹岔支护中的关键部位，应认真维护好。碹垛面的宽度一般取 500mm，碹垛长度应根据岩石性质、支护方式及巷道转角而定，一般取 1 ~ 3m，通常取 2m。光面爆破完整地保留了原岩体的碹垛，可按支护厚度考虑，不另加长度。

6.1.2.4 碹岔工程量及材料消耗量计算

碹岔工程量及材料消耗量的计算主要是计算碹岔的掘进工程量及支护材料消耗量。计算范围一般是从基本轨起点算起，到碹垛面后的主、支巷各延长 2m 处止（见图 6-13）。

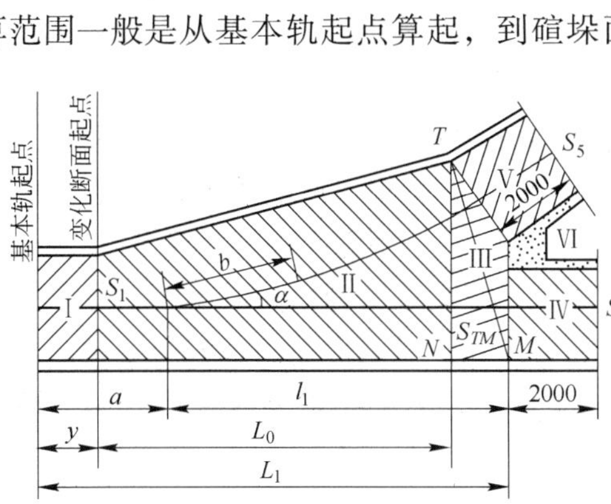

图 6-13 碹岔工程量及材料消耗量计算图

从基本轨起点至中间变化断面起点 S_1 止，为第Ⅰ部分；从 S_1 至 TN 断面为中间变化断面，为第Ⅱ部分；从 TN 断面至碹垛为止，为第Ⅲ部分；从 M 处沿边墙延长 2m 至 S_4 止，为第Ⅳ部分；从 T 处断面沿分岔巷道中心线延长 2m 至 S_5 止，为第Ⅴ部分；最后碹垛为第Ⅵ部分。

计算方法有两种。一种是将碹岔分成便于计算的简单几何图形（见图 6-13），而后分别算出其掘进体积和支护体积，最后汇总得出整个碹岔的工程量及材料消耗量。这样分块计算虽然详尽，但太烦琐。第二种是近似计算，其精度能满足工程要求。碹岔工程量 $V_{掘}$ 的计算公式如下：

$$V_{掘} \approx \left[\frac{1}{2}(L_0 + L_2)(S_1 + S_3) + 2(S_4 + S_5) + S_1 y\right]K \qquad (6\text{-}10)$$

式中　K——富余系数，三心拱断面取 $K = 1.04$，半圆拱断面取 $K = 1.0$；

L_2——$\overline{NM}$长度；

$S_1, S_3 \sim S_5$——相应各断面处的掘进面积；S_3 即 S_{TM}，其余符号见图 6-13。

变换使用式（6-10）中的一些符号意义，也可估算出材料消耗量。

按式（6-10）进行近似计算，碹垛可不再另行计算掘进工程量，碹垛材料消耗量加 $3m^3$ 即可，也有定为 $4m^3$ 的。

6.1.2.5　碹岔施工图

碹岔施工图应包括下列内容：

（1）平面图。平面图常用 1∶100 的比例绘制。图中应表示出水沟位置、断面号及有关计算尺寸，开岔方向应与阶段平面图交岔所处位置的开岔方向一致。

（2）断面图。按 1∶50 的比例绘出主巷、支巷及 TM 断面图。在 TM 断面图（见图 6-14）上，大断面是实际尺寸，两个连接巷道断面和碹垛面的宽度是投影尺寸，但高度是真实的。投影的拱弧按习惯画法。作图时所需尺寸可以直接在平面图上量取，无需计算。

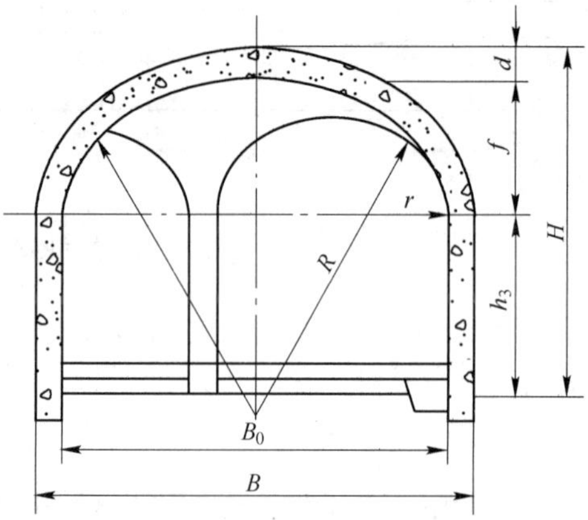

图 6-14　碹岔 TM 断面

（3）碹岔断面变化特征表、工程量及主要材料消耗量表。

6.2　井筒断面设计

6.2.1　天井断面形状与尺寸的确定

6.2.1.1　天井断面形状的选择

天井断面形状有矩形与圆形两种。天井主要是根据用途来确定其断面的大小及格间数目，根据所用的支护材料、围岩性质、施工方法和施工设备等来确定其断面形状。由于采区回采时间都较短，故一般天井的服务年限都不长（主要通风天井除外），又因金属矿山大多数围岩较好，所以一般不用支护或仅用局部支护，或采用薄层的喷射混凝土支护即可。溜矿井完全承担采区溜矿任务，行人天井兼作通风天井，而通风天井和运料设备天井兼用。再者由于施工方法的发展，断面形状由过去以矩形为主变为当前以圆形和方形为主了。确定断面形状的依据也变了。如用天井钻机钻进，只能是圆形断面。若围岩稳定性较差也以用圆形断面为好。在围岩较稳定、坚硬的条件下，可采用方形或接近方形的矩形断面。

6.2.1.2　天井断面尺寸的确定

天井断面尺寸主要按天井用途决定。

（1）行人天井。需设置人员通行的梯子及平台，并常兼设风水管路、电缆等。梯子间设置按安全规程规定与竖井梯子间要求一样。通常梯子间断面尺寸不小于1200mm × 1300mm。

（2）通风天井。用于进风或回风的天井断面，可按采区生产中提出的风量要求及该井允许的风速来确定。

$$S_{min} \geqslant \frac{Q}{Kv_{允}}$$

式中 S_{min}——通风天井最小断面面积，m^2；

Q——通过该天井的风量，m^3/s；

K——增加装备后天井净断面的折减系数，$K=0.6\sim1$；

$v_{允}$——安全规程规定允许的最大风速 $v_{允}=6m/s$，但最小风速不得低于 0.15m/s。

（3）放矿天井。用于溜放矿石的天井通常称为采区溜井。

溜井断面尺寸根据最大矿石块度含量系数、矿石允许最大块度和溜井的畅流通过系数等来决定。

净断面尺寸确定后加上支护断面，可得天井的掘进断面。

实践中确定天井断面尺寸时，要考虑天井施工方法与所用施工机械设备。如已选用某种天井钻机或某种天井吊罐，则天井断面已被规格化、统一化了。目前国内矿山天井尺寸常用的有 1.5m × 1.5m、1.8m × 1.8m、2.0m × 2.0m 和 D = 1.2m、D = 1.5m、D = 2.0m 等。过去常用矩形断面尺寸有 1.3m ×1.5m、1.5m ×2.9m、1.6m ×1.9m 等。

6.2.2 竖井断面的布置与尺寸确定

在设计竖井井筒前，应收集有关井筒所在位置的地面地下水文及地质条件，井筒内的设备配置情况，井筒的服务年限、生产能力和通过风量等资料。

6.2.2.1 井筒类型

竖井是整个地下矿山的核心，其按用途可以分为提升井和通风井（风井）。提升井中，提升矿石的为主井，提放人员、设备和材料的为副井，二者兼顾的为混合井；提升设备为箕斗的为箕斗井（只能提升矿石和废石），提升设备为罐笼的为罐笼井（可以提升矿石、废石、人员、设备和材料）。

井筒断面形状一般为圆形，很少采用方形。圆形断面有利于维护，但断面利用率较低。各种井筒的用途及设备配置情况见表 6-13 和图 6-15。

表 6-13 井筒的用途及设备配置

井筒类型	用　途	井内装设情况	图　例
主井（箕斗或笼井）	提升矿石	箕斗或罐笼，有时设管路间、梯子间	图 6-15（a）
副井（罐笼井）	提升废石，上下人员、材料、设备	罐笼、梯子间、管路间	图 6-15(b)、(c)
混合井	提升矿石、废石，上下人员、材料、设备	罐笼、梯子间、管路间	图 6-15（d）
风　井	通风，兼作安全出口	井深小于 300m 时，设梯子间；井深大于 300m 时，设紧急提升设备	
盲　井	无直接通达地表的出口，一般作提升井用	根据生产需要装设	

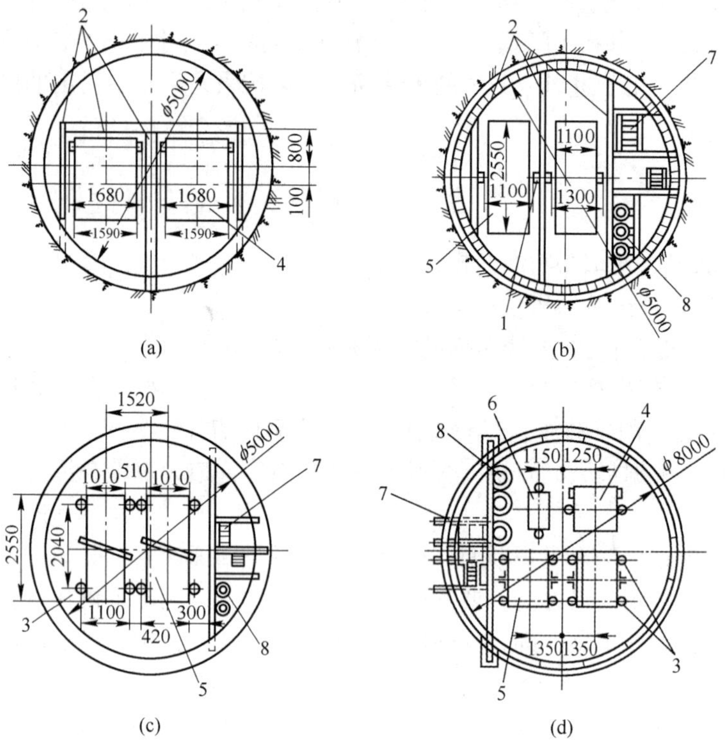

图6-15 各种井筒内的装设情况

（a）箕斗井；（b），（c）罐笼井；（d）混合井

1—刚性罐道；2—罐道梁；3—柔性（钢丝绳）罐道；4—箕斗；

5—罐笼；6—平衡锤；7—梯子间；8—管路

6.2.2.2 井筒内的装备

竖井的主要装备是罐笼或箕斗。罐道、罐道梁、井底支承结构、过卷装置、托罐梁等都是为罐笼或箕斗的稳定、安全、高速运行而设的，梯子间则是为井内设备的安装和维修或辅助安全行人通道而设的。由于竖井是整个矿山的主要通道，因此风、水、电等管缆也都通过竖井。

（1）提升容器。首先按照竖井的用途选择提升容器，目前竖井提升容器有罐笼和箕斗。选择提升容器的主要依据是用途和生产能力。罐笼用途多，可以提升矿石、废石、设备、人员，但其生产能力低，一般用作副井的提升容器。箕斗只用来提升矿石（也可以提升废石），提升速度高，生产能力大，用于产量高的主井。主井生产能力大的用箕斗，生产能力小的用罐笼。罐笼有单层、多层，每层又有单车、多车，其规格视矿车而定。提升容器的数量有单容器和多容器，根据生产能力确定。

（2）罐道。罐道分刚性罐道和柔性罐道两类。刚性罐道的类型及性能见表6-14。罐道和罐道梁与提升容器的相对位置有多种方式。罐道可以布置在提升容器的两侧、两端、单侧、对角或其他位置，原则是保证提升容器的稳定高速运行并尽量提高竖井断面的利用率。罐道和罐道梁的选择计算，可以按照静载荷乘以一定的倍数，或按动载应力计算。无论用哪种方式计算，选择的余地并不大，一般在常用的几种类型中选择即可。

表 6-14 刚性罐道的类型及性能

罐道类型	规 格	材料特点	适用条件	适用罐梁层距
木罐道	矩形断面，160mm × 180mm 左右，每根长 6m	易腐蚀，使用年限不长，宜先进行防腐处理	井筒内有侵蚀性水，中小型金属矿山	2m
钢轨罐道	常用规格为 380kg/m、33kg/m 或 43kg/m，标准长度 4.168m	强度大，使用年限长	箕斗井或罐笼井中多采用	4.168m
型钢组合罐道	由槽钢或角钢焊接而成的空心钢罐道	抵抗侧向弯曲和扭转阻力大，罐道刚性增加	配合弹性胶轮滚动罐耳，运行平稳磨损小，用于提升终端荷载和提升速度大的井中	
整体轧制罐道	方形钢管罐道	具有型钢组合罐道的优点，并优于其性能，自重小，寿命长	用于提升终端荷载和提升速度大的井中	

柔性罐道实质上是用钢绳做罐道，不用罐道梁。在钢绳罐道的一端有固定装置，另一端有拉紧装置，以保证提升容器的正常运行。柔性罐道结构简单，安装、维修方便，运行性能也很好。其不足之处是井架的载荷大，要求安全间隙大（增大井筒直径）。

柔性罐道的布置方式与刚性罐道类似，有单侧、双侧、对角布置，另外在提升容器每侧还可以布置单绳或双绳。柔性罐道设计时应选择计算钢绳的直径、拉紧力和拉紧方式。钢绳直径可先按表 6-15 中的经验数据选取，然后按式（6-11）验算。

$$m = \frac{Q_1}{Q_0 + qL} \geqslant 6 \tag{6-11}$$

式中 m——安全系数；

Q_1——罐道绳全部钢丝拉断力的总和，kg；

Q_0——罐道绳下端的拉紧力，kg；

q——罐绳的单位长度重量，kg/m；

L——罐道绳的悬垂长度，m。

表 6-15 罐道绳直径选取经验值

井深/m	终端荷载/t	提升速度/m·s⁻¹	罐道绳直径/mm	钢丝绳类型
<150	<3	2~3	20.5~25	6×7+1 普通钢丝绳
250~200	3~5	3~5	25~32	6×7+1 普通钢丝绳，密封或半密封钢丝绳
200~300	5~8	5~6	30.5~35.5	密封或半密封钢丝绳
300~400	6~12	6~8	35.5~40.5	密封或半密封钢丝绳
>400	8~12 或更大	>8	40.5~50	密封或半密封钢丝绳

罐道绳的拉紧方式参照表6-16选取，拉紧力按式（6-12）计算。

$$Q_0 = \frac{qL}{e^{\frac{4q}{K_{min}}} - 1} \tag{6-12}$$

$$L = H_0 + (20 \sim 50)\mathrm{m}$$

式中 Q_0——每根罐道绳上的拉紧力，kg；

L——罐道绳悬垂长度，m；

H_0——井深，m；

q——罐道绳单位长度质量，kg/m；

K_{min}——罐道绳最小刚性系数，$K_{min}=45\sim65$kg/m，一般 $K_{min}=50$kg/m，对终端荷载和提升速度较大的大型井或深井，K_{min}应选取大些，反之取小些。

表 6-16 罐道绳拉紧方式

拉紧方式	罐道绳上端	罐道绳下端	特点及适用条件
螺杆拉紧	在井架上设螺杆拉紧装置，上端用此拉紧螺杆固定	用绳夹板固定在井底钢梁上	拧紧螺杆，罐道绳产生张力；此方式拉紧力有限，一般用于浅井中
重锤拉紧	固定在井架上	在井底用重锤拉紧，拉紧力不变，无须调绳检修	因有重锤及井底固定装置，要求井筒底部较深以及有排水清扫设施；此方式拉力大，适用于中、深井中
液压螺杆拉紧	在井架上，此液压螺杆拉紧装置将罐道绳拉紧	用倒置的固定装置固定在井底专设的钢梁上	利用液压油缸调整罐道绳拉紧力，调绳方便省力，但安装和换绳较复杂；此方式使用范围较广

（3）罐道梁。井筒内为固定罐道而设置的水平梁称为罐道梁（简称罐梁）。最常用的为金属罐梁，也有用钢筋混凝土罐梁的；中小型金属矿山的方井中，个别也用木罐梁。

罐梁与井壁的固定方式有梁窝埋设、预埋件固定或锚杆固定三种。

（4）梯子间。有安全出口作用的竖井必须设梯子间。梯子间除用做安全出口外，平时用于竖井内各种设备的检修。梯子间一般布置在罐笼井中，箕斗井中可不设梯子间。梯子间通常布置在井筒的一侧，并用隔板与提升间、管缆间隔开。梯子间的布置，按上下两层梯子安设的相对位置可分为并列、交错、顺列三种形式，如图6-16所示。各种形式的梯子安设的共同要求是：

1）梯子倾角不大于80°；

2）相邻两梯子平台的距离不大于8m，通常按罐梁层间距大小而定；

3）梯子口尺寸不小于0.6m×0.7m；

4）梯子上端应伸出平台1m；

5）梯子下端离开井壁不小于0.6m，脚踏板间距不大于0.4m；

6）梯子宽度不小于0.4m；

7）梯子的材质可以是金属或木质。

（5）管缆间布置。排水管、压风管、供水管、下料管等各种管路和动力、通讯、信号等各种电缆通常布置在副井中，并靠近梯子间。动力电缆和通讯、信号电缆间要有大于0.3m的间距，以免相互干扰。

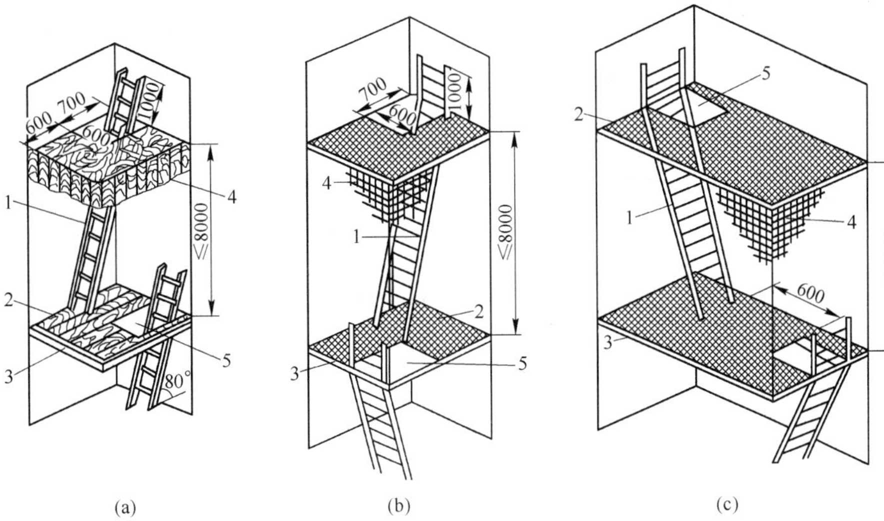

图 6-16 梯子间梯子布置形式

(a) 并列布置，$S_{小}=1.3\times1.2\text{m}^2$；(b) 交错布置，$S_{小}=1.3\times1.4\text{m}^2$；(c) 顺列布置，$S_{小}=1\times2\text{m}^2$

1—梯子；2—梯子平台；3—梯子梁；4—隔板（网）；5—梯子口

(6) 提升容器四周的间隙。提升容器是竖井中的运动装置，与其他装置间保持必要的间隙是提升容器安全运行所必需的。绳罐道运行时的摆动量较大，所以间隙应大些。提升容器与刚性罐道的罐耳间的间隙不能太大，钢轨罐道的罐耳与罐道间的间隙不大于 5mm，木罐道的罐耳与罐道间隙不大于 10mm，组合罐道的附加罐耳每侧间隙为 10 ~ 15mm。钢绳罐道的滑套直径不大于钢丝绳直径 5mm。冶金矿山提升容器与井内装置间的间隙见表 6-17。

表 6-17 提升容器与井内装置间的最小间隙 mm

罐道和罐梁布置方式		容器和井壁间	容器和容器间	容器和罐梁间	容器和井梁间	备　注
罐道在容器一侧		150	200	40	150	罐耳和罐道卡之间为 200
罐道在容器两侧	木罐道	200		50	200	有卸载滑轮的容器，滑轮和罐梁间隙增加 25
	钢轨罐道	150		40	150	
罐道在容器正面	木罐道	200	200	50	200	
	钢轨罐道	150	200	40	150	
钢绳罐道		350	450		350	设防撞绳时，容器之间的最小间隙为 250mm，当提升高度和终端荷载很大时，提升容器之间的间隙可达 700mm

6.2.2.3 竖井断面的布置形式

竖井断面布置形式指竖井内的提升容器、罐道、罐梁、梯子间、管缆间、延深间等设施在井筒断面的平面布置方式。决定竖井断面布置方式的因素很多，如竖井的用途、提升容器数量和类型以及井内其他设施的类型和数量，都对竖井断面的布置有很大影响。所以，竖井断面布置方式变化较大，也比较灵活。这里只列举一些典型的布置形式（见表6-18和图6-17）和某些实例（见表6-19和图6-18）。

表6-18　竖井断面布置形式

竖井断面布置形式示意图	提升容器	竖 井 设 备	备　注
图6-17（a）	一对箕斗	金属罐道，罐道梁双侧布置，设梯子间或延深间	箕斗主井最常用形式
图6-17（b）	一对罐笼	金属罐道梁，双侧木罐道，设梯子间、管子间	罐笼副井常用形式
图6-17（c）	一对罐笼	金属罐梁，单侧钢轨罐道，设梯子间	罐笼副井常用形式
图6-17（d）	一对罐笼	金属罐道梁，木或金属罐道端面布置，设梯子间、管子间	
图6-17（e）	一对箕斗和一个带平衡的罐笼	箕斗提升为双侧金属罐道，罐笼提升为双侧钢轨罐道或双侧木罐道，平衡锤可用钢丝绳罐道	
图6-17（f）	一对箕斗和一对罐笼	箕斗提升为双侧金属罐道，罐笼提升为单侧钢轨罐道	

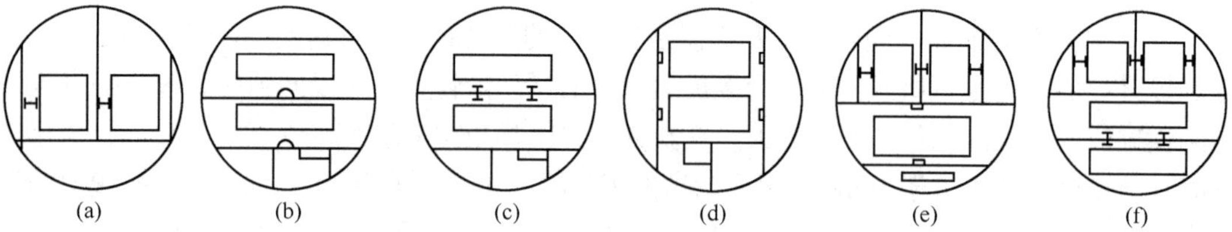

图6-17　竖井断面布置形式

表6-19　竖井断面布置实例

实例图	竖井尺寸/m	布 置 内 容		备　注
		提升容器	井筒装备	
图6-18（a）	4.94×2.7	单层单车双罐笼1080mm×1800mm	木井框、木罐道、木罐梁	罐梁层间距1.5m
图6-18（b）	4.0	一个5a型罐笼配平衡锤3200mm×1440mm×2385mm	双侧木罐道，27a槽钢罐梁金属梯子间	罐梁层间距2m
图6-18（c）	6.5	一个1t矿车双层四车加宽罐笼	悬臂罐梁树脂锚杆固定，球扁钢罐，端面布置，金属梯子间，设管缆间	用于井型1.8Mt/a的副井
图6-18（d）	6.5	两对12t箕斗多绳提升	两根22b组合罐梁，树脂锚杆固定，球扁钢罐道，端面布置	用于井型3.0Mt/a的主井
图6-18（e）	6.0	一对16t箕斗多绳提升	钢丝绳罐道，四角布置	用于井型1.8Mt/a的主井

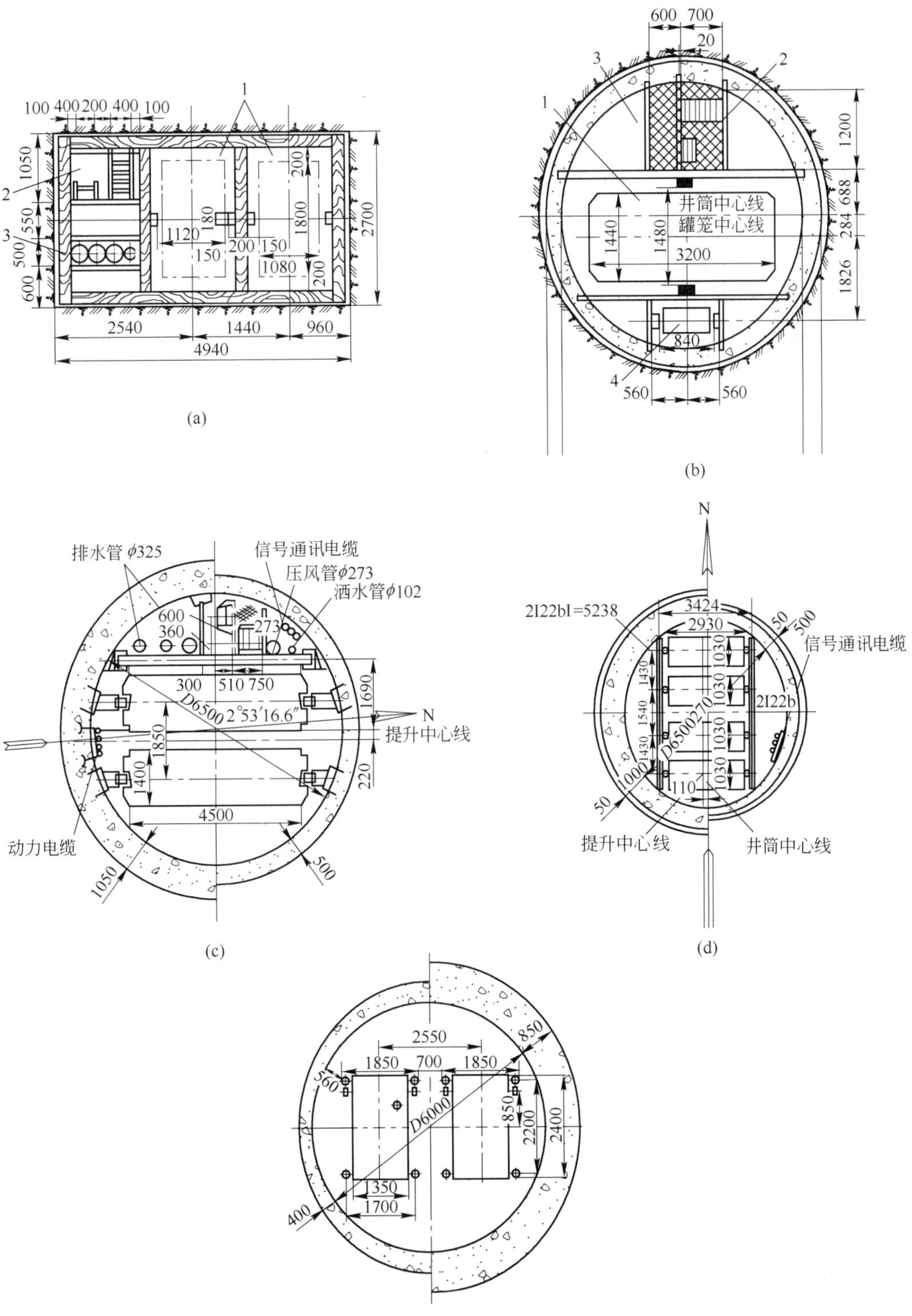

图 6-18 井筒断面布置实例

1—提升间；2—梯子间；3—管缆间；4—平衡锤间

6.2.2.4 竖井断面尺寸的确定

竖井断面尺寸的确定包括井筒净断面尺寸、支护材料及厚度、井壁壁座尺寸等。

A 井筒净断面尺寸的确定

净断面尺寸主要由以下步骤确定：

(1) 选择提升容器的类型、规格、数量；

(2) 选择井内其他设施；

(3) 计算井筒的近似直径；

(4) 按通风要求核算井筒断面尺寸。

下面以刚性罐道罐笼井为例，介绍竖井断面尺寸计算的步骤和方法。图 6-19 所示是一个普通罐笼井的断面布置及有关尺寸。图中各参数的计算如下：

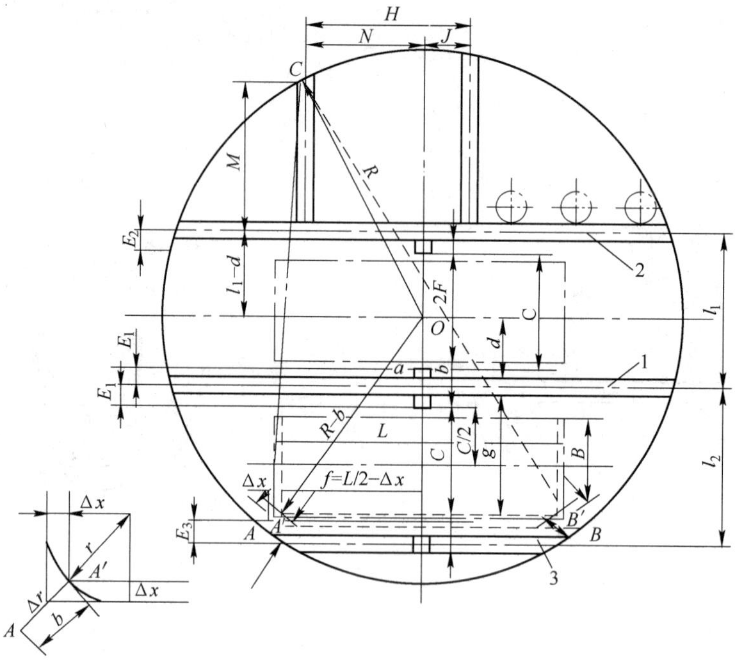

图 6-19 作图法确定井筒直径

(1) 罐道梁中心线的间距。

$$l_1 = C + E_1 + E_2$$

$$l_2 = C + E_1 + E_3$$

式中 l_1——1、2 号罐道梁中心线距离，mm；

l_2——1、3 号罐道梁中心线距离，mm；

C——两侧罐道间间距，mm；

E_1, E_2, E_3——1、2、3 号罐道梁与罐道连接部分尺寸，由初选的罐道、罐道梁类型及其连接部分尺寸决定，mm。

(2) 梯子间尺寸。梯子间尺寸 M、H、J 由以下方法确定：

$$M = 600 + 600 + s + a_2$$

式中 600—— 一个梯子孔的宽度，mm；

s——梯子孔边至 2 号罐梁的板壁厚度，一般木梯子间 $s = 77$mm；

a_2——2 号罐梁宽度之半，mm。

$$H = 2 \times (700 + 100) = 1600\text{mm}$$

式中 700——梯子孔长度，mm；

100——梯子梁宽度，mm。

如图 6-19 所示，左侧布置梯子间，右侧布置管缆间，一般取 $J = 300 \sim 400$mm，因此：

$$N = H - J = 1200 \sim 1300\text{mm}$$

（3）图解法求竖井近似直径。竖井断面的近似直径可用图解法或解析法求出。图解法比解析法简单，而且可以满足设计要求。其步骤如下：

1）用已求出的参数绘制梯子间和罐笼提升间的断面布置图。

2）由罐笼靠近井壁的两个拐角点 A' 和 B'，沿对角平分线方向即图中 R 方向，向外量距离 b（罐笼与井壁间的安全间隙），可得井壁上 A、B 两点。

3）由 A、B、C 三点可求出井筒的圆心 O 和半径 $R = OA = OC$，同时量取井筒中心线和 1 号罐道梁中心线间的间距 d。求出 R 和 d 后，以 0.2m 为进级，即可确定井筒的近似净直径。

（4）验算安全间隙 b 及梯子间尺寸 M，直到满足设计要求为止。

$$b = R - \sqrt{\left(d + E_1 + \frac{C}{2} + \frac{B}{2} - \Delta x\right)^2 + f^2} \geqslant 150$$

$$M = \sqrt{R^2 - N^2} - (l_1 - d) \geqslant 600 + 600 + s + a_2$$

式中 b——安全间隙，mm；

M——梯子间尺寸，mm；

f——罐笼纵轴中心线至罐笼端部距离，$f = L/2 - \Delta x$；

Δx——罐笼拐角收缩尺寸，$\Delta r = 0$ 时为直角，mm。

（5）风速校核。按上述方法确定的井筒直径，还需要用风速验算，如不满足要求，需加大井筒直径，直至满足风速要求为止。

$$v = \frac{Q}{S_0} \leqslant v_{允}$$

式中 v——通过井筒的风速，m/s；

Q——通过井筒的风量，m^3/s；

S_0——井筒有效通风断面积，m^2，$S_0 = 0.8S$；

S——井筒净断面积，m^2；

$v_{允}$——规定井巷允许通过的最大风速，见表 6-11。

（6）钢丝绳罐道竖井尺寸的确定方法与上述刚性罐道竖井断面尺寸的确定方法基本相同，但由于绳罐道的特点，应考虑以下几点：

1）为减少提升容器的摆动和扭转，罐道绳应尽量远离提升容器的回转中心，且对称于提升容器布置，一般设4根，井较深时可设6根，井较浅时可设3根或2根。

2）适当增大提升容器与井壁及其他装置间的间隙。

3）当提升容器间的间隙较小、井筒较深时，为防止提升容器间发生碰撞，应在两容器间设防撞钢丝绳。防撞绳一般为2根，提升任务繁重时可设4根。防撞绳子间距为提升容器长度的3/5～4/5。

4）对于单绳提升，绳罐道以对角布置为好；对于多绳提升，以单侧布置为好。单侧布置时容器运转平稳，且有利于增大两容器间的间隙。

B　井壁厚度的确定

影响井壁厚度的主要因素是地压，此外还要考虑井的形状、大小及井内和井口各种设备或建筑物施加到井壁的压力。通常采用工程类比法确定井壁厚度。

（1）整体混凝土井壁厚度。整体混凝土井壁厚度的计算当前还不完善，在实际选择时可参考表6-20。

表6-20　井壁厚度参考数据

井筒净直径/m	井壁支护厚度/mm		
	混凝土	混凝土砖	料　石
3.0～4.0	250	300	300
4.5～5.0	300	350	300
5.5～6.0	350	400	350
6.5～7.0	400	450	400
7.5～8.0	500	550	500

注：1. 本表适用于$f=4\sim6$。
2. 混凝土砖、料石砌碹时，壁后充填为100mm。
3. 混凝土标号采用150号。

（2）喷射混凝土井壁支护厚度。岩层稳定时，厚度可取50～100mm；地质条件稍差，岩层节理发育，但地压不大、岩层较稳定的地段，井壁厚度可取100～150mm；地质条件较差，岩层较破碎地段，应采用喷、锚、网联合支护，支护厚度100～150mm。在马头门处的喷射混凝土应适当加厚或加锚杆。

（3）验算。初选井壁厚度后，还要对井壁圆环的横向稳定性进行验算，如不能满足稳定性要求，就要调整井壁厚度。为了保证井壁的横向稳定性，对于混凝土井壁，要求横向长细比$L_0/h\leqslant24$（L_0为井壁圆环的横向换算长度，$L_0=1.814R$）；对于钢筋混凝土井壁，$L_0/h\leqslant30$。

井壁在均匀载荷下的横向稳定性K可按下式验算：

$$K=\frac{Ebh^3}{4R_0^3p(1-\mu)}\geqslant2.5$$

式中　E——井壁材料受压时的弹性模量，MPa；

b——井壁圆环计算高度，通常取100cm来计算；

h——井壁厚度，cm；

R_0——井壁截面中心至井筒中心的距离，cm；

p——井壁单位面积上所受侧压力值，MPa；

μ——井壁材料的泊松系数，对混凝土取 $\mu=0.15$。

C 井壁壁座

井壁壁座是加强井壁强度的措施之一。在井壁的上部、厚表土层的下部、马头门上部等部位，一般都设有井壁壁座，以加强井壁的支承能力。壁座有两种形式，即单锥形壁座和双锥形壁座，如图6-20所示。双锥形壁座承载能力大，适合于井壁载荷较大的部位；单锥形壁座承载能力较小，适用于较坚硬的岩层中。壁座的尺寸可根据实践经验确定。一般壁座高度不小于壁厚的2.5倍，宽度不小于壁厚的1.5倍。通常壁高度 $h=1\sim1.5$m，宽度 $b=0.4\sim1.2$m，圆锥角 $\alpha=40°$左右。双锥形壁座的 β 角必须小于壁座与围岩间的静摩擦角 $\varphi=20°\sim30°$，以保证壁座不至向井内滑动。

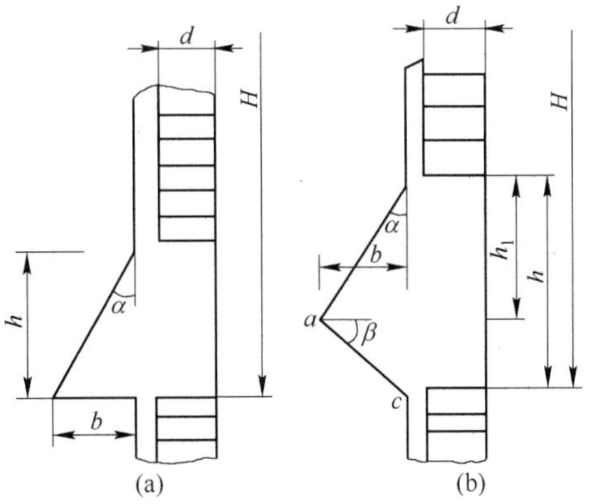

图6-20 壁座形式

（a）单锥形；（b）双锥形

6.2.2.5 绘制井筒施工图并编制井筒工程量及材料消耗量表

井筒净直径、井壁结构和厚度确定后，即可计算井筒掘砌工程量和材料消耗量，并汇总成表，见表6-21。

表6-21 井筒工程量及材料消耗量

工程名称	断面/m²		长度/m	掘进体积/m³	材料消耗			
					混凝土/m³	钢材/t		
	净	掘进				井壁结构	井筒装备	合计
冻结层			108	6264.5	2689	97.2	66	163.2
壁座	33.2	58.1	2.0	159.3	93	1.35	1.14	2.49
基岩段			233.5	10321	2569		139.6	139.6
壁座	33.2	44.2	2.0	132.3	66	1.16	1.14	2.30
合计			345.5	16877.1	5417	99.71	207.88	307.59

6.3 斜井设计

6.3.1 斜井井筒断面布置

斜井井筒断面形状和支护形式的选择与平巷基本相同，但斜井是矿井的主要出口，服务年限长，因此斜井断面形状多采用拱形断面，用混凝土支护或喷锚支护。

斜井井筒断面布置，系指轨道（运输机）、人行道、水沟和管线等的相对位置。其布置原则，除与平巷相同之外，还应考虑以下各点：

（1）井筒内提升设备之间及设备与管路、电缆、侧壁之间的间隙，必须保证提升的安全，同时还应考虑升降最大设备的可能性。

（2）应有利于生产期间井筒的维护、检修、清扫及人员通行的安全与方便。

（3）在提升容器发生掉道或跑车时，对井内的各种管线或其他设备的破坏应减到最低限度。

（4）串车斜井一般为进风井（个别也有作回风井的），井筒断面要满足通风要求。

设计斜井断面时，按提升类型分串车斜井、箕斗斜井和胶带机斜井三种情况进行设计。

6.3.1.1 串车斜井井筒断面布置

通常断面内有轨道、人行道、管路和水沟等。无论是单线还是双线，人行道、管路和水沟的相对位置都分为以下四种方式，如图6-21所示。

（1）管路和水沟布置在人行道一侧（见图6-21a）。此种布置方式，管路距轨道稍远些，万一发生跑车或掉道事故，管路不易砸坏，而且管路架在水沟上，断面利用较好。其缺点是出入躲避硐因管路妨碍，不够安全和方便。

（2）管路和水沟布置在非人行道一侧（见图6-21b）。这种情况下管路靠近轨道，容易被跑车或掉道车所砸坏，但出入躲避硐安全方便。

（3）管路和水沟分开布置，管路设在人行道侧（见图6-21c）。它与图6-21（a）所示形式相似，需加大非人行道侧宽度用以布置水沟。

（4）管路与水沟分开布置，管路设在非人行道一侧（见图6-21d）。它与图6-21（b）所示形式相似，但人行道侧宽度应适当加宽。

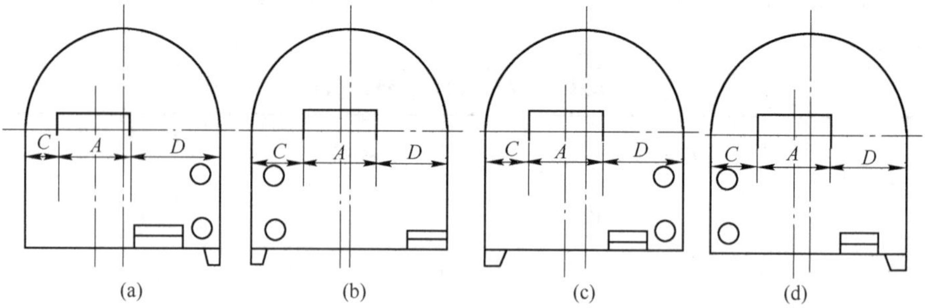

图6-21 串车斜井井筒断面布置方式

A—矿车宽度；*C*—非人行道侧宽度；*D*—人行道侧宽度

考虑到可能需要扩大生产和输送大型设备，现场常采用后两种布置方式，其缺点是工程量有所增大。

串车斜井难免发生掉道或跑车事故，故设计时应尽量不将管路和电缆设在串车提升的井筒中，尤其是提升频繁的主井，更应避免。近年来，有些矿山利用钻孔将管路和电缆直接引到井下。

当斜井内不设管路时，断面布置与上述基本相似，水沟可布置在任何一侧，但多数设在非人行道侧。

6.3.1.2 箕斗斜井井筒断面布置

箕斗斜井为出矿通道，一般不设管路（洒水管除外）和电缆，因而断面布置很简单，通常将人行道与水沟设于同侧。故其断面尺寸主要以箕斗的合理布置（尺寸）为主要依据。斜井箕斗规格见表6-22。

表6-22 金属矿斜井箕斗主要尺寸

箕斗容积 /m^3	最大载重 /kg	外形尺寸/mm			适用倾角 /(°)	最大牵引力 /kN	轨距 /mm	卸载方式	自重 /kg
		长	宽	高					
1.5	3190	4525	1714	1280	20		900	前卸	1840
2.5		3968	1406	1280	30~35	65.7	1100	后卸	2900
3.5	6000	3870	1040	1400	20~40	73.5	1200	后卸	4050
3.74	7050	6130	1550	1740			1200	前卸	3200

6.3.1.3 胶带机斜井井筒断面布置

在胶带机斜井中，为便于检修胶带机及井内其他设施，井筒内除设胶带机外，还设有人行道和检修道。按照胶带机、人行道和检修道的相对位置，胶带机斜井井筒断面布置有三种方式（见图6-22）。

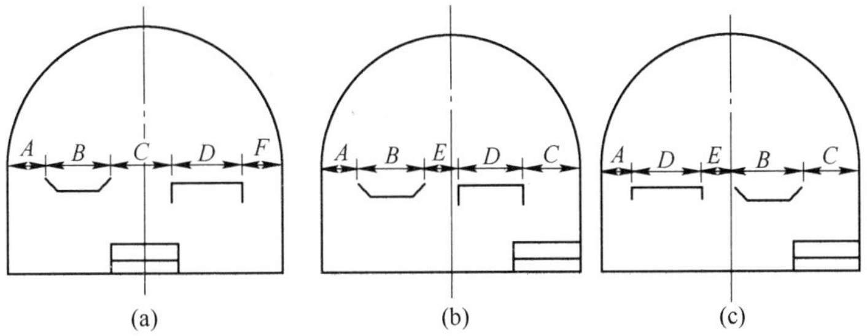

图6-22 胶带机斜井井筒断面布置形式

（a）人行道在中部；（b）检修道在中部；（c）胶带机在中部

A，*F*—提升设备至井帮的距离；*B*—胶带机宽度；*C*—人行道宽度；

D—矿车宽度；*E*—人行道在边侧时两提升设备的间距

我国当前多采用图6-22（a）的形式，它的优点是检修胶带机和轨道、装卸设备以及清扫撒矿都较方便。

6.3.2 斜井断面尺寸确定

斜井断面尺寸主要根据井筒提升设备、管路和水沟的布置以及通风等需要来确定。

（1）非人行道侧提升设备与支架之间的间隙应不小于300mm，如将水沟和管路设在非人行道侧，其宽度还要相应增加。

（2）双钩串车提升时，两设备之间的间隙应不小于300mm。

（3）人行道的宽度不小于700mm，同时应修筑躲避硐。如果管路设在人行道侧，要相应增大其宽度。

（4）运输物料的斜井兼主要行人时，人行道的有效宽度不小于1.2m，人行道的垂直高度不小于1.8m，车道与人行道之间应设置坚固的隔墙。

（5）提人车的斜井井筒中，在上下人车停车处应设置站台。站台宽度不小于1.0m，长度不小于一组人车总长的1.5~2.5倍。

（6）提升设备的宽度应按设备最大宽度考虑，故设人车的井筒应按人车宽度决定。

在斜井井筒断面布置形式及上述尺寸确定后，就可以按平巷断面尺寸确定的方法来确定斜井断面尺寸。

6.3.3 斜井井筒内设施

根据斜井井筒用途和生产的要求，通常在井筒内设有轨道、水沟、人行道、躲避硐，管路和电缆等。由于斜井具有一定的倾角，因而轨道、人行道、水沟等的敷设均与平巷有别。

（1）水沟。斜井水沟坡度与斜井倾角相同，断面尺寸参照平巷水沟断面尺寸选取。通常它比平巷水沟断面小得多，但水沟内水流速度很大，因此斜井水沟一般都用混凝土浇灌。若服务年限很短，围岩较好，井筒基本无涌水，也可不设水沟。

斜井水沟除有纵向水沟外，在含水层下方、胶带机斜井的接头硐室下方以及井底车场与井筒连接处附近，应设横向水沟。总之斜井整个底板不允许作为矿井排水的通道，相反，斜井中的水应逐段截住，引往矿井排水系统内。

（2）人行道。斜井人行道与平巷不同，通常按斜井倾角大小的需要，设置人行台阶与扶手。台阶踏步尺寸可按表6-23选取。一般倾角在30°左右时，需要设置扶手。扶手材料常用钢管或塑料管制作，位置应选在人行道一侧，距斜井井帮80～100mm，距轨道道砟面垂高900mm左右。

表6-23 斜井台阶尺寸

斜井坡度/(°)	16	20	25	30
台阶高度(R)/mm	120	140	160	180
台阶宽度(T)/mm	420	385	340	310
台阶横向长度/mm	600	600	600	600

有的斜井井筒利用水沟盖板作为人行台阶，既可使井筒断面布置紧凑，减少井筒工程量，又节省材料。利用水沟盖板作台阶有两种方式，如图6-23所示。图6-23（a）方式施工简单，台阶稳定，效果较好，但混凝土消耗量多；图6-23（b）方式混凝土消耗量较少，但施工较复杂，预制盖板易活动。

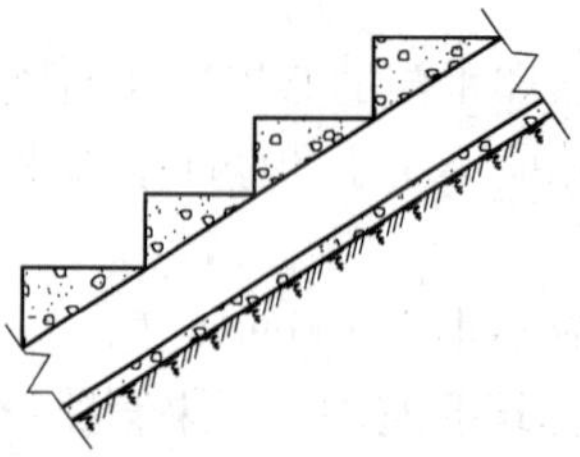

(a)

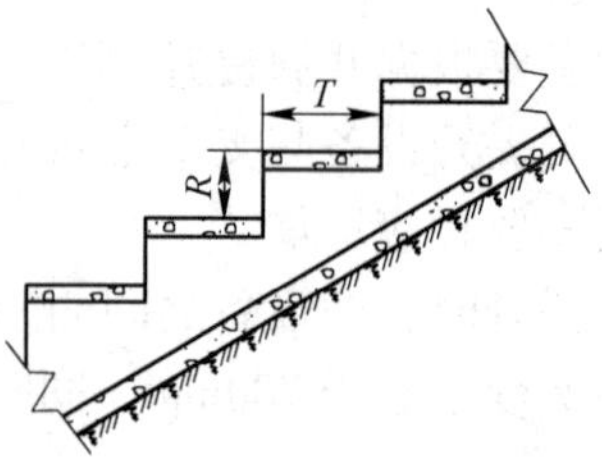

(b)

图6-23 斜井行人台阶

（a）预制台阶斜盖板；（b）预制台阶平盖板

（3）躲避硐。在串车或箕斗提升时，按规定井内不准行人。但在生产实践中，又必须有检修人员插空（提升间隙）检查、维修。为保证检修人员安全，又不影响生产，只好在斜井井筒内每隔一段距离设置躲避硐。

一般躲避硐间隔距离为 30 ~ 50m，硐室的规格可采用宽 1.0 ~ 1.5m、高 1.6 ~ 1.8m、深 1.0 ~ 1.2m，位置设于人行道一侧，以便人员出入方便。

（4）管路和电缆敷放。电缆和管路通常设计在副斜井井筒内，主要原因一是检修方便；二是副井比主井提升频率低，安全因素相对要大，对生产影响要小。电缆和管路的铺设要求与平巷相同。

当斜井倾角小、长度大时，为节省电缆和管路，有的矿井采用垂直钻孔直接送至井下。这时应对地面厂房、管线等做出相应的全面规划。

（5）轨道铺设。斜井轨道铺设的突出特点是要考虑防滑措施。这是因为矿车或箕斗运行时，迫使轨道沿倾斜方向产生很大的下滑力，其大小与提升速度、提升量、道床结构、线路质量、底板岩石性质、井内涌水和斜井倾角等密切相关，其中主要因素是斜井倾角。通常当倾角大于20°时，轨道必须采取防滑措施，其实质是设法将钢轨固定在斜井底板上。最常见的方法是每隔 30 ~ 50m，在井筒底板上设一混凝土防滑底梁，或用其他方式的固定装置将轨道固定，以达到防滑目的，如图 6-24 ~ 图 6-26 所示。

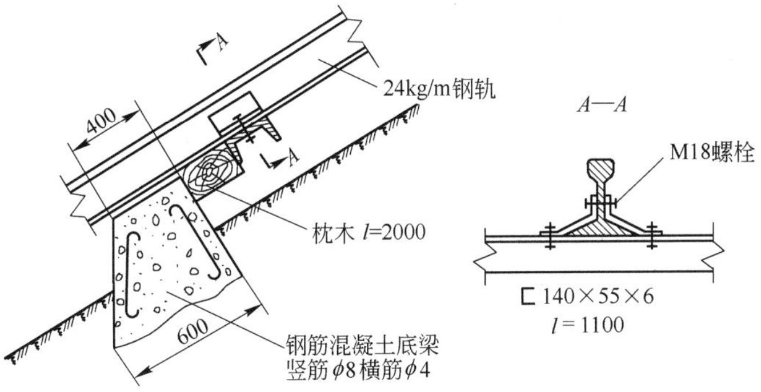

图 6-24　底梁固定枕木法

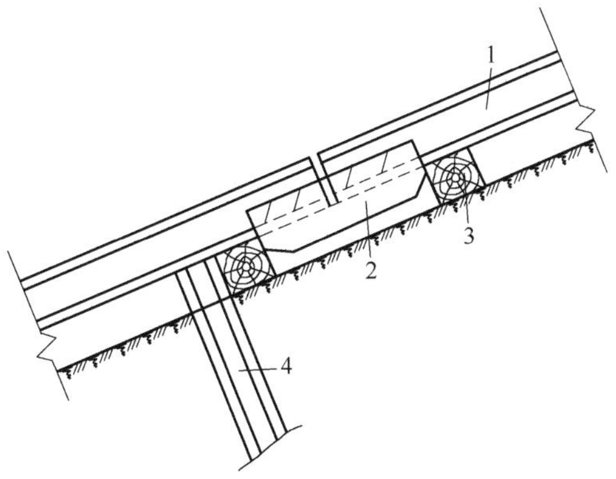

图 6-25　钢轨固定枕木法

1，4—钢轨；2—特制鱼尾板；3—枕木

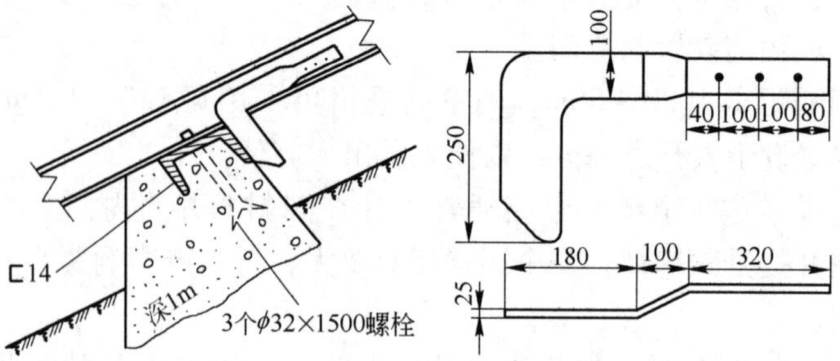

图 6-26 固定轨道法

复习思考题

6-1 平巷断面设计需要确定的主要参数有哪些？

6-2 平巷设计参数确定的基本原则是什么？

6-3 三心拱与圆弧拱的区别是什么？

6-4 竖井断面设计需要确定的主要参数有哪些？

6-5 斜井断面设计需要确定的主要参数有哪些？

7 平巷及硐室施工

7.1 平巷施工

金属矿山大多采用凿岩爆破法进行巷道掘进。施工的主要工序有凿岩、爆破、装岩和支护，辅助工序有撬浮石、通风、铺轨、接长管线等。

7.1.1 凿岩工作

前已述及，气腿式凿岩机（YT-23 型等）便于组织多台凿岩机凿岩，易于实现凿岩与装岩平行作业，具有机动性强、辅助时间短、利于组织快速施工等优点，所以现场广为使用。

巷道掘进中，凿岩工作占用的时间较长。为了缩短凿岩时间，采用多台凿岩机同时作业是行之有效的措施，特别是在坚硬岩层中掘进时，效果尤为显著。

工作面同时作业的凿岩机台数，主要取决于岩石性质、巷道断面大小、施工速度、工人技术水平以及压风供应能力和整个掘进循环中劳动力平衡等因素。当用气腿式凿岩机组织快速施工时，一般用多台凿岩机同时作业。凿岩机台数可按巷道宽度确定，一般每 0.5 ~ 0.7m 宽配备一台。

凿岩台车可以配用高效率凿岩机，能够保证钻眼质量，提高凿岩效率，减轻劳动强度，实现凿岩工作机械化，适合钻较深的炮眼，故已在金属矿山推广使用。但它不如气腿式凿岩机灵活、方便，辅助作业时间也较长。

7.1.2 爆破工作

7.1.2.1 炮眼深度的确定

炮眼深度是指眼底到工作面的平均垂直距离。它是一个很重要的参数，直接与成巷速度、巷道成本等指标有关。炮眼深度主要依据巷道断面、岩石性质、凿岩机具类型、装药结构、劳动组织及作业循环而定。

一般说来，炮眼加深可以使每个循环进尺增加，相对地减少了辅助作业时间，爆破材料的单位消耗量也可相应降低；但炮眼太深时，凿岩速度就会明显降低，而且爆破后岩石块度不均匀，装岩时间拖长，反而使掘进速度降低。从我国一些矿山的具体情况看，采用气腿式凿岩机时，炮眼深度一般为 1.8 ~ 2.0m；采用凿岩台车时，炮眼深度一般为 2.2 ~ 3.0m 较为合适。

此外炮眼深度也可根据月进度计划和预定的循环时间进行估算。

7.1.2.2 炮眼直径

炮眼直径应和药卷直径相适应，炮眼直径小了，装药困难；而过大的炮眼直径，将使药卷与炮眼内空隙过大，影响爆破效果。目前我国普遍采用的药卷直径为 32mm 和 35mm

两种，而钎头直径一般为 38 ~42mm。

7.1.2.3 炸药消耗量

由于岩层多变，单位炸药消耗量目前尚不能用理论公式精确计算，一般按《矿山井巷工程预算定额》和实际经验选取。

7.1.2.4 炮眼数目

炮眼数目直接决定每个循环的凿岩时间，在一定程度上又影响爆破效果。实践证明，炮眼过多，在炸药量一定的条件下，每个炮眼的装药量减少，炸药过分集中于眼底，爆落岩块不均匀，将给装岩工作造成困难；炮眼过少，炮眼利用率会降低，崩落岩石少，崩出的巷道设计轮廓不规整。

一般先根据岩石性质、巷道断面面积、掏槽方式、爆破材料种类等因素作出炮眼布置图，经过实践最后确定合适的炮眼数目，如图 7-1 所示。

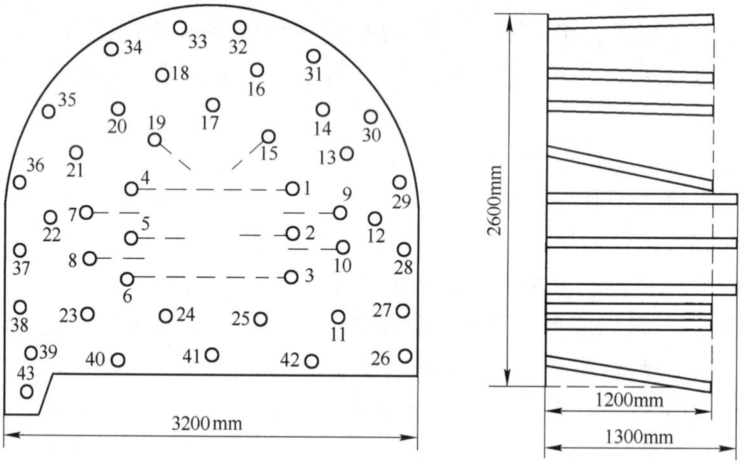

图 7-1 炮眼排列

7.1.3 岩石的装载

工作面爆破并经通风将炮烟排除后，即进行装运岩石的工作。

在巷道掘进中，岩石的装载与转运工作是最繁重最费时的工序，在一般情况下，占掘进循环时间的 35% ~50%。因此，不断研究和改进装岩与转运工作，对提高劳动生产率、加快掘进速度、改善劳动条件以及获得较好的经济效益有重要意义。

目前，国内已经生产了适应于不同条件的各种类型装岩和转运设备，并且正在逐步予以完善、配套，可以组成各种类型的装岩、转运机械化作业线。

7.1.3.1 铲斗后卸式装岩机

华-1 型装岩机（见图 7-2）工作过程为装岩机沿轨道将铲斗插入岩堆，装满后后退，并同时提起铲斗把矸石往后翻卸入矿车，或通过胶带转载机再转入矿车，即完成一次装岩动作。随着装岩工作向前推进，必须延伸轨道。

爆破后，工作面总要离开轨道端部一定距离，但往往不够铺设一节标准轨的长度。为使铲斗装岩机尽量接近工作面装岩，可以使用短道和爬道，把轨道延伸到工作面附近。

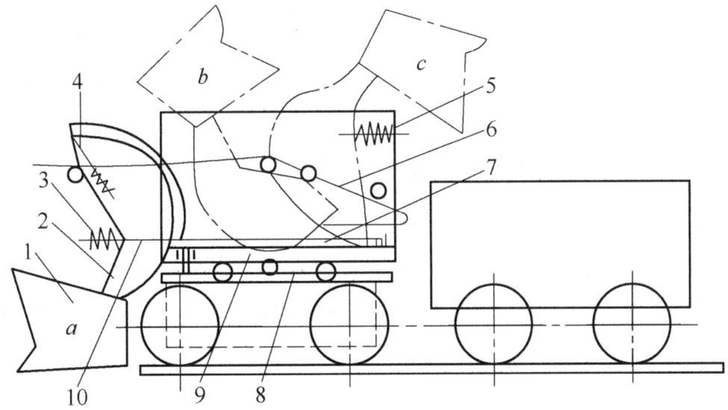

图 7-2 华-1 型装岩机的构造

1—铲斗；2—斗柄；3—弹簧；4，10—稳绳；5—缓冲弹簧；
6—提升链条；7—导轨；8—回转底盘；9—回转台

临时短道如图 7-3 所示。短道的长度应与循环进尺相适应，一般为 2m 左右。当几节短道的总长度够一节标准钢轨长度时，便可卸除临时短道，改铺标准钢轨。

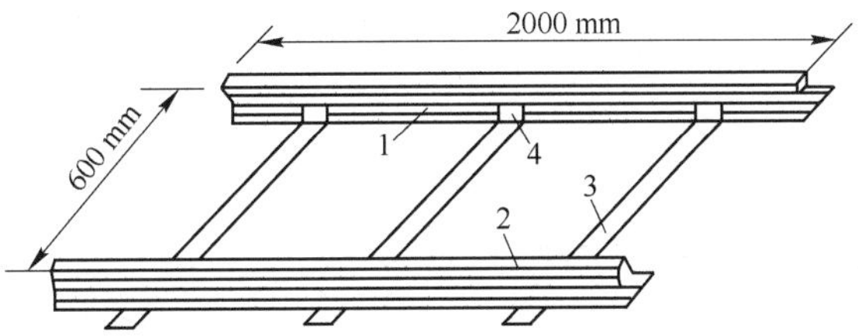

图 7-3 临时短道

1—活轨；2—固定轨；3—轨道连接板；4—压板

爬道的构造如图 7-4 所示。爬道由角钢和扁钢焊接而成。当装岩机接近工作面时，便可使短道前端扣上爬道，爬道后端用枕木垫起，使爬道尖端稍微向下扎，以便易于顶入岩堆，然后用装岩机的碰头冲顶爬道，如图 7-5 所示。爬道被顶入一段长度后，即可抽出所垫枕木，装岩机便可行驶在爬道上进行装岩。若再露出爬道尖端，还可再次顶入，以便继续装岩。

这类装岩机使用灵活，行走方便，尤其是它的结构紧凑，体积小，有利于与其他通用运输机械配套使用。

它的不足之处是卸载为抛掷方式，扬起粉尘较多，生产能力较低，且必须在轨道上行驶，装载宽度受限制。

铲斗后卸式装岩机在我国使用最早，目前使用仍然较多，已积累了丰富的使用经验。在发展其他类型装岩机的同时，应进一步改造和用好这类装岩机。

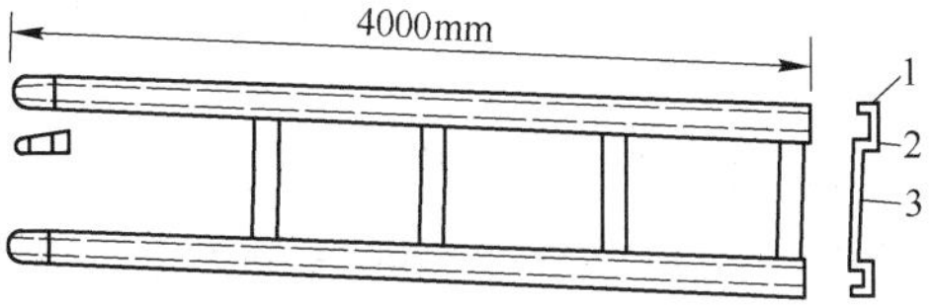

图 7-4 爬道

1—扁钢；2—角钢；3—连接板

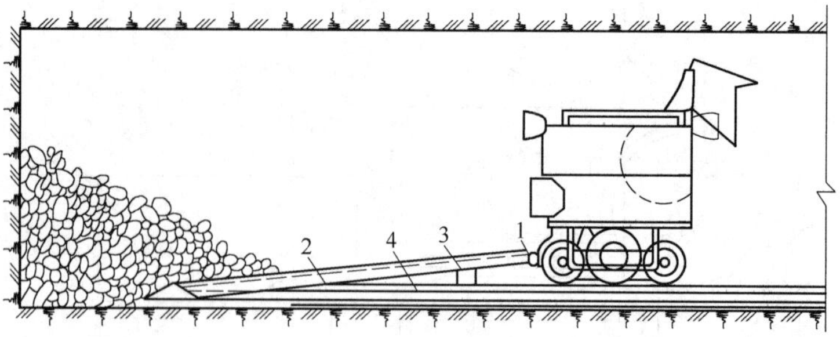

图 7-5 装岩机顶爬道

1—装岩机碰头；2—爬道；3—垫木；4—临时短道

7.1.3.2 蟹爪式装岩机

这类装岩机一般为电力驱动，液压控制，履带行走，其主要特点是装岩工作连续，如图 7-6 所示。

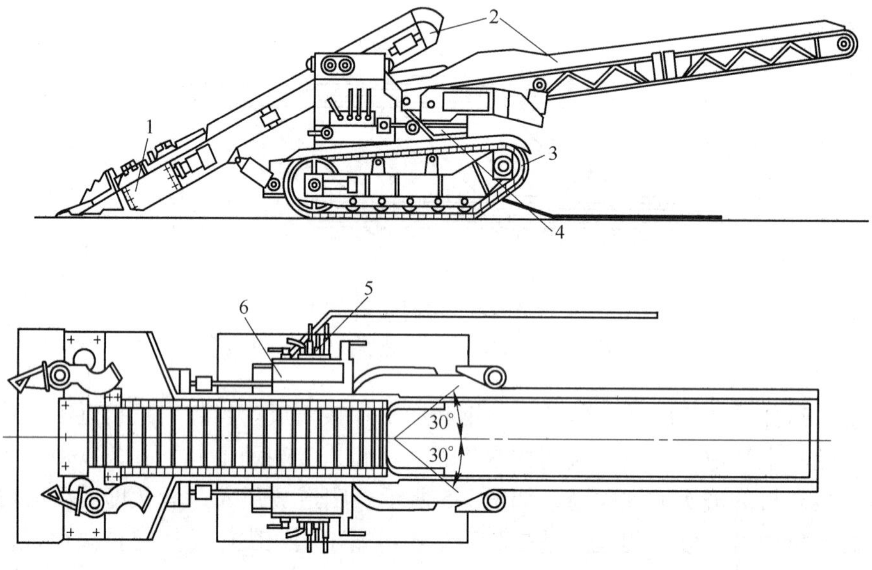

图 7-6 ZS-60 型蟹爪式装岩机

1—扒装机构（机头）；2—运输机（刮板运输机及皮带运输机）；3—行走机构；4—回转台；5—液压系统；6—电器系统

装岩时，整个装岩机低速前进，使装岩台（铲板）插入岩堆，在两个蟹爪的连续交替耙动下，将岩石耙到转载的运输机上，由它转运到后部卸入运输设备中。

这种装岩机生产能力大，作业连续，产生粉尘少，装岩宽度不受限制，辅助工程小，易于组织机械化作业线。我国著名的马万水掘进队于 1977 年使用蟹爪式装岩机作业线，创造了独头岩巷月掘进超千米的好成绩。

7.1.3.3 立爪-蟹爪式装岩机

蟹爪式装岩机装岩时，铲板必须插入岩堆，难免会发生岩堆塌落压住蟹爪的现象。此时必须将装岩机退出，再次前进插入岩堆装岩。此外，为清除工作面两帮岩石，装岩机需多次移动机身位置，因而会降低装岩机生产率，特别是当底眼爆破效果不好时，会给蟹爪式装岩机的推进带来困难。而立爪-蟹爪式装岩机（见图7-7）是以蟹爪为主、立爪为辅，综合了两种装岩机的优点，有较高的生产能力。

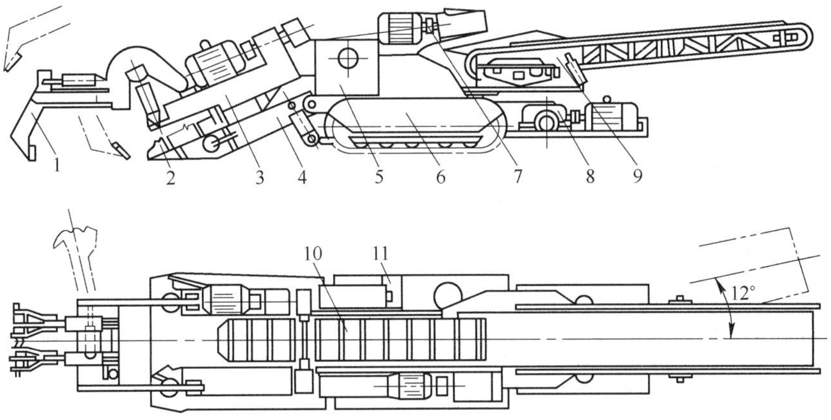

图7-7 LBZ-150型立爪-蟹爪式装岩机

1—立爪；2—蟹爪；3—立爪驱动装置；4—蟹爪驱动装置；5—履带驱动装置；
6—行走机构；7—刮板驱动装置；8—皮带驱动装置；
9—皮带运输机；10—刮板；11—操纵台

装岩时，先开动机器前进，将铲板插入岩堆，立爪扒取巷道前方或两侧的岩石，配合蟹爪连续不断地把岩石扒入链板输送机，经胶带输送机送入矿车。

合理选择装岩机的因素很多，主要应考虑巷道断面大小、装岩机的适应能力和装岩生产率、货源情况、造价以及设备配套能力等。

目前，国内使用较多的装岩机仍然是以铲斗后卸式装岩机为主。侧卸式、蟹爪式等装岩机正在不断发展和完善。在实际工作中，应考虑上述因素，并结合工程具体条件选用。

7.1.4 巷道支护

巷道支护是采矿工作的重要环节，巷道稳定与否关系到采矿工作能否顺利进行。常用的支护方法有棚式支护、整体混凝土支护、锚杆支护、喷射混凝土支护。

7.1.4.1 支护材料

(1) 木材。作为矿井支架的木材称为坑木。常用的坑木有松木、杉木、桦木、榆木和柞木，以松木用得最多。

木材具有纹理，因此木材的强度在不同方向相差很大，顺纹抗拉强度远大于横纹抗拉强度，顺纹抗压强度也远大于横纹抗压强度。

在实际使用时应将木材经防腐处理，以提高坑木的服务年限，从而节省坑木用量。

随着国民经济的发展，木材需用量日益增加。在矿井支护中节约坑木和采用坑木代用品，有着重要的意义。

（2）金属材料。金属材料强度大，可支撑较大的地压；使用期长，可多次复用；安装容易；耐火性强；必要时也可制成可缩性结构；虽然初期投资大些，但可回收，算总成本还是经济的。常用的金属材料有工字钢、角钢、槽钢、轻便钢轨、矿用工字钢及矿用特殊型钢等。

（3）水泥。水泥是水硬性胶凝材料，它除能在空气中硬化和保持强度外，还能在水中硬化，并长期保持和继续增长其强度。应用最普遍的是普通硅酸盐水泥（简称普通水泥），其次是矿渣硅酸盐水泥（简称矿渣水泥）及火山灰质硅酸盐水泥（简称火山灰水泥）。

（4）混凝土。混凝土是由水泥、砂子、石子和水所组成的。其中砂、石称为骨料，占混凝土总体积的70%～80%，主要起骨架作用并能减少胶结材料的干缩；水泥和水拌和成水泥浆包裹骨料表面并填充其空隙，使新拌混凝土具有和易性，利于施工。水泥浆硬化后，则将骨料胶结成一个坚实的整体。

混凝土具有抗压强度大、耐久、防火、阻水，可浇灌成任意形状的优点，所用的砂石可以就地取材；但也存在着抗拉强度低、受拉时变形能力小、容易开裂、自重大等缺点。

由于混凝土具有上述各种优点，因此它是一种重要的建筑材料，也是一种重要的矿井支护材料。

7.1.4.2 临时支护

临时支护的形式较多，为了节省坑木和提高效率，经常采用的有金属临时支架和喷锚临时支护等。

（1）金属拱形支护。采用石材、混凝土整体式支架的巷道，多在掘进后先架设临时支架，以防止掘进与砌碹之间这一段距离的顶、帮岩石的垮落。临时支架多采用金属拱形支架，它用的材料以15～18kg/m的钢轨或其他型钢制作，支架间距一般为0.8～1.0m。

金属拱形临时支架分为无腿的和带腿的两种。

金属拱形无腿临时支架常用的形式如图7-8所示。架设时首先在巷道两侧拱基线上方凿两个托钩眼，并安上托钩或钢轨橛子，架设拱梁，铺设背板，最后在两个拱梁之间安设拉钩和顶柱，使其成为一个整体。

这种支架适用于岩层中等稳定、没有侧压的拱形巷道中。

带腿的金属拱形临时支架（见图7-9），是在无腿拱梁上再加装可拆装的棚腿。这种支架多用在围岩压力较大，顶、帮围岩均不稳定的巷道中。

（2）喷锚支护。凡有条件的巷道，都应优先选用喷锚临时支护（见图7-10）。这种临时支护在爆破后应紧跟迎头，及时封闭围岩，防止岩石松动和垮落。其施工方法简单易行，便于实现机械化，且安全可靠，既是临时支护，又可以作为永久支护的一部分。

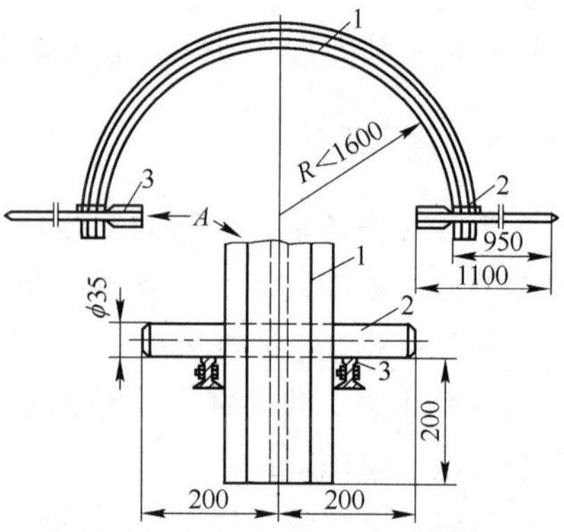

图7-8 无腿金属拱形临时支架

1—钢轨拱梁；2—托梁；3—钢轨橛子

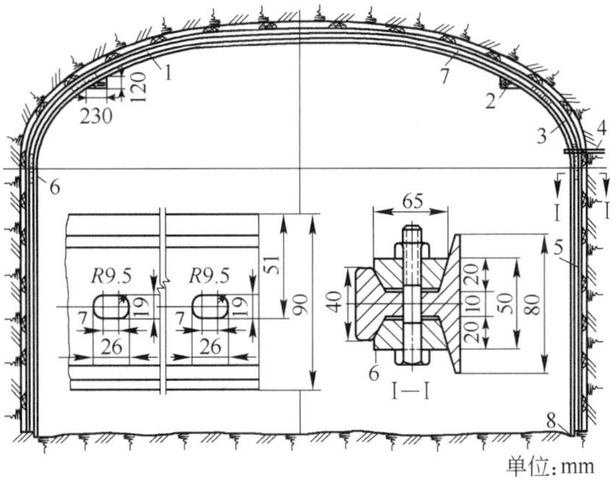

图 7-9 带腿金属拱形临时支架

1—拱梁；2—顶托；3—拱肩；4—铁道橛子；5—棚腿；6—连接板；7—拉杆；8—棚腿垫板

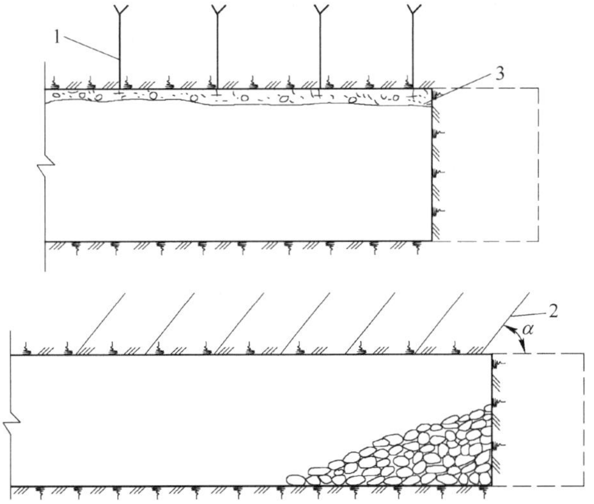

图 7-10 喷锚临时支护

1—锚杆；2—超前锚杆；3—喷射混凝土或喷砂浆；α—锚杆倾角

7.1.4.3 永久支护

A 棚子式支护

棚式支架，简称棚子，有木支架、金属支架和装配式钢筋混凝土预制支架。棚式支架都是间隔式的，不能防止围岩风化。

a 木支架（木棚子）

木支架所用的材料称为坑木，直径一般为 6～22cm。巷道中常用的木支架多是梯形棚子，其结构如图 7-11 所示，由顶梁、棚腿以及背板、木楔等组成。

顶梁是木棚子支撑顶板压力的受弯构件。棚腿是顶梁的支点，棚腿与底板的夹角一般为 80°，并应插到坚实的底板岩石上。顶梁和棚腿通常用亲口接头，接头要求吻合紧密，

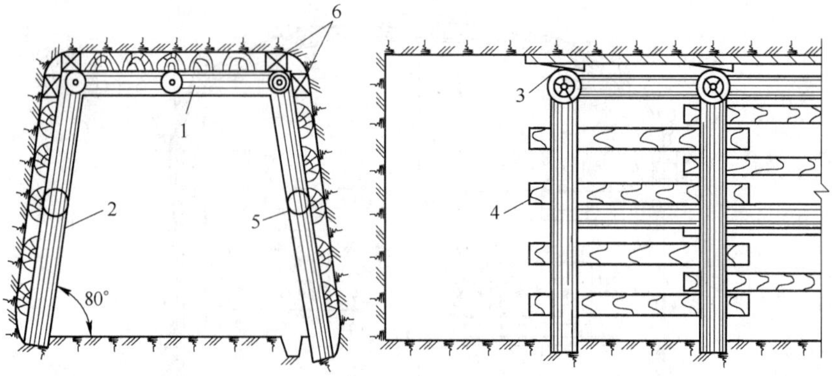

图 7-11　木支架
1—顶梁；2—棚腿；3—木楔；4—背板；5—撑柱；6—角楔

安装时应用 4 个角楔在梁、腿接口处与顶、帮围岩之间楔紧。

每架棚子架好后，其平面应和巷道的纵轴相垂直。为了增加各架棚子的稳定性，棚子间可以打上小圆木或方木制作的撑柱或钉上拉条。

木支架一般可用于地压不大、巷道服务年限不长、断面较小的采区巷道里，有时也用作巷道掘进中的临时支架。

木支架重量轻，具有一定的强度，加工容易，架设方便，特别适应于多变的地下条件，构造上可以做成有一定刚性的，也可以做成有较大可缩性的。当地压突然增大时，木支架还能发出声响信号。所以在采矿工程中用得最早，过去也用得最广泛。其缺点是：强度有限，不能防火，容易腐朽，使用年限短，且不能阻水和防止围岩风化。

b　金属支架（金属棚子）

金属支架强度高、体积小，坚固、耐久、防火，在构造上可以制成各种形状的构件，虽然初期投资大，但巷道维修工作量小，并可以回收复用。所以金属支架是一种优良的坑木代用品。

金属支架常用 18 ~ 24kg/m 钢轨或 16 ~ 20 号工字钢制作。它也是由两腿一梁构成金属棚子，如图 7-12 所示。梁腿连接要求牢固、简单，拆装方便。如图 7-12（b）所示的接头比较简单、方便，但不够牢固，支架稳定性差；如图 7-12（a）和图 7-12（c）所示的接头比较牢固，但拆卸不大方便。棚腿的下端应焊一块钢板或穿有特制的“柱鞋”，以增加承压面积，防止棚腿陷入巷道底板。有时还可以在棚腿下加设垫木，尤其在松软地层中更应如此。

这种支架通常用在回采巷道中，在断面较大、地压较严重的其他巷道也可使用，但在有酸性水的情况下应避免使用。

由于轻型钢轨容易获得，所以有的矿山用它制作金属支架，但因钢轨不是结构钢材，就其材料本身受力而言，这种用法是不合理的，但可以修旧利废。制作金属支架比较理想的材料是矿用工字钢和 U 型钢。

矿用工字钢设计合理，受力性能好，它的几何形状适合作金属支架。U 型钢也是一种矿用特殊型钢，适宜制作可缩性金属拱形支架，如图 7-13 所示。

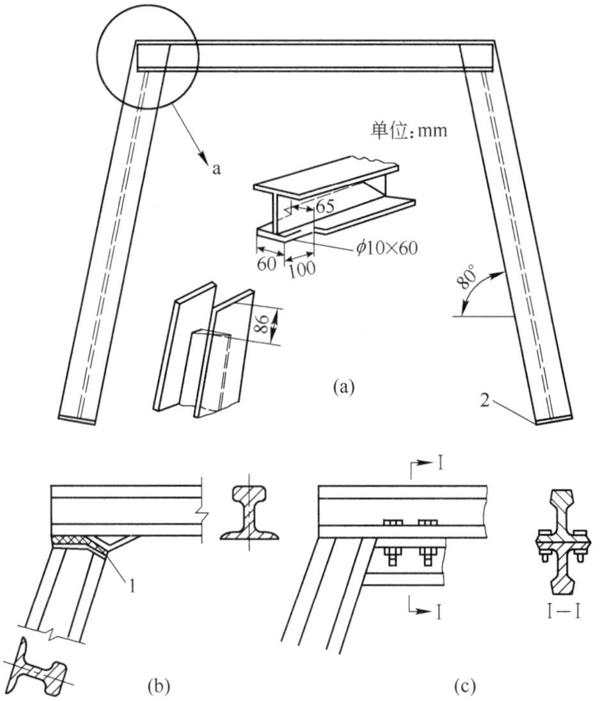

图 7-12 金属支架的构造

1—木垫板；2—钢垫板

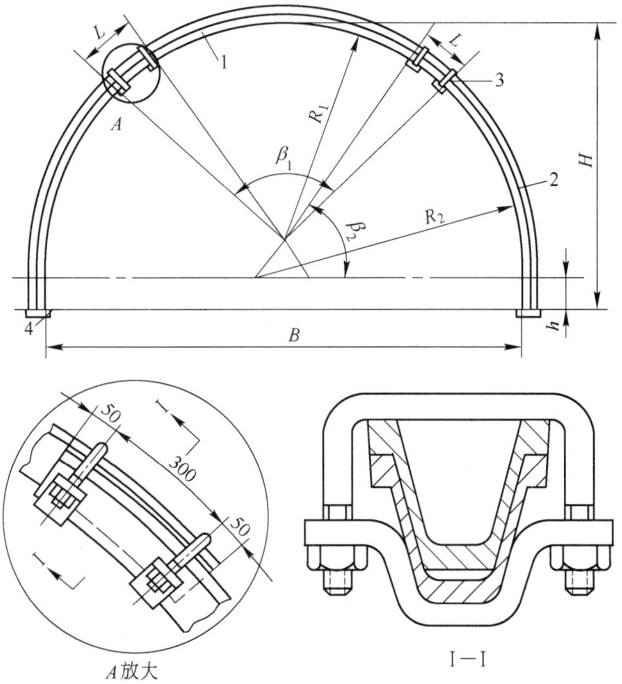

图 7-13 可缩性金属拱形支架

1—拱梁；2—柱腿；3—卡箍；4—垫板

可缩性金属拱形支架由三个基本构件组成：一根曲率为 R_1 的弧形拱梁和两根上端带曲率为 R_2 的柱腿。弧形拱梁的两端插入和搭接在柱腿的弯曲部分上，组成了一个三心拱。梁腿搭接长度 L 为 300～400mm，该处用两个卡箍固定。柱腿下部焊有 180mm × 150mm × 10mm 的钢板作为地板。支架的可缩性用卡箍的松紧程度来调节和控制。当地压达到某一定限度后，搭接部分相对滑移，支架收缩，从而缓和了支架承受的压力。为了加强支架沿巷道轴线方向的稳定性，棚子与棚子之间应用金属拉杆借助螺栓、夹板等互相紧紧拉住，或打入撑柱撑紧。

可缩性金属拱形支架适用于地压大、地压不稳定、围岩变形较大的采区巷道和断层破碎带地段，所支护的巷道断面一般不大于 $12m^2$。

B 混凝土支护

混凝土支架或称现浇混凝土支架，其支架本身是连续整体的，对围岩能起封闭和防止风化作用。这种支架的主要形式是直墙拱形，即由拱、墙和墙基所构成，如图 7-14 所示。

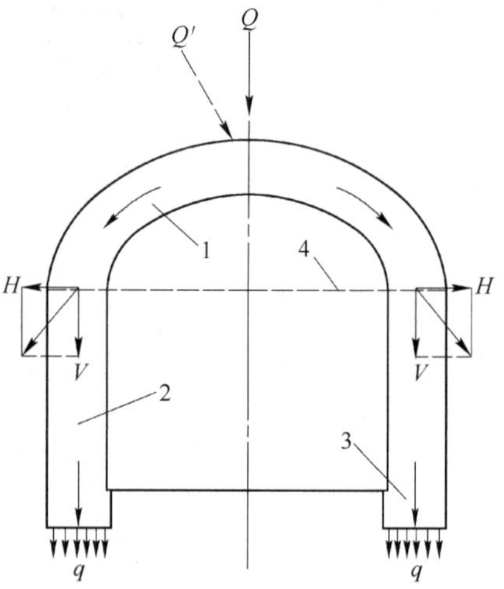

图 7-14 混凝土支架的组成及顶压受力传递

1—拱；2—墙；3—墙基；4—拱基线；Q—顶压；H—横推力；V—竖压力；q—传给底板的压力；Q'—斜向顶压

C 锚杆支护

锚杆是一种锚固在岩体内部的杆状支架。采用锚杆支护巷道时，先向巷道围岩钻孔，然后在孔内安装和锚固由金属、木材等制成的杆件，用它将围岩加固起来，在巷道周围形成一个稳定的岩石带，使支架与围岩共同起到支护作用。但是锚杆不能防止围岩风化，不能防止锚杆与锚杆之间裂隙岩石的剥落。因此，在围岩不稳定情况下，往往以锚杆再配合其他措施，如挂金属网、喷水泥砂浆或喷射混凝土等联合使用而称为喷锚或喷锚网联合支护。

D 喷射混凝土

喷射混凝土是将按一定比例配合的水泥、砂、石子和速凝剂等混合均匀搅拌后，装入喷射机，以压缩空气为动力，使拌和料沿输料管吹送至喷头处与水混合，并以较高的速度喷射在岩面上，凝结硬化后而成的高强度、与岩面紧密黏结的混凝土层。

7.2 硐室施工

硐室种类很多，大体上可分为机械硐室和生产服务性硐室两种。机械硐室主要有卸矿、破碎、翻笼、装载硐室，卷扬机房，中央水泵房及变电所，电机车修理间等；生产服务性硐室有等候室、工具库、调度室、医疗室、炸药库、会议室等。

硐室与平巷相比，无论是围岩受力状况还是施工条件，都要复杂一些。硐室常与井筒和其他巷道相连接，跨度较大，硐室围岩受力状况复杂。而有些硐室，如炸药库和其他一些机电设备硐室应具有隔水、防潮性能，故在支护质量方面有较高的要求。硐室长度短，断面大而多变，进出口通道狭窄，施工场所密集，相互干扰大，使硐室施工中的材料供应、出碴、通风及排水都比较困难。因此，在硐室施工中应统筹考虑，并根据工程特点合理选择施工方法。

7.2.1 全断面法

全断面施工法和普通巷道施工法基本相同。由于硐室的长度一般不大，进出口通道狭窄，不易采用大型设备，基本上用巷道掘进常用的施工设备。如果硐室较高，钻上部炮眼就必须登碴作业，装药连线必须用梯子，因此全断面一次掘进高度一般不超过 4 ~5m。这种方法的优点是利于一次成硐，工序简单，劳动效率高，施工速度快；缺点是顶板围岩暴露面积大，维护较难，浮石处理及装药不方便等。

7.2.2 台阶工作面法

由于硐室的高度较大不便于操作，因此可将硐室分成两层分层施工，形成台阶工作面。上分层工作面超前施工的，称为正台阶施工法；下分层工作面超前施工的，称为倒台阶施工法。

7.2.2.1 正台阶工作面施工法

一般可将整个断面分为两个分层，每个分层都是一个工作面，分层高度以 1.8 ~2.5m 为宜，最大不超过 3m，上分层的超前距离一般为 2 ~3m。

先掘上部工作面，使工作面超前而出现正台阶。爆破后先进行上分层工作面的出碴工作，然后上下分层同时打眼，如图 7-15 所示。

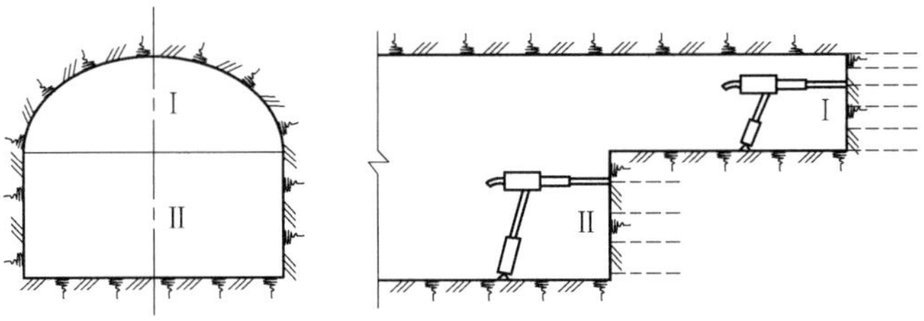

图 7-15 正台阶工作面开挖示意图

下分层开挖时，由于工作面具有两个自由面，因此炮眼布置成水平或垂直方向均可。

拱部锚杆可随上分层的开挖及时安设，喷射混凝土可视具体情况，分段或一次按照先拱后墙的顺序完成。砌碹工作可以有两种方法：一种是在距下分层工作面 1.5 ~2.5m 处用先墙后拱法砌筑；另一种方法是先拱后墙，即随上分层掘进把拱帽先砌好。下分层随掘随砌墙，使墙紧跟迎头。

这种方法的优点是断面呈台阶形布置，施工方便，有利于顶板维护，下台阶爆破效率高。缺点是使用铲斗装岩机时，上台阶要人工扒碴，劳动强度大，且上下台阶工序配合要好，不然易产生干扰。

7.2.2.2 倒台阶工作面施工法

采用这种方法时，下部工作面超前于上部工作面，如图 7-16 所示。施工时先开挖下分层，上分层的凿岩、装药、连线工作借助于临时台架。为了减少搭设台架的麻烦，一般采取先拉底后挑顶的方法进行。

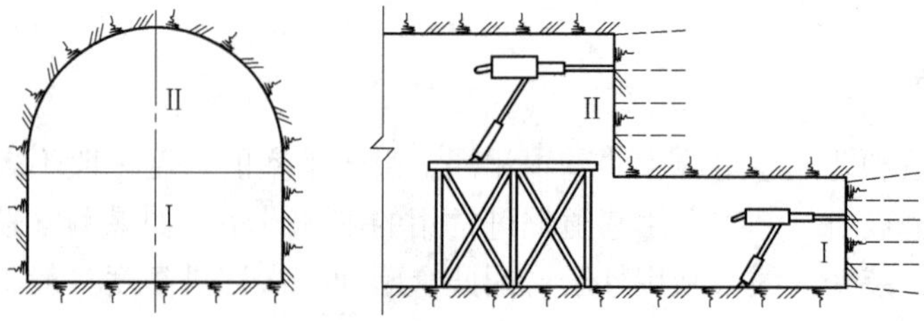

图 7-16　倒台阶工作面开挖示意图

采用喷锚支护时，支护工作可以与上分层的开挖同时进行，随后再进行墙部的喷锚支护。采用砌筑混凝土支护时，下分层工作面超前 4 ~ 6m，高度为设计的墙高，随着下分层的掘进先砌墙，上分层随挑顶随砌筑拱顶。下分层掘后的临时支护，视岩石情况可用锚喷、木材或金属棚式支架等。

这种方法的优点是：不必人工扒岩，爆破条件好，施工效率高，砌碹时拱和墙接茬质量好；缺点是挑顶工作较困难。

这两种方法应用广泛，其中先拱后墙的正台阶施工法在较松软的岩层中也能安全施工。

7.2.3　导坑施工法

借助辅助巷道开挖大断面硐室的方法称为导坑法（导硐法）。这是一种不受岩石条件限制的通用硐室掘进法。它的实质是，首先沿硐室轴线方向掘进 1 ~ 2 条小断面巷道，然后再行挑顶、扩帮或拉底，将硐室扩大到设计断面。其中，首先掘进的小断面巷道称为导坑（导硐），其断面面积为 4 ~ 8m^2。它除为挑顶、扩帮和拉底提供自由面外，还兼作通风、行人和运输之用。开挖导坑还可进一步查明硐室范围内的地质情况。

导坑施工法是在地质条件复杂时保持围岩稳定的有效措施。在大断面硐室施工时，为了保持围岩稳定，通常可采用两项措施：一是尽可能缩小围岩暴露面积；二是硐室暴露出的断面要及时进行支护。导坑施工法有利于保持硐室围岩的稳定性，这在硐室稳定性较差的情况下尤为重要。

采用导坑施工法，可以根据地质条件、硐室断面大小和支护形式变换导坑的布置方式和开挖顺序，灵活性大，适用性广，因此应用甚广。

导坑施工法的缺点是由于分部施工，与全断面、台阶工作面施工法相比，施工效率低。

根据导坑的位置不同，导坑施工法有中央下导坑施工法、两侧导坑施工法和上下导坑施工法。

7.2.3.1　中央下导坑施工法

导坑位于硐室的中部并沿底板掘进。通常导坑沿硐室的全长一次掘出。导坑断面的规格按单线巷道考虑并以满足机械装岩为准。当导坑掘至预定位置后，再行开帮、挑顶，并完成永久支护工作。

当硐室采用喷锚支护时，可用中央下导坑先挑顶后开帮的顺序施工，如图 7-17 所示。

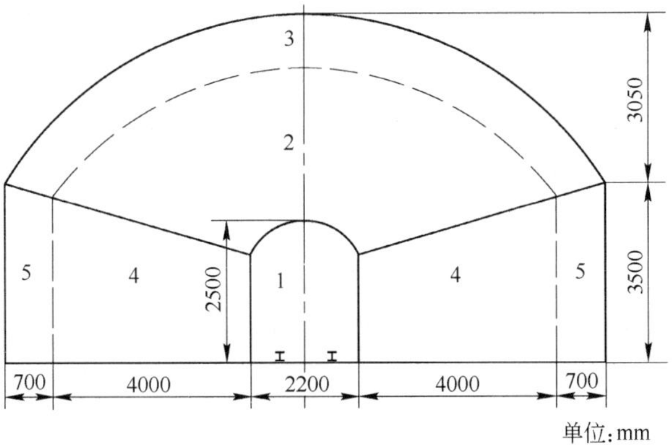

图 7-17 某矿提升机硐室采用下导坑先拱后墙的开挖顺序

1—下导硐；2—挑顶；3—拱部光面层；4—扩帮；5—墙部光面层

挑顶的矸石可用人工或装岩机装出；挑顶后随即安装拱部锚杆和喷射混凝土，然后开帮喷墙部混凝土。

为了获得平整的轮廓面，挑顶、开帮刷大断面时，拱部和墙部均需预留光面层。根据围岩情况，开帮工作可以在拱顶支护全部完成后一次进行，亦可错开一定距离平行进行。

砌筑混凝土支护的硐室，适用中央下导坑先开帮后挑顶的顺序施工，如图 7-18 所示。在开帮的同时完成砌墙工作，挑顶后砌拱。

中央下导坑施工方法一般适用于跨度为 4 ~ 5m、围岩稳定性较差的硐室，但如果采用先拱后墙施工时，适用范围可以适当加大。这种方法的主要优点是顶板易于维护，工作比较安全，易于保持围岩的稳定性，但施工速度慢，效率低。

7.2.3.2 两侧导坑施工法

在松软、不稳定岩层中，当硐室跨度较大时，为了保证施工安全，一般都采用这种施工方法，如图 7-19 所示。在硐室两侧紧靠墙的位置沿底板开凿两条小导坑，一般宽为 1.8 ~ 2.0m，高为 2m 左右。导坑随掘随砌墙，然后再掘上一层导坑并接墙，直至拱基线

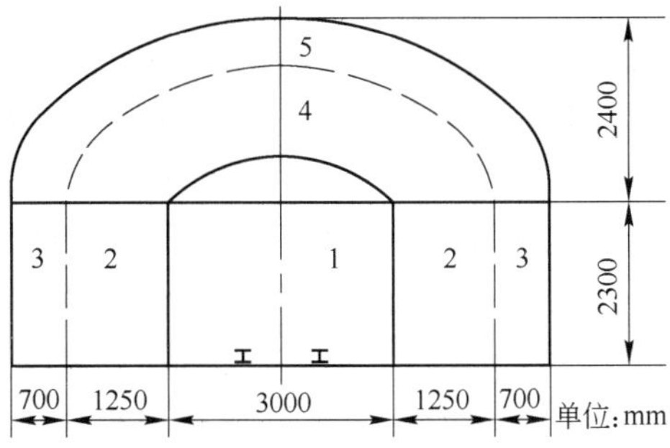

图 7-18 下导坑先墙后拱的开挖顺序

1—下导坑；2—扩帮；3—墙部光面层；4—拱部；5—拱部光面层

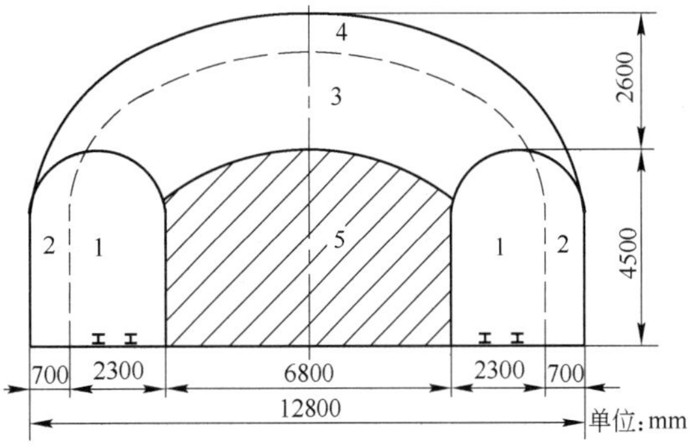

图 7-19 侧壁下导坑施工法

1—两侧下导坑；2—墙部光面层；3—挑顶；4—拱部光面层；5—中心岩柱

为止。第一次导坑将矸石出净，第二次导坑的矸石崩落在下层导坑里代替脚手架。当墙全部砌完后就开始挑顶砌拱。挑顶由两侧向中央前进，拱部爆破时可将大部分矸石直接崩落到两侧导坑中，有利于采用机械出岩。

拱部可用喷锚支护或砌混凝土，喷锚的顺序视顶板情况而定。拱部施工完后，再掘中间岩柱。这种施工方法在软岩中应用较广。

7.2.3.3 上下导坑施工法

上下导坑施工法原是开挖大断面隧道的施工方法，近年来随着光爆喷锚技术的应用，它的使用范围扩大，在金属矿山高大硐室的施工中得到推广使用。

金山店铁矿地下粗破碎硐室掘进断面尺寸为31.4m×14.15m×11.8m（长×宽×高），断面面积为154.9m^2。该硐室在施工中采用了上下导坑施工法，如图7-20所示。

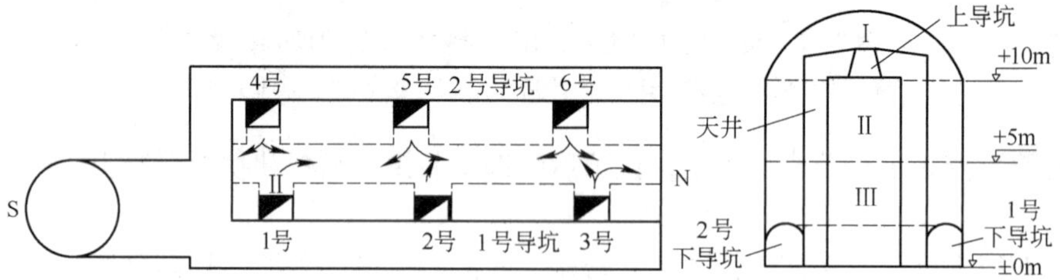

图7-20 硐室开挖顺序及天井导坑布置
Ⅰ~Ⅲ—开挖顺序；1号~6号—天井编号

这种施工方法适用于中等稳定和稳定性较差的岩层，围岩不允许暴露时间过长或暴露面积过大的开挖跨度大、墙很高的大硐室，如地下破碎机硐室、大型提升机硐室等。

7.2.4 留矿法

留矿法是金属矿山采矿方法的一种。用留矿法采矿时，在采场中将矿石放出后剩下的矿房就相当于一个大硐室。因此，在金属矿山，当岩体稳定，硬度在中等以上（$f>8$），整体性好，无较大裂隙、断层的大断面硐室，可以采用浅眼留矿法施工。其施工方法如图7-21所示。

采用留矿法施工破碎硐室时，为解决行人、运输、通风等问题，应先掘出装载硐室、下部储矿仓和井筒与硐室的联络道。然后从联络道进入硐室，并以拉底方式沿硐室底板按全宽拉开上掘用的底槽，其高度为1.8~2.0m。以后用上向凿岩机分层向上开凿，眼深1.5~1.8m，炮眼间距为0.8m×0.6m或1.0m×0.8m，掏槽以楔形长条状布置在每层的中间。爆破后的岩碴，经下部储矿仓通过漏斗放出一部分，但仍保持碴面与顶板间距为1.8~2.0m，以利于继续凿岩、爆破作业，直至掘至硐室顶板为止。为了避免漏斗的堵塞，应控制爆破块度，大块应及时处理。顺路天井与联络道用于上下人员、材料并用于通风。使用留矿法开挖硐室的掘进顺序是自下而上，但进行喷锚支护的顺序则是自上而下先拱后墙，凿岩和喷射工作均以碴堆为工作台。当硐室上掘到设计高度，符合设计规格后，用碴堆作工作台进行拱部的喷锚支护。在拱顶支护后，利用分层降低碴堆面的形式，自上而下逐层进行边墙的喷锚支护。这样随着边墙支护的完成，硐室中的岩碴也就通过漏斗放完。

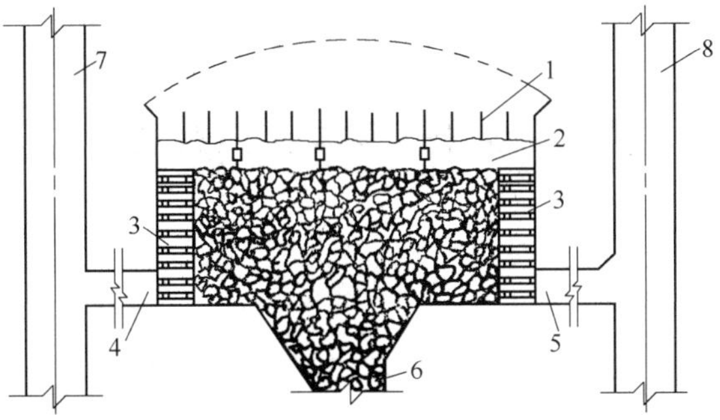

图 7-21　某铅锌矿粗碎硐室采用留矿法施工

1—上向炮孔；2—作业空间；3—顺路天井；4—主井联络道；
5—副井联络道；6—下部储矿仓；7—主井；8—副井

如果边墙不需要支护，硐室中的岩碴便可一次放出，但在放碴过程中需将四周边墙的松石处理干净，以保证安全。

留矿法开挖硐室的主要优点是工艺简单，辅助工程量小，作业面宽敞，可布置多台凿岩机同时作业，工效高。我国金属矿山利用此法施工大型硐室已取得了成功的经验，但该法受到地质条件的限制，岩层不稳定时不宜使用。同时，要求底部最好有漏斗装车的条件，比如粗碎硐室的下部储矿仓。因此此法应用不如导坑法广泛。

复习思考题

7-1　平巷施工常用的凿岩机械有哪些?

7-2　平巷施工常用的爆破器材有哪些?

7-3　简述平巷施工常用的掏槽方式。

7-4　简述平巷施工起爆方法。

7-5　平巷施工常用的转载机械有哪些?

7-6　平巷施工常用的支护方法有几种?

7-7　简述硐室的施工方法。

8 斜井、天井施工

8.1 斜井的施工

斜井是矿山的主要井巷之一。斜井与竖井一样，按用途分为：主斜井，专门提升矿石；副斜井，提升矸石、升降人员和器材；混合井，兼主、副井功能；风井，通风和兼作安全出口。斜井按提升容器又可分为胶带运输机斜井、箕斗提升斜井和串车提升斜井。

8.1.1 斜井井筒内设施

根据斜井井筒用途和生产的要求，通常在井筒内设有轨道、水沟、人行道、躲避硐、管路和电缆等。由于斜井具有一定的倾角，无论轨道、人行道、水沟等敷设均与平巷有别。

8.1.1.1 水沟

斜井水沟坡度与斜井倾角相同，断面尺寸参照平巷水沟断面尺寸选取。通常它比平巷水沟断面小得多，但水沟内水流速度很大，因此斜井水沟一般都用混凝土浇灌。若服务年限很短，围岩较好，井筒基本无涌水，也可不设水沟。

斜井水沟除有纵向水沟外，在含水层下方、胶带运输机斜井的接头硐室下方以及井底车场与井筒连接处附近，应设横向水沟。总之，斜井整个底板不允许作为矿井排水的通道，相反，斜井中的水应逐段截住，引往矿井排水系统内。

8.1.1.2 人行道

斜井人行道与平巷不同，通常按斜井倾角大小的需要，设置人行台阶与扶手。一般在倾角30°左右时，需要设置扶手。扶手材料常用钢管或塑料管制作，位置应选在人行道一侧，距斜井井帮80~100mm，距轨道道砟面垂高900mm左右处。

8.1.1.3 躲避硐

在串车或箕斗提升时，按规定井内不准行人。但在生产实践中，又必须有检修人员插空（提升间隙）检查、维修。为保证检修人员的安全，又不影响生产，只好在斜井井筒内每隔一段距离设置躲避硐。

一般躲避硐间隔距离为30~50m，硐室的规格可采用宽1.0~1.5m，高1.6~1.8m，深1.0~1.2m，位置设于人行道一侧，以便人员出入方便。

8.1.1.4 管路和电缆敷设

电缆和管路通常设计在副斜井井筒内，主要原因是检修方便；副井比主井提升频率低，安全因素相对要大，对生产影响要小。电缆和管路的铺设要求与平巷相同。

当斜井倾角小、长度大时，为节省电缆和管路，有的矿井采用垂直钻孔直接送至井下。这时应对地面厂房、管线等相应地做出全面规划。

8.1.2 斜井掘砌

斜井井筒是倾斜巷道，当倾角较小时，其施工方法与平巷掘砌基本相同，45°以上时又与竖井掘砌相类似。本节重点叙述斜井井筒的施工特点。

8.1.2.1 斜井井颈施工

斜井井颈是指地面出口处井壁需加厚的一段井筒，由加厚井壁与壁座组成，如图8-1所示。

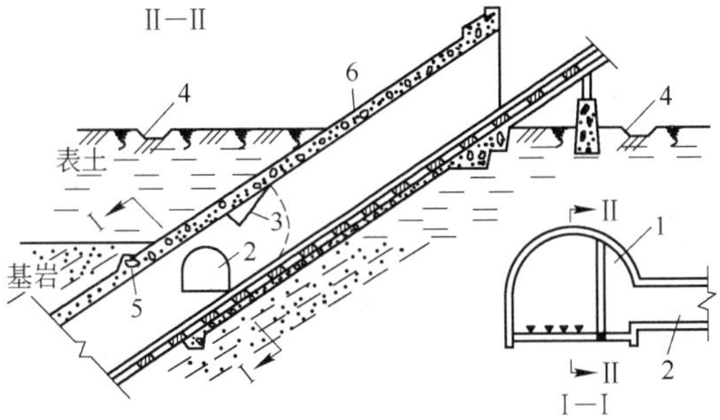

图8-1 斜井井颈结构

1—人行间；2—安全通道；3—防火门；4—排水沟；5—壁座；6—井壁

在表土（冲积层）中的斜井井颈，从井口至基岩层内3~5m应采用耐火材料支护并露出地面，井口标高应高出当地最高洪水位1.0m以上，井颈内应设坚固的金属防火门或防爆门以及人员的安全出口通道。通常安全出口通道也兼作管路、电缆、通风道或暖风道。

在井口周围应修筑排水沟，防止地面水流入井筒。为了使工作人员、机械设备不受气候影响，在井颈上可建井棚、走廊和井楼。通常井口建筑物与构筑物的基础不要与井颈相连。

井颈的施工方法根据斜井井筒的倾角、地形和岩层的赋存情况而定。

A 在山岳地带施工

当斜井井口位于山岳地带的坚硬岩层中，有天然的山冈及崖头可以利用时，此时只需进行一些简单的场地整理后即可进行井颈的掘进。在这种情况下，井颈施工比较简单，井口前的露天工程最小。

在山岳地带开凿斜井（见图8-2），斜井的门脸必须用混凝土或坚硬石材砌筑，并需在门脸顶部修筑排水沟，以防雨季和汛期山洪水涌入井筒内，影响施工，危害安全。

B 在平坦地带施工

当斜井井口位于较平坦地带时，此时表土层较厚，稳定性较差，顶板不易维护。为了安全施工和保证掘砌质量，井颈施工时需要挖井口坑，待永久支护砌筑完成后再将表土回填夯实。井口坑形状和尺寸的选择合理与否，对保证施工安全，减少土方工程量有着直接的影响。

井口坑几何形状及尺寸主要取决于表土的稳定程度及斜井倾角。斜井倾角越小，井筒

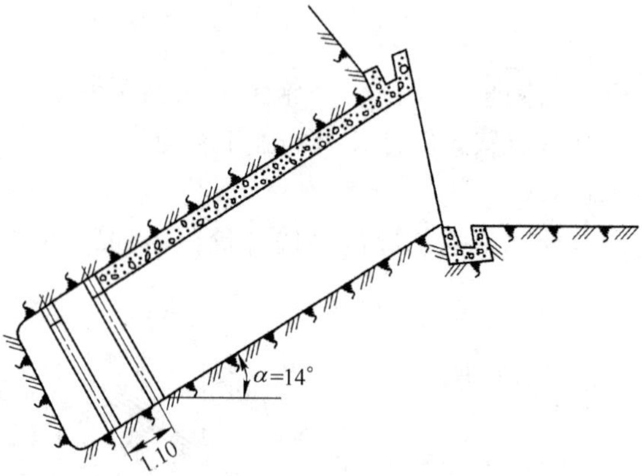

图 8-2 山岳地带斜井井颈

穿过表土段距离越大，则所需井口坑土方量越多，反之越小。同时还要根据表土层的涌水量和地下水位及施工速度等因素综合确定。直壁井口坑（见图 8-3）用于表土层薄或表土层虽厚但土层稳定的情况；斜壁井口坑（见图 8-4）用于表土不稳定的情况。

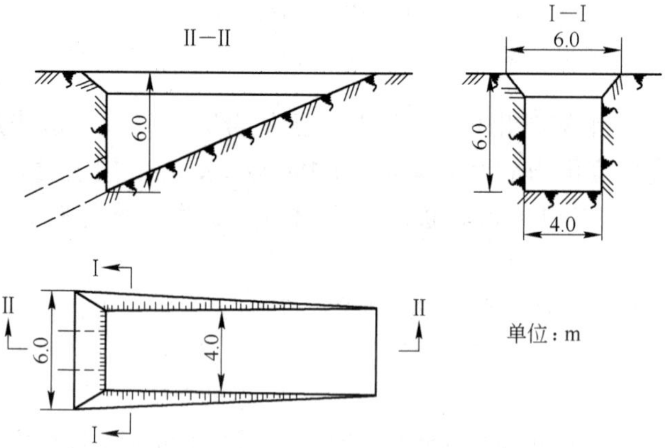

图 8-3 直壁井口坑开挖法

8.1.2.2 斜井基岩掘砌

斜井基岩施工方式、方法及施工工艺流程基本与平巷相同，但由于斜井具有一定的倾角，因此就有某些特点，如选择装岩机时，必须适应斜井的倾角；采用轨道运输，必须设有提升设备，以及提升设备运行过程中的防止跑车安全设施；因向下掘进，工作面常常积水，必须设有排水设备等。此外，当斜井（或下山）的倾角大于45°时，其施工特点与竖井施工方法相近似。

A 装岩工作

斜井施工中，装岩工序占掘进循环时间的60%～70%。如要提高斜井掘进速度，装载机械化势在必行。推广使用耙斗装岩机，是迅速实现斜井施工机械化的有效途径。耙斗装岩机在工作面的布置如图 8-5 所示。

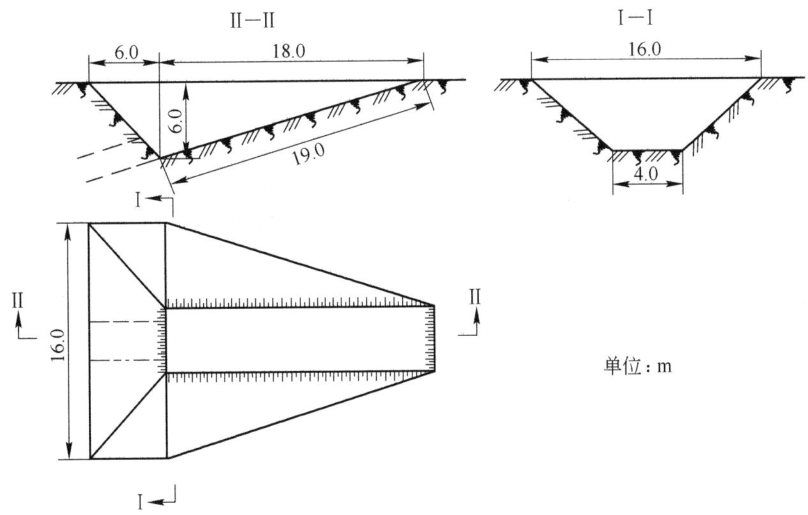

图 8-4 斜壁井口坑开挖法

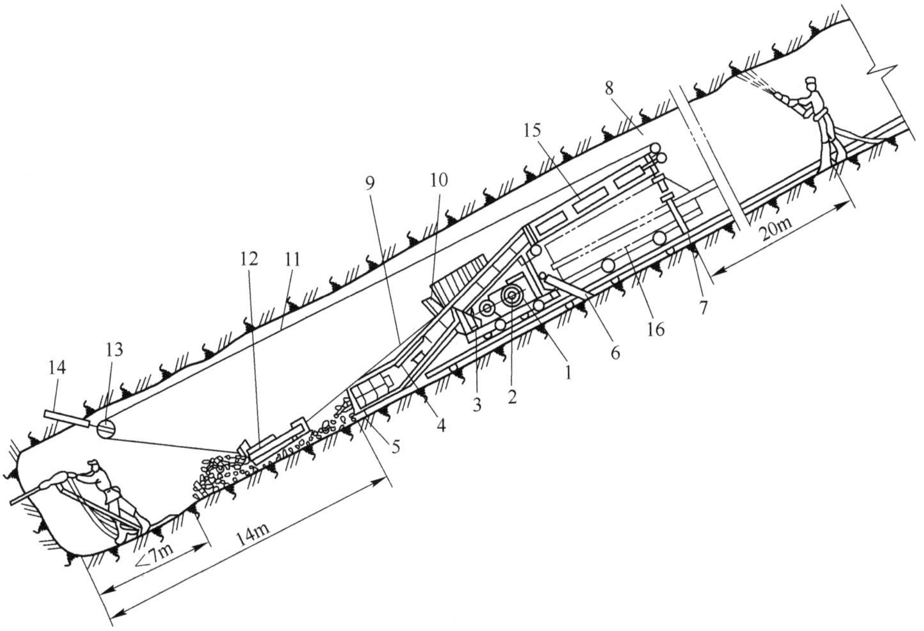

图 8-5 耙斗机在斜井工作面布置

1—绞车绳筒；2—大轴轴承；3—操纵连杆；4—升降丝杆；5—进矸导向门；6—大卡道器；
7—托梁支撑；8—后导绳轮；9—主绳（重载）；10—照明灯；11—副绳（轻载）；
12—耙斗；13—导向轮；14—铁楔；15—溜槽；16—箕斗

我国斜井施工，通常只布置一台耙斗机。当井筒断面很大，掘进宽度超过 4m 时，可采用两台耙斗机，其簸箕口应前后错开布置。

耙斗装岩机具有装岩效率高、结构简单、加工制造容易、便于维修等优点。近几年来我国创造的几个斜井快速施工纪录，无一例外都是使用耙斗装岩机装岩的。但它仍有许多缺点，需进一步完善和提高。正装侧卸式铲斗装岩机，与一般后卸式铲斗装岩机相比，其卸载高度适中，卸载距离短，装岩效率高，动力消耗少。

我国正在试制几种侧卸式装岩机，其中：ZC-1 型能用于14°的斜井；K-146 型能用于18°的斜井，若利用8kW 风动活塞式绞车还可以在30°斜井中使用。

B 提升工作

斜井掘进提升对斜井掘进速度有重要影响。根据井筒的斜长、断面和倾角大小选择提升容器。我国一般采用矿车或箕斗提升方式的较多。箕斗与矿车比较，前者具有装载高度低，提升连接装置安全可靠，卸载迅速方便等优点。尤其是使用大容量（如4t）箕斗，可有效地增加提升量，配合机械装岩，更能提高出岩效率。

当井筒浅，提升距离在200m 以内时，可采用矿车提升，以简化井口的临时设施。斜井掘进时的矿车提升，常为单车或双车提升。

我国在斜井施工中常把耙斗机与箕斗提升配套使用。箕斗有三种类型：前卸式、无卸载轮前卸式、后卸式等。

C 斜井安全设施

斜井施工时，提升容器上下频繁运行，一旦发生跑车事故，不仅会损坏设备，影响正常施工，而且会造成人身安全事故。为此必须针对造成跑车的原因，采取行之有效的措施，以确保安全施工。

a 井口预防跑车的安全措施

（1）由于提升钢丝绳的不断磨损、锈蚀，钢丝绳断面逐渐减小，在长期变荷载作用下，会产生疲劳破坏；由于操作或急刹车造成冲击荷载，可能酿成断绳跑车事故。为此要严格按规定使用钢丝绳，经常上油防锈，地滚安设齐全，建立定期检查制度。

（2）钢丝绳连接卡滑脱或轨道铺设质量差，串车之间插销不合格，运行中因车辆颠簸等都可能造成脱钩跑车事故。为此，应该使用符合要求的插销，提高铺轨质量，采用绳套连接。

（3）由于井口挂钩工疏忽，忘记挂钩或挂钩不合格而发生跑车事故。为此，斜井井口应设逆止阻车器或安全挡车板等挡车装置。逆止阻车器加工简单，使用可靠，但需人工操作。逆止阻车器工作如图 8-6 所示。这种阻车器设于井口，矿车只能单方向上提，只有用脚踩下踏板后才可向下行驶。

b 井内阻挡已跑车的安全措施

（1）钢丝绳挡车帘。在斜井工作面上方 20 ~ 40m 处设可移动式挡车器，它是以两根150mm 的钢管为立柱，用钢丝绳与直径为 25mm 的圆钢编成帘形，手拉悬吊钢丝绳将帘上提，矿车可以通过；放松悬吊绳，帘子下落而起挡车作用，如图 8-7 所示。

（2）悬吊式自动挡车器。悬吊式自动挡车器常设置在斜井井筒中部，如图 8-8 所示。它是在斜井断面上部安装一根横梁 7，其上固定一个小框架 3，框架上设有摆动杆 1。摆动杆平时下垂到轨道中心位置上，距巷道底板约 900mm，提升容器通过时能与摆杆相碰，碰撞长度为 100 ~ 200mm。当提升容器正常运行时，碰撞摆动杆 1 后，摆动幅度不大，触不到框架上横杆 2；一旦发生跑车事故，脱钩的提升容器碰撞摆动杆后，可将通过牵引绳 4 和挡车钢轨 6 相连的横杆 2 打开，8 号铁丝失去拉力，挡车钢轨一端迅速落下，起到防止跑车的作用。

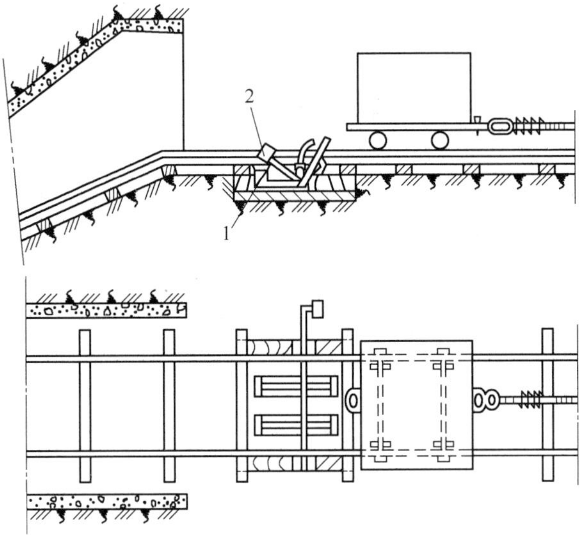

图 8-6 井口逆止阻车器

1—阻车位置；2—通车位置

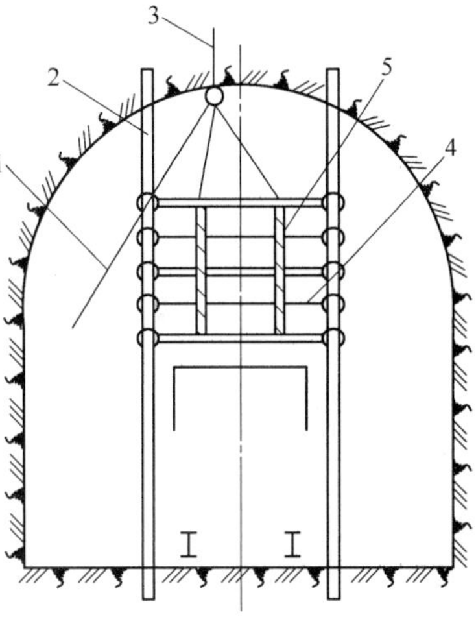

图 8-7 钢丝绳挡车帘

1—悬吊绳；2—立柱；3—锚杆式吊环；4—钢丝绳编网；5—圆钢

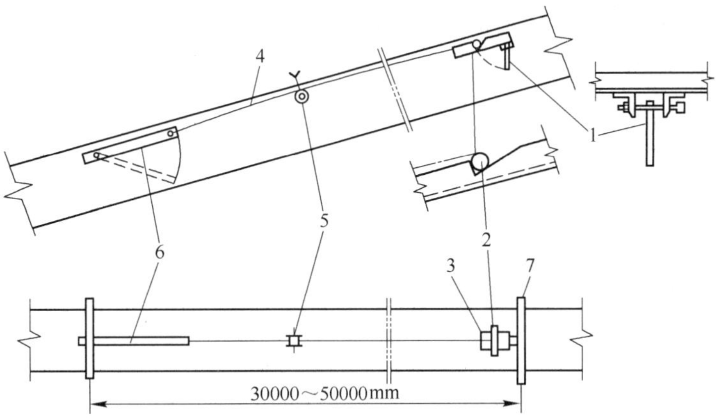

图 8-8 悬吊式自动挡车器

1—摆动杆；2—横杆；3—固定小框架；4—8 号铁丝；5—导向滑轮；6—挡车钢轨；7—横梁

无论哪种安全挡车器，平时都要经常检修、维护，定期试验是否有效。只有这样，一旦发生跑车才能确实发挥它们的保安作用。

上述几种安全挡车装置，按其作用来说，或为预防提升容器跑入井内，或为阻挡已跑入井内的提升容器继续闯入工作面，因此它们都是必需的，防患于未然的。但更主要的是应该千方百计不使矿车或箕斗发生跑车事故。所以在组织斜井施工时，首先要严格操作规程，严禁违章作业，提高安全责任感，加强对设备、钢丝绳及挂钩等连接装置的维护检修，避免跑车事故的发生，以确保斜井的安全施工。

8.2 天井的施工

天井是矿山井下联系上下两个中段的垂直或倾斜巷道，主要用于放矿、行人、切割、通风、充填、探矿、运送材料工具和设备等。其按用途分别称为放矿天井、通风天井、行人天井、充填天井等。有时，同一个天井可兼作几种用途。

天井工程是金属矿山基建、采准、生产探矿和放矿的重要工程之一。天井工程量占矿山井巷工程总量的10% ~15%，占采准、切割工程量的40% ~50%。通常许多矿山每年都要掘进几百米直至上万米的天井。因此，加快天井施工速度，对保证新建矿山早日投产和生产矿山三级矿量平衡，实现持续稳产、高产，具有十分重要的意义。

8.2.1 普通法掘进天井

普通法掘进天井是沿用已久的方法。为了免除繁重的装岩工作和排水工作，采用普通法掘进天井时，都是自下而上进行掘进的。它不受岩石条件和天井倾角的限制，只要天井的高度不太大都可使用。天井划分为两格间，其中一间供人员上下的梯子间，另一间专供积存爆下的岩石用的矸石间，其下部装有漏斗闸门，以便装车，如图8-9所示。

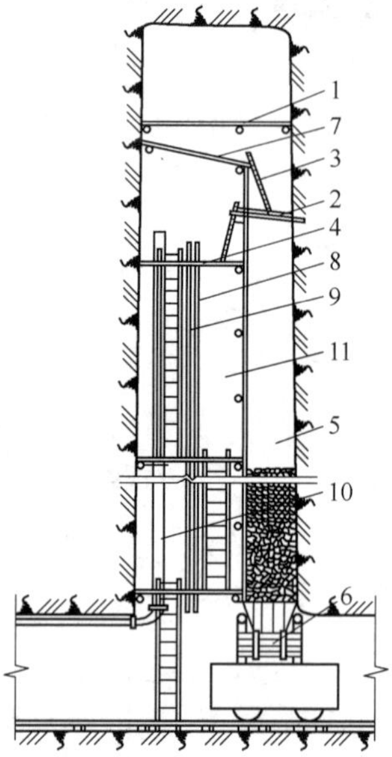

图8-9 普通法掘进天井

1—工作台；2—临时平台；3—短梯子；4—工具台；5—矸石间；6—漏斗口；7—安全棚（做成与水平面呈30°左右的角度）；8—水管；9—风管；10—风筒；11—梯子间

8.2.1.1 漏斗口的掘进

掘进天井时，首先根据所给的漏斗口底板的标高和天井的中心线，以50°左右的倾角向上掘1 ~2茬炮，形成架设漏斗口所需的坡度，然后按设计的倾角继续向上掘进，直至掘进到架设漏斗后能容纳一茬炮的岩碴高度为止。在此期间爆下的岩石，直接落入平巷，用装岩机装岩。之后，架设漏斗口，放矿间和梯子间。

8.2.1.2 凿岩工作台的架设

当漏斗口掘进完毕并安装好漏斗与梯子间、安全棚等之后，在继续向上掘进之前，必须首先在安全棚之上距工作面2.0 ~2.2m处搭设凿岩工作台。凿岩、装药、连线都是在此台上进行的。

凿岩工作台一般由3根直径大于12cm的圆木横撑撑在天井顶底板之间，并在其上铺以厚为4 ~5cm的木板所构成。架设横撑时应先在井壁上凿好梁窝，并以木楔楔紧横撑的一端，以防横撑移动。凿岩工作台在垂直或倾角不小于80°的天井中呈水平位置。当天井倾角小于80°时，为了便于打眼，工作台与水平面呈3° ~7°的倾角。放炮时，必须将工作台上的木板拆除，以便放炮后岩石落入矸石间，并保证木板不致损坏，以便重复使用。

8.2.1.3 凿岩爆破工作

凿岩工作台架设好之后，即可开始凿岩工作。凿岩设备选用YSP-45型上向式凿岩机。由于天井横断面不大，为了便于凿岩和加深炮眼，广泛采用直眼掏槽。掏槽眼与空眼之间距离视岩石硬度、空眼数目与起爆顺序等而定。掏槽眼的位置以布置在岩石间上方为宜，这样可减弱对安全棚及梯子间的冲击。其他炮眼布置原则基本上与平巷相同。炮眼深度一般为1.4～1.8m。起爆方法常用电力起爆，或用非电导爆系统一次点火引爆。

8.2.1.4 通风工作

由于天井是自下往上掘进的，爆破后产生的有害气体比空气轻，一般积聚在上部工作面附近不易排出。为了加速吹走工作面的有害气体，一般多采用压入式通风。通风机大多安装在天井下部附近的平巷内。风筒应随着安全棚往上移动，及时接上去。

8.2.1.5 支护工作

当有害气体排除后，即可进行支护工作。首先检查工作面的安全情况，清理浮石，修理被打坏的横撑等，然后开始支护工作。在不架设安全棚的情况下，支柱工的主要任务是在距离工作面2m左右的位置，架设凿岩工作台。当工作面向上推进6～8m时，则安全棚需要向上移动一次。移动时首先拆除旧安全棚，然后在上面架设新安全棚。安全棚由圆木横撑上铺木板而成，并使其向矸石间倾斜。安全棚的宽度以能遮盖梯子间为准。安全棚架好后，就开始自下而上安装梯子平台和梯子。梯子平台间距根据实际情况决定，一般为3～4m。安全棚下第一个梯子平台往往兼作放置凿岩机和风水管等之用，因此又称工具台。此外，在安装梯子间的同时，需将矸石间的隔板钉好。

8.2.1.6 出碴工作

出碴是利用漏斗装车。为了安全起见，应严禁人员正对漏斗闸门操作，以免岩流冲下飞出矿车后发生事故。同时为了保护矸石间隔板和横撑不被打坏，矸石间中应经常储有岩石，严禁放空。一般要求每次放出的岩石所腾出的空间以能容纳爆破一次所崩下来的岩碴为准。

8.2.2 吊罐法掘进天井

吊罐法掘进天井如图8-10所示。它的特点是：用一个可以升降的吊罐代替普通法的凿岩平台，同时，该吊罐又可作为提升人员、设备、工具和爆破器材的容器，因此简化了施工工序。吊罐法操作方便，效率较高，金属矿山已广泛使用。

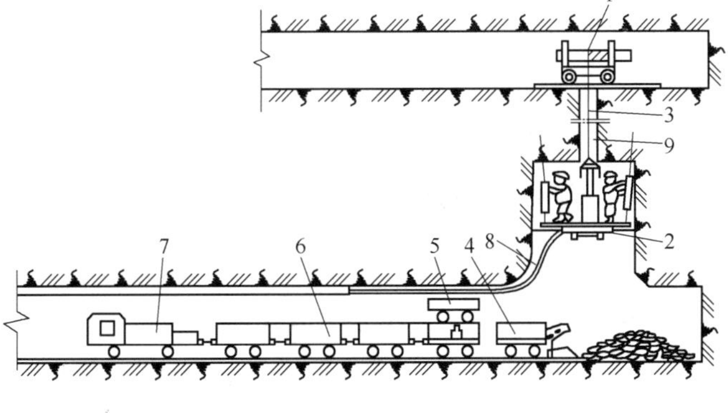

图8-10 吊罐法掘进天井

1—游动绞车；2—吊罐；3—钢丝绳；4—装岩机；5—斗式转载车；6—矿车；7—电机车；8—风水管；9—中心孔

8.2.2.1 吊罐法掘进天井所用的设备

吊罐法掘进天井的主要设备有吊罐（直式或斜式）和提升绞车，以及深孔钻机、凿岩机、信号联系装置、局部扇风机、装岩机和电机车等。为了缩短出矸时间，还可使用转载设备。

A 吊罐

吊罐是吊罐法掘进天井的主要设备。它按控制方式有普通吊罐和自控吊罐；按适用的天井倾角有直吊罐和斜吊罐；按结构分有笼式吊罐和折叠式吊罐；按吊罐层数分有单层吊罐和双层吊罐；按下部行走机构分有轨轮式吊罐和雪橇式吊罐。

a 华-1 型折叠式吊罐

华-1 型折叠式直吊罐的结构如图 8-11 所示。它由折叠平台 1、伸缩支架 2、保护盖板 3、风动横撑 4、稳定钢丝绳 5、行走车轮 6 和风水系统（图中未示出）七部分组成。

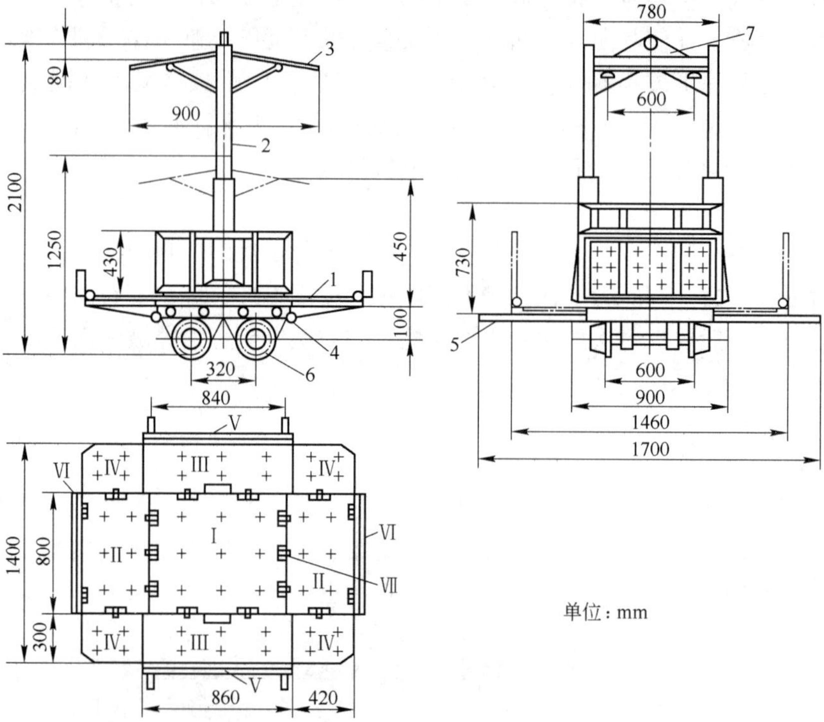

图 8-11 华-1 型折叠式直吊罐结构

1—折叠平台；2—伸缩支架；3—保护盖板；4—风动横撑；5—稳定钢丝绳；6—行走车轮；7—吊架

（1）折叠平台。它由角钢和铁皮焊接而成，有底座Ⅰ，折页Ⅱ、Ⅲ、Ⅳ，挡架Ⅴ、Ⅵ等共计 13 块通过折页Ⅶ连接而成。由于折页和挡架均能折叠，故称其为折叠平台。吊罐在升降之前必须将全部折页收回，形成 900mm × 900mm × 730mm 的升降容器（不包括保护盖板），以便人员、材料、工具、设备的升降。当吊罐提到工作面后，可把折页铺开，形成 1400mm × 1700mm 的工作平台，工人可站在平面上进行打眼、装药等工作。为了提升爆破器材，吊罐内还专门设有炸药箱（图上未标出）。

（2）伸缩支架。伸缩支架是用两条可以伸缩的立柱与吊架焊接而成。两个立柱上分别设有定位孔和销钉，以便调整伸缩架的高度。当吊罐升降和作业时，必须将立柱伸到合适位置，插上销钉，便于人员站立和作业，当吊罐需要搬运时，将立柱高度降到最低，便于吊罐在巷道中运行。

（3）保护盖板。它是用来防止工作面上浮石下落的安全保护装置，是用两块770mm×400mm×5mm的钢板通过铰链与吊架连接，盖板靠两个长为185mm、直径27mm内装缓冲弹簧的支撑支于吊架两侧。吊罐升降过程中，支起盖板防避落石，以保护罐内人员。当吊罐到达工作面，经处理浮石后，再放下盖板，以便进行作业。

（4）风动横撑。风动横撑是吊罐作业时为防止其摆动而设置的稳定装置。每个罐设有4个，对称布置在平台底座下。工作时，4个横撑分别支于井壁上，这样不仅可以使平台稳定，而且可以减轻提升钢丝绳的负荷。当吊罐运行时，须将横撑缩回。

（5）稳定钢丝绳。在吊罐底座的4个角上对称地安装4条各长600mm、直径28mm的钢丝绳。吊罐运行时，这些钢丝绳分别接触岩壁并沿井壁滑行，这样可以防止吊罐的扭转或摆动。

（6）行走车轮。吊罐底座上装有两对直径150mm、轨距600mm、轴距320mm的车轮，以保证吊罐在轨道上运行方便。

华-1型折叠式直吊罐结构简单，容易制造，体积小，重量轻，坚固耐用，运搬方便。但乘罐人员不能在吊罐上操纵吊罐的升降和停留。它适用于断面为1.5m×1.8m～2.0m×2.0m、倾角大于85°的天井。

b 华-2型斜吊罐

这种吊罐是掘进斜天井用的。它由罐体、吊架、保护盖板三部分组成，如图8-12所示。

罐体是主体，它与华-1型折叠式直吊罐大体相同。罐体的伸缩支架，通过插入吊架上定位销孔a（或b）内的销轴与吊罐铰接，使工作台在任意倾角的天井内保持水平，以便人员工作。吊架下部有两对车轮，当绞车牵引钢丝绳往上提升时，可以沿天井底板滚动，这样可以减少吊罐与岩帮的碰撞、摩擦，便于吊罐上下稳定运行。

B 提升绞车

提升绞车是吊罐法掘进天井中的主要配套设备之一。在吊罐法掘进中，我国使用的提升绞车有两种：一种是固定式绞车，一种是游动绞车。前一种实际上就是一般通用的慢速电动绞车，它的提升能力大，但与游动绞车比较，安装复杂，运搬不方便，要求绞车硐室大，故除与大吊罐配套外，一般矿山多使用游动绞车。

游动绞车的构造如图8-13所示。它由电动机、减速箱、卷筒、制动器和行走机构所组成。绞车停放在绳孔上口的轻便轨道上。

游动绞车的特点是，绞车本身装有两对行走车轮。吊罐升降时，绞车是不固定的，靠钢丝绳缠绕卷筒时产生的横向推力，使绞车在轨道上来回游动，钢丝绳始终对准提升钻孔，并使钢丝绳在卷筒上依次均匀缠绕而不紊乱。此外，这种绞车具有重量轻、体积小、搬运方便、便于安装、要求的硐室体积小等优点。但提升能力及容绳量小，不适用于高天井及重型吊罐，仅适用于天井高度小于85m。

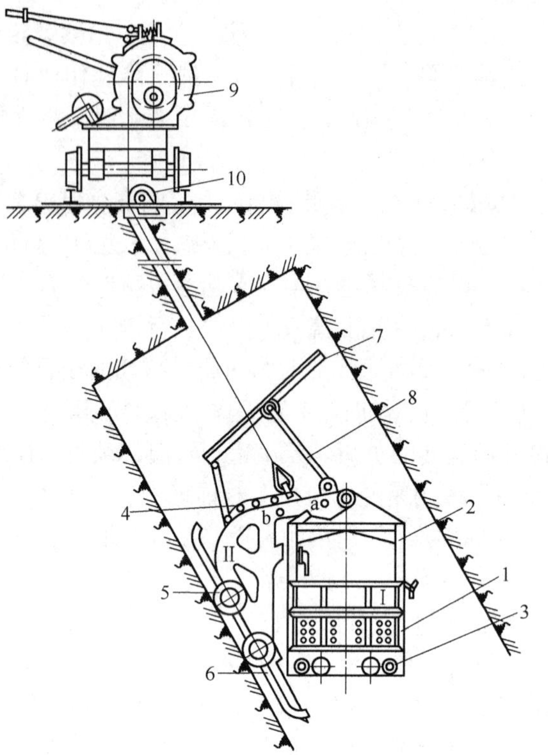

图 8-12　华-2 型斜吊罐结构

Ⅰ—罐体；Ⅱ—吊架；1—折叠平台；2—伸缩支架；3—风动横撑；4—悬吊耳环；5—行走车轮；6—滑动撬板；7—保护盖板；8—支撑；9—游动绞车；10—导向地轮

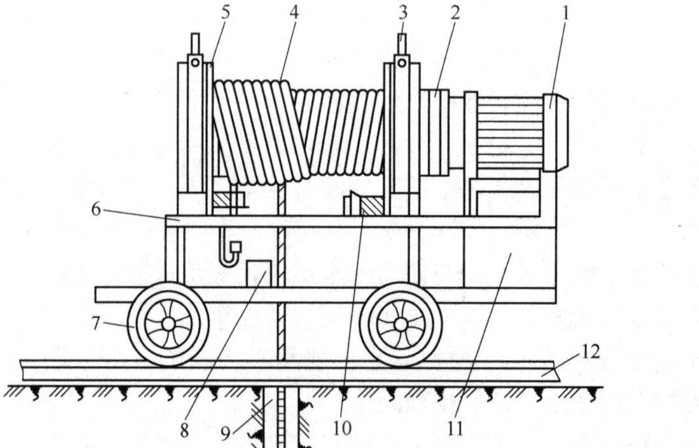

图 8-13　华-1 型游动绞车构造

1—电动机；2—减速器；3—制动器；4—钢丝绳；5—卷筒；6—机座；7—行走车轮；8—信号开关；9—绳孔；10—信号绳卷筒；11—配电箱；12—轨道

绞车的提升能力应取提升重量的1～2倍。经验证明，如果提升能力不足，吊罐卡帮时经常停罐，频繁启动，容易烧坏电机；如果提升能力过大，一旦过卷，信号失灵，会拉断钢丝绳而出事故，而且提升能力选取过大，也不经济。

提升吊罐用的钢丝绳，由于运行中经常与孔壁（岩壁）摩擦及承受动荷载的作用，因此要求钢丝绳耐磨，其安全系数不得小于13。作用在钢丝绳上的荷载，按全部静荷载乘以动力系数 K（一般取 $K=1.25$）来计算。

钢丝绳与吊罐的连接最好采用编织绳套的方法，即将钢丝绳端破股，将它插在主绳内，形成绳套。编织部分的长度不得小于800mm。工作时，将吊罐上吊环中的销轴穿过绳套，用螺栓紧固好，这样既牢靠安全，又易于通过中心孔，因此，已被很多矿山使用。

8.2.2.2 吊罐法掘进天井工艺

A 吊罐法掘进天井前的准备工作

a 开凿上下硐室

吊罐法掘进天井时，上中段应有提升绞车硐室，下中段应有吊罐躲避硐室。

下部硐室尺寸是根据中心孔钻凿的方向、提升绞车的规格尺寸及操作方便而确定的最小尺寸。采用华-1型绞车，同时中心孔又是由上而下钻凿时，应首先满足钻机钻孔的需要，因此硐室规格较大，一般为3.0m×1.5m×4.5m（长×宽×高）；如果采用自下而上钻进中心孔时，上部硐室的规格只要满足绞车工作所需要的空间即可，一般约为3.0m×2.2m×2.0m。如果上中段联络天井上部的巷道可以满足绞车工作要求，那就不必开凿绞车硐室。

下部硐室的尺寸主要以便于吊罐的出入和装岩机械的操作方便为原则。如果采用潜孔钻机由下而上钻中心孔，则在天井下部应开凿钻机硐室，其尺寸视选用的钻机和天井倾角而定。

打斜中心孔或直中心孔时，硐室尺寸分别为3.0m×2.5m×3.0m和2.5m×2.5m×3.0m。

如果天井下部硐室要考虑采用漏斗装车，则必须在漏斗上面适当位置开凿存放吊罐及作为人员进出通道的人行井（见图8-14）。开凿大型溜井时，溜井下部为了利用漏斗放矿，应开凿放矿闸门硐室；为了存放吊罐，可以在硐室内安装工作台，如图8-15所示。

实际上，钻机硐室就是天井的一部分，一般都采用普通方法施工。

b 钻凿天井中心孔

吊罐中心孔直径一般为100～130mm。常用的钻孔设备有地质钻机和潜孔钻机。

（1）地质钻机，如红旗-100型、KA-2M-300型、KD-100型，适用于自上而下钻进。其特点是破岩时只有回转而无冲击，因此，钻孔偏斜不大，作业条件好。但穿孔速度慢、工效低（一般进尺2～8m/班），并需要开凿大硐室。当掘进高天井时，可以采用地质钻机。

（2）潜孔钻机，如YQ-100型等，是吊罐法常用的钻孔设备。它的特点是穿孔速度快（中硬岩中，一般钻速为10～18m/班），工效高。自下而上钻进时，钻机硐室是天井的一部分，辅助工程量小，节省开凿费用；其缺点是钻孔偏斜较大，因此不适合60m以上的高天井使用。

c 安装绞车和电气信号装置

绞车安装前应将中心孔周围浮石清理干净并安上保护套管，以防落石堵塞中心孔或水

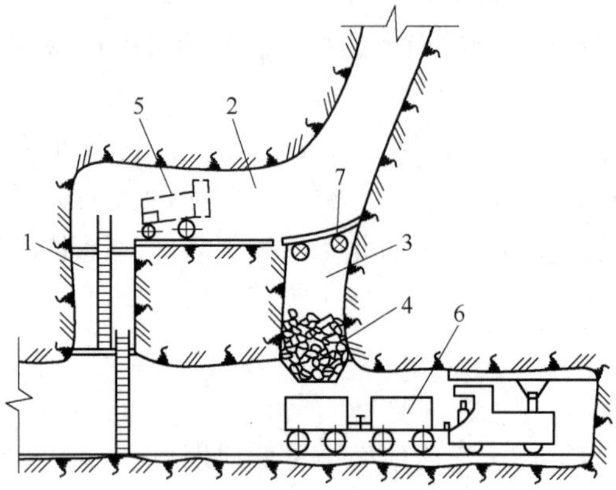

图 8-14 吊罐法掘进天井采用漏斗装岩时天井底部结构

1—人行井；2—联络道；3—出碴井；4—漏斗；5—吊罐；6—矿车与电机车；7—钢轨（上下罐用）

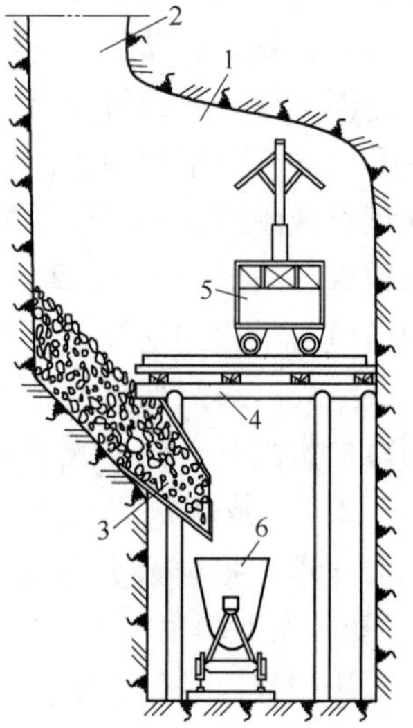

图 8-15 吊罐法掘进大型主溜井时溜井底部结构

1—放矿闸门硐室；2—溜井；3—临时漏斗；4—板台；5—吊罐；6—矿车

流入工作面。安装时，要求轨道铺平，以利于绞车游动。为了防止杂散电流引起早爆事故，绞车硐室内的轨道应与外部轨道断开。

信号联系是保证吊罐法安全施工的重要措施之一，必须做到信号明确、畅通、联系可靠。目前我国普遍采用电铃、电话、灯光等几套设施相结合的信号联系方法。有的矿山还在吊罐上安设电控信号箱，采用电控、电铃、电话相结合的方法，使罐上人员不仅可以直接与上、下中段联系，而且当信号失灵，吊罐发生卡帮或过卷时，还可以直接通知吊罐上、下或停车。信号线路是通过邻近天井或钻孔进行敷设的。电铃、电话应分别设专线，安装后要进行检查。

B 掘进工作

a 凿岩工作

1 台吊罐一般配 2 台 YSP-45 型凿岩机同时凿岩，这样有利于吊罐受力平衡，保持稳定。中心孔还有利于炮眼排列和提高爆破效果，但处理不好会造成中心孔堵塞，影响掘进的正常进行。所以既要获得好的爆破效率，又要防止中心孔堵塞，是天井工作面炮眼排列要充分注意的事项。

常用的炮眼排列有螺旋形掏槽、对称直线掏槽、三角柱掏槽、不规则桶形掏槽等。具体尺寸要求视岩石情况而定，一般眼深 1.7m 左右。

在掘进斜天井时，为保证吊罐上下运行方便与安全，边眼向外应有 90°～95°的倾角，底板增加 1～2 个炮眼，并以多打眼少装药的办法获得较好的成型规格。

b 起爆方法

我国金属矿山采用的起爆方法，有火雷管起爆、电雷管起爆和非电导爆管起爆法。为了避免杂散电流的威胁，一般多采用通电点燃火雷管引爆炸药的方法和非电导爆管起爆法。

采用普通电雷管或微差电雷管起爆时，应测量工作面的杂散电流。要求杂散电流不超过30mA，否则必须切断作业地点上下中段50m以内的一切电源。只有在杂散电流不超过规定值时，才能起爆。

c 通风防尘

天井掘进时，通风比较困难。吊罐法的中心孔为解决通风问题创造了一定的条件。各地习惯于采用混合式通风方式，即上中段通过中心孔向下放风、水管，并以高压风、水自上而下吹洗炮烟，同时，在下中段天井附近安设局部通风机，将炮烟抽出。这种方法效果好，大约10～15min便可将炮烟全部从天井内排出。

为了减少工作面粉尘，吊罐提至工作面后，可用高压水或喷雾洒水装置将井壁上的粉尘冲洗干净。

d 装岩

装岩一般多与凿岩平行作业。我国金属矿山采用吊罐法掘进天井时，用装岩机装入矿车或转载斗车。有的矿山采用漏斗装车。

8.2.3 深孔爆破法掘进天井

深孔质量的好坏是深孔分段爆破法掘进天井的关键。深孔的偏斜会造成孔口和孔底的最小抵抗线不一致，影响爆破效果。

孔的偏斜包括起始偏斜和钻进偏斜。钻机的性能、立钻的精确度和开孔误差是引起初始偏斜的主要因素；岩层变化、钻杆的刚度和操作技术是引起钻进偏斜的基本因素。孔的偏斜率随孔深增加而增大，这是目前使用深孔爆破法掘进天井在高度上受到限制的主要原因。

目前，我国多采用潜孔钻机。黄沙坪矿先后采用过YQ-100型、YQ-100A型及YQ-80型钻机和TYQ型钻架。长沙矿山研究院研制的钻孔直径120mm并配有300mm直径的扩孔刀具的KY-120型地下牙轮钻机，具有穿孔速度快、钻孔偏斜小等优点，在该矿进行了工业试验，取得了较好的技术经济效果。

开钻前根据设计要求检查硐室，测定好天井方位和倾角，给出中心点和孔位，然后安装钻机并调好钻机的方位和倾角，使之符合设计要求。

采用非电导爆管和导爆索起爆。考虑深孔爆破后有充足的排碴时间，微差间隔时间掏槽孔取100ms以上，周边孔取200ms以上。

起爆顺序是：第一分段先爆掏槽孔，第二分段掏槽孔与第一分段周边孔同时爆破，一般掏槽孔超前周边孔一个分段。

8.2.4 爬罐法掘进天井

用爬罐法掘进天井，它的工作台不像吊罐法那样用绞车悬吊，而是和一个驱动机械连接在一起，随驱动机械沿导轨上运行。图8-16所示为爬罐法掘进天井。

掘进前，先在下部掘出设备安装硐室（避炮硐室）。开始先用普通法将天井掘出3～5m高，然后在硐室顶板和天井壁上打锚杆，安装特制的导轨。此导轨可作为爬罐运行的

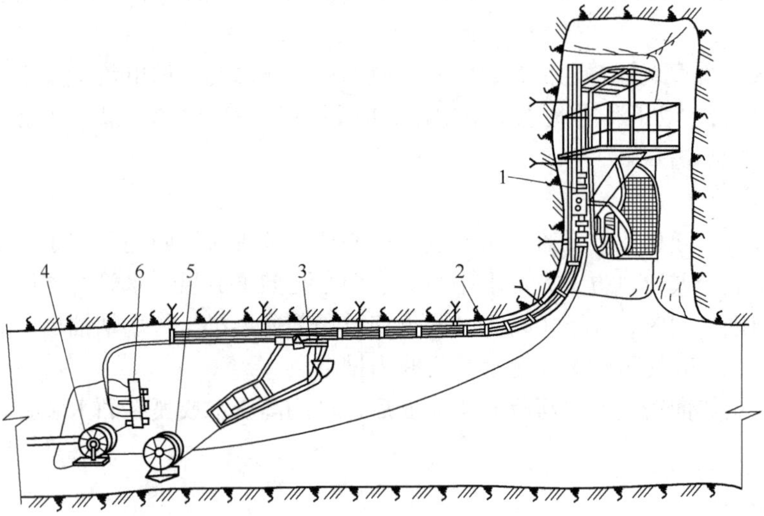

图 8-16　爬罐法掘进天井
1—主爬罐；2—导轨；3—副爬罐；4—主爬罐软管绞车；
5—副爬罐软管绞车；6—风水分配器

轨道，同时利用它装设风水管向工作面供应压风和高压水。在导轨上安装爬罐，在硐室内安装软管绞车、电动绞车以及风水分配器和信号联系装置等。上述设备安装调试后，将主爬罐升至工作面，工人即可站在主爬罐的工作台上进行打眼、装药连线等工作。放炮之前，将主爬罐驱往避炮硐室避炮，放炮后，打开风水阀门，借工作面导轨顶端保护盖板上的喷孔所形成的风水混合物对工作面进行通风。爆下来的岩碴用装岩机装入矿车运走。装岩和钻眼可根据具体情况顺序或平行进行。

导轨随着工作面的推进而不断接长。只有当天井掘完后，才能拆除导轨，拆除导轨的方向是自上而下进行。利用辅助爬罐可以使天井工作面与井下取得联系，以便缩短掘进过程中的辅助作业时间。

8.2.5　钻进法掘进天井

钻进法掘进天井，是用天井钻机在预掘的天井断面内沿全深钻一个直径 200 ~ 300mm 的导向孔，然后用扩孔刀具分次或一次扩大到所需断面，人员不进入工作面，实现了掘进工作全面机械化。

天井钻机的钻进方式主要有两种：一种是上扩法，其钻进程序是，将天井钻机安在上部中段，用牙轮钻头向下钻导向孔，与下部中段贯通后，换上扩孔刀头，由下而上扩孔至所需要的断面，如图 8-17（a）所示；另一种是将钻机安在天井底部，先向上打导向孔，再向下扩孔，即所谓下扩法，如图 8-17（b）所示。

目前我国天井钻进方式均属上扩式。

在钻井之前，先在上水平开凿钻机硐室，于底板上铺一层混凝土垫层，待其凝结硬化后，用地脚螺丝将钻机固定在此基础上，用斜撑油缸和定位螺杆把钻机调节到所需的钻进

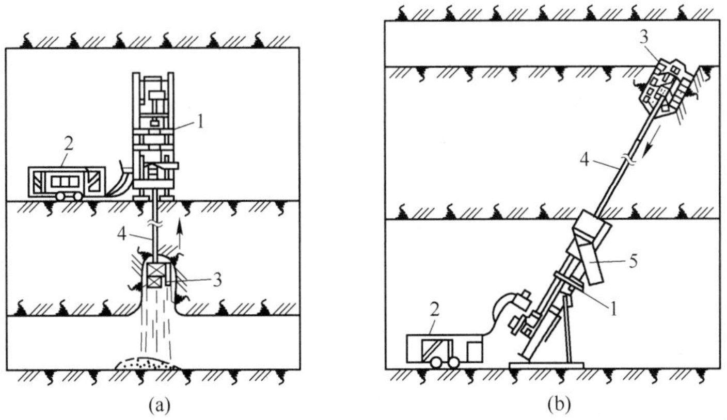

图 8-17 天井钻进法的两种钻进方式
（a）上扩法；（b）下扩法
1—天井钻机；2—动力组件；3—扩孔钻头；4—导向孔；5—漏斗

角度，接上电源，便可开始自上而下钻进导向孔。导向孔的直径视钻机不同，目前使用两种型号的三牙轮钻头，即 9 号（ϕ216mm）和 10 号（ϕ250mm）。在钻进过程中选用适当形式和数量的钻杆稳定器，并根据岩石性质控制转速与钻压，使钻孔偏斜率保持在 1% 以内，有的仅 0.2% ~0.3%。钻进中的岩屑，用高压风或高压水排出孔外。

当导向孔钻通下水平后，卸下钻头，换上扩孔刀头，然后开始自下而上扩孔。扩孔刀具的选用视岩石条件而定。在硬岩中采用密齿形滚刀，在中硬以下岩石中采用镶齿盘形滚刀，软岩中采用合金钢盘形滚刀。孔中的岩屑借自重与高压水排离工作面。

当扩孔刀头钻通钻机底下的混凝土垫层后，用钢丝绳暂时将扩孔刀头吊在井口，待撤除钻机之后再取出扩孔刀头；或是在钻机撤出之前将扩孔刀头放到天井的底部，但是这需要重新接长钻杆，比较费事。

天井钻进法在我国已经有了十几年的发展历史，钻井技术日趋完善，为我国天井施工法开辟了一条新的途径。

复习思考题

8-1 简述斜井井颈的施工方法。
8-2 简述斜井掘进与平巷的区别。
8-3 简述斜井施工的凿岩装岩安全注意事项。
8-4 斜井安全防跑车设施有哪些？
8-5 天井的常用施工方法有几种？
8-6 简述钻进法施工天井的方式。

9 矿井提升与运输

9.1 竖井提升

9.1.1 竖井提升方式

矿井提升的任务是提升矿石、废石，升降人员、材料及设备。矿井提升设备由提升容器、提升钢丝绳、提升机、天轮、井架、装卸载装置组成。

目前，金属矿山井筒倾角为90°的竖井（见图9-1），采取的提升方式有罐笼提升和箕斗提升。其中罐笼提升是一种间接提升方式，它是将需要提升的货物装入某个固定的容器（矿车）内，然后将容器装入罐笼内提升到地表。箕斗提升是一种直接提升方式，是将需要提升的货物直接装入箕斗，然后提升到地表。

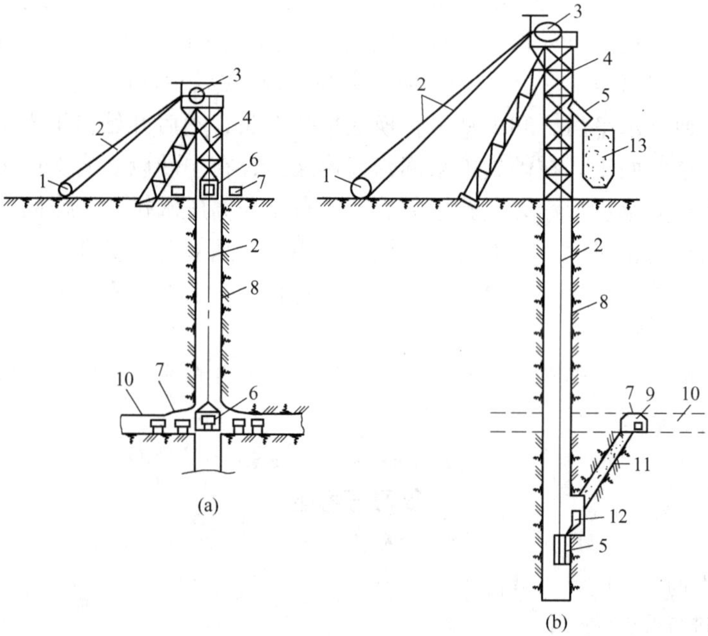

图9-1 竖井提升设备

（a）罐笼提升设备；（b）箕斗提升设备

1—提升机；2—钢丝绳；3—天轮；4—井架；5—箕斗；6—罐笼；7—矿车；8—井筒；9—卸矿硐室；10—井底车场；11—矿仓；12—计量装置；13—地面矿仓

矿井提升机有单绳缠绕式提升机和多绳摩擦式提升机。单绳缠绕式提升机为我国目前普遍使用的提升机，多为圆筒形双卷筒提升机。单绳缠绕式提升机工作原理如图9-2（a）

所示。当电动机经过减速器带动卷筒旋转时，两条钢丝绳分别在卷筒上缠绳和松绳（因两绳在卷筒上缠绕方向相反），从而使钢丝绳另一端的提升容器一个上升、一个下降，如此往复地进行工作。

随着开采深度的不断增加，多绳摩擦式提升机得到推广。多绳摩擦式提升机的工作原理如图9-2（b）所示。钢丝绳不是固定和缠绕在主导轮上，而是搭放在主导轮的摩擦衬垫上，提升容器悬挂在钢丝绳的两端。当电动机通过减速器带动主导轮转动时，钢丝绳和摩擦衬垫之间便产生很大的摩擦力，钢丝绳在这种摩擦力的作用下，跟随主导轮一起运动，从而实现容器的提升和下放。

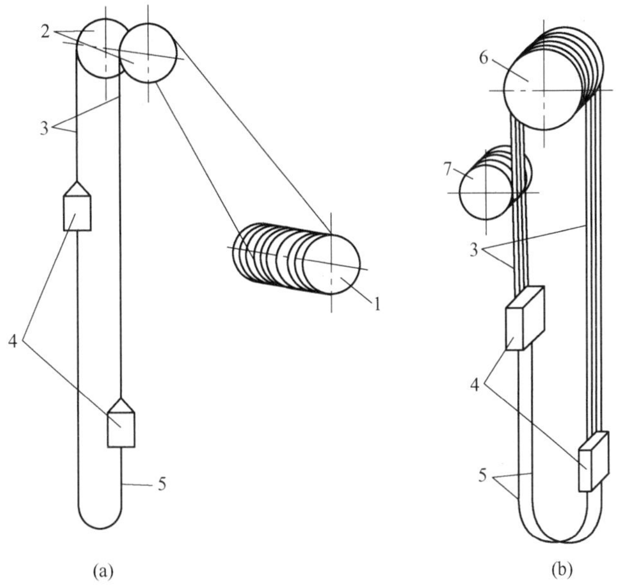

图9-2 提升机工作原理

（a）单绳缠绕式；（b）多绳摩擦式

1—卷筒；2—天轮；3—钢丝绳；4—提升容器；5—平衡尾绳；6—主导轮；7—导向轮

目前常用的多绳摩擦式提升机一般为四绳或六绳，由于钢绳数增多，每根钢绳的直径较单绳大大减小，卷筒直径也相应减小，并且钢绳是搭在卷筒上，提升高度不受卷筒直径和宽度的限制，故特别适用于深井提升。

多绳摩擦式提升机具有运行安全、设备简单、重量轻等一系列优点。但是，目前多绳摩擦轮提升机大多为井塔式，需在井口修建高大的井塔（见图9-3），使基建费用增大。为克服这一缺点、增大多绳摩擦式提升机的使用范围，落地式多绳摩擦轮提升机（见图9-4）的使用将日益增加。

悬挂提升系统（见图9-5）是在单绳提升系统的基础上，结合多绳提升的优点，加以改造而形成的新型提升系统，解决的是竖井井筒延深所带来的静张力不足、容绳量不够、主绳安全系数不足、只能更换提升系统的问题。据不精确计算，主提升绳直径可缩小原来的70%，提升高度可提高30%左右，而且取消了惯用的防坠器，使提升系统更加安全可靠。

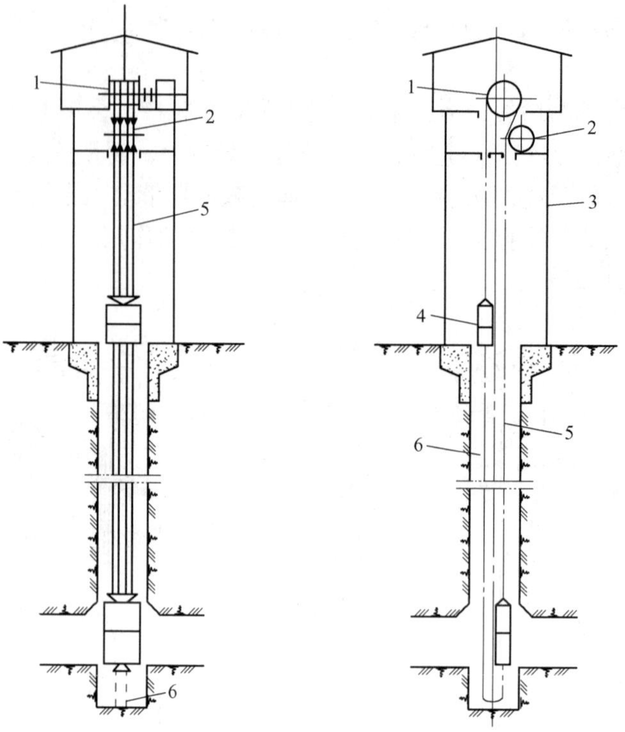

图 9-3　塔式多绳摩擦提升机罐笼提升系统
1—提升机；2—导向轮；3—井塔；
4—罐笼；5—钢丝绳；6—尾绳

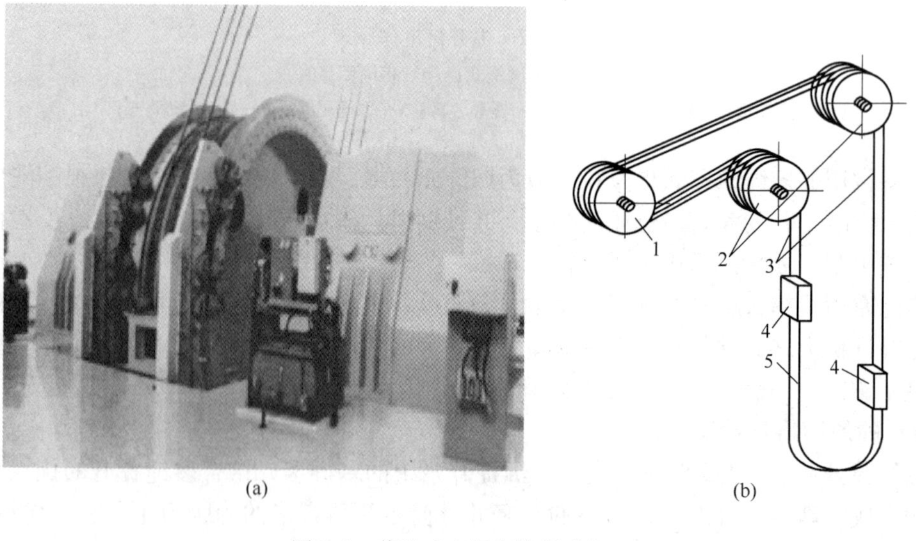

图 9-4　落地式多绳摩擦提升机
（a）多绳摩擦提升机实物图；（b）多绳摩擦提升机示意图
1—摩擦轮；2—天轮；3—钢丝绳；4—箕斗或平衡锤；5—尾绳

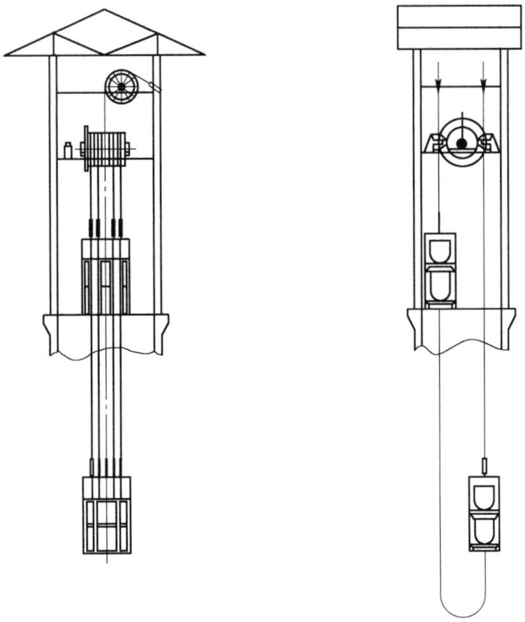

图9-5 悬挂提升系统

9.1.2 竖井提升设备

9.1.2.1 罐笼

罐笼是一种多用途的提升容器，它既可以提升矿石，也可以提升废石、升降人员、运送材料及设备等。

罐笼主要用于副井提升，也可用于小型矿井的主井提升。

我国金属矿山罐笼标准底盘尺寸分别为1号罐笼1300mm×980mm，2号罐笼1800mm×1150mm，3号罐笼2200mm×1350mm，4号罐笼3300mm×1450mm，5号罐笼4000mm×1450mm，6号罐笼4000mm×1800mm。

罐笼主要由罐体、连接（悬挂）装置、导向装置、防坠落装置等组成，并配有承接装置。图9-6所示为双层罐笼实物图。

图9-6 双层罐笼

9.1.2.2 竖井箕斗

箕斗是提升矿石或废石的单一容器，其按卸载方式分为底卸式（见图9-7）、翻转式（见图9-8）和侧卸式。竖井提升主要采用底卸式和翻转式，在一般情况下，翻转式箕斗适用于单绳提升，底卸式箕斗适用于多绳提升。

与罐笼提升相比，箕斗的优点是：自重小，使提升机

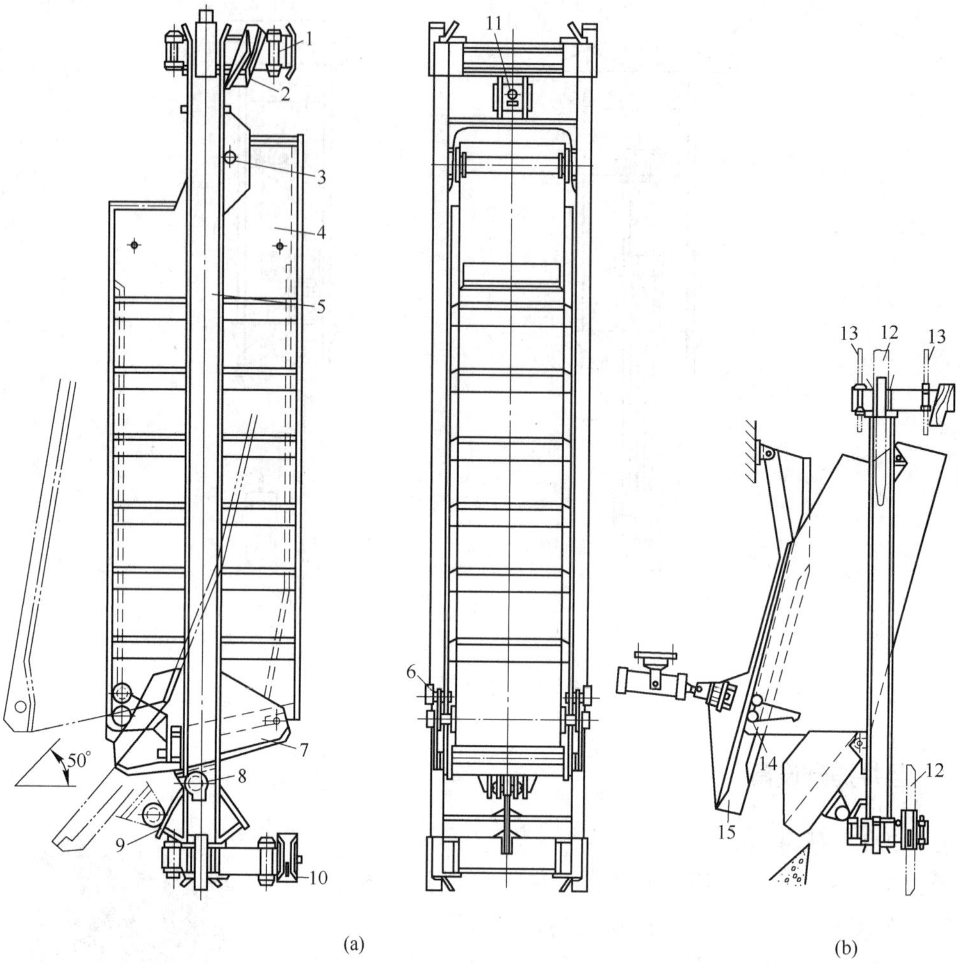

图 9-7 活动直轨底卸式箕斗

（a）活动直轨底卸式箕斗结构；（b）活动直轨底卸式箕斗卸载示意图

1—罐耳；2—行程开关曲轨；3—斗箱旋转轴；4—斗箱；5—框架；6—导轮挂钩；7—箕斗底；8—托轮；9—托轮曲轨；10—导轨槽；11—悬吊轴；12—楔形罐道及导轨；13—钢绳罐道；14—导轮挂钩；15—卸载直轨

尺寸和电动机功率减小，效率高；井筒断面小，无需增大井筒断面就能在井下使用大尺寸矿车；箕斗装、卸时间短，生产能力大。其缺点是必须在井下设置破碎系统，在井口设置矿仓，井下、井口设装卸装置，井架高度增加。箕斗不能运送人员，必须另设提升人员的副井，箕斗井不能作为进风井。

9.1.2.3 罐笼箕斗

罐笼箕斗（也称箕斗罐笼）是一种实用新型防坠罐笼箕斗，具体地说是一种带防坠器的罐笼和箕斗双功能竖井提升容器，只需一套提升容器即可完成小矿山的矿石提升、人员升降和其他辅助提升工作。该设备包括防坠器、罐笼两侧板、罐笼两活动底板和侧底卸扇形闸门。罐笼两活动底板抬起固定后作为箕斗提升时的斗箱侧板，箕斗

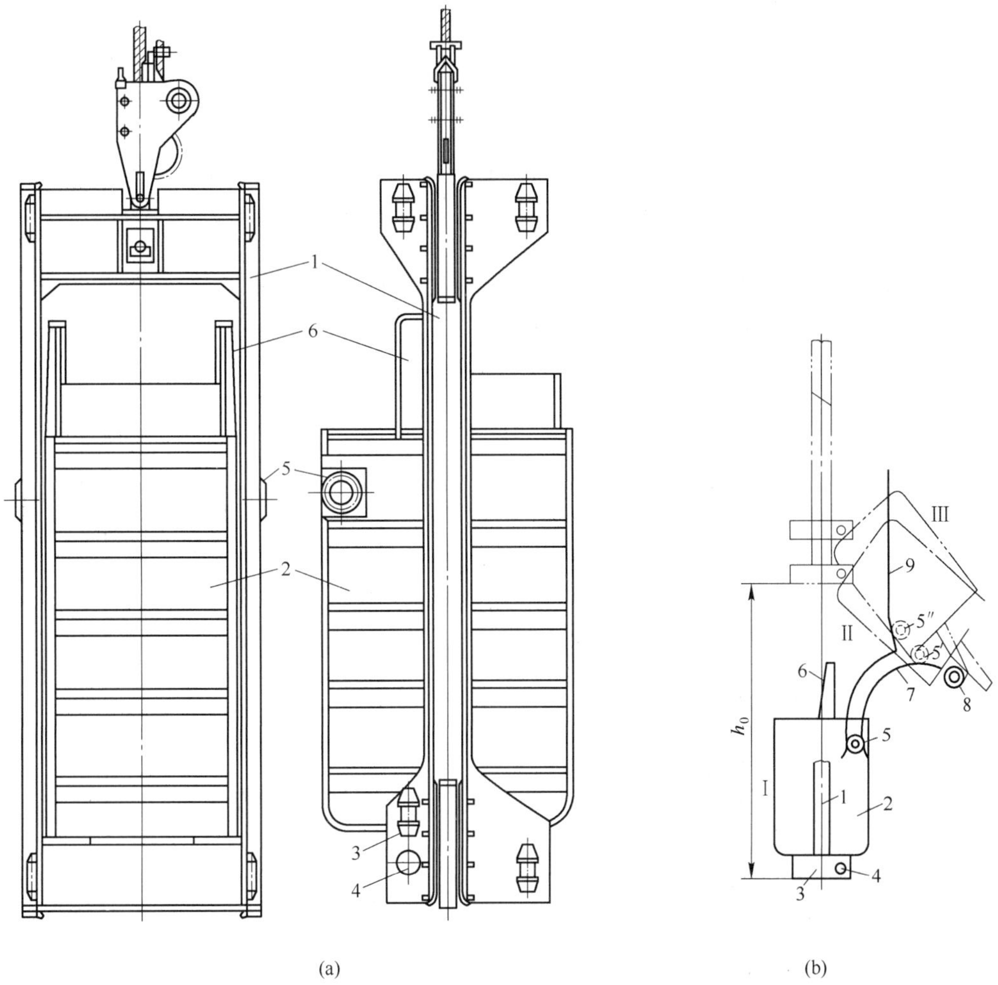

图9-8 翻转式箕斗

(a) 翻转式箕斗构造；(b) 翻转式箕斗卸载示意图

1—框架；2—斗箱；3—底座；4—旋转轴；5—卸载滚轮；6—角板；7—卸载曲轨；8—托轮；9—过卷曲轨；Ⅰ—箕斗卸载前位置；Ⅱ—卸载位置；Ⅲ—过卷位置

提升时采用侧底卸扇形闸门曲轨自动卸载。整个设备结构合理，运行安全可靠。其实物如图9-9所示。

但是由于罐笼箕斗自重大，结构复杂，设计困难，运行自动化程度低，因此很少采用。

9.1.2.4 平衡锤

平衡锤在竖井提升中用于单罐笼或单箕斗提升系统中，有时在斜井双钩提升中也有应用。其作用是平衡提升载荷，减小卷筒上提升钢绳的静张力差，以减小电动机容量。平衡单容器提升的优点是：需要的井筒断面小，井底及井口设备简单，便于多中段提升。其缺点是提升效率低，要达到与双容器相同的提升能力，必须加大提升量，钢丝绳直径和机械设备的尺寸也随之增大。

由于平衡锤单容器提升工作灵活性大，适合于多中段提升。因此，冶金矿山的辅助提升多采用这种方式。目前在国内外的多绳摩擦提升中，这一提升方式也得到了应用，因为它还可以减小钢丝绳的滑动，并扩大其应用范围。

平衡锤的结构如图 9-10 所示。它由框架 1 和重块 2 组成。框架由型钢焊接而成，重块则为铸铁铸造件，每块质量一般为 100～150kg。

图 9-9 罐笼箕斗

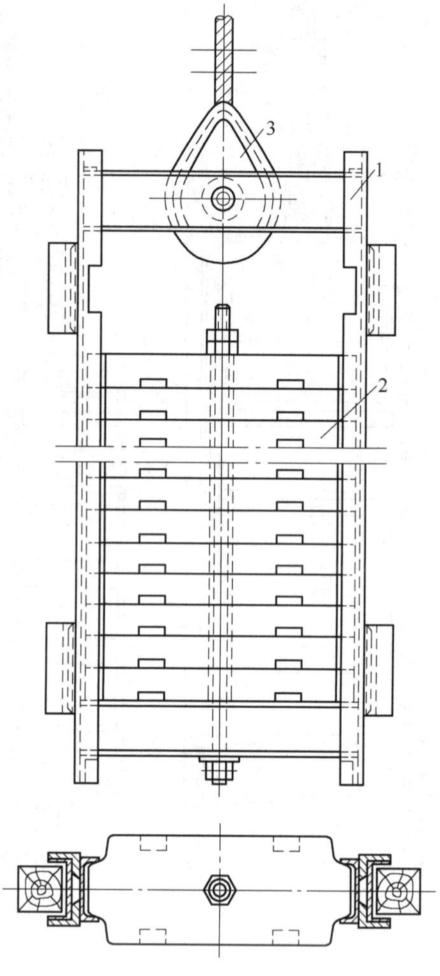

图 9-10 平衡锤

1—框架；2—重块；3—桃形环

9.1.2.5 钢丝绳

提升钢丝绳是指在煤矿、黑色、有色、化工等矿山用作提升用途的钢丝绳，主要包括多股钢丝绳（包括圆股和异形股钢丝绳）、阻旋转钢丝绳（多层股钢丝绳或不旋转钢丝绳）、密封钢丝绳（包括全密封和半密封钢丝绳）、平衡用扁钢丝绳、压实或压实股钢丝绳以及包覆和/或填充钢丝绳等。

钢丝绳的标记的标记符号中，Z 表示右捻；S 表示左捻；sZ 表示右交互捻；zS 表示左交互捻；zZ 表示右同向捻；Ss 表示左同向捻；Az 表示右混合捻；aZ 表示左混合捻。

交互捻和同向捻类型中的第一个字母表示钢丝在股中的捻制方向，第二个字母表示股在钢丝绳中的捻制方向；混合捻类型的第二个字母表示股在钢丝绳中的捻制方向。

A 钢丝绳的捻法

(1) 同向捻。钢丝在股中的捻向和股在钢丝绳中的捻向相同。若股右捻，则称为右同向捻；若股左捻，则称为左同向捻。这种捻法的钢丝绳使用时表面钢丝与外部接触长度较长，即接触面较大，耐磨性能较好，但自转性稍大，容易发生松捻和扭结现象。

(2) 交互捻。钢丝在股中的捻向和股在钢丝绳中的捻向相反。若股右捻、丝左捻，则称为右交互捻；若股左捻、丝右捻，则称为左交互捻。这种捻法的钢丝绳使用时结构比较稳定，自转性较小，不易发生松捻和扭结现象，容易操作。

(3) 混合捻。外层股的捻制为左向捻的股和右向捻的股交替排列，如一半股为左捻，另一半股为右捻。这种捻法的钢丝绳具有同向捻和交互捻的优点，但制造比较困难。

B 钢丝绳中钢丝的接触状态

(1) 点接触。两叠加层钢丝之间捻距不同、钢丝直径和捻向相同，相邻层钢丝相互交叉成点接触状态。这种钢丝绳中钢丝间易滑移，使用时钢丝受到二次弯曲应力，接触应力很大，容易磨损疲劳，使用寿命低，破断拉力也低，但柔韧性较好。

(2) 线接触。股中所有钢丝一次捻制，各层钢丝捻距相同，相邻层钢丝成线接触状态。它包括西鲁式、瓦林吞式、填充式和组合平行捻式。这种钢丝绳消除了使用时钢丝的二次弯曲应力，耐磨、耐疲劳性能较好。

(3) 面接触。股或绳经锻打、轧制或模拔加工，钢丝形状和尺寸发生改变，同层和相邻钢丝呈面状接触，钢丝绳呈密封式光滑表面，结构特别紧密。这种钢丝绳除了没有二次弯曲应力外，使用时三次弯曲应力也较小，抗腐蚀、耐磨性和耐疲劳性能好，破断拉力高，能承受较大的横向力，但柔韧性较差。

(4) 包覆、填充。固态聚合物或包覆在钢丝绳的外部、或填充到钢丝绳的间隙中、或包裹和填充到钢丝绳中、或衬垫在绳芯和股之间，以减少使用中钢丝绳内外部的接触应力，减少钢丝绳与外部以及内部钢丝之间的磨损，增强钢丝绳的抗腐蚀能力，提高钢丝绳的使用寿命。

C 钢丝绳截面形状

(1) 圆形股。各层钢丝绕同心圆捻制的股截面形状近似圆形，可以用相同直径或不同直径的圆钢丝或异形钢丝制成。

(2) 异形股。股截面形状不为圆形。常见的异形股截面形状有三角形、椭圆形，此外还有近期出现近似矩形的扁带股。

这种钢丝绳在卷筒上的支撑点比圆形股钢丝绳增加 3 ~ 4 倍，结构密度大，破断拉力高，耐磨性能强，使用寿命长。

D 钢丝绳绳芯类型

(1) 纤维芯。由天然纤维或合成纤维制成。天然纤维一般用黄麻、剑麻、马尼拉麻等，具有较好的储油和吸振功能，柔韧性好，但耐高温、耐横向挤压较差，结构伸长较大。

(2) 钢芯。由钢丝股或独立钢丝绳制成，具有承载能力大、耐高温、耐横向挤压、抗冲击、结构伸长小等优点，但柔韧性、耐疲劳性能较差。

(3) 固体聚合物芯。由圆形或带有沟槽的圆形固态聚合物制成，具有较高的弹性、抗拉、抗酸碱盐腐蚀和抗横向挤压等性能。

9.1.2.6 提升机

A 单绳缠绕式提升机

单绳缠绕式提升机是较早出现的一种提升机。其工作原理是：将两根提升钢丝绳的一端以相反的方向分别缠绕并固定在提升机的两个卷筒上，另一端绕过井架上的天轮分别与两个提升容器连接，这样，通过电动机改变卷筒的转动方向，可将提升钢丝绳分别在两个卷筒上缠绕和松放，以达到提升或下放容器，完成提升任务的目的。

单绳缠绕式提升机是一种圆柱形卷筒提升机，根据卷筒的数目不同，可分为双卷筒和单卷筒两种。

单卷筒提升机只有一个卷筒，一般仅用作单钩提升。如果单卷筒提升机用作双钩提升，则要在卷筒上固定两根缠绕方向相反的提升钢丝绳。提升机运行时，一根钢丝绳向卷筒上缠绕，同时，另一根钢丝绳自卷筒上松放。

双卷筒提升机的两个卷筒在与轴的连接方式上有所不同：一个卷筒通过楔键或热装与主轴固接在一起，称为固定卷筒，又称为死卷筒；另一个卷筒滑装在主轴上，通过离合器与主轴连接，称为游动卷筒，又称为活卷筒。采用这种结构的目的是考虑到在矿井生产过程中提升钢丝绳在终端载荷作用下产生弹性伸长，或在多水平提升中提升水平的转换，需要两个卷筒之间能够相对转动，以调节绳长，使得两个容器分别对准井口和井底水平。

（1）工作系统。工作系统主要是指主轴装置和主轴承、卷筒等。它的作用是：缠绕或搭挂提升钢丝绳；承受各种正常载荷（包括固定载荷和工作载荷），并将此载荷经过轴承传给基础；承受各种紧急事故情况下所造成的非常载荷；调节丝绳长度。

（2）传动系统。在用一般交流感应电动机或高速直流电动机拖动时，其传动系统主要包括减速器和联轴器；在用直流低速电动机拖动时，其传动系统不需要减速器和联轴器（如采用直流低速直联悬挂式电动机）或仅需要一个联轴器（如采用一般通用低速流电动机）。

减速器的作用是减速和传递动力。联轴器的作用是连接两个旋转运动的部分，并通过其传递动力。

（3）制动系统。制动系统包括制动器和制动器控制装置两部分。

制动器的作用是：

1）在提升机停车时能可靠地闸住机器；

2）在减速阶段及重物下放时，能参与提升机速度控制；

3）起安全保护作用或紧急情况下使提升机迅速停车，以避免事故发生；

4）对于单绳缠绕式双筒提升机，在节约钢丝绳长度或更换水平时，应能闸住游动卷筒，松开固定卷筒。

控制装置的作用是：调节制动力矩；在任何事故状态下能紧急制动（即安全制动）；为单绳双筒提升调绳装置提供调绳离合器油缸所需的压力油（用盘形制动器的提升机）。

（4）控制系统。控制系统主要由深度指示器、深度指示器传动装置和操纵台组成。

深度指示器有牌坊式、圆盘式、小丝杠式。

深度指示器传动装置有牌坊式深度指示器传动装置、圆式深度指示器传动装置、监控器。其作用是根据提升设备的位置及状态对提升系统进行控制，保证提升系统的安全。

操纵台有斜面操纵台、组合式操纵台。操纵台上装有各种手把和开关，可以操纵提升机完成提升、下放及各种动作；操纵台上装设有各种仪表，可以向司机反映提升机的运行情况及设备工作状况。

（5）保护系统。保护系统主要包括测速发电机装置、护板、护栅、护罩等。

测速发电机装置的作用是通过设在操纵台上的电压表向司机指示提升机的实际运行速度，参与加减速运行阶段的超速保护。

B 多绳摩擦式提升机

摩擦式提升机是利用提升钢丝绳与摩擦轮摩擦衬垫之间的摩擦力来传递动力。摩擦式提升机在运转时，摩擦轮靠摩擦力来带动提升钢丝绳，使重载侧钢丝绳上升，空载侧钢丝绳下放。

摩擦式最初使用的是单绳摩擦式提升机，后来随着矿井深度和产量的增加，提升钢丝绳的直径越来越大，不但制造困难和悬挂不便，而且使提升机的有关尺寸也随之增大，因此在单绳摩擦式提升机的基础上制造出了以几根钢丝绳来代替一根钢丝绳的多绳摩擦提升机。

多绳摩擦式提升机具有安全性高、钢丝绳直径细、主导轮直径小、设备重量轻、耗电少、价格便宜等优点，发展很快。它除用于深立井提升外，还可用于浅立井和斜井提升。钢丝绳搭放在提升机的主导轮（摩擦轮）上，两端悬挂提升容器或一端挂平衡重（锤）。运转时，借主导轮的摩擦衬垫与钢丝绳间的摩擦力，带动钢丝绳完成容器的升降。钢丝绳一般为 2 ~ 10 根。多绳摩擦式提升机分为井塔式和落地式两种。

（1）井塔式提升机（见图 9-11）。机房设在井塔顶层，与井塔合成一体，节省场地；钢丝绳不暴露在外，不受雨雪的侵蚀，但井塔的重量大，基建时间长，造价高。

（2）落地式提升机（见图 9-12）。机房直接设在地面上，井架低，投资小，抗震性能好。其缺点是钢丝绳暴露在外，弯曲次数多，影响钢丝绳的工作条件及使用寿命。

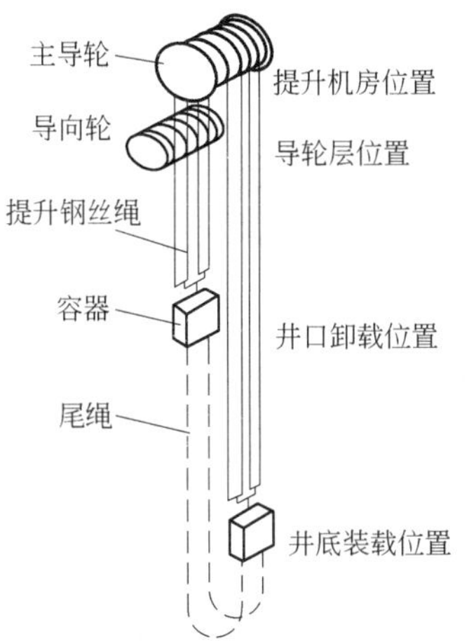

图 9-11 井塔式多绳摩擦式提升机

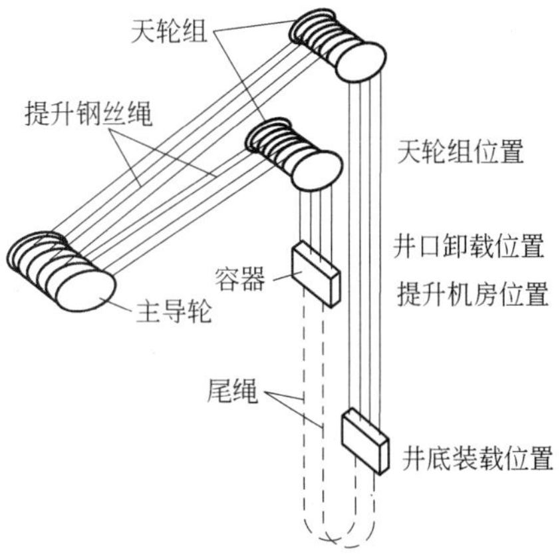

图 9-12 落地式多绳摩擦式提升机

多绳摩擦式提升机主要由主轴装置、制动器装置、液压站、减速器、电动机、深度指示器系统、操纵台、导向轮装置（落地式为天轮装置）、车槽装置（落地式带有拨绳装置）、弹性联轴器、齿化联轴器等部件组成，如图 9-13 所示。主导轮表面装有带绳槽的摩擦衬垫。衬垫应具有较高的摩擦系数和耐磨、耐压性能，其材质的优劣直接影响提升机的生产能力、工作安全性及应用范围。目前使用较多的衬垫材料有聚氯乙烯或聚氨基甲酸乙酯橡胶等。由于钢丝绳与主导轮衬垫间存在不可避免的蠕动和滑动，停车时深度指示器偏离零位，故应设自动调零装置，在每次停车期间使指针自动指向零位。车槽装置用于车削绳槽，保持绳槽直径一致，有利于均匀每根钢丝绳的张力。为了减少振动，可采用弹簧机座减速器。

图 9-13 多绳摩擦式提升机

9.2 斜井提升

9.2.1 斜井提升方式

斜井串车（见图 9-14）和斜井箕斗（见图 9-15）提升是矿山常用的提升方式。

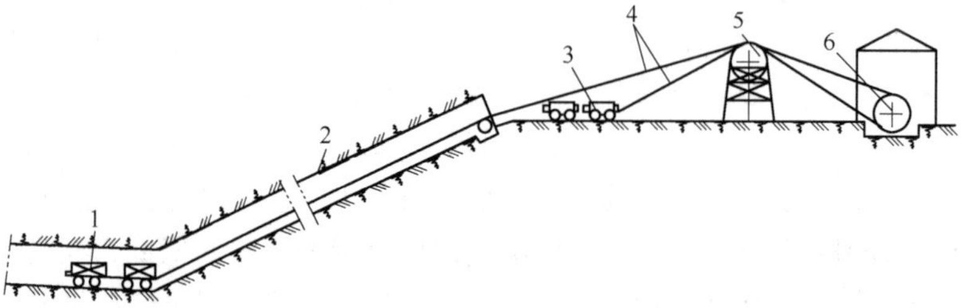

图 9-14 斜井串车提升系统

1—重矿车；2—斜井井筒；3—空矿车；4—钢丝绳；5—天轮；6—提升机

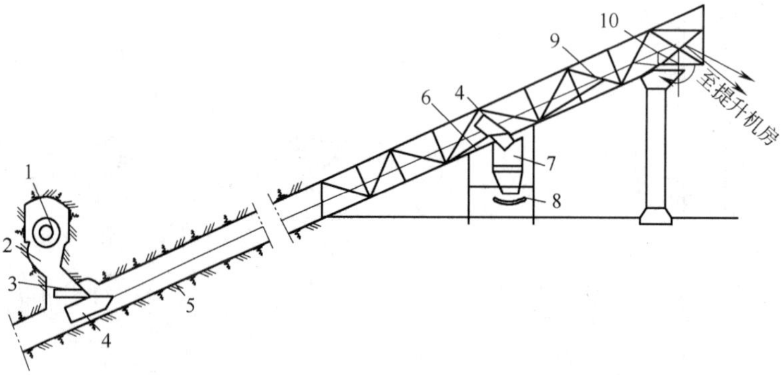

图 9-15 斜井箕斗提升系统

1—翻车机；2—井下矿仓；3—给矿机械；4—箕斗；5—斜井井筒；6—卸载曲轨；7—地面矿仓；8—转载皮带；9—提升钢丝绳；10—天轮

斜井串车提升因其井筒断面小，井建工程量小，具有投资少、出矿快的优点，尤其是采用单钩串车提升时，见效更快。其缺点是，由于提升速度的限制，生产能力较低，钢丝绳磨损较快，井筒维护费用高。

主井提升时，主井倾角一般不大于25°，否则串车提升时矿石易撒落。所以，当斜井倾角大于25°时，应采用斜井箕斗提升。斜井箕斗提升也需要装卸载装置，故投资多，安装施工时间长，并且还需另建一套副井提升设备。斜井常用的箕斗卸载方法有翻转式（见图9-16）和后卸式（见图9-17）。

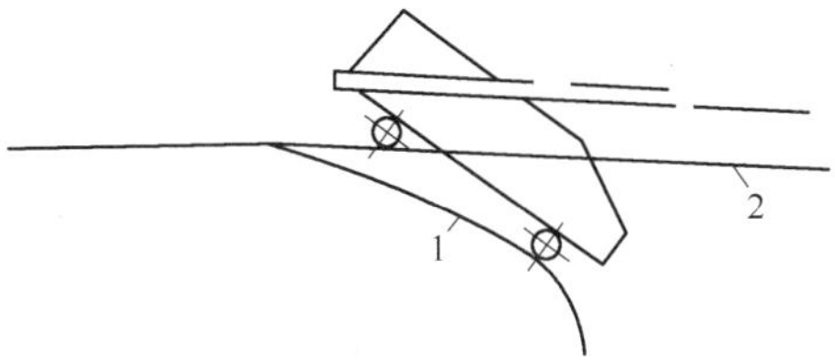

图9-16 斜井箕斗翻转式卸矿
1—正常轨；2—窄轨

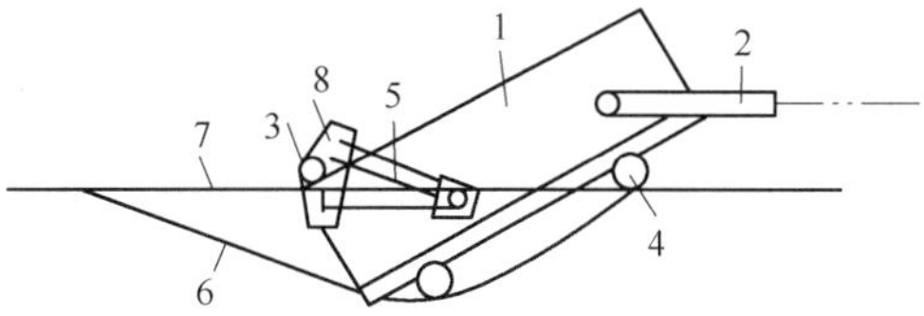

图9-17 后卸式斜井箕斗
1—斗箱；2—框架；3—小引轮；4—前轮；
5—正常轨；6—曲轨；7—宽轨；8—闸门

在井筒倾角较大时，有时用斜井台车（又称斜井罐笼）。它是在倾斜的底盘上安装三角架，形成承载矿车的平台。

斜井运送人员时必须采用专门的人车，每辆人车必须设有可靠的断绳保险装置，提升机应有两套制动闸。

9.2.2 斜井提升设备

斜井提升设备有斜井箕斗、串车、台车和人车等。

9.2.2.1 斜井箕斗

斜井箕斗有前翻式、后卸式和底卸式3种。前翻式箕斗（见图9-18）结构简单、坚固、重量轻，适用于提升重载，地下矿使用较多；但卸载时动荷载大，有自重不平衡现象，卸载曲轨较长，在斜井倾角较小时，装满系数小。小型矿山斜井倾角较大时，通常采用前翻式箕斗。后卸式箕斗（见图9-19）比前翻式箕斗使用范围广，卸载比较平稳，动载荷小，倾角较小时装满系数大；但结构较复杂，设备质量大，卷扬道倾角过大卸载困难。通常在斜井倾角不大时选用后卸式箕斗。底卸式箕斗在斜井中很少使用。

斜井箕斗提升优点是提升运行速度快，提升能力大，机械化程度高，稳定性好，安全；缺点是需要设置箕斗的装载和卸载装置，增加运输环节和工程量。

图9-18 斜井提升箕斗

9.2.2.2 串车

串车提升又称矿车组提升，容器是矿山运输矿车。其优点是系统环节少，基建工程量小，投资少，可减少粉尘和粉矿的产生；缺点是提升能力小，矿车运行速度慢，易发生跑车或掉道事故，要求串车要用连接装置以保安

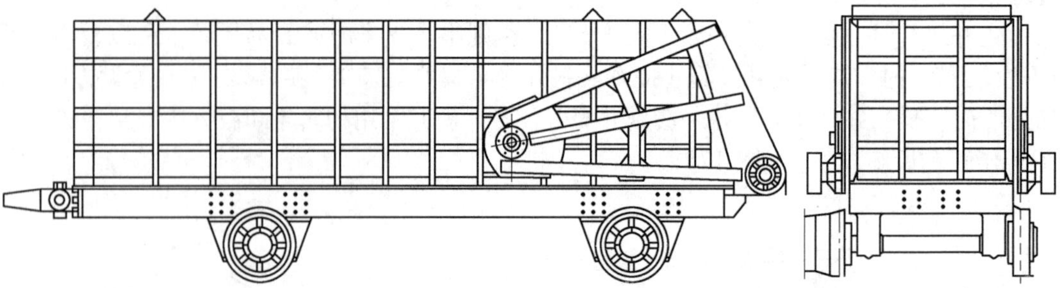

图 9-19 后卸式箕斗

全。串车提升适用于提升量小、斜井倾角不超过 25°的矿山。考虑空矿车组的顺利下放，斜井倾角一般不小于 8°为宜，矿车容积一般为 0.5 ~ 1.2m³。

斜井串车提升分单钩串车和双钩串车提升。单钩串车提升斜井断面小，初期投资省，但提升能力小。要求提升能力大时，宜采用双钩串车提升。

用于斜井串车提升的矿车容积，一般为 0.5 ~ 1.2m³ 的固定式和翻转式矿车，当斜井（坡）倾角较大，采用矿车组提升方式时，应当考虑矿车在运行中的稳定性，此时以选用固定式矿车为宜。为在上、下部车场内调车方便以及运行安全，一组矿车的车数应尽可能与电机车牵引的车数成倍数关系。考虑车场布置尺寸不宜过大和矿车运行的稳定性，一组矿车的车数不宜过多，一般为 3 ~ 5 辆。斜井（坡）提升的车辆，还必须根据矿车连接器和车底架的强度校核矿车组车数。必要时须挂带安全绳。

9.2.2.3 台车

斜井台车提升是利用台车来提升矿石。台车提升的优点是斜井倾角可以较大，阶段运输水平与斜井台车连接简单；缺点是提升能力小，一般是人工推矿车入台车。台车提升适用于斜井倾角在 30° ~ 40°、提升量在 200t/d 以下的矿井。台车一般作为矿井、采区的设备、材料的辅助提升设备。

斜坡台车有单层单车式、单层双车式、双层单车式 3 种形式。其中单层单车式应用最为广泛。后两种形式的台车应用较少。

斜井倾角大于 30°、垂直深度超过 50m，或倾角虽然小于 30°但垂直深度超过 100m 时，应安设人车升降人员，且斜井人车必须有可靠的保险装置（安全卡）。载人时人车在斜井直线上行驶。

9.2.2.4 人车

斜井人车（见图 9-20）节数一般为 3 ~ 4 节，即首车 1 节、挂车 1 ~ 2 节、尾车 1 节。它用提升机直接牵引，完成斜井中运送人员的任务。

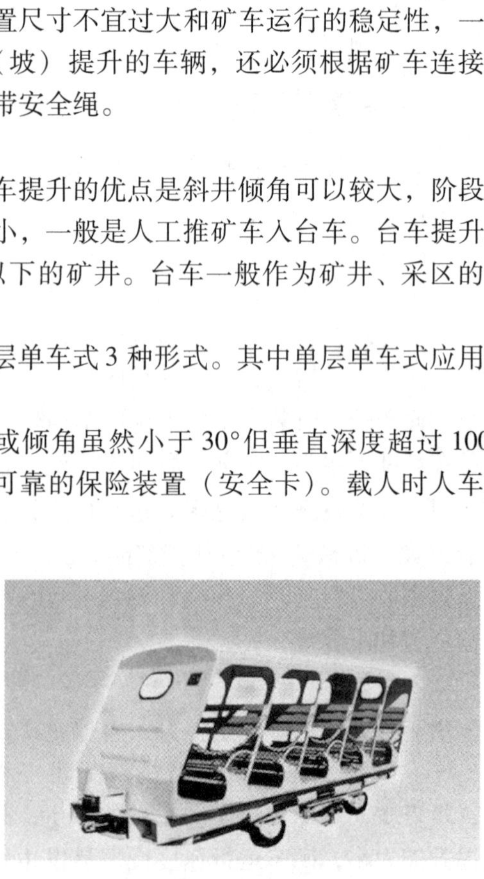

图 9-20 斜井提升人车

人车上的安全装置（包括开动机构、制动机构和缓冲器等）均安设在首车上。当断绳跑车或遇有紧急情况需手动刹车时，通过开动机构中各部件的动作，打开制动器进行制动。

人车制动时，抱爪抱住钢轨的瞬间，乘坐人员的滑架和挂车仍具有很大的动能，因此，在首车上安装了两台钢丝绳螺旋缓冲器，其作用是使人车制动时，产生的最大减速度限制在乘坐人员能够承受的安全限度内，以防止发生停车碰伤事故。

斜井人车的安全制动装置抓捕方式有两种：一种是插爪插入枕木进行安全制动；另一种是抱爪抓捕钢轨进行安全制动，即抱轨式斜井人车。抱轨式斜井人车结构如图 9-21 所示，插爪式斜井人车结构如图 9-22 所示。

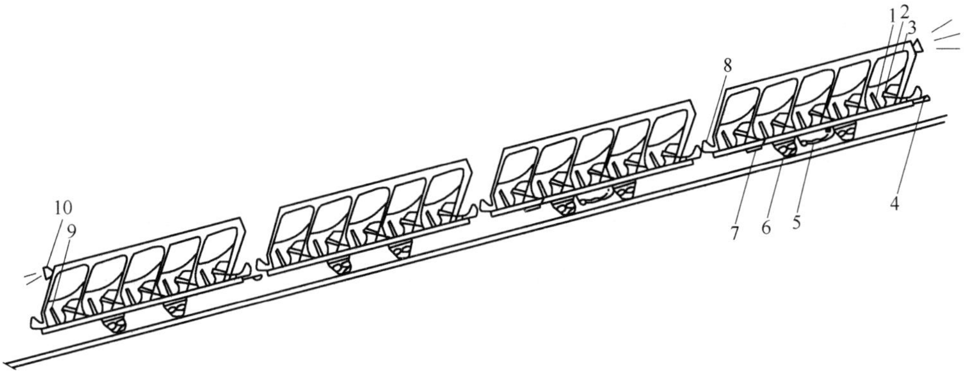

图 9-21 抱轨式斜井人车

1，9—手动操纵装置；2—闭锁装置；3—轨体；4—立拉杆；5—制动装置；6—轮对；7—缓冲装置；8—连接链及碰头；10—照明灯

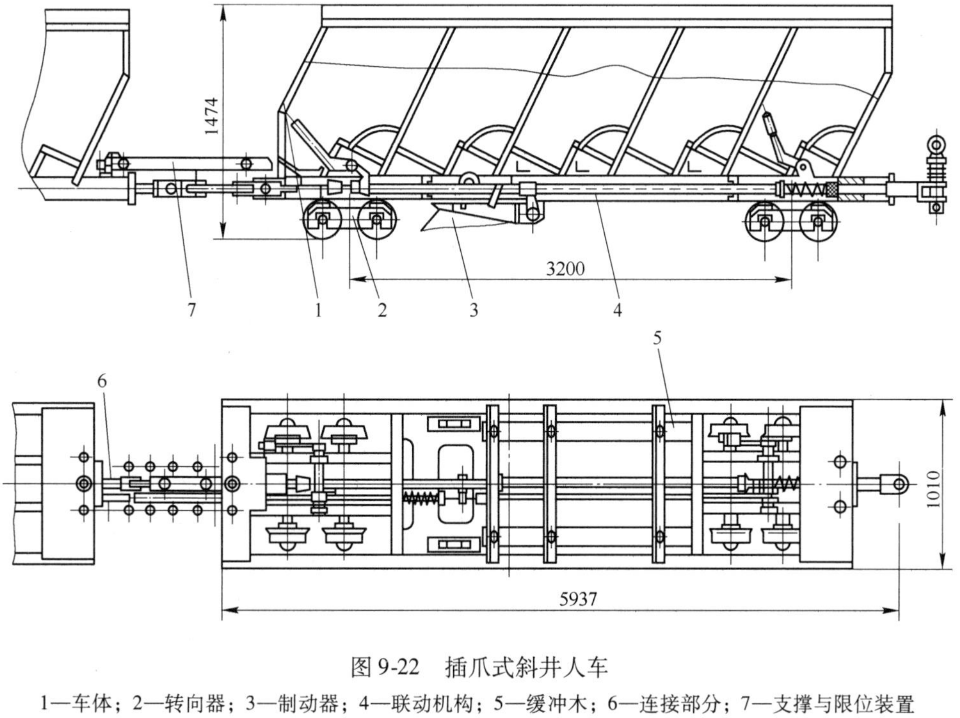

图 9-22 插爪式斜井人车

1—车体；2—转向器；3—制动器；4—联动机构；5—缓冲木；6—连接部分；7—支撑与限位装置

9.3　中段运输设备

9.3.1　电机车

电机车是我国金属地下矿的主要运输设备，通常牵引矿车组在水平或坡度小于30‰～50‰的线路上作长距离运输，有时也用于短距离运输或作调车用。

电机车按电源形式不同分为两类：从架空线取得电能的架线式电机车；从蓄电池取得电能的蓄电池式电机车，如图9-23所示。二者比较，架线式结构简单、操纵方便、效率高、生产费用低，在金属矿获得广泛应用。蓄电池式通常只在有瓦斯或矿尘爆炸危险的矿井中使用。

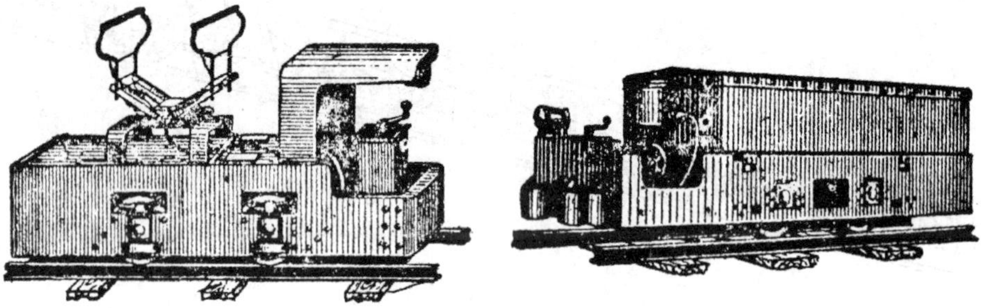

(a)　　(b)

图9-23　电机车外形图

（a）架线式；（b）蓄电池式

架线式电机车按电源性质不同，分为直流电机车和交流电机车两种。目前国内普遍使用直流电机车。

9.3.2　矿车

矿车由车厢、车架、轮轴、缓冲器和连接器组成。

车厢用钢板焊接而成，为了增加刚度，顶部有钢质包边，有时四周还用钢条加固。车架用型钢制成，其前后端装有缓冲器，下部焊有轴座。缓冲器的作用是承受车辆相互的碰撞力，并保证摘挂钩工作的安全。缓冲器有弹性和刚性两种：弹性缓冲器借助碰头推压弹簧起缓冲作用，通常用于大容积矿车；刚性缓冲器则用型钢或铸钢制成，刚性连接在车架上。

连接器装在缓冲器上，其作用是把单个矿车连接成车组，并传递牵引力。连接器要有足够的强度，摘挂钩方便，不会自行脱钩，并在垂直方向和水平方向有一定活动余地。常用的连接器有链环式和转轴式两种。链环式一般由三个套环组成，两端钢环分别挂在两个矿车缓冲器的插销上。转轴式由两个套环和转轴组成，两个套环分别挂在两个矿车缓冲器的插销上。由于左右套环能绕转轴独立旋转，因此矿车组不必摘钩、每个矿车能在翻车机内独立卸载。

矿车按车厢结构和卸载方式不同，一般分为固定车厢式、翻转车厢式、曲轨侧卸式及底卸式等主要类型。各类矿车除车厢结构不同外，其他部分大体相似。

9.3.3　轨道

矿井轨道由下部结构和上部结构组成，如图9-24所示。

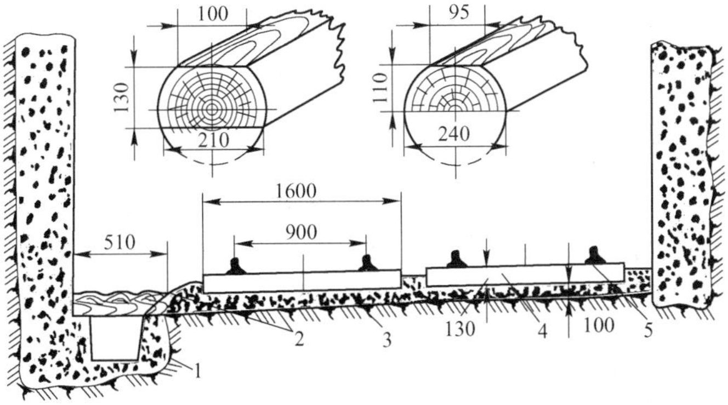

图 9-24 矿井轨道的结构

1—水沟；2—巷道底板；3—道砟；4—轨枕；5—钢轨

下部结构是巷道底板，由线路的空间位置确定。线路空间位置用平面图和剖面图表示：平面图说明线路的平面布置，包括直线段、曲线段的位置及其平面连接方式；纵剖面图说明线路坡度及变坡处的连接竖曲线；横剖面说明线路在巷道内的布置情况。轨道线路应力求铺成直线或具有较大的曲线半径，纵向力求平坦，平巷沿重力方向有 3‰的下向坡度，横向在排水沟方向稍有倾斜。

上部结构包括道砟、轨枕、钢轨及接轨零件。

道砟层由直径 20～40mm 的坚硬碎石构成，其作用是将轨枕传来的压力均匀传递到下部结构上，并防止轨枕纵横向移动及缓和车轮对钢轨的冲击作用，还可以调节轨面高度。

轨枕的作用是固定钢轨，使之保持规定的轨距，并将钢轨的压力均匀传递给道碴层。

9.3.4 道岔

把两条轨道衔接起来，使车辆从一条线路驶入另一条线路，通常应用道岔。道岔如图 9-25 所示，由岔尖 2、基本轨 3、过渡轨 4、辙岔 5、护轮轨 6 和转辙器 7 等组成。

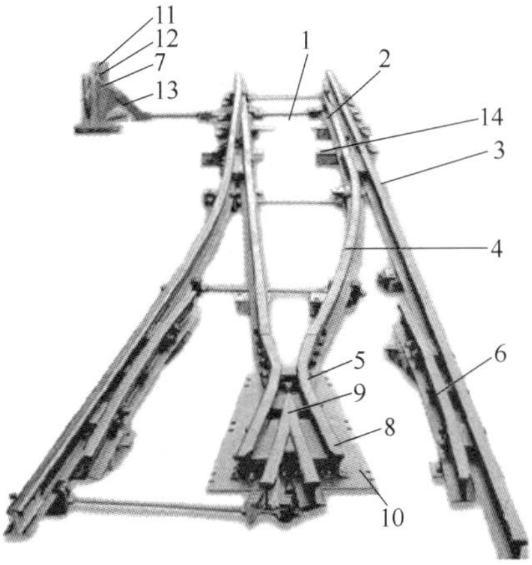

图 9-25 道岔结构

1—拉杆；2—岔尖；3—基本轨；4—过渡轨；5—辙岔；6—护轮轨；7—转辙器；8—翼轨；9—岔心；10—铁板；11—手柄；12—重锤；13—曲杠杆；14—底座

复习思考题

9-1　矿井常用的提升设备有哪些?

9-2　简述各种提升设备的使用条件及特点。

9-3　矿井有哪些提升方式?各提升方式的提升特点是什么?

9-4　提升机由哪几部分组成?各部分的作用是什么?

9-5　简述矿井提升的发展趋势。

9-6　简述斜井提升设备及提升方式。

9-7　简述斜井提升安全控制方法。

10 矿井通风方法

10.1 矿井自然通风

10.1.1 矿井自然风流的形成

一个矿井只要有两个以上的出口，而这些出口的空气柱密度不同，就会产生自然通风。空气的密度主要决定于大气压力及空气温度。对于一个矿井来说，大气压力的变化并不显著，而温度的变化较为明显，所以矿井空气密度的变化受温度的影响较大。一般说，由于岩石温度以及其他因素的影响，在不是平硐开拓的矿井，如图 10-1 所示，矿井的出风温度有所增高，形成了出风井温度高于进风井的温差现象，实际起到一定的自然通风作用。

平硐开拓的矿井，矿内外的温差将有利于自然通风的形成。如图 10-2 所示，若矿外气温低于矿内，*AB* 空气柱密度大于 *CD*，风流方向如实线箭头所示；反之，如虚线箭头所示。所以地表气温的变化，会使多中段平硐开拓矿井的自然风流方向变化，以致有的矿井昼夜之间都会风流反向。这种不稳定现象给矿井通风管理带来一定的困难，干扰机械通风。

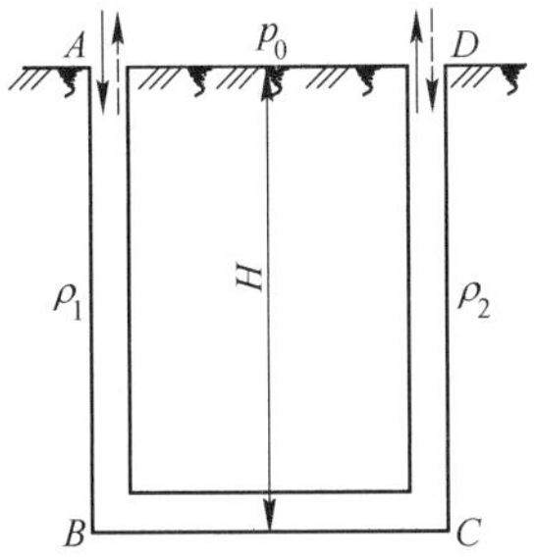

图 10-1　竖井开拓的自然通风

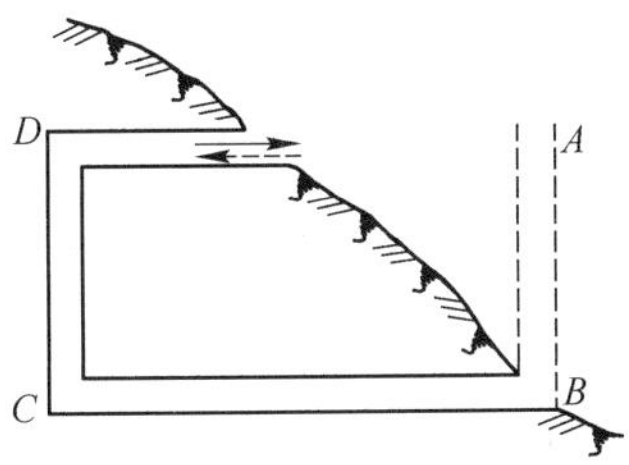

图 10-2　平硐开拓的自然通风

这样看来，形成自然通风的基本原理是由于矿井有两个以上的出口，并且它们的空气柱密度不同。进、出风井空气柱由于密度不同引起的能量差值，称为自然通风的压差或自然压差。影响自然压差大小的因素，除气温外，还有矿井深度及地表大气压等。矿井深度越大，自然压差越大。所以在一些深矿井里，自然风量比较大。

10.1.2 自然压差的特性

（1）当矿井深度及进出风的温度差没有改变时，自然压差是常数。所以当自然压差一定时，其风量大小决定于矿井风阻。

（2）当矿井风阻一定时，进、出风井空气柱的温差改变，必然改变该矿井的自然压差，改变矿井的风量。在矿井风阻一定时，自然压差越大，自然风量越大。

（3）自然风流的方向主要受空气密度的支配，而空气密度又受到地温、气候等的影响。所以一般在冬季进风气温降低，自然通风往往与机械通风方向一致；在夏季则相反，往往干扰机械通风。

（4）在一些岩石裂缝及溶洞发育的矿井，由于自然压差的作用，冬季由矿井向地表漏风，夏季由地表向矿井漏风，致使矿井空气中的氡及其子体浓度，冬季降低，夏季增高。

（5）在机械通风的矿井里，当扇风机停止运转时，出风部分的气温不会因主扇停止运转而马上降低，自然风流也不会马上反向。

自然通风的优点主要在于不消耗电能，但它不稳定，给通风管理工作带来一定的困难。因此，应根据矿井的具体情况，有利则用，有害则防。

10.1.3　矿井风流的自然分配

一个矿井有很多的井巷，它们之间的连接方式不同，风流在当中流动时，会出现许多分支及汇合现象，因而组成各种不同的通风网路。网路的状态在一定程度上影响着矿井的风量分配。

10.1.3.1　串联通风网路

图 10-3 所示是一个矿井通风系统，风流从进风井 1—2，经石门 2—3、运输平巷 3—4，回风石门4—5及回风井 5—6、风硐 6—7 由扇风机排出地表，构成串联风流。

在没有漏风的情况下，通过每条井巷的风量都相等，从进风点到出风点的压差就等于各条井巷风流压差之和。这种没有分支风流的连接，称为串联通风网路。

任何矿井的通风系统中，都会出现一些串联现象，所以串联是一种最基本的风流连接形式。但是由于它一方面使总风阻增大，另一方面当几个工作面的风流相串联，必然影响后部工作面风流的质量，所以在制定通风系统时，一定要避免工作面间风流的串联。因此，克服工作面之间的串联风流，是矿井通风管理工作的主要内容之一。

10.1.3.2　并联通风网路

图 10-4（a）所示是中央式开拓用抽出式通风的矿井通风系统。风流从提升斜井进入，在运输平巷分为左右两支进入工作面，经回风平巷汇合进入通风斜井，由扇风机排出

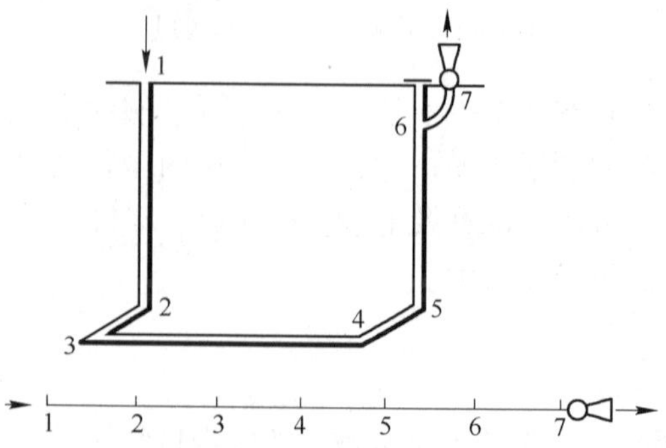

图 10-3　串联通风网路

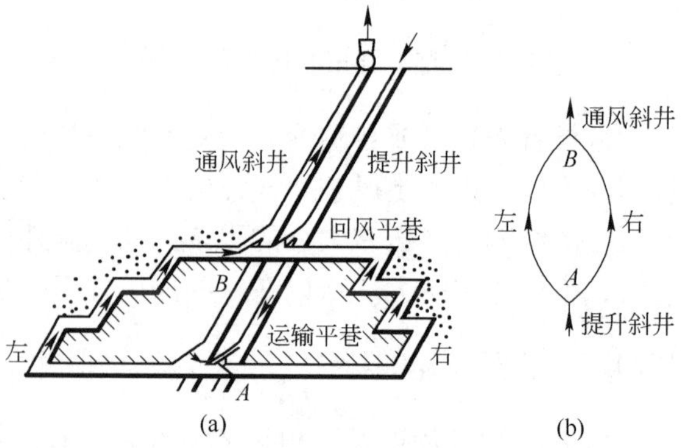

图 10-4　并联通风网路

（a）通风系统图；（b）通风示意图

地表。其风流线路可作成如图 10-4（b）所示的通风示意图。由于风流同在点 A 分支以后，又同在另一点 B 相汇合，故这种风流网路称为并联通风网路。

以上这些都是在没有考虑漏风的前提下提出的，出现漏风后就增加风流分支，使风量的分配及风阻都会受到不同程度影响。

图 10-5 所示本来是串联风流，在采空区有漏风时，这些漏风流可以看成是与工作面风流并联的风流。这种漏风有两方面的影响：一是采空区的漏风流为层流，当压差增加后，漏风更为增加；另一方面，漏风与主风流之间的并联关系虽然使总风阻减小，但漏风使工作面所得到的风量减少。这种漏风是没有好处的。

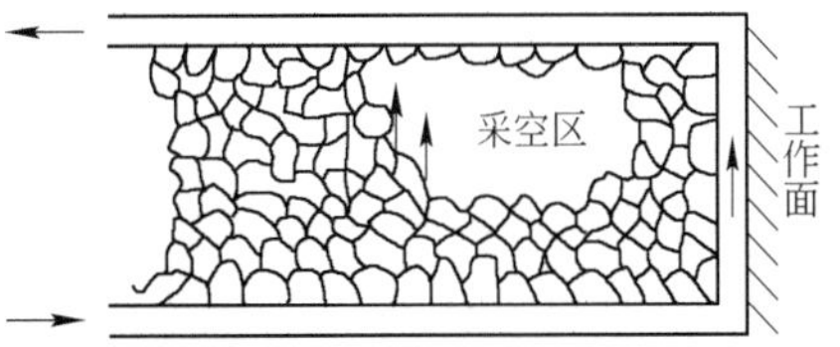

图 10-5 采空区漏风

如图 10-4 所示，若进风井与出风井之间有漏风，这时漏风流与矿内风流也形成并联。同样的道理，虽然矿井总风阻减小，总风量会增加，但工作面所得到的风量显然减少。这种漏风也是极为有害的。所以克服矿井漏风，也是矿井通风管理工作的主要内容之一。

但是漏风能降低风阻，使总进风量增加，这是可以利用的一面。例如一个抽出式通风的矿井，漏风方向由地表向矿内，则地表向进风部分的漏风，可能会增加工作面的风量；而地表向出风部分的漏风，必然减少工作面得到的风量。又如压入式通风矿井，由于漏风方向由矿内向矿外，则进风部分向地表漏风，必然减少工作面风量；出风部分向地表漏风，可能增加工作面风量。

10.1.3.3 角联通风网路

图 10-6 所示的通风系统，当风流从 A 进入后，必然从 F、G 两处排出。CD 及 CE 巷道的风流方向比较明显，但 DE 巷道的风流方向会是怎样呢？

把这个通风系统作成如图 10-7 所示的通风示意图。从图中可以看出，DE 风流方向有三种可能，即或无风流，或流向 E，或流向 D。这种风流连接形式不能看成是并联。它是在一个并联网路中，存在一条或几条巷道，从并联网路的一支风流跨接到另一支风流，这种通风网路称为角联通风网路。跨接的这几条巷道，称为对角巷道。角联通风网路具有它的一些特点，其中一个主要特点是对角巷道中的风流方向不稳定。

为了搞清角联通风网路的基本特点，现用如图 10-8 所示的一个典型的角联通风网路来说明这个问题。当风流从 A 流向 D 时，除了对角巷道 BC 外，其他几条巷道的风流方向都比较明显。那么影响 BC 的风流方向的因素有哪些呢？

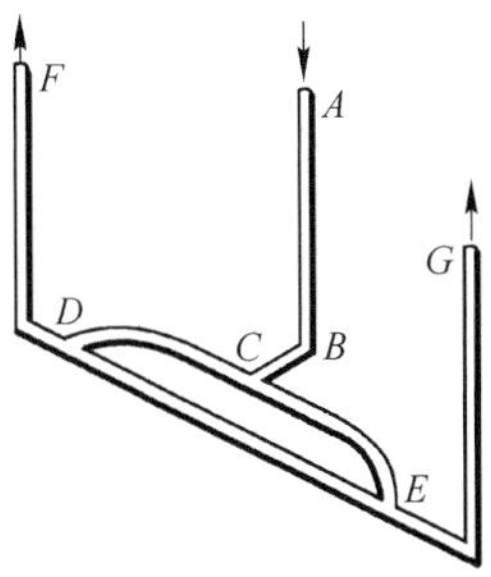

图 10-6 通风系统

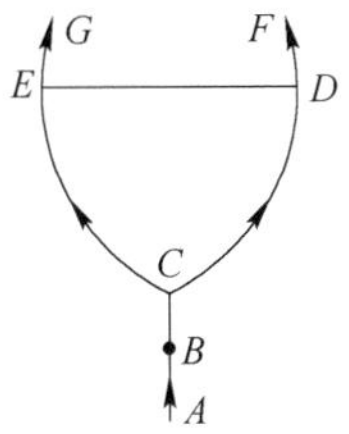

图 10-7 通风示意图

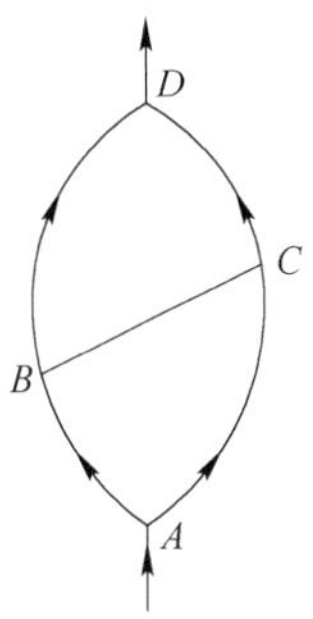

图 10-8 角联通风示意图

因为两点间的空气能量差是空气流动的根本原因，所以 BC 的风流方向完全决定于 B、C 两点的空气能量差。若 B 点空气能量大于 C 点，风流方向为 BC；反之，当 B 点空气能量小于 C 点，风流方向为 CB；若 B 点空气能量等于 C 点，则 BC 巷道内无风流。

10.2 扇风机通风

10.2.1 矿用扇风机

10.2.1.1 扇风机构造

矿用通风机（一般矿山称作扇风机）按其构造原理分为离心式和轴流式两大类。离心式通风机按进气方式可分为单吸入和双吸入两种。

矿用通风机按其用途分为三种：

（1）主扇。主扇是用于全矿井或矿井某一翼的通风机，又称主要通风机。

（2）辅扇。辅扇是用于矿井通风网路内某些分支风路中借以调节其风量，协助主扇工作的通风机，又称辅助扇风机。

（3）局扇。局扇是用于矿井无贯穿风流的局部地点通风的通风机，又称局部扇风机。

主扇和辅扇的机型和功率一般均较大，多为固定式。局扇的机型和功率一般较小，多为移动式，而且以轴流式为主。

A 离心式通风机

离心式通风机（见图 10-9）一般由叶轮、机壳、进气箱、前导器、扩散器组成。

（1）叶轮。叶轮是通风机的心脏部分，它的几何形状和尺寸对通风机的特性有重大的影响。离心式通风机的叶轮一般由前盘、后（中）盘、叶片和轴盘等组成，有焊接和铆接两种形式。

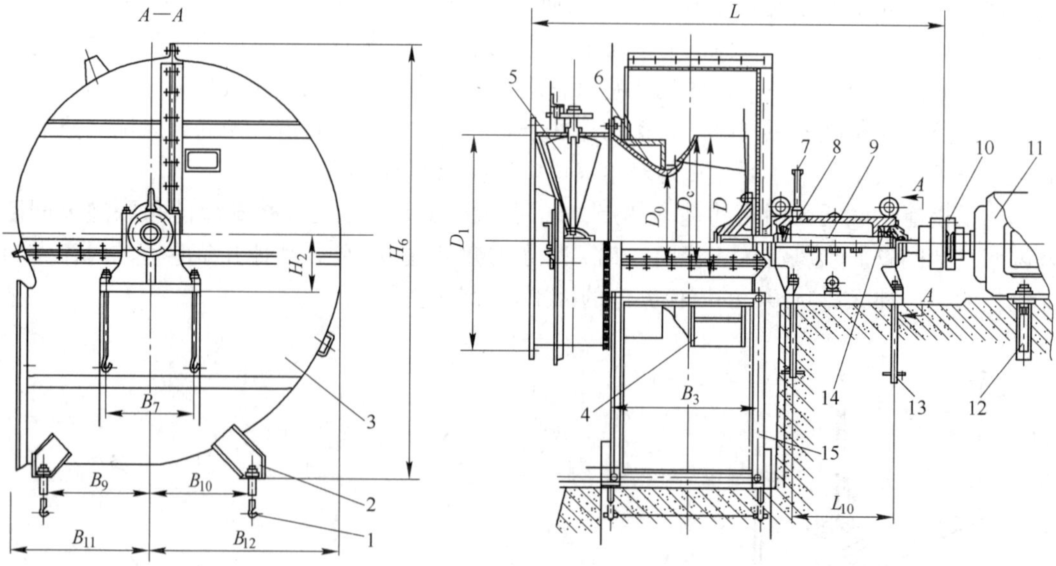

图 10-9 离心式通风机的结构组成

1—地脚螺栓；2—支架；3—机壳；4—叶轮；5—调节风门；6—集流器；7—温度计；8—轴承箱；9—传动轴；10—联轴器；11—电动机；12，13—地脚螺栓；14—轴承；15—法兰

（2）机壳。离心通风机的机壳由蜗壳、进风口和风舌等零部件组成。

（3）进气箱。进气箱一般只使用在大型的或双吸的离心式通风机上。其主要作用可使轴承装于通风机的机壳外边，便于安装与检修。

（4）前导器。一般在大型离心式通风机或要求特性能调节的通风机的进风口或进风口的流道内装置前导器。

（5）扩散器。扩散器装于通风机机壳出口处，其作用是降低出口气流速度，使部分动压转变为静压。

B 轴流式通风机

矿用大型轴流式通风机结构组成见图10-10。中小型轴流式通风机结构见图10-11。

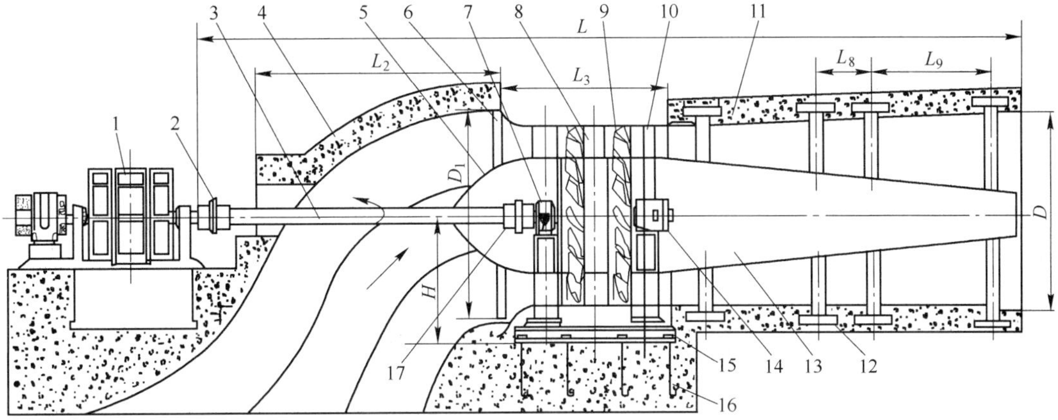

图10-10 矿用大型轴流式通风机结构组成

1—电动机；2，17—联轴器；3—传动轴；4—集流室；5—流线罩；6—集流器；7，14—轴承座；8—中间整流器；9—叶轮；10—后整流器；11—扩散器；12—支座；13—导流器；15—机架；16—地脚螺栓

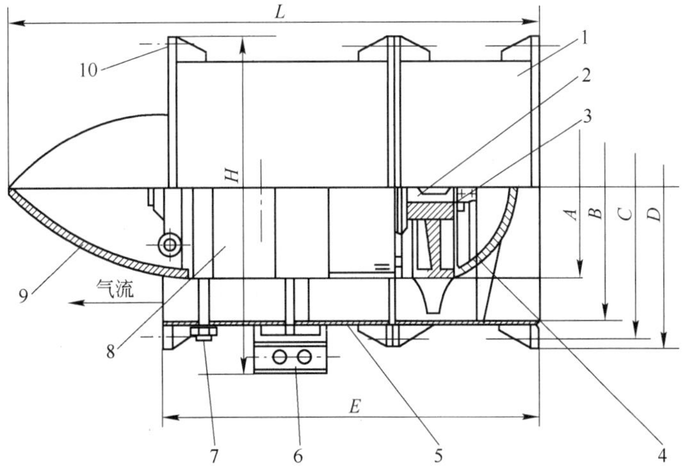

图10-11 中小型轴流式通风机结构

1—前壳体；2—电动机轴；3—叶轮；4—流线罩；5—后壳体；6—支架；7—连接螺栓；8—电动机；9—导流器；10—法兰

轴流式通风机一般由叶轮、集流器、整流罩、扩散筒组成。

（1）叶轮。叶轮是由若干扭曲的机翼形叶片和轮毂组成的。叶轮的翼形叶片是传递能量的重要部件，它的形状直接关系到通风机的送气压力、工作效率和能耗大小。

（2）集流器。通风机集流器的作用是使气流在其中得到加速，在压力损失很小的情况下保证进气速度场均匀。

（3）整流罩。为使进气条件更为完善，降低风机的噪声，在叶轮或进口导叶前必须装置与集流器相适应的整流罩，以构成通风机进口气流通道。

（4）扩散筒。轴流通风机在设置后导叶片以后，其出口动压仍然很大，约占全压的30%以上。因此，必须在其后面安装扩散筒，以进一步提高风机的静压效率。

10.2.1.2 矿山常用扇风机

A JK 系列矿用局部扇风机

JK 系列风机主要用于井巷掘进、采场、进路及其他作业面的辅助通风。其特点有：

（1）运转效率高。单级和双级工作轮最高全压效率分别为 92% 和 83%，对旋型最高全压效率为 85%，比原 JF 系列局扇提高 20% ~30%，具有明显的节电效果。

（2）规格齐全，适应性强。局扇的风量和全压的值有各种不同的组合，送风距离从 80m 到 600m 不等（串联运用送风距离可达 1200m 以上），可满足用户各种不同的需求。

（3）体积较小，重量较轻，移动灵活方便。在其性能与 JF 系列局扇基本相同时，体积减小 20% ~30%，重量减轻 20% ~30%。

（4）噪声较低。实测 JKNo. 4 局扇的噪声不超过 86dB（A）。

关于 JK 系列局扇的系列和机号（型号）标识方法，以 JK1-2No. 3 为例：

符号含义 JK——矿用局部扇风机（“DJK”为对旋局扇）；

1——轮毂比 d，d 分别为 0. 58，0. 56，0. 67，0. 55，0. 40；

2——工作轮的单双吸，若为 1 则表示单级工作轮，2 则表示双级工作轮；

No. 3——机号，表示的是工作轮直径（若机号为 4，表示工作轮直径 D = 400mm；机号为 3，D = 300mm）。

B K、DK 系列主辅扇

新一代 K、DK 系列矿用节能风机，是在原矿用节能风机的基础上，通过技术改进、完善结构、提高性能和扩大机号而设计的。

为扩大该系列风机的性能范围，满足各类大中小型矿山的需求，使低、中、高阻力和大、中、小风量的各类型通风网路，均可选到在高效区运转的主扇、辅扇和多级机站风机，该系列风机采用 0. 40 和 0. 45 两种轮毂比、单机和对旋两种结构形式，即分为 K40、K45 和 DK40、DK45 四种。并且 K40 分别采用 4、6、8 极电机为三种转速，K45 分别采用 4、6 极电机为两种转速，DK40、DK45 均分别采用 6、8 极电机为两种转速。

关于型号标注方法，以 K40-4-No. 15 为例：

符号含义 K——矿用风机（“DK”为对旋型矿用风机）；

40——轮毂比 d = 0. 40（“45”为 d = 0. 45）；

4——电机极数 4，n = 1450r/min（“6”为 6 极；m = 980r/min；“8”为

8 极，$m=730r/min$）；

No. 15——机号为 15（即工作轮直径 $D=15dm$）。

K、DK 系列风机特点：

（1）采用扭曲机翼形叶片，气动效率高，节能效果极为显著。

（2）性能多样，规格齐全，能够与各种阻力和风量类型的通风网路很好地匹配，可保持长期高效运转。

（3）设有稳流环装置，特性曲线无驼峰。没有喘振危险，在任何阻力状态下均可安全稳定运转，并适于多风机联合运转。

（4）采用电动机与叶轮直连的结构，整体稳定性好，安装方便，维修容易，装置局阻低。比皮带和长轴的传动效率高，没有传动故障，没有断轴危险，轻度地基下沉和滑移不影响正常运转。

（5）结构紧凑，防潮性能好。风机主体采用钢构、型钢组焊结构，叶片为钢板材料，中空，叶片及整体强度高，抗井下爆破冲击波的能力强，可安装在地表，也适合安装于井下，特别适于作为多级机站通风系统的机站风机。

（6）可反转反风，反风率大于 60%，不需修筑反风道。

（7）叶片安装角可调，可根据矿井生产的变化，随时调节风机工况。

（8）土建工程量很小，可节省大量投资。

（9）噪声较低。

K、DK 系列矿用节能风机作为主扇和机站风机时，应配带专用扩散器。地表主扇配带扩散器可将部分动压转化为静压，降低出口动压损失，以达到节能的目的。安装于井下的风机配带扩散器，既可降低局阻系数，又可降低扩散器出口动压值，从而可大幅度降低风机装置的局部阻力，节省通风电耗。

10.2.2 扇风机的工作

10.2.2.1 扇风机的联合工作

如果一台扇风机满足不了工作的需要，可采用多台扇风机联合工作。联合工作的基本形式有并联及串联两种。

（1）扇风机并联工作。如图 10-12 所示，两台扇风机并联在一起工作，扇风机并联后，供风量增大。但是并联工作增加的风量不会增加到单独工作的两倍。而且网路的风阻增大，并联工作增风量越小。

（2）扇风机串联工作。当两台扇风机串联工作时，在风量相等的情况下，压差相加。当矿井风阻一定时，联合工作风量有所增加。

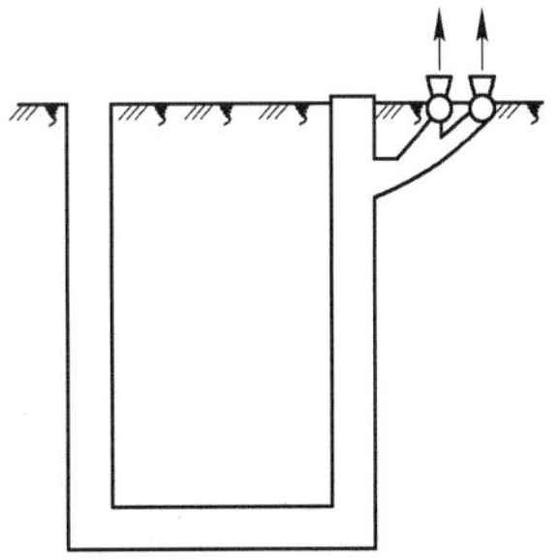

图 10-12 扇风机并联工作

10.2.2.2 扇风机联合工作的运用

由以上可以看出，扇风机并联工作是压差相等，风量相加；串联工作是风量相等，压差相加。联合工作的目的都是为了保证足够的风量。所以为了增加风量，一台扇风机满足不了要求时，当网路的风阻小，应采用扇风机并联；网路风阻大，应改用扇风机串联，才能收到良好效果。

10.2.2.3 自然通风及漏风对扇风机工作的影响

矿井自然风流随地表气温而变化，所以气温的变化会影响扇风机进风量的大小。当矿井存在自然压差时，若自然风流方向与扇风机风流方向一致，则风量增加。若自然风流方向与扇风机风流方向相反，则风量减少。所以自然通风与机械通风联合作用时，由于自然通风引起的增风量或减风量，都小于自然通风单独工作的风量。

漏风会减小矿井风阻，从而改变矿井的通风特性。漏风使扇风机工作风量增加可能产生不同的结果。若是矿井进出风之间的漏风，必然减少工作面的风量。有的漏风也可能会增加工作面的风量。扇风机工作风量虽然增加，但离心式风机的功率随之增加，效率随之降低；对轴流式来说，漏风使功率减小，效率随之降低。所以漏风的存在，相比之下对离心式扇风机更为有害。

在自然通风与离心式扇风机风流方向一致时，虽然风量增加，但功率也随之增加，效率下降。自然通风与轴流式扇风机风流方向相反时，风量减少，功率增加。所以自然通风的反作用对轴流式扇风机更为有害。

10.3 掘进工作面通风

掘进工作面又称独头工作面，在掘进过程会产生粉尘及炮烟，不进行有效的通风，很难达到安全规程的要求。通风的主要特点是独头，只有一条通路，既要作进风，又要作出风之用。因此必须采取专门措施才能达到通风目的，这种措施通常称为局部通风。

10.3.1 平巷掘进的通风

10.3.1.1 局部扇风机通风

A 通风方式

在掘进工作面，局部扇风机必须配合专用风筒才能把新鲜空气送入工作面，并排出废空气。根据局扇及风筒的布置形式，可以分为压入式、抽出式及混合式。

如图10-13所示，把局扇安装在有新鲜风流的巷道中，风筒引入工作面，使新鲜空气沿风筒压入工作面。这种方式称为压入式通风。

如图10-14所示，扇风机安装在有新鲜风流的巷道中，利用风筒把工作面的废空气抽出。这种方式称为抽出式通风。

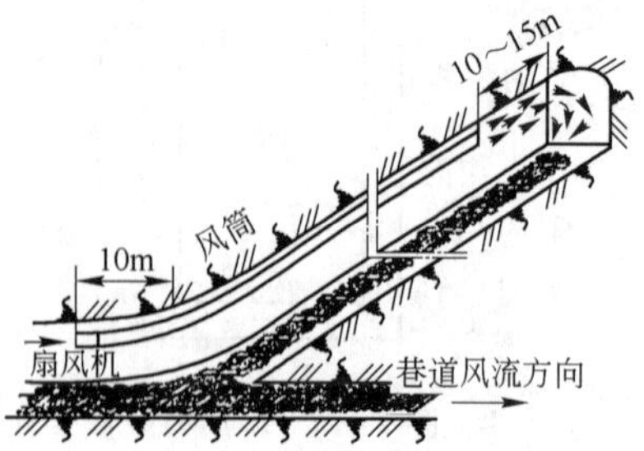

图10-13 压入式通风

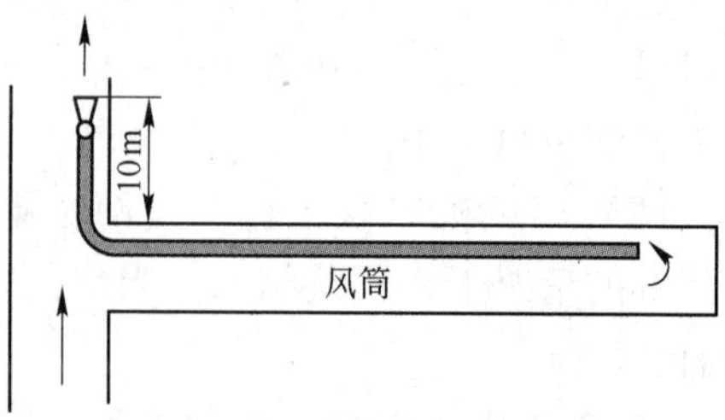

图10-14 抽出式通风

这两种通风方式有不同的特点，压入式通风从风筒口射出的风流作用距离较远，可达12m左右，风筒末端距爆破工作面可保持一定距离，可避免爆破时风筒被打坏。由于风流强力射出，容易把工作面的炮烟排尽。但是使用压入式通风，在爆破后有毒气体是与新鲜风流混合后从巷道中排出，排出时间较长。随着掘进巷道增长，爆破循环加快，巷道中炮烟不易排出。故压入式通风一般使用于掘进巷道长度在200m以内效果较好。

在采用抽出式通风时，若风筒入风口能伸入到爆破后的纯炮烟区域中，纯炮烟的排出较快。由于炮烟及矿尘在风筒内流动，则掘进巷道内为新鲜风流，可改善作业条件，尤其当工作面使用柴油设备时，效果更佳。但风筒入风口的吸风距离很小，约2m，要求入风口距离工作面很近，这在爆破时是难于实现的。风筒吸风口附近的风速随着距吸风口距离增长而风速下降，在工作面附近就会出现炮烟停滞区域。风筒吸风口距工作面距离越长，炮烟停滞区域越大，排出炮烟越困难。

在巷道掘进时，一般很少使用单一的抽出式通风。随着巷道掘进长度增加，当使用压入式通风不能把巷道中的炮烟排尽时，应使用混合式通风。

混合式通风布置如图10-15所示。它充分利用了压入式及抽出式的优点，只要使用得当，通风效果较好。为了防止循环风流产生，在选择扇风机时，应使抽出式扇风机的风量比压入式的风量大20%～25%，否则废风不能有效排出。

所以在巷道掘进时，先使用压入式通风，随着爆破工作面向前移动，风筒也随之增长，使风筒出风口距工作面保持10～15m。掘进距离达到200m以后，改用混合式通风。图10-16所示为柔性风筒的混合式布置。在混合式通风中，压入式的风筒最初只有50m长，并保持出风口距工作面10～15m的距离。随着工作面向前移动，增加压入式风筒，当风筒加至200m左右时，搬动一次压入式扇风机，并把压入式的风筒改为50m长，同时增加抽出式风筒，使两者的风筒在巷道中相重20～30m。随着工作面向前移动，继续增加压入式风筒。所以只需每掘进150m才移动一次扇风机。

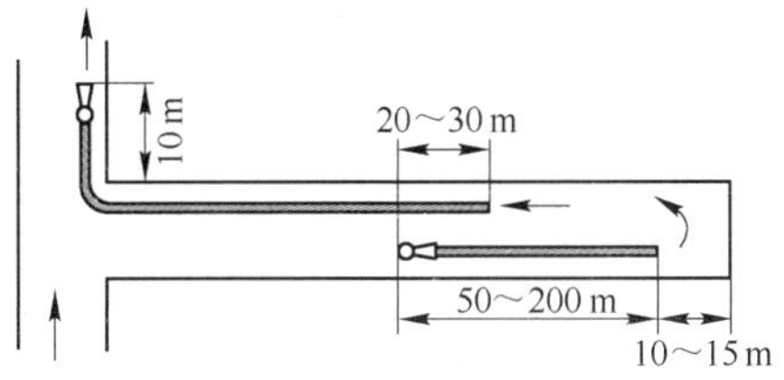

图10-15 混合式通风

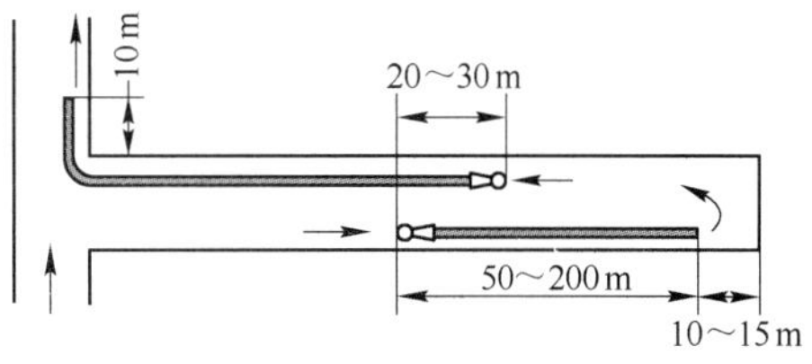

图10-16 用柔性风筒的混合式通风

B 安装局扇须注意的问题

（1）克服工作面的串联风流。在布置通风方式时，应避免工作面间串联风流，各工作面的废风应直接排出风道。

（2）克服漏风。漏风是影响局扇通风的一个很重要的因素，在现场往往被人们忽视，从而使通风效果很差。在掘进过程中，由于炮崩、矿车碰撞等原因，经常引起风筒破损漏风。遇到这种情况必须及时补漏。所以，在井下应将破漏的胶皮风筒擦干，涂上胶水及时就地补漏。

（3）克服循环风流。除按图10-13～图10-16的要求布置局扇外，当通风距离较长需要局扇串联工作时，若两台扇风机串联在一处，往往因压差增加而增加漏风，但两台局扇相距太远也不恰当，处理不好会使工作面排出的废风重新进入工作面反转循环。如果是柔性风筒，还会吸扁风筒。一般说，两台局扇的距离最好为风筒全长的1/3。局扇的工作风量必须小于安装局扇巷道风量的70%，循环风流才不会产生。

（4）压入式出风口的风筒要平直，以克服工作面的废风涡流循环。

（5）局扇应连续开动，以使工作面的炮烟、矿尘及其他有害气体浓度符合卫生标准。

10.3.1.2　总风压通风

在条件允许时，可以利用矿井的总压差把新鲜空气引入工作面，布置方式如图10-17所示安装风筒及如图10-18所示安装风幛。利用风幛把掘进巷道沿走向分隔开，一侧进入新鲜风流，经工作面使用后由另一侧排出。

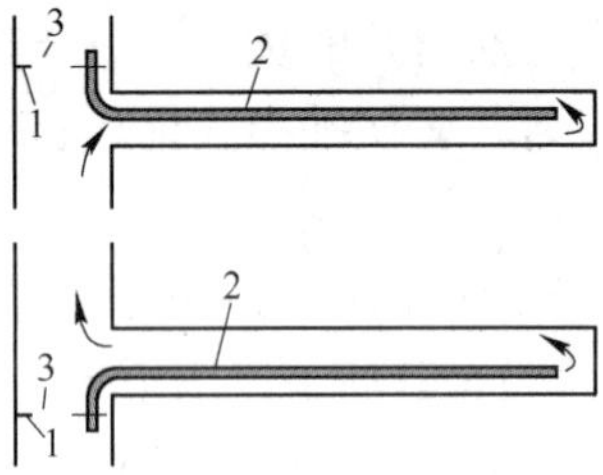

图10-17　安装风筒利用总压差通风

1—挡风墙；2—风筒；3—调节风窗

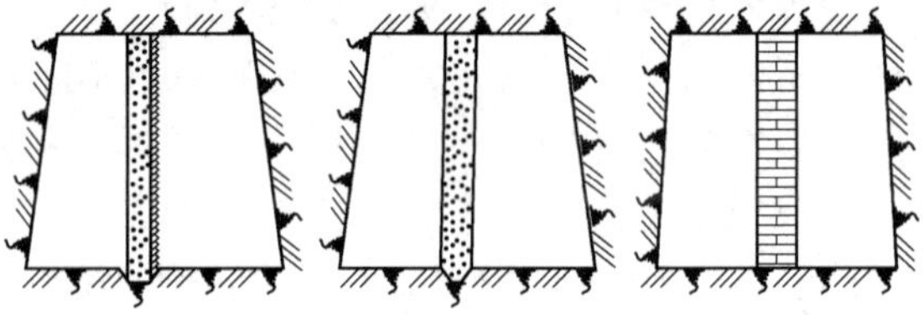

图10-18　安装风幛利用总压差通风

但是利用总压差通风会直接增加主扇负荷而相应地减少矿井的总进风量，一般只用于几十米长的通风距离。

10.3.2　天井掘进的通风

掘进天井时，由于爆破后炮烟温度高，密度小，容易聚集在工作面；天井断面窄小，又分为梯子间及管道间，还架设安全棚等，可见天井通风不仅敷设风筒困难，而且风筒的风流也难于直接射向工作面，故天井比平巷通风困难得多。天井掘进中一般采用压入式通风或引射器通风、风水混合式通风，如图10-19所示。如果在掘进天井之前，在上下中段用钻孔贯通，利用全矿总压差或在上中段安装局扇抽风，则能有效地改善通风条件。

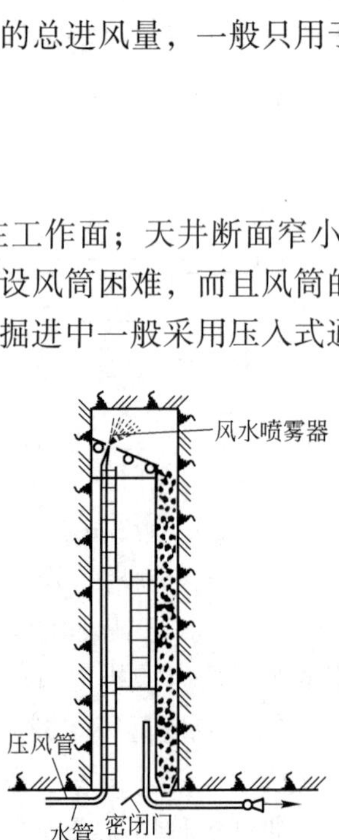

图10-19　天井掘进通风

10.3.3　竖井掘进的通风

井筒在40m以内掘进时，可以不必安装局部扇风机，依靠空气的自然运动即可排出工作面炮烟。深度增加后，必须采用局扇通风。局扇安在地表，风筒接到工作面。由于炮烟密度小，有向上流动趋势，采用压入式通风效果较好。

10.3.4　风筒的应用

局部扇风机通风中，风机主要是克服风筒风阻，而风筒风阻及漏风直接影响通风效果，所以风筒的悬挂及接头的优劣直接影响局部通风效果。目前常用的风筒有金属风筒及柔性风筒两种：

（1）金属风筒，用厚1.2～3mm的白铁皮制成，一般做成3m一节，用法兰盘连接，内夹橡皮垫圈。它的好处是可以用于负压状态下的通风。但接头处容易漏风，移动搬运不方便。

（2）柔性风筒，以玻璃布作衬布，外表压上塑料称为“塑料人造革风筒”；压上橡胶称为“胶皮风筒”。柔性风筒耐酸耐湿、重量较轻，可以折叠，每节长10m，安装搬运方便，漏风小。当压差增大，金属风筒接头处漏风增大，而柔性风筒则相反，其接头处的金属圈顶得更紧，反使漏风减少。所以柔性风筒在矿井得到普遍使用。

实践说明，一台局扇，如果风筒使用不当，送风距离只有几十米；在一般情况下，送风距离为200m；风筒悬挂及接头稍加注意，送风距离可达400～500m。

在巷道掘进时，掘进距离在200m以内，使用压入式通风，只要按一般接法，并使风筒悬挂平直，即可收到良好效果。当巷道掘进增长后，改用混合式通风时，压入式台扇风机每前进150m就应搬动一次，所以风筒按一般接法即可。在使用柔性风筒时，抽出式台扇也要每前进150m搬动一次，增长一次风筒。但作为抽出式的风筒安装后，一直要使用到巷道掘进作业全部结束。随着巷道距离增加，风筒长度也应增加。所以风筒的接头及悬挂，从开始就必须引起足够重视，要尽量防止漏风并减小风阻。其有关措施如下：

（1）改进风筒接头。根据风筒特点，选择合理的接头方式，减少漏风。

（2）减少风筒接头。风筒接头处是漏风及风阻增大的主要地点。将每节10m的风筒用胶浆接成100m长，使用于混合式通风的抽出式部分，能收到良好效果。

（3）防止漏风。在局扇及胶皮风筒的连接处，用外压圈将胶皮风筒紧压在局扇出口铁皮风筒外。胶皮风筒的针眼应全部用胶水粘盖。

（4）降低风阻。风筒的悬挂必须做到：吊挂平直，拉紧吊稳，逢环必吊，缺环必补，拐弯缓慢，放出积水。应垫高局扇，使之与风筒在同一高度。若在风筒出口换上一段铁皮风筒，则能明显地减小风阻。

复习思考题

10-1 简述矿井自然风流的形成过程。

10-2 简述矿井自然风流的作用及危害。

10-3 矿井常见通风网络有几种？

10-4 简述矿井通风机的特点及发展趋势。

10-5 简述独头工作面通风方法。

10-6 简述天井施工的通风方法。

11 露天采矿工艺

11.1 露天开采的基础知识

11.1.1 矿床的开采方法

冶金工业是国民经济的脊梁，矿石是冶金工业的重要原材料。目前，我国大约有露天矿 1200 多个，采出的矿石量占总采出矿石量的 2/3。

根据矿床的埋藏条件，金属矿的开采方法可以分为三种：

（1）露天开采。露天开采适用于矿床埋藏较浅，甚至露出地表，矿床规模较大，需要以较大的生产能力来开采的矿体。露天开采只要将上部覆土及两盘围岩剥离，不需要大量的井巷工程，就可以开采有用矿石，且露天开采作业条件方便、安全程度高、环境好、生产安全可靠、生产空间不受限制，为大型机械设备的应用能够实行机械化作业创造了良好的条件。开采强度大，劳动生产率高，经济效益好。

（2）地下开采。金属矿床地下开采适用于矿床规模不大，埋藏较深的矿体，是通过开挖大量的井巷工程接触矿体，通过一定的工艺采出有用矿石。由于作业空间狭窄，大型机械应用困难，生产能力受到限制，作业环境恶劣，需要通风、排水等系统，劳动生产率低，损失贫化较大。

（3）其他方法开采。对于赋存条件特殊的矿床如砂矿、海洋矿床等，可以采用水力开采、采金船开采、海洋采矿、化学采矿等。

露天开采和地下开采比较，具有下列优点：

（1）建设速度快。露天矿由于作业条件好，能够采用大型机械化设备，生产效率高，生产工艺相对简单。建设一个大型露天矿一般需要 1 ~ 2 年时间。建设一个相同规模的地下矿，时间需要增加一倍。

（2）劳动生产率高。金属露天矿能采用大型、特大型高效率的机械化采挖机械，作业条件好，生产安全可靠，劳动生产率一般能达到地下开采的 3 ~ 5 倍。

（3）开采成本低。由于露天矿作业区范围大，大型、特大型机械设备的使用，劳动生产率的提高，使露天开采的成本较低，仅为地下开采的一半。但随开采深度的增加，剥离量的增大，作业区范围的减小，成本会逐渐增大。

（4）矿石损失贫化小。露天开采由于作业条件的改善，开采工艺简单，露天开采的损失贫化小，一般为 3% ~ 9%，而地下开采一般为 5% ~ 10%，甚至更大。由于损失贫化的减少，国家资源得到了充分利用，减少了选矿的处理量，相应地提高了经济效益。

（5）作业条件好，生产安全可靠。露天开采由于在阳光下作业，工作环境、温度、湿度易于控制，通风良好，安全性比地下开采有很大程度的提高，受到水灾、火灾、塌方的危险减小，特别是对于涌水量大、有自燃条件的矿床更为重要。

露天开采与地下开采比较，具有下列缺点：

（1）初期投资大。露天开采占地面积大，应用大型机械化设备，初期投资比较大。对于埋藏稍深的矿体由于初期需要剥离大量的岩土，剥离费比较高，也增加了初期的投资。

（2）环保能力差。由于露天开采的矿坑面积大，剥离的大量岩土需地方堆放。因此，露天开采需要占用大量土地，造成大面积土地植被遭到破坏，特别是剥离的岩土复垦绿化比较困难，长期裸露对环境的破坏较大，剥离的岩土渗出的雨水污染比较严重，治理费用比较高。

（3）工作条件受气候影响较大。由于是露天作业，工作环境受气候的影响比较大。如暴雨、飓风、严寒气候条件无论对人还是对设备都会造成巨大的影响。

总体而言，露天开采无论从技术上还是经济上都有明显的优越性，这决定了它在开采方法的选择上的优越性。无论从我国还是世界上来看，大部分矿石都是采用露天开采方法获得的，特别是澳大利亚、美国、巴西、俄罗斯这些国家，露天开采的比例更大，占到80%以上。我国铁矿石、化工原料矿石中，80%都是露天开采获得的，有色金属矿石的比例大约为50%。

11.1.2 露天开采的基本概念

11.1.2.1 常用名词

露天矿：采用露天开采方法开采矿石的露天采场。

露天采场：采用露天开采的方法开采矿石，在空间上形成的矿坑，是露天开采、采装运输设备、人员工作的场所。

山坡露天矿：矿体赋存于地平面以上或部分赋存于地平面以上的，露天采场，没有形成封闭的矿坑，位于地平面以上部分的露天采场称为山坡露天矿。

深凹露天矿：露天采场位于地平面以下，形成封闭圈。位于封闭圈以下部分的露天采场称为深凹露天矿。山坡露天矿和深凹露天矿如图11-1所示。

露天矿田：划归一个露天采场开采的矿床或其一部分称为露天矿田。

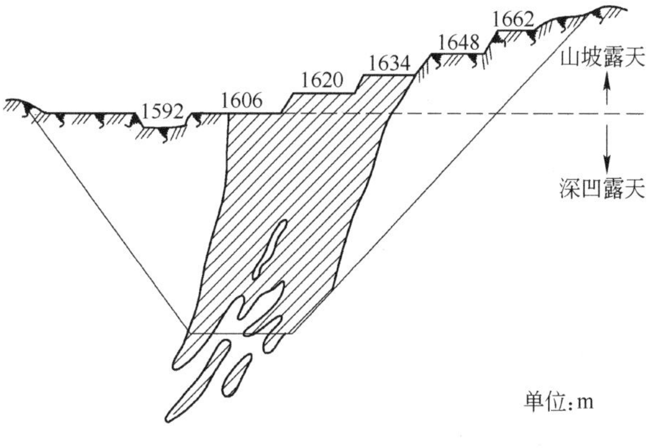

图11-1 山坡露天矿和深凹露天矿示意图

11.1.2.2 境界方面名词

露天矿开采终了时一般形成一个以一定的底平面、倾斜边帮为界的一个斗形矿坑，即露天坑。露天坑的构成要素如图 11-2 所示。

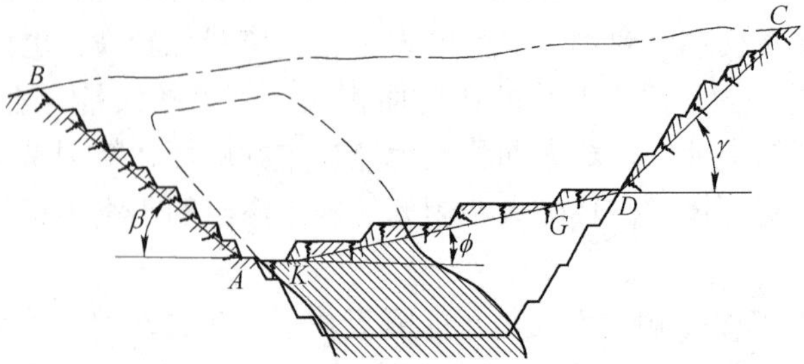

图 11-2　露天矿场构成要素

AD—露天矿场工作帮；*AB*，*CD*—露天矿场非工作帮；*KG*—工作帮坡面；

ϕ—工作帮坡角；β，γ—露天矿最终边坡角

露天开采境界：露天采场开采终了时或某一时期形成的露天矿场。

露天矿场边帮：露天开采境界四周表面部分。露天矿场边帮由台阶组成，位于开采矿体上盘的边帮称为顶帮或上盘边帮，位于开采矿体下盘的边帮称为底帮或下盘边帮，位于两端的称端帮，有工作设备在上作业进行穿爆、采装工作的边帮称为工作帮，否则称为非工作帮，全面完成工作的边帮称为最终边帮。

露天开采境界线：露天矿场边帮与地表平面形成的闭合交线称为地表境界线。露天矿场边帮与底平面形成的交线叫底部界线或叫底部周界。

露天矿场的底：露天矿场开采终了在深部形成的底部平面。

帮坡面：边帮是由台阶组成的，帮坡面分为工作帮坡面和非工作帮坡面。工作帮坡面是指露天矿场最上一个工作台阶和最下一个工作台阶坡底线形成的假想平面。非工作帮坡面是指露天矿场最上一个台阶的坡顶线到最下一个台阶坡底线形成的假想平面。

最终帮坡角：是最终边帮形成的坡面与水平面的夹角，也叫最终废止角，分为上盘帮坡角和下盘帮坡角。

工作帮坡角：工作帮形成的坡面与水平面的夹角。

开采深度：开采水平的最高点到露天矿场的底平面的垂直距离。

11.1.2.3　生产方面名词

台阶：露天开采过程中，露天矿场被划分成若干具有一定高度的水平分层，这些分层称为台阶，分层的垂直高度为台阶高度，如图 11-3 所示。台阶通常以下部水平的海拔标高来标称，如台阶的上平面称为上部平台，相对其上的工作平面称为工作平盘，也以其海拔高度标称。台阶的下平面称为下部平台，上下平台间的坡面称台阶坡面，其与水平面的夹角称坡

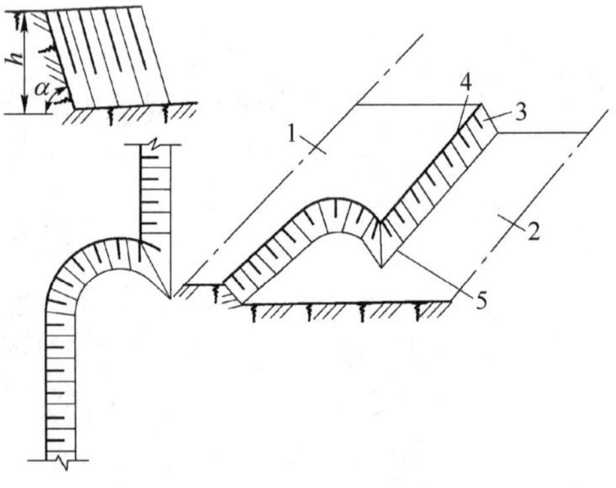

图 11-3　台阶要素图

1—上部平盘；2—下部平盘；3—台阶坡面；

4—台阶坡顶线；5—台阶坡底线；

h—台阶高度；*α*—台阶坡面角

面角。台阶坡面与上部平台的交线称坡顶线，台阶坡面与下部平台的交线称坡底线。

非工作平台：组成非工作帮面上的台阶上的平盘称为非工作平盘，也称非工作平台。非工作平台按用途有：清扫平台，是非工作帮上为了清扫风化下的岩石而设立的平台，上面能运行清扫设备；安全平台是为降低最终边坡角而设立的平台，起到保证边坡稳定的作用；运输平台：是为行走运输设备而设立的平台，保持矿石和废石从深部或顶部运往选矿厂或排土场。

采区：采区是指位于工作平盘上的凿岩、采装、运输等设备工作的区域，沿台阶走向将某工作平盘划分为几个相对独立的采区。每个采区又称采掘带。采掘带的大小由采区长度和采掘带宽度来表示，如图 11-4 所示。

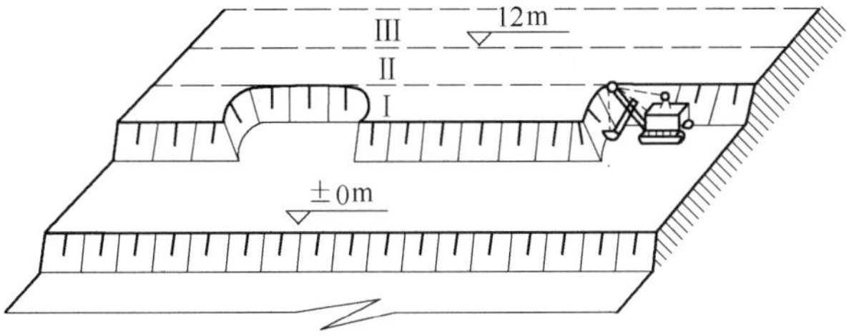

图 11-4 采掘带、采区示意图

新水平准备：露天开采由高向低（深）发展过程中，需开辟新的水平形成新的台阶。这项工作称为准备新水平。准备新水平首先向下开挖一段倾斜的梯形沟段，称为出入沟，到达一定深度（台阶高度）再开挖一定长度的梯形段沟称为开段沟。深凹露天矿形成完整的梯形开段沟（见图 11-5a），山坡露天矿形成不完整的梯形开段沟，称为单侧沟（见图 11-5b）。

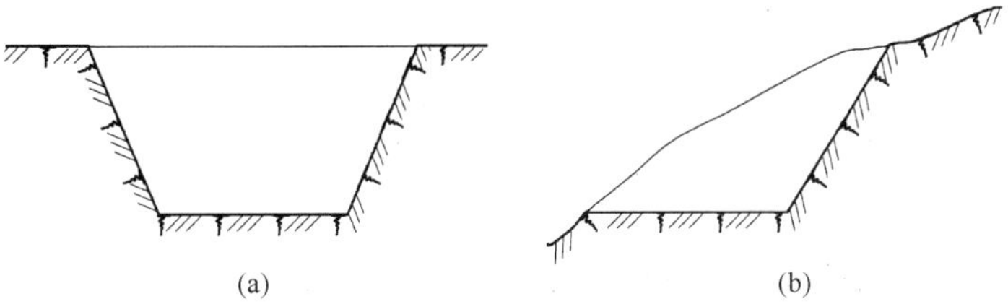

图 11-5 堑沟的断面形状

11.1.3 露天开采的步骤

11.1.3.1 准备阶段

金属矿床露天开采经过地质勘探部门确定储量后，对矿床首先要进行开采的可行性研究，可行性研究要解决此矿床有没有利用价值，能否达到工业化开采要求。在可行性研究中要涉及到矿石的品位、储量、埋藏条件、矿石综合处理难易程度、市场需求状况、开采方法。经过初步的可行性研究，完成可行性论证报告，确定开采方法。开采方法一般来说有三种：完全地下开采；完全露天开采；上部露天开采，下部地下开采。对后面两种情况都要进行露天开采的初步设计，初步设计在必备的地质资料基础上，要完成下列工作：确定露天开采境界，验证露天矿生产能力，确定露天开采的开拓方法、矿石废石的运输方法、线路布置、选择穿孔、爆破、采装、运输、排土等机械的类型、数量；布置地面工业场地，确定购地范围和时间，计算道路土建工程的数量、工期，计算人员及电力、水源和主要材料的用量；编制矿山基本建设进度计划，计算矿山总工程量、总投资等技术经济指标。初步设计经投资方通过后还要进行各项工程的施工设计，然后可以开采，开始基本建设，首先是地面场地的准备、矿床疏干排水和矿山基建。

11.1.3.2 基本建设阶段

首先必须排除开采范围内的建筑物、障碍物，砍伐树木，改道河流，疏干湖泊，拆迁房屋，处理文物，道路改线，对于地下水大的矿山要预先排除开采范围内的地下水，处理地表水，修建水坝和挡水沟隔绝地表水，防止其流入露天采场。这些准备工作完成后要进行矿山的前期建设：电力建设包括输电线、变电所；工业场地建设包括机修车间、材料仓库、生活办公用房；生产建设包括选矿厂、排土场，矿石、废石、人员、材料的运输线路；生产辅助建设包括照明、通信等。最后进行表土剥离、出入沟和开段沟，准备新水平。随着工程的发展，矿山由基建期向投产期以至达产期发展。

11.1.3.3 正常生产阶段

露天矿正常生产是按一定生产程序和生产进程来完成的。在垂直延伸方向上是准备新水平过程，首先掘进出入沟，然后开挖开段沟。在水平方向上是由开段沟向两侧或一侧扩帮（剥离和采矿）。扩帮是按一定的生产方式完成的，其生产过程分为穿孔爆破、采装、运输、排土四个环节。穿孔爆破是采用大型潜孔钻机或牙轮钻机钻凿炮孔，爆破岩石，将矿岩从母岩上分离下来。采装是采用电铲挖掘机将矿岩装上运输工具，一般采用汽车或火车。运输是采用汽车、火车或其他运输工具将矿石运往选矿厂，将废石运往排土场。排土是采用各种排土工具（电铲、推土机、推土犁）将排土场上的废石及表土按合理工艺排弃，以保持排土场持续均衡使用。

11.1.3.4 生态恢复阶段

随着矿山开采的终了，占地面积也达到了最大，为了保护环境，促进生态平衡，必须进行必要的生态恢复工作，如覆土造田，绿化裸露的场地，处理排土场渗水，露天采场的安全。

露天开采要遵循“采剥并举，剥离先行”的原则，要按生产能力和三级矿量保有的要求超前完成剥离工作，使矿山持续、稳定、均衡地生产，避免采剥失调、剥离欠量、掘沟落后、生产失衡的局面。

11.2 穿孔爆破工作

在露天开采中，穿孔爆破工作的任务是有效地破碎矿岩。所谓有效地破碎矿岩，既有数量上的要求，也有质量上的要求。在数量上，穿孔爆破的生产能力必须满足矿山的生产需要；在质量上，穿孔爆破的总成本应该尽可能低，矿岩的破碎程度尽可能均匀合格，爆堆形状整齐，便于装载。近年来，露天矿穿爆工艺有了较大的发展，但仍不够完善，特别是在我国的冶金矿山，矿岩坚硬，条件复杂，使穿爆工作往往成为露天开采的薄弱环节。因此，进一步提高穿爆技术，改善穿爆质量，对强化露天开采，加速矿山建设和生产具有现实意义。

穿孔爆破虽是露天开采中两个不同的生产工艺，但它们之间有着极为密切的联系。穿孔工作必须满足爆破技术的要求，而爆破矿岩的数量和质量又反映了穿孔工艺的水平。因此，往往把它们结合在一起进行讨论，统称穿爆工艺。本章将简要叙述露天开采对穿爆工艺的基本要求、提高露天矿穿孔效率和改善爆破质量等内容。

11.2.1 穿孔工作

穿孔工作是金属矿床露天开采的第一个工序，它的工作好坏，对爆破、采装等项工作有很大影响。目前，国内外矿山主要使用四种穿孔机械：钢绳冲击钻机、潜孔钻机、牙轮钻机和火力钻机。此外，还有其他一些穿孔方法，如激光凿岩、频爆凿岩、超声波凿岩、化学凿岩等。

11.2.1.1 潜孔钻机

潜孔钻机最初是在地下崩落采矿法中使用，20 世纪 50 年代初才正式应用于露天采矿，先后制成了多种类型的露天潜孔钻机和冲击器，在提高露天穿孔技术和取代钢绳冲击钻机方面曾起过重要作用。

潜孔钻机的主要优点是结构比较简单，操作和维修比较方便，制造成本也较低，同时还可穿凿各种不同倾斜度的炮孔，有利于矿石的分采和提高爆破质量。另外，潜孔钻头是穿孔作业的主要消耗件，这种钻头的结构简单，便于矿山自制。这对中小型矿山来说，是最有利的条件。但是，在潜孔钻机钻孔的过程中，用以排除岩碴的空气是冲击器内排出的废气，由于废气压力不可能太高，风量也受限制，穿凿大孔径钻孔时，排碴效果不良，从而使钻孔速度和钻头的寿命显著下降。目前，潜孔钻机穿凿炮孔的孔径一般不大于 200 ~ 300mm，这显然与大型矿山对爆破工作的要求不相适应。因此，潜孔钻机只适用于中、小型矿山，而在大型矿山则使用较少。

11.2.1.2 牙轮钻机

牙轮钻机的钻孔工具是牙轮钻头。在牙轮钻头上安装若干个圆锥形状的牙轮。在钻机的回转和轴向压力的作用下，牙轮在孔底做自转和公转，分布在牙轮上的牙齿交替地切入岩石中，将岩石破碎，然后借风力将岩碴排出孔外。

20 世纪 60 年代前，牙轮钻机仅能用于钻凿软岩和中硬岩石，所以只在石油工业中广为应用。后来，由于技术上的改进，牙轮钻机的使用范围不断扩大，在坚硬岩石中也获得较好的经济效果。近年来，牙轮钻机广泛地用于金属矿山，在各种钻孔设备中占压倒的优势。

牙轮钻头的改进，对牙轮钻机的发展起了重要作用。最初使用的牙轮钻头是铣齿钻头，它的牙轮是用钢材直接加工而成的。由于钻齿的硬度低、耐磨性差，只能用来钻凿软岩和中硬岩石。后来，使用了镶嵌有硬质合金柱的柱齿钻头，从而大大提高了钻齿的硬度和耐磨程度。此外，在布齿方法和钻头结构上，也进行了多方面的改进，使牙轮钻头可成功地在各种岩石中钻孔。

提高牙轮钻头的寿命对降低钻孔成本具有重要意义。牙轮钻头的寿命是以钻孔的累计深度来计算的。20 世纪 60 年代初期，牙轮钻头的平均寿命不超过 200m，以后有了较大的提高。至 60 年代末期，美国一些牙轮钻头的平均寿命可高达 1800m。近年来又有所发展。牙轮钻机的主要工作机构是回转机构、加压机构、提升机构及供风系统。配合作业的还有接卸杆机构、行走机构及除尘系统，通过电气系统及液压系统对各机构进行集中管理。

牙轮钻机的回转机构，按其布置方式可分为顶部回转和底部回转两种。顶部回转就是回转机构设在钻杆的顶部带动钻具回转。目前，大部分钻机都采用顶部回转，如HYZ-250型、KY-310型、45-R型、60-R型、GD-120型等。底部回转就是把回转机构设在底部的钻机平台上，通过转盘带动钻具回转。采用底部回转的钻机，钻架不受扭力作用，因此可以简化钻架结构，降低钻架重量。但底部回转需通过液压卡盘来实现，技术结构比较复杂。我国最初制成的牙轮钻机就是这种结构，以后则改为顶部回转。在进行钻孔作业时，钻具转数通常为120r/min以下，由液压电动机或直流电动机拖动，实现无级调速。

钻机的加压机构和提升机构多采用一套传动机构；有的钻机用两台电动机拖动，分别进行加压和提升作业。

中型牙轮钻机的轴压，一般为30～40t。近来随着大孔径重型钻机的出现，轴压达到60t甚至更高。加压作业就是把钻机的部分重量加到回转的钻具上。为了实现连续加压，通常采用两种传动方法。一种是利用封闭链条带动钻具连同回转机构一起沿着钻架上的齿条运动；另一种是利用液压缸带动钢绳通过滑轮组使钻具运动。链条加压方法具有操作简便、传动可靠的特点，目前我国使用的牙轮钻机主要是这种型式。此外，为了保证轴压可调并具有适当的弹性，先进的钻机都采用液压方法来实现钻具的加压。

为了实现钻具的快速升降，多采用大功率的提升电动机，并且多数与行走机构共用一台电动机，以便充分利用动力设备。

为了适应大孔径、大轴压及大扭矩的特点，在钻架结构上也在不断改进，特别注意加固钻架和提高钻架的稳定性。如60-R型牙轮钻机采用了整体的箱形结构，整个钻架以方形钢管为骨架，外焊钢板。同桁架式结构相比，钻架重量只增加2.7t，而刚度增加10倍，可承受的扭力增加100倍。

为了减少接卸钻杆的辅助时间，近年来有的牙轮钻机采用了高钻架和长钻杆，一次可钻完炮孔全深。有的钻机还设计了几种钻架，根据用户需要分别选用。

牙轮钻机都备有专用的空气压缩机，用于排除岩碴和清洗、冷却牙轮钻头的轴承。排碴效果主要决定于沿孔壁的回风速度大小。若风速太小，使岩碴上升的力量不足，岩碴在孔底反复被破碎，既降低钻孔速度又加剧钻头磨损，甚至会造成卡钻事故。对于密度较小的岩石（如石灰岩），风速应不低于15m/s；对一些密度大的矿石，风速以30m/s左右为宜；而对于含水的铁矿石，风速应在45m/s上下。但风速也不宜过大，否则，将引起能量的浪费，更重要的是加重钻头和钻杆的喷砂性磨损。

牙轮钻机的除尘分为干式除尘和湿式除尘两种。脉冲袋式除尘器效果良好，目前正在推广使用。对于干式除尘来说，过于干燥的岩碴，随时有两次被吹起的可能。另外，干式除尘不适于水孔作业，因此，目前广为应用的是湿式除尘方法。这种方法是在压气管路中加水，形成水雾，从而将岩碴湿润为球团状，然后被吹出孔外。

11.2.1.3　火力钻机

火力钻机（简称火钻）是非机械式穿孔技术中获得突出发展的一种钻孔设备。其穿孔机理是建立在岩石受热产生不均匀变化的基础上。工作时，由煤油（或柴油）和氧气在燃烧器中燃烧，产生高温高速火焰气流喷向岩石表面，使岩石骤热形成热应力，从而引起膨胀、碎裂和剥落而成炮孔。由于火焰温度高达2800℃，速度达1800m/s，所以具有很高的钻孔速度。20世纪50年代和60年代，在开采极硬矿石的露天矿，火钻曾起过很大作用。据统计，1964年以前，美国和加拿大开采的铁燧石，有98%是用火钻开采的。后来由于牙轮钻机的技术进展，才使火钻开采的比重有所降低。燃料耗用量大，钻孔费用高，是使火钻发展受到限制的主要原因。为了降低费用，有些国家利用压缩空气代替氧气，取得了较好的效果。

火钻的主要优点是，在某些极硬而又磨蚀性强的岩石中，其钻孔速度比牙轮钻机高，而费用又比牙轮钻机低。另外，它还可进行扩孔作业，以形成多种形状的炮孔内腔（药壶），从而可把炸药集中装在最适当的部位，以改善爆破效果。在石英含量高的极坚硬岩石中，火钻的热应力作用发挥得最好。因此，美国一些开采铁燧石的矿山，多采用火钻，如明塔克铁矿年产铁燧石1500万吨，仅用4台JPM-4型火钻进行穿孔作业。但是，对于氧化矿物、裂隙发育的岩石以及黏土含量超过2%～4%的岩石，火钻是难以胜任的。可见，钻孔费用高，适用岩性不广，是火钻的两个主要缺点。所以，随着其他钻孔技术的发展，火钻的利用范围逐渐缩小，目前只有个别矿山仍在使用。

11.2.2 爆破工作

11.2.2.1 爆破作业

在露天矿建设和生产期间，爆破作业均是主要工作环节之一。爆破效果的好坏，对于装载、运输和粗破的工作效率有着重大的影响。露天矿爆破的主要特点是，台阶作业线长，工作面较宽，开采机械化程度高、强度大，一般具有两个或更多的自由面。因此，进行爆破作业时，应当尽量利用这些有利因素，并尽量满足露天开采对其特殊的要求。

露天矿的爆破方法主要有深孔爆破、浅眼爆破和硐室爆破。在生产中大量使用的是深孔爆破，浅眼爆破主要用于小型矿山、山头或平台的局部采掘以及二次破碎作业，硐室爆破主要用于个别孤立台阶的处理和矿山建设期间的大爆破。

A 露天矿爆破工作的质量要求

露天开采中，通常是以采装工作为中心组织生产的。为了保证挖掘机连续作业，要求工作面每次爆破的矿岩量，至少能满足挖掘机5～10昼夜的采装需要。一般来说，深孔爆破的爆破量较大，特别是近年来大型穿孔设备的成功应用，更为不断扩大爆破规模，保证露天矿对爆破储备量的要求提供了可靠的条件。然而，在深孔爆破中，往往由于参数不当或其他因素的影响而使爆破效果较差，以致影响采掘设备的生产效率，降低矿山的生产能力。为此，对于露天爆破不但要提出数量上的要求，还要有质量上的要求。必须全面分析爆破质量对矿山生产的影响，以便寻求提高爆破质量的措施。在评价爆破质量时，以大块率、爆堆形状、后冲作用及有无根底等作为主要指标。

a 大块率

爆破后的矿岩，其形状大小不一，测量其块度的大小以长边为准，长边的尺寸就代表矿岩的块度。矿山生产对块度有一定要求，称为允许块度。超过允许块度的矿岩，就是大块。所谓大块率是指大块总量（按体积计算）在爆堆中所占的百分数。

大块的尺寸不是固定不变的，随着大型采掘设备和破碎设备的采用，相对矿石和岩石的允许块度也在逐渐加大。另外，大型矿山和中、小型矿山的块度标准是不同的。例如，块度为 0.8m 的矿石，在大型矿山属于正常块度，而在中、小型矿山则被列为大块剔出。因此，在确定露天爆破参数时，必须注意这些具体特点，做到既能降低大块率，又不增加材料的消耗。

在露天矿生产的条件下，如何准确地确定大块率，是一项复杂而困难的工作。尽管曾经提出过许多确定大块率的方法，但都因其可靠性差而没有得到推广。一般来说，利用二次破碎的材料消耗量来计算大块率的方法比较简便，适合于矿山生产条件，而且它是建立在大量统计的基础之上，能获得较好的计算结果。

b　爆堆形状和尺寸

爆破后形成的松散矿岩堆，通称爆堆。爆堆形状对于挖掘机的工作影响很大，若爆堆平缓，宽度大，挖掘机便需用大量时间进行清理工作，其结果必然使挖掘机的生产效率下降。同时，爆堆过低，会使挖掘机不易装满铲斗，但爆堆过高，又会影响挖掘机安全作业。

对采用铁路运输的矿山，线路移设是一项繁重而效率低的作业，尽量减少移道次数是非常必要的。但是，如果爆堆宽度过大，为了避免轨道被爆堆所覆盖，在爆破以前就不得不拆道移设。这就必然增加拆铺道的次数，从而增加非生产作业，影响矿山生产。

可见，爆堆形状应力求整齐集中，爆堆的宽度和高度要适宜，以充分发挥装载、运输设备的效率。此外，爆破后的台阶工作面也要规整，不允许出现根底、伞岩等凹凸不平现象，否则，既影响采装作业，也给下一循环穿孔爆破工作带来困难。

c　爆破后冲作用

由于大区多排孔爆破的采用，使后排孔的爆破作用在挤压的条件下进行，从而可能引起较大的后冲作用。所谓后冲作用，就是爆破的结果使一部分松散矿岩被抛到未爆台阶上面，并且将台阶上部破坏，出现明显的裂隙，如图 11-6 所示。实践证明，台阶上部的裂隙，会影响钻孔设备的作业，甚至容易造成塌陷，以至形成废孔。另外，裂隙也是产生大块的重要原因。因此，降低后冲作用，缩小破裂范围，对提高钻孔效率和降低大块率是极为重要的。

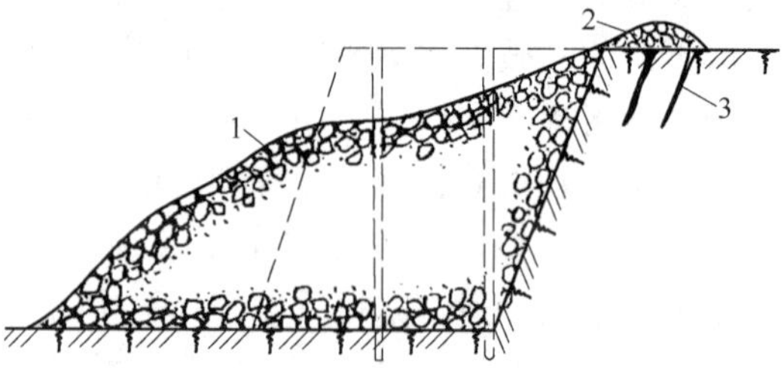

图 11-6　爆破后冲作用

1—爆堆；2—后冲堆积物；3—裂隙

B　提高爆破质量的措施

为了提高爆破质量，国内外进行了多方面的研究和生产试验。目前，行之有效的方法有以下几种。

a　采用多排孔毫秒爆破

现代矿山的生产规模不断扩大，提出了大区多排孔爆破的要求。但是多排孔在同一瞬间起爆的方法，其爆破质量差。采用毫秒爆破，可使爆破质量大大改善，从而为大区爆破提供了可靠的技术保证。毫秒爆破又称微差爆破，它是把炮孔划分为若干组，按先后顺序依次起爆，各组间的起爆时间间隔为若干毫秒。实践证明，多排孔毫秒爆破具有许多突出的优点：岩石破碎均匀，大块率低；爆堆集中；后冲作用小。

多排孔毫秒爆破可改善爆破质量的主要原因，在于它能充分利用爆破后岩块所具有的动能，而使之转化为相互间碰撞的机械功，从而产生补充破碎作用。这样，既可使岩块得到充分破碎，又可降低其飞散速度，限制飞散距离，使爆堆集中。另外，由于起爆是分组进行的，有利于降低爆破的破坏作用，减少后冲。

长期实践表明，只要合理地确定炮孔的布置方式、起爆顺序和起爆间隔时间，就能够充分发挥毫秒爆破的优越性。为此，国内外总结出多种有效的经验，如顺序逐排起爆、孔间间隔起爆、排间间隔起爆、中间掏槽起爆、斜线起爆和波形起爆等（见图 11-7），它们分别适用于各种不同的具体条件。为了提高爆破质量，重要的是进一步掌握多排孔毫秒爆破的客观规律，结合矿山具体情况，确定适合于不同地质条件的起爆方式。

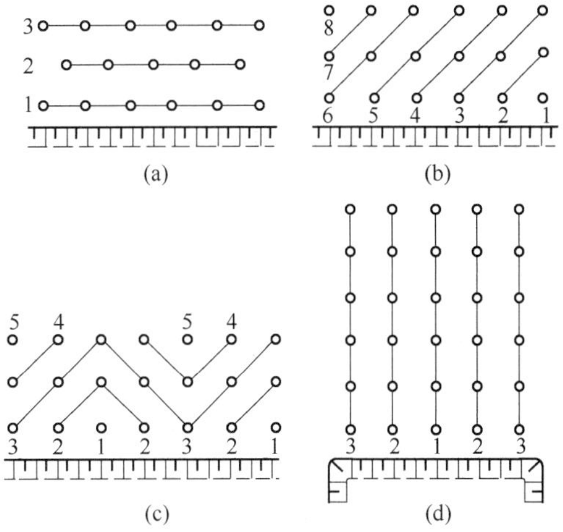

图 11-7 多排孔微差爆破的起爆顺序

（a）顺序逐排起爆；（b）斜线起爆；（c）波形起爆；（d）中间掏槽起爆

此外，正确确定多排孔毫秒爆破的孔网参数、装药量和微差间隔时间，对改善多排孔毫秒爆破的效果有重要的意义。有关这方面的问题，应在爆破课程教学中介绍，在此不再赘述。

b 合理的装药结构

目前露天矿多采用垂直深孔爆破。在这种情况下，炸药往往集中于炮孔的下部，形成炸药沿炮孔长度分布极不均匀。由于爆破作用集中在台阶的下部，而使台阶上部的破坏只能由塌落引起。其结果必然出现大量的大块，从而使大块率上升，如图 11-8 所示。

采用间隔装药或混合装药结构，都可以改变炸药的分布，有利于减少大块的产生。图 11-8（b）所示是间隔装药示意图。在炮孔内把炸药分为 2～3 段，中间用其他材料隔开，这样就使台阶的中部和上部也能在不同程度上受到炸药爆炸的直接作用，以减少由于塌落形成的大块。

采用变直径的炮孔也可改变装药结构。台阶的根部抵抗线最大，上部的抵抗线则逐渐变小。为适应这种情况，可采用变直径的炮孔，使下部直径大，上部直径小。这种装药结

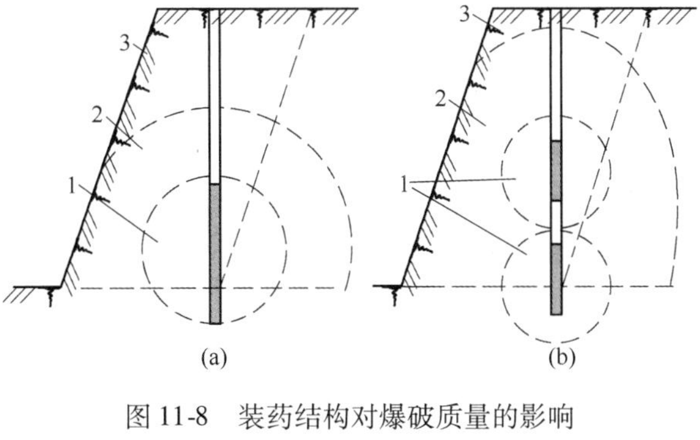

图 11-8 装药结构对爆破质量的影响

（a）集中装药；（b）间隔装药

1—细块区；2—中块区；3—大块区

构，可使炸药爆炸能量的分布适应抵抗线的变化。如前所述，用火钻扩孔法就可形成这种变直径的炮孔。

c 斜孔爆破

采用斜孔爆破，使台阶各处的抵抗线大小均匀，从而有利于提高爆破质量。斜孔爆破的实质，仍然是炸药能量合理分布的问题。由于沿台阶高度抵抗线相同，使得岩石的破碎比较均匀。

潜孔钻和牙轮钻都可以钻倾斜炮孔，为斜孔爆破的推广提供了有利条件。同时，实现机械化装药又可保证足够的装药密度，可提高斜孔爆破效果。

d 利用残余爆堆控制抛掷

部分矿山利用残余爆堆，有效地控制了飞石的抛掷，从而使爆堆集中，有利于挖掘机装载，图 11-9 所示是控制抛掷的示意图。为了克服台阶根部的阻力，在炮孔底部集中装药，炮孔的中部留出一定的空隙，作为不装药部分，上部是填塞部分。这样做，一方面使炸药的能量分布比较均匀，另一方面又使一部分能量集中作用于根部。

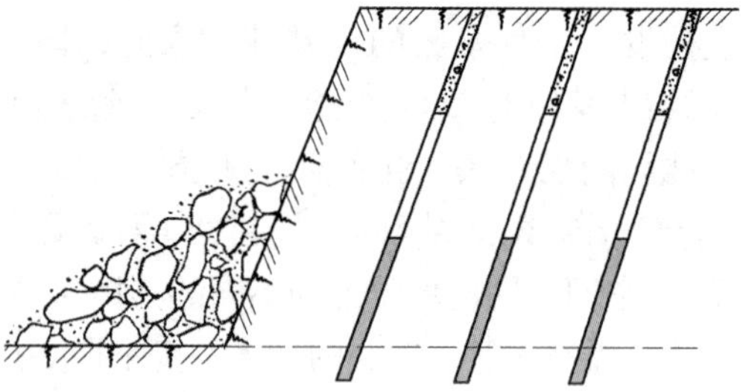

图 11-9 利用残余爆堆控制抛掷

e 高台阶爆破

高台阶爆破就是将 2 ~ 3 个台阶合并成一个台阶，穿凿深孔一次爆破，然后再按原有的台阶高度逐层装运，上部台阶矿岩的装运是在已爆破的浮碴下进行的。爆破时，上一个台阶留有碴堆，连同下一台阶采用多排孔微差挤压爆破。因此，高台阶爆破是一种爆破量更大的微差爆破。据试验结果表明，采用高台阶爆破有以下优点：

（1）成倍地增大一次爆破量，有利于穿爆、采装和运输工作的平行作业；

（2）炮孔装药的有效长度相对增加，爆炸能集中，改善矿岩破碎质量；

（3）减少了后冲作用和超钻对未爆岩体的破坏范围；

（4）减少超钻、开孔的数量，有利于提高钻孔效率。

然而，高台阶爆破要求穿孔深度大，一般钻机作业困难，而且台阶下部夹制严重，质量不易保证。因此，目前高台阶爆破仍在探索和改进中。

11. 2. 2. 2 二次破碎作业

在实际的爆破工作中，由于各方面因素的影响，初次爆破一般难以完全满足采装工作的要求，不合格大块的出现是不可避免的。因此，二次破碎是目前不可缺少的辅助作业。

露天矿二次破碎的方法主要有凿岩爆破、机械破碎和电热破碎等。

A 凿岩爆破法

这种方法的实质就是对大块矿岩进行第二次爆破。为此，需用轻型凿岩机打出一个不深的炮眼，进行装药爆破。当节理比较发育时，也可不须打眼，而将炸药直接贴于大块表面，再盖以炮泥即可爆破，称为裸露爆破。但这种爆破碎块远扬，安全性差，并增加炸药的消耗，故不宜大量使用。

凿岩爆破法是目前我国矿山二次破碎的主要方法。实践证明，它不需要特殊的设备便能把剔出的大块及时破碎，保证挖掘机的正常作业。但它也存在许多缺点，主要是需要敷设较长的压气输送管路，效率低、成本高、工作条件差、劳动强度大。因此，国内外矿山都在寻求另外一些高效而又简便的二次破碎方法。

B 碎石机

碎石机是利用机械能破碎大块岩石的设备。碎石机与潜孔钻机有许多共同之处，它的核心部分是一个类似潜孔冲击器的机构，称为碎石器。根据使用的动力不同，碎石器有风动碎石器和液压碎石器两种类型。

风动碎石器的主要组成部分是气缸、活塞和配气装置等。压缩空气通过有阀或无阀自动配气装置，分别进入工作活塞的两端，推动活塞做往复运动。当活塞向前运动时，最后打击凿头，借以将冲击力传到大块岩石。

液压碎石器是由缸体、活塞和液控换向阀等组成的。由于获得冲击功的方式不同，液压冲击器有两种形式：

（1）单作用式。这种碎石器只在前腔进油，后腔则充有增压氮气（又称气体弹簧），当前腔进油时，活塞在液压力的作用下向后运动，使气体弹簧被压缩；当前腔压力解除时，活塞在后腔气体弹簧的作用下向前运动，冲击凿头尾部。

（2）双作用式。这种碎石器的前腔和后腔都能交替地进油，在后腔油路中装有一个隔膜式蓄能器，它在回程中储存能量，起缓冲作用，保护设备，而在冲程时则放出能量，以增加冲击功。在前腔油路中也装有较小的蓄能器，用以防止空打时损坏设备和减轻震动。

C 电热破碎

电热破碎是利用矿石的导电性能，把电极加到大块的两个点上，以形成电流通路，产生热量，从而使大块岩石在局部膨胀力的作用下破裂。电热破碎的效果取决于局部膨胀力的大小。影响局部膨胀力的因素主要有：岩石的导电性能、岩石的导热性能、电流的大小、加热时间、接触点位置。

电热破碎的关键是形成局部膨胀力，在岩石大块内产生类似楔子的劈裂作用。可见，只有局部加热膨胀才有可能产生这种作用。针对不同的大块，选择接触点是很重要的。两个点的距离不能过大，最好位于同一侧。一般来说，导电性能较好的物质，其导热性能也较好。为了避免产生的热量流失，加热时间不能长，这就要求有足够的电流强度，也就是必须有足够的电压。

电热破碎可直接使用工频电流，所以电热破碎设备实际上就是一个供电装置，它具有足够的容量和电压。俄罗斯在部分矿山使用了电热破碎技术。破碎装置的容量为100～400kV·A，电压为2000～4000V。据称，每台设备一班可破碎大块85～90m^3，二次破碎成本比凿岩爆破法低50%。但由于电热设备的容量大，工作电压高而未能获得推广应用。

11.3 露天矿采装

采装工作是指用装载机械将矿岩从其实体中或爆堆中挖掘出来，并装入运输容器内或直接倒卸至一定地点的工作。它是露天开采全部生产过程的中心环节。采装工作的好坏，直接影响到矿床的开采强度、露天矿生产能力和最终的经济效果。因此，如何正确选择采装设备、采用良好的采装方法以提高采装工作效率，对搞好露天矿生产具有极其重要的意义。

采装工作所用的设备包括各种挖掘机和土方工程机械。一些小型露天矿还用装岩机、电耙等设备装载。然而，目前在国内外金属露天矿中，均以使用单斗挖掘机为主，虽然近几年来前端式装载机和轮斗式挖掘机有了较大的发展，但仍然没有改变单斗挖掘机采装在露天矿的统治地位。

11.3.1 常用采装设备

挖掘机是露天矿主要挖掘设备。其种类较多，以电力为动力的挖掘机称为电铲，以柴油为动力的挖掘机称为柴油铲，采用液压传动控制机构运行的称为液压铲；按照工作装置的支持方法不同，有刚性和挠性之分，挠性支持的有索斗铲、抓斗铲等，刚性支持的有正铲、反铲和刨铲等。

目前，大多数矿山使用的是刚性支持的单斗正向电铲和单斗反向液压铲。

挖掘机是用铲斗挖掘高于或低于承机面的物料，并装入运输车辆或卸至堆料场的链斗式挖掘机的土方机械。挖掘的物料主要是土壤、煤、泥沙及经过预松后的岩石和矿石。

露天矿山 80% 的剥离量和采掘量是用挖掘机械完成的。挖掘机械分为单斗挖掘机和多斗挖掘机两类，单斗挖掘机的作业是周期性的，多斗挖掘机的作业是连续性的。

挖掘机械一般由动力装置、传动装置、行走装置和工作装置等组成。单斗挖掘机和斗轮挖掘机还有转台，多斗挖掘机还有物料输送装置。

动力装置有柴油机、电动机、柴油发电机组或外电源变流机组。柴油机和电动机大多用于中、小型挖掘机械，用一台原动机集中驱动，两者可互换。柴油发电机组和外电源变流机组用于大、中型挖掘机械，用多台电机分散驱动。

行走装置主要用来支承机器，使机器变换工作位置和转移作业场地；另外，链斗式挖掘机和环轮式挖掘机的铲斗，随着行走装置的连续行走而切削土壤。行走装置有履带式、轮胎式、步行式、轨行式、浮游式和拖挂式等几种。

作业场地固定、要求接地比压较低时用履带式；作业场地多变时用轮胎式；因施工条件特殊而必须架设专用轨道时用轨行式；挖掘水下泥土用浮游式；小型单斗挖掘机的行走装置无动力源时用拖挂式；作业场地固定、机器重量大时用步行式。步行式行走装置大多用于单斗挖掘机中的大、中型拉铲挖掘机和斗轮挖掘机。

现代露天矿生产中，电铲担负着极其繁重的任务。在穿孔、爆破、铲装和运输四大环节中，铲装这一主要环节主要是由电铲完成的。

在生产作业的过程中，电铲的主要动作有挖掘、回转、卸载、铲斗返回工作面和车体行走等。电铲的机械机构必须能完成以上动作，为此，电铲在结构上大致可分为工作装置、传动机构和控制系统几个部分。

现代矿山的各个生产环节之间需相互协调。运输方面，国内外已广泛使用汽车运输。矿用载重汽车的载重量小则 20t，大型矿山则在 100t 以上。因此，目前铲斗容量在 4 ~ $10m^3$ 的中型电铲在中小型矿山广泛使用，而大型矿山的电铲铲斗容积则更大。

目前，国内露天矿使用较为广泛的是 WK-4 型及 WD-800 型电铲。

11.3.1.1 WK-4 型单斗正向电铲

WK-4 型单斗正向电铲是我国露天矿使用最为广泛的电铲，其结构如图 11-10 所示，实物如图 11-11 所示。

11.3.1.2 WK-20 型电铲

WK-20 型矿用挖掘机是太原重工研制的大型矿山采装设备（见图 11-12）。它汇集了

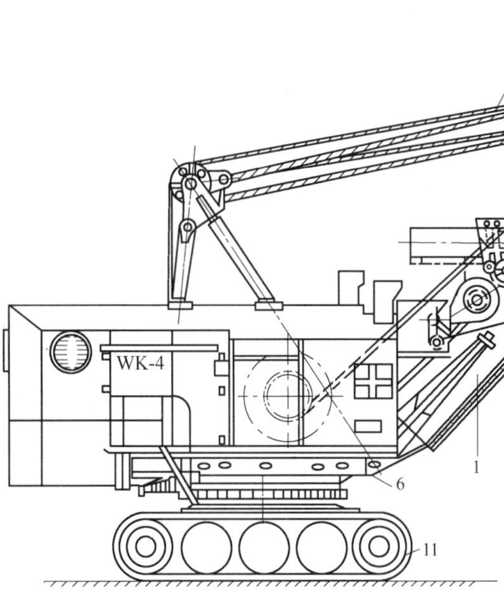

图 11-10 WK-4 型电铲示意图

1—动臂；2—推压机构；3—斗柄；4—铲斗；5—开斗机构；6—回转平台；7—绷绳轮；8—绷绳；9—天轮；10—提升钢绳；11—履带行走机构

图 11-11 电铲实物图

图 11-12 WK-20 型电铲实物图

$4m^3$、$8m^3$、$10m^3$ 挖掘机的成功经验，同时采用了多项国内外新技术、新工艺，可适用 2000 万吨级的大型露天煤矿、铁矿、有色金属矿的剥离和采装作业。

配套设备有 170～190t 矿用汽车。

11.3.1.3 液压挖掘机

单斗液压挖掘机（见图 11-13）是在机械传动式正铲挖掘机的基础上发展起来的高效率装载设备。它们都由工作机构、回转机构和运行机构三大部分组成，而且工作过程也基本相同。两者的主要区别在于动力装置和工作装置上的不同。单斗液压挖掘机在动力装置与工作装置之间采用了容积式液压传动，直接控制各机构的运动，进行挖掘动作。

同机械式挖掘机相比，液压挖掘机的特点是：结构紧凑、重量轻，能在较大的范围内实现无级调速，传动平稳，操作简单，易于实现标准化、系列化和通用化。液压挖掘机是一种性能和结构比较先进的挖掘机，正在逐步取代中小型机械式挖掘机。随着液压技术的发展，大中型液压挖掘机也正在迅速地发展起来。

图 11-13 液压电铲实物图

液压挖掘机根据其液压系统的不同，可分为全液压传动和非全液压传动两种；根据挖掘机工作装置的结构，可分为铰接式和伸缩臂式两种；根据其行走装置结构的不同，可分为履带式、轮胎式、汽车式和悬挂式等；根据其铲斗方向的不同，又有正铲和反铲之分。目前使用最为广泛的是全液压传动铰接式履带行走单斗反向液压铲。

图 11-14 所示为 WY-100 型液压反铲挖掘机的结构。可以看出，与电铲基本相同，液压挖掘机的结构也是由履带行走装置，上部回转装置与前部工作装置组成。其前两部分与电铲几乎完全相同，其不同就在于液压铲的工作装置是由若干油缸控制关节状动臂的运动实现工作的。图 11-15 所示为液压反铲工作示意图，图 11-16 所示为液压正铲工作示意图。为扩大使用范围，也可将正铲和反铲互相改装使用。

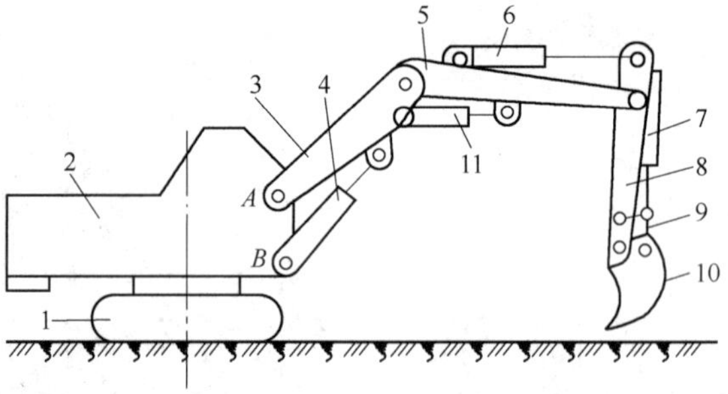

图 11-14 WY-100 型液压反铲挖掘机的结构

1—履带装置；2—机体；3—下动臂；4—动臂油缸；5—上动臂；6—斗柄油缸；
7—转斗油缸；8—斗柄；9—连杆；10—反铲斗；11—辅助油缸

11.3.1.4 前端装载机

挖掘装载机俗称“两头忙”，同时具备装载、挖掘两种功能。挖掘装载机从结构上分为带侧移架和不带侧移架两种形式。带侧移架的最大特点是挖掘工作装置可以侧移，便于在特殊场地作业，它在运输状态时重心较低，有利于装载和运输。其缺点是：由于结构上的限制，支腿多为直腿，支撑点在车轮边缘以内，两支撑点距离较小，挖掘时整机稳定性差（特别是挖掘工作装置侧移到一侧时）。这种形式的挖掘装载机功能重点在装载方面。不带侧移架的挖掘工作装置不能侧移，整个挖掘工作装置可通过回转支承绕车架后部中心做 180°回转，支腿为蛙腿式支撑，支撑点可伸到车轮外侧偏后，挖掘时稳定性好，有利于

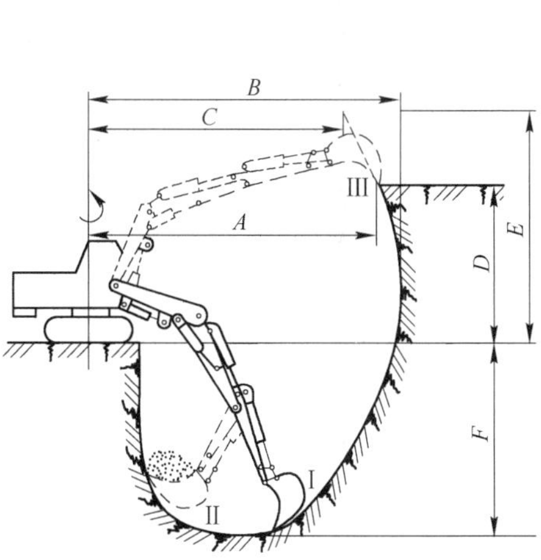

图 11-15 液压反铲挖沟工作示意图

A—标准挖掘高度的工作半径；B—最大挖掘半径；C—最大挖掘高度的工作半径；D—标准最大挖掘高度；E—最大挖掘高度；F—最大挖掘深度

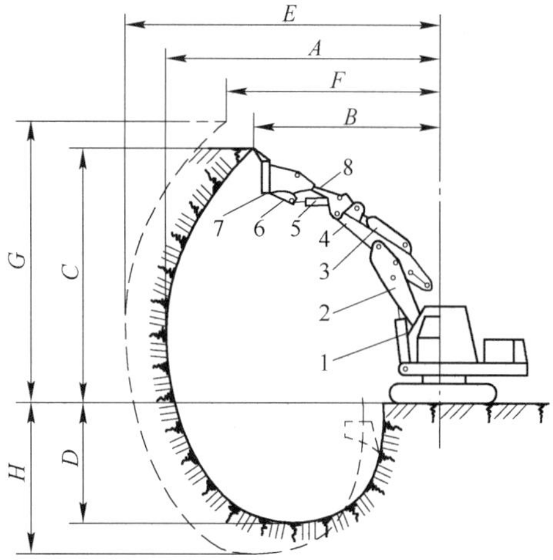

图 11-16 液压正铲挖沟工作示意图

1—动臂油缸；2—下动臂；3—斗柄油缸；4—上动臂；5—铲斗油缸；6—斗门；7—铲斗；8—斗柄；A—最大挖掘半径；B—最大挖掘高度时的工作半径；C—最大挖掘高度；D—在停机面以下作业时的挖掘深度；E，F，G，H—分别为动臂长度增大时的工作尺寸

挖掘能力的提高。由于没有侧移架，整机造价相应降低。缺点是收斗时铲斗悬挂在车后部，外形尺寸长，机车处于运输和装载状态时稳定性差，对装载和运输有一定影响，此种机型功能重点在挖掘方面，以美国生产居多。

挖掘装载机从动力分配上可分两轮（后轮）驱动和四轮（全轮）驱动两种形式。前者不能完全利用附着重量，使机车与地面的附着力以及牵引力比后者下降，但造价比后者低得多。

小型多功能工程机械常用的三种底盘中，微型挖掘机的动力大多在20kW以下，整机质量1000～3000kg，采用履带行走机构，行走速度不足5km/h，多用于农场、园林等小规模的土方作业。由于其机型偏小，造价较高，目前在国内尚难以普及。挖掘装载机的动力多在30～60kW，机重较大，质量约为5000～8000kg，挖掘能力较强，多采用轮式行走机构，全轮驱动，利用转向驱动桥或铰接转向，车速较高，达20km/h以上，国外大量用于农场、基建、道路维修等工程的土石方作业和大型施工现场的辅助性作业。该机型外形较大，灵活性较差，一般难以适应狭小场地的作业。

以铲斗在装载机前端进行铲装和向前卸载的装载机，称为前端式转载机（见图11-17），是矿山用的一种低车身、铰接转向、轮胎行走的前端装载机。

图 11-17 前端装载机实物图

近年来，由于液力变矩器和铰接转向等新技术的应用，前端式装载机得到迅速发展，而且日益趋向于大型化。国外已经生产了功率为295～934kW、斗容为7.6～23m^3的露天矿用前端式装载机。井下用的铲运机斗容亦达到9～10m^3，最大功率达220kW。

通常情况下，在露天矿山，前端装载机是一种重要的辅助设备，用以清理岩堆、从工作面搬移大块矿岩、修筑道路、清理积雪和搬运重型机器部件及材料等。在一定的条件下，如开采相距不远而又分散的矿体或多品种矿石分采的矿山以及在中小型露天矿山，前端式装载机可代替挖掘机作为主要的生产设备。在无轨作业的井下矿山，井下铲运机适用于阶段崩落法、分段崩落法、空场法、房柱法等采矿方法的回采出矿和巷道出碴。在中、短距离运输条件下（小于200m），可单人单机独立进行装运卸作业。在长距离运输条件下（大于200m）可作为装载设备，配合井下自行汽车进行工作。

前端式装载机一般多采用柴油机作动力，在井下也有采用电力作为动力的。前端式装载机多数采用液压-机械传动方式，也有采用静液传动方式和柴油-电力传动方式。前端式装载机是一种灵活机动、生产费用低的高效能装载设备。

图11-18所示为我国生产的ZL型地面用前端式装载机，它主要由柴油发动机、液力变矩器、变速箱、驾驶室、车架、前后桥、转向铰接装置、车轮和工作机构等部件组成。

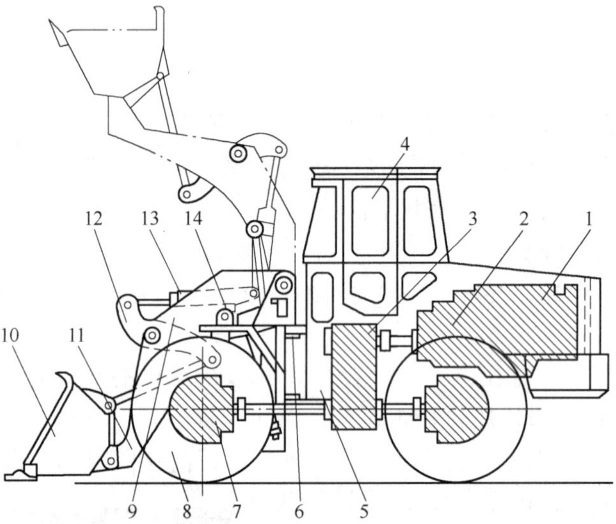

图11-18　ZL型前端装载机的结构

1—发动机；2—变矩器；3—变速箱；4—驾驶室；5—车架；6—前、后桥；7—转向铰接装置；8—车轮；9—工作机构；10—铲斗；11—动臂；12—举升油缸；13—转斗油缸；14—转斗摇臂

11.3.1.5　索斗铲

索斗铲（见图11-19）在露天矿主要用于土方工程和剥离工作。索斗铲的工作装置与机械铲完全不同，它的铲斗是由一条提升钢绳吊挂在悬臂上，由牵引钢绳和提升钢绳相配合控制其铲装和卸载。挖掘时，使提升和牵引钢绳松开，用抛掷的方法将铲斗降到工作面上，然后紧拉牵引钢绳，铲斗沿工作面向机身方向移动，铲取岩石，再紧拉提升钢绳，将装满货载的铲斗向悬架顶部提起。卸载时，松开牵引钢绳和卸载钢绳，使铲斗重心移动，铲斗向前倾翻而卸载。

索斗铲通常安置在开采台阶的上部平盘上，挖掘其站立水平以下的矿岩。但是大型剥离索斗铲（见图11-20）也能挖掘它站立水平以上的岩石。大型索斗铲具有很大的工作参数和铲斗容积，它在矿山广泛地用于开采水平矿体时向采空区排弃废石的剥离工作。美国俄亥俄州的曼其奈露天矿使用4250-W 型索斗铲，其斗容量达 $168m^3$，年挖掘能力为 $3400\times10^4m^3$，为世界上投入使用的最大索斗铲。据称，美国有一台斗容量为 $230m^3$ 的索斗铲投入生产。但一般常用的索斗铲斗容均在 $15m^3$ 左右。这类大型设备最初应用在煤矿为多，当前已逐步由煤矿扩大到金属矿，由软岩扩大到较硬岩石的剥离。

图 11-19 索斗铲实物图

中小型索斗铲也可用于装载工作，但它与装载机械铲相比，不适于采装致密和爆破不良的岩石，工作循环时间长，向运输车辆或受矿漏斗中卸载时对车能力差，生产能力比较低。然而索斗铲具有深挖的特性，并且由于它大多采用步行式走行机构，其对地单位压力较低，故可用于软质岩石、沼泽泥土、含水砂砾岩石的开采和排土场的捣卸，也可用于窄工作面的掘沟、挖水窝、回收露天矿柱等工作。

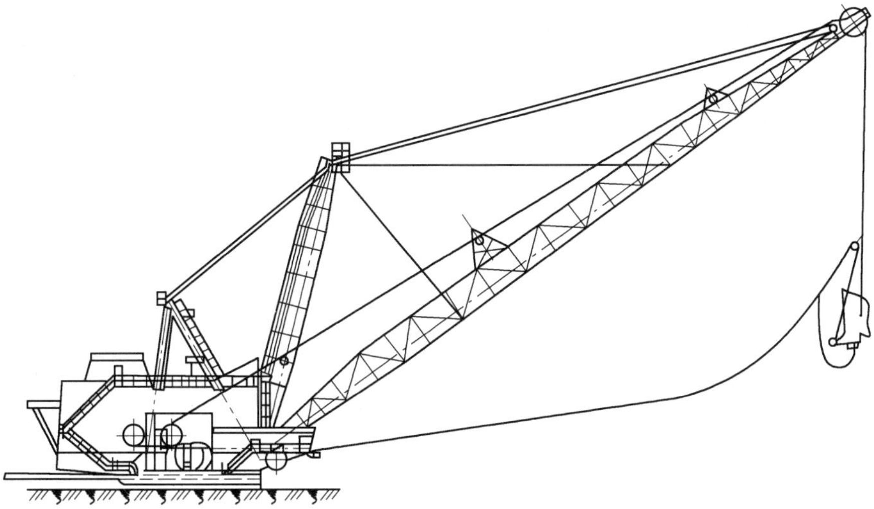

图 11-20 大型剥离索斗铲

11.3.2 采装工艺

11.3.2.1 采装工作面参数

机械铲工作水平的采掘要素主要包括台阶工作面高度、采掘带宽度、采区长度和工作平盘宽度。这些要素确定合理与否，不仅影响挖掘机的采装工作，而且也影响露天矿其他生产工艺过程的顺利进行。

A 工作面高度

机械铲工作面高度直接取决于露天矿场的台阶高度。台阶高度的大小受各方面的因素限制，如矿床的埋藏条件和矿岩性质、采用的穿爆方法、挖掘机工作参数、损失贫化、矿床的开采强度以及运输条件等。

在确定露天开采境界之前必须首先确定台阶高度，因为台阶高度对开拓方法、基建工程量、矿山生产能力等都有很大影响。同时，合理的台阶高度对露天开采的技术经济指标和作业的安全都具有重要的意义。

合理的台阶高度首先应保证台阶的稳定性，以便矿山工程能安全进行。台阶高度对工作线推进速度和掘沟速度都有很大的影响，因而也影响到露天矿的开采强度。出入沟和开段沟的掘进工程量分别与台阶高度的立方和平方成正比，这就是说台阶高度增加，掘沟工程量也急剧增加，因而延长了新水平的准备时间，影响矿山工程的发展速度。所以，在实践中为加速矿山建设，尽快投入生产和达到设计生产能力，在露天矿的初期，最好采用较小的台阶高度，以保证在初期的矿山工程进展较快，而当露天矿转入正常生产后，台阶高度可适当增加。

台阶高度的增加，能提高爆破效率，但往往增加不合格大块的产出率和根底，使挖掘机生产能力降低。另外，台阶的高度还影响穿孔人员和设备的工作安全。装药条件对台阶高度也有一定的限制，即钻孔的容药能力必须大于所需的装药量。

采掘工作的要求是影响台阶高度的重要因素之一。用挖掘机采装矿岩时，它对台阶的高度有一定要求，一般爆堆的高度可能为台阶高度的 1.2 ~ 1.3 倍，采装工作要求爆堆高度不应大于挖掘机最大挖掘高度。采用上装车时，台阶高度应满足挖掘机最大卸载高度的要求，保证矿岩卸入台阶上面的运输设备内。用小型机械化（装岩机、电耙）或人工装矿时，台阶高度的确定，则主要考虑工作的安全性，一般都在 10m 以下。

从露天矿场更好地组织运输工作来看，台阶高度较大是有利的，因为这样可以减少露天矿场的台阶数目，简化开拓运输系统，从而能减少铺设和移设线路的工程量，但在露天矿场长度较小的情况下，台阶高度又受运输设备所要求的出入沟长度的限制。

开采矿岩接触带时，由于矿岩混杂而引起矿石的损失贫化。在矿体倾角和工作线推进方向一定的条件下，矿岩混合开采的宽度随台阶高度的增加而增加，矿石的损失贫化也随之增大。

综上所述，影响台阶高度的因素较多，这些因素往往既互相矛盾，又互相联系，互相影响，因此，不能单纯地、片面地以某一个因素来确定台阶高度，应当由技术经济的综合分析来确定。

一般来说，采掘工作方式及其使用的设备规格往往是确定台阶高度的主要因素。目前我国大多数露天矿，在采用铲斗容积为 1 ~ 8m^3 的挖掘机时，台阶高度一般为 10 ~ 14m。对于山坡露天矿，在岩石较稳定的条件下，如储量大和有发展前途的矿山，台阶高度应取 10 ~ 14m，为今后采用大型设备准备条件。

采用平装车方法挖掘不需爆破的土岩时（见图 11-21），台阶高度就是机械铲工作面高度。若台阶高度过大，在挖掘高度以上的土岩容易突然塌落，可能会局部埋住或砸坏挖掘机。为了保证工作安全，便于控制挖掘，台阶高度一般不应大于机械铲的最大挖掘高度。

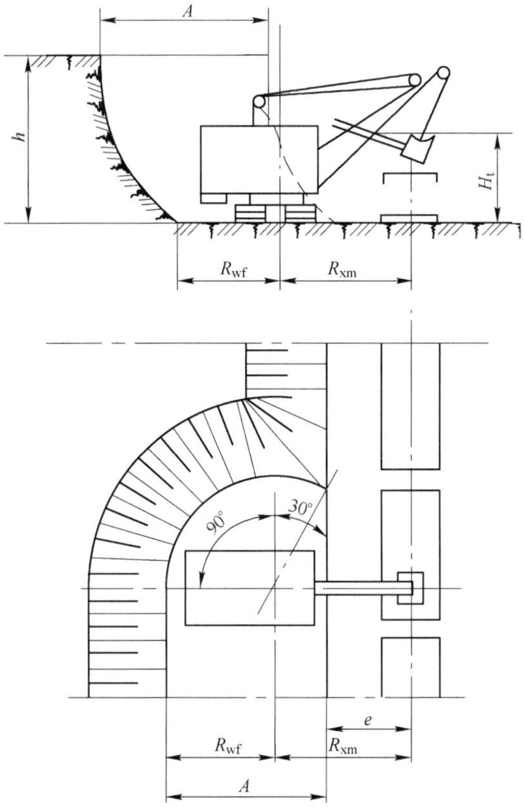

图 11-21 松软土岩的采掘工作面

h—台阶高度；e—道路中心到爆堆距离；R_{wf}—挖掘机站立水平挖掘半径；
R_{xm}—挖掘机最大卸载半径；A—采掘带宽度；H_t—挖掘机推压轴高度

只有在开采松散的岩土时，工作面随采随塌落，不会形成伞檐，不会威胁人员和设备安全的条件下，台阶工作面的高度才可以超过最大挖掘高度，但最多不得大于最大挖掘高度的 1.5 倍。

挖掘经爆破的坚硬矿岩爆堆时（见图 11-22），爆堆高度应与挖掘机工作参数相适应，要求爆破后的爆堆高度也不大于最大挖掘高度。

台阶高度也不应过低。否则，由于铲斗铲装不满，使挖掘机效率降低，同时使台阶数目增多，铁道及管线等铺设与维护工作量相应增加。因此，松软土岩的台阶高度和坚硬矿岩的爆堆高度都不应低于挖掘机推压轴高度的 2/3。

B 采区宽度与采掘带宽度

采区宽度就是爆破带的实体宽度，采区宽度取决于挖掘机的工作参数（见图 11-21）。为了保证满斗挖掘，提高挖掘机工作效率，采区宽度应保持使挖掘机向里侧回转角度不大于 90°，向外侧回转角度不大于 30°。

采掘带宽度就是挖掘机一次采掘的宽度。挖掘不需爆破的松软土岩时，采掘带宽度等于采区宽度；挖掘需要爆破的坚硬矿岩时，采掘带宽度一般是指一次采掘的爆堆的宽度。两者的关系分为一爆一采和一爆两采，如图 11-22 所示。

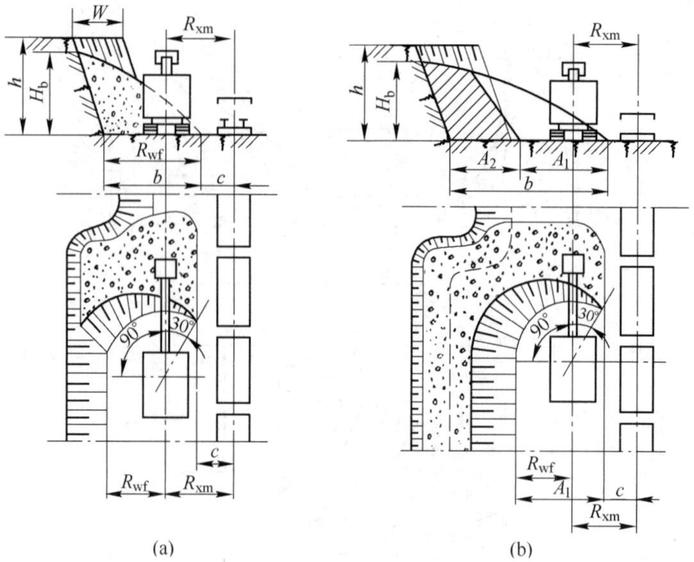

图 11-22 坚硬矿岩的采掘工作面

（a）一爆一采；（b）一爆两采

c—道路中心到爆堆距离；W—爆堆实体宽度；b—爆堆宽度；H_b—爆堆高度；

A_2—挖掘机第二采掘带宽度；A_1—挖掘机第一采掘带宽度

采掘带过宽，将有部分土岩不能挖入铲斗内，使清理工作面的辅助作业时间增加。采掘带过窄，挖掘机移动频繁，从而影响挖掘机的采掘效率。当采用铁道运输时，还应考虑装载条件，为了减少移道次数，合理的采掘带宽度更为重要。

在开采需要爆破的坚硬矿岩时，挖掘机挖掘的是爆堆，这就要求爆堆宽度应与挖掘机工作参数相适应。因此，应合理地确定爆破参数、装药量、装药结构以及起爆方法等，以控制爆堆宽度为挖掘机采掘带宽度的整数倍。

在实际工作中，爆堆宽度往往大于采掘带所限制的数值。因此，爆破后常需用挖掘机或推土机清理工作面，然后再进行采装。为了控制爆堆，我国一些露天矿成功地应用了多排孔微差挤压爆破的方法，大大改善了装运条件，提高了装运效率。

C 采区长度

采区是台阶工作线的一部分。采区长度（又称挖掘机工作线长度）就是把工作台阶划归一台挖掘机采掘的那部分长度。采区长度的大小应根据需要和可能来确定。较短的采区使每一台阶可设置较多的挖掘机工作面，从而能加强工作线推进，但采区长度不能过短，应依据穿爆与采装的配合、各水平工作线的长度、矿岩分布及矿石品级变化、台阶的计划开采以及运输方式等条件确定。

为了使穿爆和采装工作密切配合，保证挖掘机的正常作业，根据露天矿生产经验，每爆破一次应保证挖掘机有 5～10 天的采装爆破量。为此，通常将采区划分为三个作业分区，即采装区、待爆区和穿孔区。

有时，由于台阶长度的限制，只能分成两个作业分区或一个作业区。此时就应特别注意加强穿孔能力，以适应短采区作业的需要。

采区长度的确定，除考虑穿爆与采装工作的配合外，还应满足不同运输方式对采区长度的要求。采用铁路运输时，采区长度一般不应小于列车长度的 2 ~ 3 倍，以适应运输调车的需要。若工作水平上为尽头式运输时，则一个水平上同时工作的挖掘机数不得超过两台；若采用环形运输时，则同时工作的挖掘机数不超过 3 台。汽车运输时，由于各生产工艺之间配合灵活，采区长度可大大缩短，同一水平上的工作挖掘机数可为 2 ~ 4 台。

此外，对于矿石需要分采和质量中和的露天矿，采区长度可适当增大。对于中小型露天矿，开采条件困难，需要加大开采强度时，则采区长度可适当缩短。

D　工作平盘宽度

工作平盘是工作台阶的水平部分，其宽度应按采掘、运输及动力管线等设备的安置和通行等条件加以确定。

铁路运输和汽车运输时的正常台阶工作平盘如图 11-23 所示。

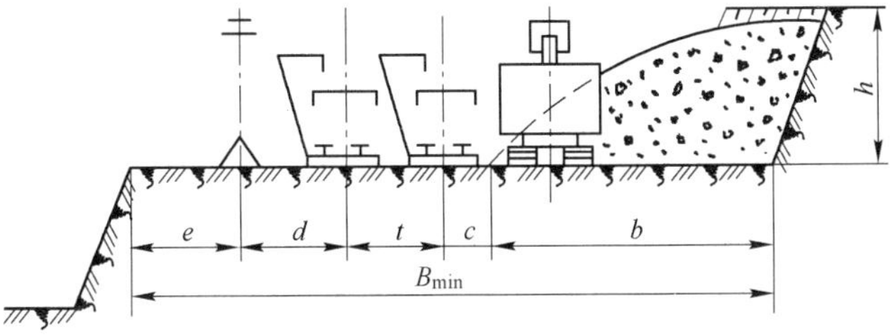

图 11-23　最小工作平盘宽度

b—爆堆宽度；c—爆堆与铁（汽车）路中心线间距，一般取 $c=3$m；d—铁（汽车）路中心线与动力电杆的间距，铁路和公路运输不同，一般取 4 ~ 8m；t—两条铁路（公路）中心线间距；e—动力线杆至台阶坡顶线间距，一般为 3 ~ 4m；h—台阶高度

11.3.2.2　采装方式

A　单斗挖掘机的采装方式

单斗挖掘机是露天矿最主要的装载机械，其装车方式（见图 11-24）包括：向布置在挖掘机所在水平侧面的铁路车辆或自卸汽车卸载的侧面平装车（见图 11-24b、c），向上水平铁路车辆的侧面上装车（见图 11-24d），以及端工作面尽头式平装车（见图 11-24e）。此外，也可以进行捣堆作业（见图 11-24a）。

运输工具与挖掘机布置在同一水平上的侧装车工作方式，是露天矿最常用的采装方法。这种方法采装条件较好，调车方便，挖掘机生产能力较高。上装车与平装车比较，司机操作较困难，挖掘循环时间长，因而挖掘机生产能力要降低一些。然而，在铁路运输条件下，用上装车掘沟可以简化运输组织，加速列车周转，对加强新水平准备具有重要意义。尽头式装车时，装载条件恶化，循环时间加长，挖掘机生产能力低于平装车，仅用于掘沟，复杂成分矿床的选择开采，以及不规则形状矿体和露天矿最后一个水平的开采。

B　剥离机械铲的采装方式

在开采 10°以下的缓倾斜矿体时，矿山越来越多地采用剥离机械铲把岩石直接从剥离工作面排弃到采空区。这样可以简化露天开采工作，提高劳动生产率，降低产品成本。

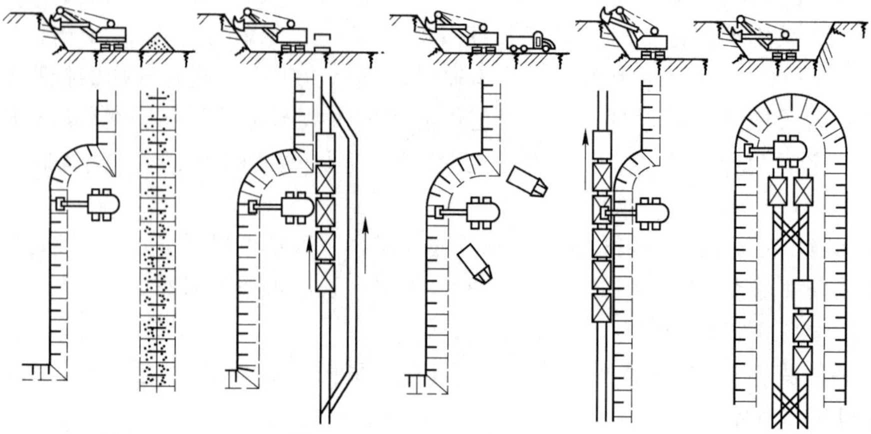

图 11-24 装载机械的采装工作方式

C 索斗铲的采装方式

索斗铲也是露天矿常用的采装设备之一。在用索斗铲进行采装工作时，它通常被安设在台阶的上部平盘，并从挖掘机移动方向的后面或旁侧自下而上地采掘工作面。前者称为端工作面采掘，后者称为侧工作面采掘。端工作面采掘法常用于台阶的开采，也可用于掘沟；而侧工作面采掘法仅在掘沟时被采用。端工作面法进行台阶采掘装车时，其工作面结构如图 11-25 所示。

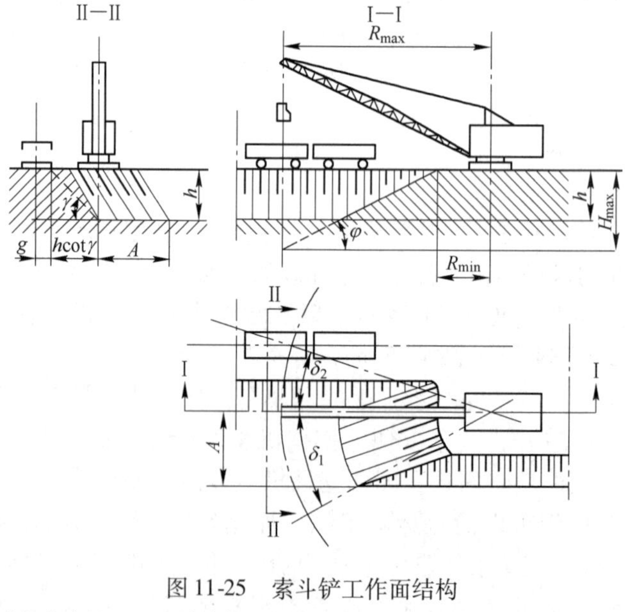

图 11-25 索斗铲工作面结构

R_{max}—索斗铲最大卸载半径；H_{max}—索斗铲最大挖掘深度；R_{min}—索斗铲最小卸载半径；g—线路边缘到坡顶线距离；δ_1—索斗铲装载回转角；δ_2—索斗铲卸载回转角；φ—爆堆坡面角

图 11-26 所示为在简单情况下索斗铲进行一次剥离捣堆时工作面的布置。剥离索斗铲站立在剥离台阶的顶上进行向下挖掘，挖掘的剥离物直接向采空区捣堆。

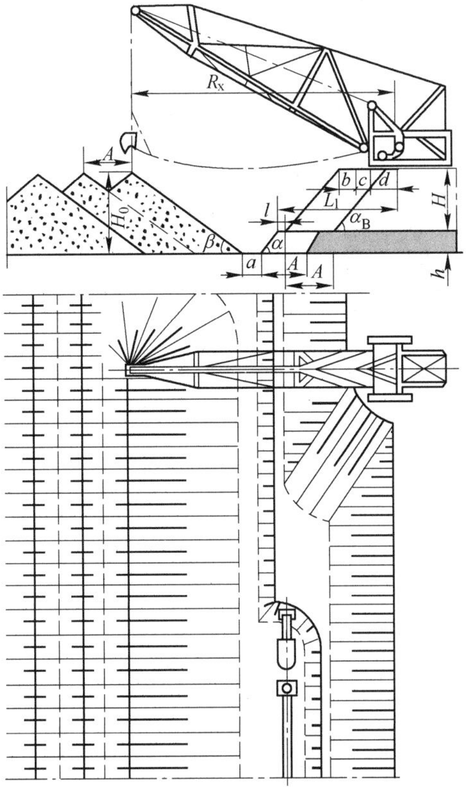

图 11-26 索斗铲捣堆开采

R_x—索斗铲卸载半径；L_1—索斗铲回转中心到台阶坡顶线距离；b—安全崖边宽度；
c—索斗铲履带到安全崖边间隙；d—索斗铲回转中心到履带边缘距离；
α—下部台阶坡面角；α_B—剥离台阶坡面角；a—捣堆安全距离；A—采掘带宽度；
H—上部台阶高度；h—下部台阶高度；H_0—索斗铲卸载高度

D 前端式装载机的采装方式

前端式装载机（简称前装机）是一种用柴油发动机（或柴油发动机-电动轮）驱动和液压操作的一机多能装运设备，行走部分一般多为轮胎式，除可用作向运输容器装载外，还可以自铲自运、牵引货载。主要用于工作面清理、松散物料的堆存、向公路卡车装载以及其他辅助性工作。

轮胎式前装机与单斗挖掘机一样，都属于间断作业式的采装设备。其操作程序为：铲臂下放，使铲斗处于水平位置；铲斗在装载机推压力的推动下插入矿（岩）堆；铲斗向上提起，铲取矿岩，并把铲臂连同铲斗举起一定高度；前装机驶向卸载地点；铲斗向下翻转卸载；前装机返回装载地点，并将铲斗下放至初始位置，然后重复上述同样过程。

轮胎式前装机由于具有机动灵活、设备投资少等优点，在露天矿主要用于向自卸汽车、铁路车辆、移动式胶带运输机的受矿漏斗装载，将矿石直接运往溜井、铁路车辆的转载平台，以及从储矿场向固定破碎设备运矿或从爆堆中采装矿石运至移动式或半固定式破碎设备；也可用前装机将岩石直接运到排土场或排土倒运等。前端式装载机的采装、铲运方式如图 11-27 和图 11-28 所示。

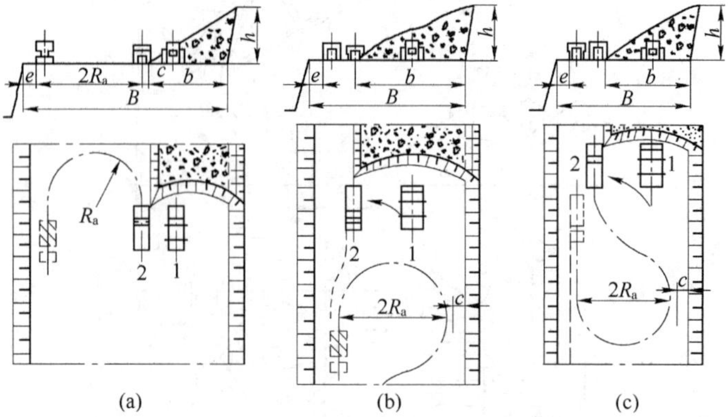

图 11-27 前装机向自卸汽车装载的工作面示意图

（a）前装机侧面调车；（b），（c）前装机后面调车

1—装载机；2—汽车；R_a—汽车回转半径；

其他符号意义同前

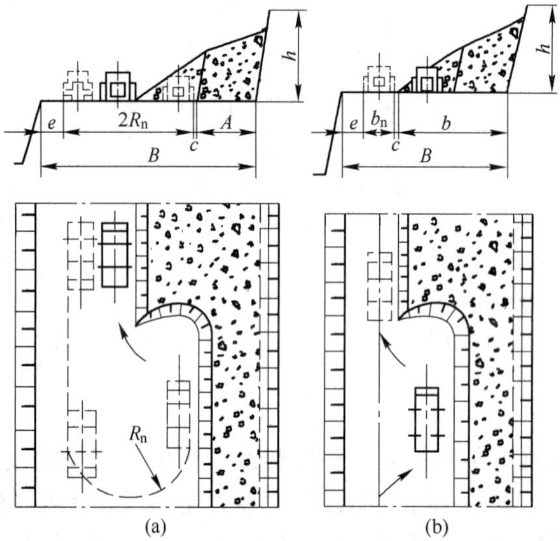

图 11-28 前装机自装自运工作示意图

（a）前装机工作面绕圈行驶；（b）前装机工作面直线行驶

R_n—前装机转弯半径；b_n—前装机宽度；

其他符号意义同前

11.4 露天矿运输

露天开采生产的特点还在于不仅要采掘和运输有用矿物，而且要采掘和运输大量的废石。露天矿生产过程是以完成一定量的剥离岩石量和采出矿石量为目的。

露天矿运输工作所担负的任务，是将露天采场内采出的矿石运至选矿厂、破碎厂或储矿场，将剥离的废石运至排土场，以及把材料、设备、人员运送至所需的工作地点。因此，露天矿运输系统是由采场运输、采矿场至地面的堑沟运输和地面运输（指工业场地、排土场、破碎厂或选矿厂之间的运输）所组成，这也称为露天矿内部运输。而破碎厂或选矿厂、铁路装车站、转运站至精矿粉或矿石的用户之间的运输称为外部运输。如果选矿厂或破碎厂等距矿山较远，则矿山至它们之间的运输也属于外部运输的范围。本节主要介绍露天矿内部运输。

露天矿运输是一种专业性运输，与一般的运输工作比较，有如下一些特点：

（1）冶金露天矿山运输量较大，剥离岩石量常是采出矿石量的数倍，无论是矿石或岩石，它们的重量大、硬度高、块度不一。

（2）露天采矿范围不大，运输距离短，运输线路坡度大，行车速度低，行车密度大。

（3）露天矿运输与装卸工作有密切联系，采场和排土场中的运输线路需随采掘工作线的推进而经常移设，运输线路质量较低。

（4）露天矿运输工作复杂，由山坡露天转入深凹露天后，运输工作条件发生很大变化。为了适应各种不同的工作条件，需要采用不同类型的运输设备，也就是说，运输方式的改变，会给运输组织工作带来许多新的问题。

根据以上特点，对露天矿运输应提出下列要求：

（1）运输线路要简单，避免反向运输，尽量减少分段运输。因此，在决定开拓系统时，必须保证有合理的运输系统。

（2）运输设备要有足够的坚固性，但不能过分笨重和复杂。要有较高的制造质量，以保证安全可靠的运转。

（3）运输设备的能力要有一定的备用量，以适应超产的需要。设备数量也应有一定的备用量，特别是易损零件和部件，以便运转中损坏时能及时更换。

（4）要经常且有计划地进行维护和检修，以确保运输设备技术状态良好。

（5）要有合理的调度管理和组织工作，使运输工作与矿山生产各工艺过程紧密配合，确保采掘工作正常进行。

露天矿运输方式可分为铁路运输、汽车运输、带式运输机运输、提升机运输、架空索道运输、无极绳运输、自溜运输和水力运输等。其中以铁路运输、汽车运输和带式运输机运输应用广泛，特别是前两者最多。提升机运输和自溜运输只能在一定条件下作为露天矿整个运输过程的一环，常常需要和其他运输方式相配合。水力运输用于水力冲采细粒软质土岩时，工艺简单，效率很高，但受运输货载条件的严格限制，应用的局限性很大。近年来，露天矿运输除了上述各类常用的运输方式向大型和自动化发展外，还创造了一些新的方式，如胶轮驱动运输机运输等。

铁路运输曾经是我国露天矿最广泛应用的一种运输方式，但近年来，汽车运输的应用已有了较大的增加。目前，绝大多数有色金属露天矿都采用汽车运输，露天铁矿汽车运输量也占铁矿石运输总量的30%左右。可以预料，随着我国汽车制造工业和橡胶工业的进一步发展，增大汽车运输比重的趋势必将继续下去。

11.4.1 露天矿铁路运输

铁路运输运输量大，成本低，但允许坡度小，一般只有1.5%～4%，最大6%～8%；

曲率半径大，灵活性差；基建速度慢，适用于地形不复杂、矿体走向长、运距长、运量大的露天矿。铁路运输的牵引设备有牵引机组、电机车、内燃机车。我国生产的标准轨电机车有100t和150t两种，窄轨电机车有8t、14t、20t、40t四种。窄轨内燃机车有60kW（80马力）、90kW（120马力）、180kW（240马力）等。矿车种类较多，准轨矿车有60t、100t和180t三种，窄轨矿车有1.2～2.5m^3、4～10m^3、20m^3等。我国用1435mm标准轨距，窄轨轨距主要有900mm、750mm、762mm和600mm四种。

铁路运输是一种通用性较强的运输方式。在运量大、运距长、地形坡度缓、比高不大的矿山，采用铁路运输方式有着明显的优越性。其主要优点是：

（1）运输能力大，能满足大中型矿山矿岩量运输要求；运输成本较低。

（2）能和铁路直接办理行车业务，简化装卸工作。

（3）设备结构坚固，备件供应可靠，维修、养护较易。

（4）线路和设备的通用性强，必要时可拆移至其他地方使用。

但铁路运输也有其致命的缺点：

（1）基建投资大，建设速度慢，线路工程和辅助工作量大。

（2）受地形和矿床赋存条件影响较大，对线路坡度、曲线半径要求较严，爬坡能力小，灵活性较差。

（3）线路系统、运输组织、调度工作较复杂。

（4）随着露天开采深度的增加，运输效率显著降低。铁路运输的合理运输深度只在120～150m以内。

铁路运输工作包括车务（列车运行组织工作）、机务（机车车辆的出乘、维护及检修）、工务（指线路的维修和拆铺）、电务（信号、架线、供电及通信联络）等。

11.4.1.1 铁路运输线路建设

A 露天矿铁路线路特点

铁路线路是机车车辆运行所不可缺少的工程结构体。为确保机车车辆在规定的最大速度下运行安全、平稳和不中断，铁路线路所有部分应有足够的坚固性、稳定性和良好的技术状态。

露天矿铁路与铁道部所属国有铁路相比，具有如下特点：

（1）线路坡度陡，弯道多，曲线半径小。

（2）线路区间短，技术标准低，行车速度低。

（3）线路级别复杂，大量移动线路。

（4）运输距离短，运输周期中的装卸时间长。

（5）行车密度大，不按固定运行图行车。

因此，它与国有铁路在结构标准、技术条件、服务年限、行车密度等方面的要求均有所区别。

根据露天矿生产工艺过程的特点，露天矿铁路线路分为固定线路、半固定线路和移动线路三类。连接露天采矿场、排土场、储矿场、选矿厂或破碎厂及工业场地之间服务年限在3年以上的矿山内部干线，称为固定线；采场的移动干线、平盘联络线及使用年限在3年以下的其他线路，称为半固定线；采场工作面装车线及排土场的翻车线则属于移动线。

B 铁路运输线路的设施

a 钢轨

钢轨的功用是支持和引导机车车辆的车轮，并直接承受来自轨枕传来的车轮的压力。它的型号用每米长的重量来表示。国产钢轨型号有：50kg、43kg、38kg、24kg、18kg 和 15kg 等多种。其标准长度一般为 12. 5m 和 25m。

大型露天矿准轨机车运输时，一般是采用轴荷重为 25t 的机车车辆，故应选用实际重量为 43kg/m 以上的钢轨。中、小型露天矿采用窄轨机车运输时，在选用范围内，可依其行车速度和年货运量来决定钢轨类型。行车速度高、年货运量大时，可采用较重的钢轨，否则采用较轻的钢轨。

b 钢轨连接零件

钢轨的连接零件按其功用可分为两类：中间连接零件和钢轨接头连接零件。中间连接零件包括道钉和垫板。道钉有普通道钉和螺栓道钉之分。使用木轨枕时常用普通道钉，采用钢筋混凝土轨枕时常用螺栓道钉。垫板的功用是把钢轨传来的压力传递到较大的轨枕支承面上，使行车平稳，并与轨枕两侧的道钉联系为一体，以增强道钉抵抗钢轨横向移动力。

钢轨接头零件有鱼尾板、螺栓及弹簧垫圈等。鱼尾板的形式很多，我国生产的标准鱼尾板为双头鱼尾板。

c 轨枕

轨枕是钢轨的支座，其功用是承受自钢轨通过中间连接零件传来的竖直力和纵横水平力，并将其分布于道床，保持钢轨的位置、方向和轨距，以及起弹性缓冲动荷载的作用。铁路线路上轨枕的布置，应根据运量和行车速度等因素考虑。一般运量大、速度高的线路，轨枕应布置得密一些；在露天矿山每公里准轨线路轨枕的根数有 1440、1520、1600、1680、1760、1840 等标准。

d 道床

道床是轨枕与路基间传递压力的媒介。其功用是传递并均布压力于路基基面，作缓和冲力的缓冲层；排泄基面地表水；固定轨枕位置以增加线路的稳定性。故要求道砟材料是坚硬、稳定、利于排水的物质。

道砟材料有碎石、砂、砾石、矿渣，一般以就地取材为原则。我国露天矿固定线路上多用剥离岩石破碎为 25 ~ 30mm 的碎块。

道床的断面如图 11-29 所示，由顶面宽、厚度和边坡这三个要素组成，它们的尺寸依道砟材料、上部建筑类型、线路平面（直线或曲线）、路基土壤性质和线路等级而定。一般准轨道床顶面宽为 2. 7 ~ 2. 9m，厚度 0. 15 ~ 0. 35m；窄轨道床顶面宽为 1. 4 ~ 1. 9m，厚

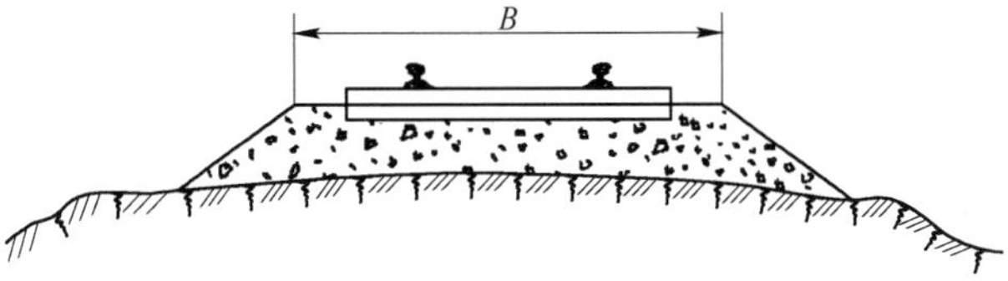

图 11-29 道床断面图

B—道床顶面宽度

度 0.1 ~ 0.25m。轨枕应埋入道砟内，其表面一般高出道砟表面 3cm。

e 线路防爬及加强设备

在列车运行时，由于多种因素的影响，如轨轮间的摩擦阻力、列车车轮对轨缝的冲击、列车制动时在轨面上的滑动等，都对钢轨产生一种纵向作用力。该力能使钢轨产生纵向移动，有时带动轨枕一起移动，这就是所谓线路爬行。线路爬行是极其有害的，它能引起轨枕歪斜，枕间隔不正，轨缝不匀，增大扣件磨损等恶果。

防止线路爬行的根本措施是加强整个线路的上部建筑，如加强中间连接件，采用碎石道床，增加每公里轨枕数目，安设防爬设备等。

防爬设备主要包括防爬器和防爬撑。我国露天矿铁路线路上常用穿销式防爬器，每对销式防爬器配备三对防爬撑。每节钢轨安装防爬器的组数，视线路特征和行车情况，一般为 2 ~ 4 对。

线路加强设备有轨距杆和护轮轨。在固定线路曲线半径小于 300m 的区段以及移动线路，均应装设轨距杆，以维持轨距不变。在曲线半径小于 120 ~ 150m 以下的地段和反向曲线端点间距小于 25m 的地段之内侧，均设护轮轨，以保证行车安全。

f 道岔

连接两条线路或自一条铁路转入另一条铁路时的连接设备称为道岔。道岔的种类很多，露天矿大量而普遍采用的是单式普通道岔，其结构和表示方法如图 11-30 所示。

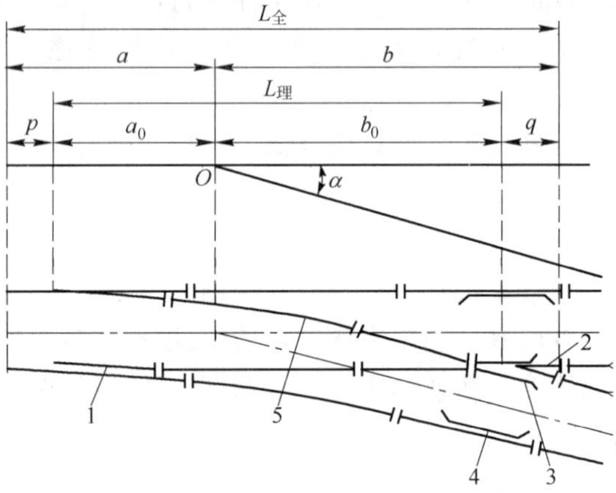

图 11-30 单式道岔构造和表示法

1—尖轨；2—辙叉心；3—翼轨；4—护轮轨；5—导曲轨

单式普通道岔由转辙器、导轨、辙叉三部分组成。转辙器包括一对基轨、一对尖轨、连接杆和整套转辙机械。辙叉由辙叉心（α 为辙叉角）、翼轨和护轨组成。连接部分是两根直轨和曲导轨，它将转辙器和辙叉连成一组完整的道岔。

道岔的型号由辙叉角的正切值决定。设 $\frac{1}{N} = \tan\alpha$，则 N 为道岔号数。N 值愈大，辙叉角愈小，列车通过道岔时也就愈平稳。露天矿常用的道岔为 7 号、8 号、9 号。

g 路基

路基是铁路线路的主要下部建筑，它承受线路上部建筑的重量及机车车辆的荷重，是铁路的基础。它的技术状态如何及完整与否，关系到整个线路的质量。因此修筑路基时应当保证坚固、稳定、可靠而耐久，要有排水和防水设施，以免受水的危害，修筑费用要低，维修要简单。

根据路基面与地面的相对位置和修筑方式不同，路基的横断面可分为路堤、路堑、零位路基、半路堤、半路堑和半堤半堑。各种路基结构如图 11-31 所示。

路基上铺设上部建筑的部分称为路基基面。基面两边没有铺设道砟的部分称为路肩。其作用是加强路基的稳定性，保持道砟不致落向边坡，供安设标志和信号，存放器材以及

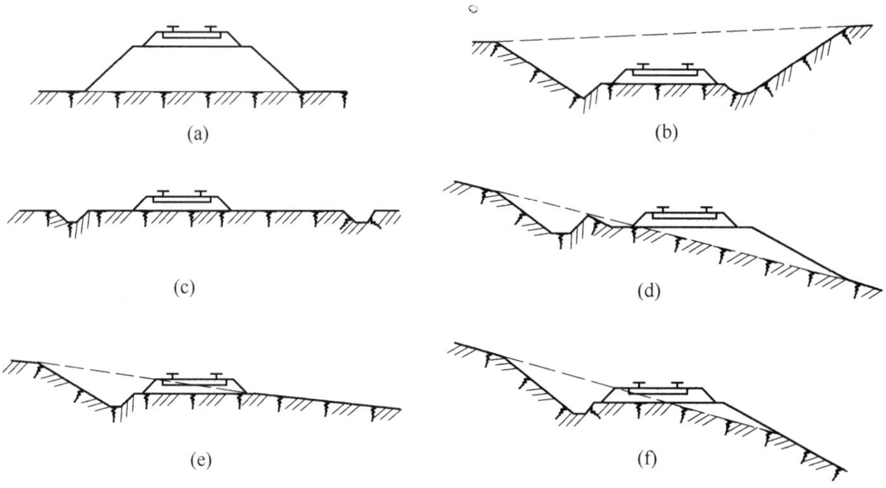

图 11-31 路基横断面

（a）路堤；（b）路堑；（c）零位路基；（d）半路堤；（e）半路堑；（f）半堤半堑

供工作人员通行往来。路肩宽度一般不小于 0.6m，最小不得小于 0.4m。路基边坡是指路基两侧的斜面坡度，用垂直距离与水平距离的比数表示。边坡的坡度取决于构成边坡的土岩性质和路基断面，路堤边坡一般为 1∶1.5 ～ 1∶1.75，路堑边坡为 1∶0.1 ～ 1∶1.5。

路基的主要构成要素是它的宽度。路基宽度是指路基基面的宽度，其大小取决于轨距、线路数目、线路间距、路肩宽度以及构成路基的土岩性质和线路级别。在曲线地段，由于外轨抬高，道床呈倾斜状，道床的下宽增大，要求路基也要相应加宽，其值视曲线半径大小而异，一般为 0.1 ～ 0.3m。

为保证路基边坡经常处于稳定状态，必须使路基的土体以及接近路基的地基和路堑边坡处于密实干燥状态。因此，路堑基面两侧需设侧沟，用以排泄路堑中的雨水。侧沟的坡度一般与路堑纵坡相同，但不应小于 0.2%。路堤两侧无取土坑时，需在路堤地形较高的一侧修纵向排水沟；当地面横坡不明显，路堤高小于 2m 时，两侧均设纵向排水沟。纵沟与路堤间留护道不小于 2m。水沟断面需根据排水的流量计算确定，但沟底最小宽度不小于 0.4m，深度不小于 0.6m。

h 桥隧构筑物

桥隧构筑物也属于铁路的下部建筑，包括桥梁、涵洞、隧道、挡土墙等构筑物。涵洞是铁路跨越小溪流、沟渠时用以排泄地面水的小型构筑物。在露天矿应用混凝土涵管或钢筋混凝土涵管较多。桥梁为跨越江河、洼地和其他路线的大型构筑物。隧道常用于线路穿越高山障碍，它能节省土石方量，缩短线路里程。在填筑路堤和挖掘路堑时，受地形限制或因边坡不稳定，常用挡土墙来保证路基的稳定和预防滑坡，这在我国露天矿铁路线路工程中均很常见。

11.4.1.2 铁路运输站场建设

A 线路区间的设定

为了保证行车安全和必要的通过能力，露天矿铁路线必须适当地划分为若干个段落，每个段落皆称为区间，以隔离运行列车。区间和区间的分界地点为分界点。

分界点分无配线的和有配线的两种。无配线的分界点包括自动闭塞区段内的通过色灯信号机和非自动闭塞区段内的线路所。有配线的分界点系指各种车站而言。两个分界点之间的距离称为区间长度。为了行车安全，提高行车速度，一个区间（分区）只能有一列列车占用。从行车方面来看，区间长度愈小，则通过能力愈大，但最小长度不应小于列车全制动距离。无限地缩短区间长度，将会使分界点过多，造成设备、基建投资和运营费用都增大，这是不合理的，应根据通过能力的需要来确定区间长度，一般为 800 ~ 1000m。

露天矿车站按其用途不同可分为矿山站、排土站、破碎站和工业场地站等。其分布应能满足内外部运输的需要和运营期内通过能力的要求。矿山站一般应设在露天采场附近，靠近运量大的地方，为运送矿石和废石服务。当露天矿规模较大时，也可以单独设立排土站，排土站设在排土场附近。破碎站和工业场地站分别设在破碎车间和工业场地旁边。这些车站除了起配车作用、控制车流外，还可以办理入换作业及其他技术作业，如列车检查、上砂、上油等。

露天矿坑内的车站和山坡采场中的车站，多作会让和列车转换方向之用，故称会让站和折返站，它们只进行会让、折返和向工作面配车等作业。

在采用自动闭塞时，用色灯信号机把站间区间划分为闭塞分区。信号机借助于列车的位置和轨道电路，自动转换显示。闭塞分区的长度应大于列车制动距离。在采用半自动闭塞时，利用线路所将站间区间划分为两个“所间区间”。线路所设置半自动闭塞信号机，列车必须得到线路所值班员的许可，并由他开放信号后，方能由一个所间区间通往另一个所间区间。当列车尾部进入某一所间区间后，防护该区的信号即自动变为红色，禁止续行列车通过。

区间的划分直接影响线路的通过能力。露天矿内各种分界点的分布，决定着铁路运输的系统。当露天矿规模很大时，应随采掘量的增长而分期增设分界点，以满足行车密度增大的要求。

B 线路站场的确定

站场主要包括车站股道数目、站线长度、股道间距、道岔配列以及车站的平面及纵断面等。

车站的配线应根据本站车流的特点和技术作业性质配置。一般车站除越行线（正线）外，还要根据需要配置其他站线及特别用途线，如到发线、调车线、牵出线、装卸线、日检线、杂作业车停留线以及工业广场和车库的联络线等。露天矿车站的站线数目主要是计算到发线的数量，其余的按需要进行配置。到发线数量应根据接发车的车流量和每列列车所占用的时间来确定。因露天矿运输车流单纯、调车作业较少，一般均为直通列车，故各种列车占用到发线的时间是等值的。

站线长度分为全长和有效长度（见图 11-32）。站线全长是指股道两端道岔的基本轨接头间的距离，如尽头线则为道岔的基本轨接头到车挡的距离。有效长度是指股道全长范围内可以停留列车，且不妨碍邻线作业的部分长度，其限制因素为警冲标、出站或调车信号机、道岔尖轨的起点或基本轨接缝的绝缘节等。

站内直线段相邻站线间的中心距视机车车辆类型而定。对于准轨一般站线为 5.0m，次要站线为 4.6m；窄轨线间距一般为 4.0m。其他技术作业线间距根据工作需要来确定。车站处在曲线地段上时，站线间的距离应加宽。

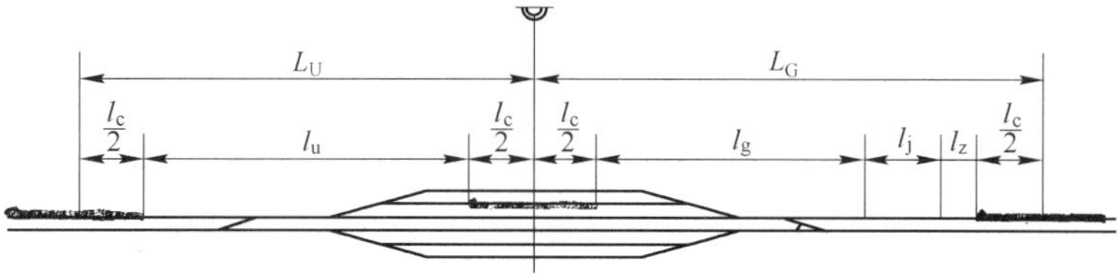

图 11-32 到发车进路长度示意图

l_c—列车全长；l_j—列车制动距离；l_z—司机确认信号时列车运行距离；l_u—列车出站长度；l_g—列车进站长度；L_U—列车出站总长度；L_G—列车进站总长度

根据运转作业的要求，车站应设置在直线上。但由于矿山地形复杂，线路使用年限不长，为减少基建工程量和满足矿山开拓的要求，在困难条件下，也可将站线设计为曲线，但必须满足一定曲线半径的要求。

到发线的有效长度范围，一般应设计在平道上。在困难条件下，车站才设在坡道上，但其纵断面必须保证列车在最不利的位置时能够起动。

11.4.1.3 铁路运输常用车辆

A 车辆

露天矿铁路运输用的车辆种类很多，按其用途来说有供运载矿岩的矿车，运送设备、材料的平板车，运送炸药的专用棚车，送水专用的水车，以及职工通勤用的客车、代客车等。其中用量最多的是大载重的自卸矿车（自翻车），图 11-33 所示为 KF60AK 型自翻车。

图 11-33 KF60AK 型自翻车

自卸矿车由行走部分、车架、车体、车钩及缓冲装置、制动装置和卸车装置等部分组成（见图 11-34）。

行走部分包括轮对、安置轴瓦和润滑用的轴箱、弹簧、转向架。所谓轴距是指轮轴之间的距离。最前轴与最后轴之间的水平距离称为全轴距；转向架前后两轴间的距离称为固定轴距（也称刚距）；两轴车的全轴距即为固定轴距。线路最小曲线半径就是由刚距决定的，刚距越大，要求的最小曲线半径也大。

车钩为牵引、连接、缓冲之用。在车辆设置的缓冲装置，一般为弹簧缓冲器。

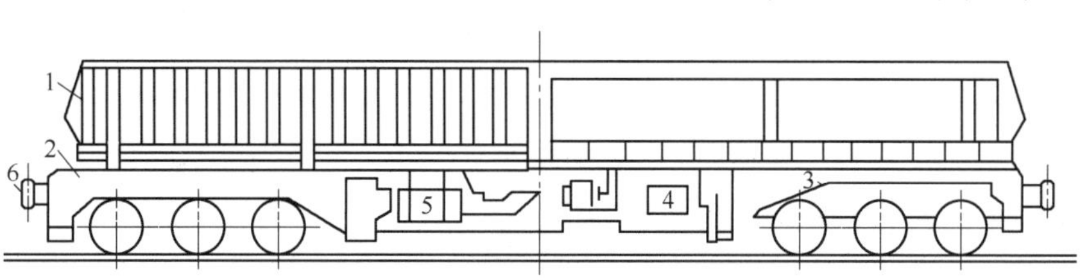

图 11-34 宽轨自翻车的结构

1—车厢；2—车底架；3—转向架；4—倾翻机构；5—制动装置；6—车钩

制动装置系由制动机和传递制动的传动装置组成。矿用自翻车上装有手制动机和气制动机。气制动机用压气是由机车的压风机供给。通常为送风缓解，放气制动。

卸载装置主要由卸载（举升）缸及其与车厢和车架相连接的杠杆连接机构等组成。卸载可借助于压气（或液压）来实现。卸载时，压气由机车上的压风机经管路送入同侧的两个卸载缸，而活塞杆将车厢的一侧举起，当举到一定高度时，车厢自动倾翻，货载随即卸出。货载卸完后，排出卸载缸中的压气，车厢靠其自重下落而还原位。卸车的动力除了压气以外，还有用液压的。

矿用自卸车的主要技术指标有载重、车厢容积、自重和自重系数（自重与标记载重之比）等。

B 机车

露天矿铁路机车，按其所用的动力不同可分为内燃机车、电机车和双能源机车。

内燃机车是以内燃机为发动机，以液体燃料（柴油、汽油等）为能源。它由车体、转向架、内燃发动机及其向主动轴传递动力的传动装置、辅助装置和机车操纵装置所组成。内燃机车依其内燃机向主动轴传动的方式不同，可分为机械传动的内燃机车、电力传动的内燃机车和液压传动的内燃机车。这种机车牵引性能好，效率最高，不需要架线和牵引变电所，因而机动灵活，很适合露天矿生产的需要。

电机车是以电能为牵引动力。其按电能供给方法不同可分为架线式和蓄电池式；按牵引电网采用的电流制不同又可分为直流电机车和交流电机车。电机车机动灵活性较差，但具有牵引性能好，爬坡能力大，准备作业时间少等优点，因而在露天矿都获得了广泛的应用。我国金属露天矿常用的是直流架线式电机车。

11.4.2 露天矿公路运输

公路运输的主要设备是汽车，其爬坡能力大，一般为8%，最大达15%；道路曲率半径小，机动灵活，适用于各种条件的露天采场。采用汽车运输的露天矿，投产快，但经营费高，运距不宜过长，一般为2~3km，需有良好的道路和完善的维修保养设施，以保证汽车的正常运行。矿山常用自卸汽车的载重量多在20t以上。20世纪60年代发展的电动轮自卸汽车，常用载重量为109~154t，最大达318t。汽车型号按矿岩运量、装车设备规格和运距等条件选取。车斗和电铲斗容之比，以3~5为宜。

与铁路运输相比，汽车运输有如下优点：

（1）汽车转弯半径小，因而所需通过的曲线半径小，最小可达10~15m；爬坡能力大，最大可达10%~15%。因此，可大大缩短运距，减少基建工程量，加快建设速度。

（2）机动灵活，有利于开采分散的和不规则的矿体，特别是多品种矿石的分采；能与挖掘机密切配合，提高挖掘机效率，若用于掘沟可提高掘沟速度，加大矿床开采强度，简化排土工艺。

（3）生产组织工作及公路修筑、维修简单。

（4）线路工程和设备投资一般比铁路运输低。

汽车运输的缺点：

（1）运输成本较高。

（2）合理的经济运距较小，且与车辆的载重关系甚大，随着运距的增大经营效果显著变化。

（3）受气候条件影响较大，在风雨、冰雪天行车困难。

（4）道路和汽车的维修、保养工作量大，所需工人人数多、费用高，汽车出勤率较低。

从上述优缺点表明，对于地形复杂的陡峻高山、丘陵地带的孤峰、沟谷纵横地带、走向长度较小、分散和不规则的矿体，多品种矿石分采的矿体以及要求加速矿山建设和开拓准备新水平的露天矿，采用汽车运输较为适宜。此外，汽车还可用作联合运输系统中的主要运输设备。因此，汽车运输在当前国内外金属露天矿运输中占据着最为重要的地位。汽车运输的经济效果，在很大程度上取决于矿山线路的合理布置、公路的质量和状态、自卸汽车的性能以及维护管理水平。

11.4.2.1 公路运输线路建设

露天矿的汽车公路与一般公路及工厂道路不同，它的应用特点是运距短、行车密度大、传至路面轴压力大。因此露天矿汽车公路应保证：

（1）道路坚固，能承受较大荷载。

（2）路面平坦而不滑，以保证与轮胎有足够的黏着力。

（3）不因降雨、冰冻等而改变质量。

（4）有合理的坡度和曲线半径，以保证行车安全。

露天矿公路按生产性质可分为运输干线、运输支线和联络线；按服务年限可分为固定公路、半固定公路和临时公路。运输干线是指采矿场出入沟和通往卸矿点及废石场的道路，通常都是服务年限在 3 年以上的固定公路。固定公路按行车密度和车速可分为三级。各级公路有不同的技术要求。

A 公路线路建设

公路的基本结构是路基和路面，它们共同承受行车的作用。路基是路面的基础。行车条件的好坏，不仅取决于路面的质量，而且也取决于路基的强度和稳定性。若路基强度不够，会引起路面沉陷而被破坏，从而影响行车速度，加大汽车的磨损。因此公路路基应根据使用要求、当地自然条件以及修建公路的材料、施工和养护方法进行设计，使其具有足够的强度和稳定性，并达到经济适用。

路基材料一般是就地取材，根据露天矿有利条件，常采用整体或碎块岩石修筑路基，这种石质路基坚固而稳定，水稳定性也较好。

路基的布置随地形而异，其横断面的基本形式如图 11-35 所示。

为了便于排水，行车部分表面形状通常修筑成路拱，路面和路肩都应有一定横坡。路面横坡值视路面类型而异，一般为 1.0% ~4%；路肩横坡一般比路面横坡大 1% ~2%，在少雨地区可减至 0.5% 或与路面横坡相同。

路基边坡坡度取决于土壤种类和填挖高度，必要时，应进行边坡稳定性计算。当路堤很高（大于6m）时，下部路基的边坡应减缓为 1∶1.75。为使路基稳固，还应有排水设施，其要求与铁路路基的排水设施相同。

路面是在路基上用坚硬材料铺成的结构层，用以加固行车部分，为汽车通行提供坚固而平整的表面。路面条件的好坏直接影响轮胎的磨损、燃料和润滑材料的消耗、行车安全以及汽车的寿命。因此对路面要有以下基本要求：

（1）要有足够的强度和稳定性；

（2）具有一定的平整性和粗糙度，能保证在一定行车速度下，不发生冲击和车辆振动，并保证车轮与路面之间具有必要的黏着系数；

（3）行车过程中产生的灰尘尽量少。

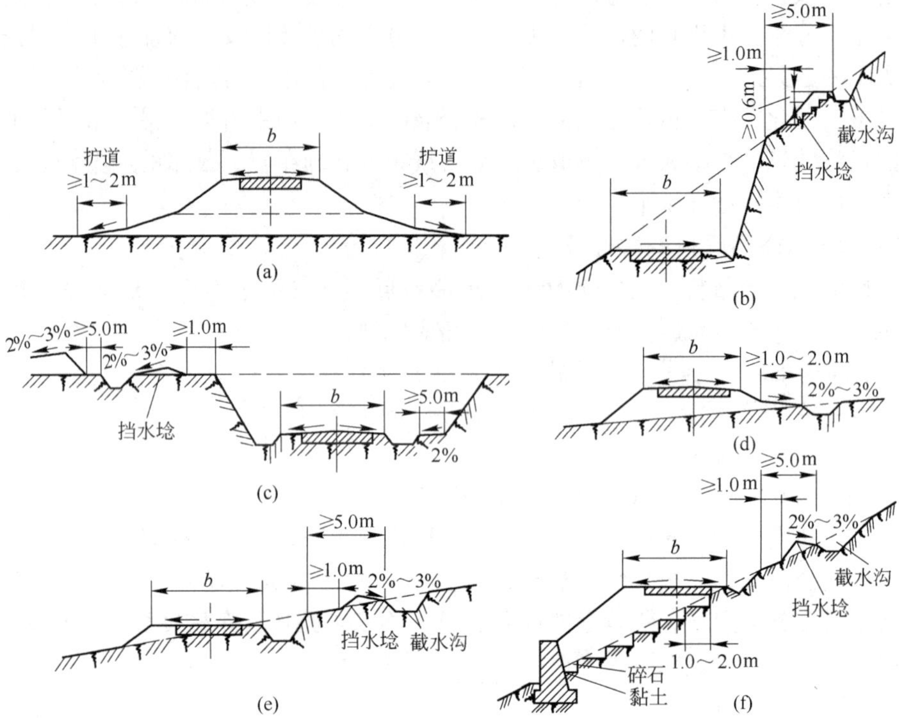

图 11-35　路基横断面

（a）填方路基；（b）挖方山坡路基；（c）挖方路基；（d）缓坡路堤；（e）半填半挖山坡路基；（f）陡坡路堤

路面由面层、基层和垫层构成。面层又称磨耗层，是路面直接承受车轮和大气因素作用的部分，一般用强度较高的石料和具有结合料的混合料（如沥青混合料）做成。基层又称取重层，主要承受由于行车作用的动垂直力，此层用石料或用结合料处置的土壤铺筑而成。垫层又称辅助层，其作用是协助基层承受荷载，同时对路面起稳定作用。该层可以用砾石、砂、炉渣等铺筑。

路面按采用的建筑材料不同，可分混凝土路面、沥青路面、碎石路面和石材路面等。矿山公路路面的建设，应本着就地取材的原则，根据露天矿汽车运输的特点选择。一般来说，运量大、汽车载重大、使用时间长的干线公路应选用高级路面，也可以随运输量的增长情况分期建设，即由低级路面过渡到高级路面，而把低级的旧路面作为高级路面的基层。

公路一般多在强度较高的矿岩基础上修筑，可就地采用矿岩碎石做路面，但当移动线公路位于土壤及普氏硬度系数小于 4 的风化岩石上时，可采用装配式预应力混凝土路面，以便根据需要移设。如铜绿山铜矿采场底板岩石为风化高岭土，曾使用过装配式钢筋混凝土路面，取得一定效果。

B 公路线路设计

公路设计要求与铁路线路设计基本相同，包括平面设计和纵断面设计两部分。平面设计的主要任务就是根据矿山地形、车型以及生产作业的需要，绘制平面图。纵断面设计则是根据公路平面图，沿所定线路绘制公路纵断面图。

a 线路平面

公路平面设计参数包括平曲线、超高、超高缓和长度、曲线加宽、平面视距、两相邻平曲线的连接以及错车道等。

各级公路的平曲线依据车型、行车速度、路面类型而定，原则上应采用较大的半径，当受地形或其他条件限制时，方可采用允许的最小半径。

为了克服汽车在曲线上运行时的横向离心力，公路曲线段在曲线半径小于100m时，一般要设超高。由于直线行车道部分为双斜坡断面，而曲线段要设置超高，这就要求从邻近曲线的直线外侧开始逐渐升高，使双面坡过渡到超高所要求的单向坡面，该坡面称为超高横坡，用以表示曲线超高值。超高横坡按设计车速、曲线半径、路面种类及气候条件等因素考虑，一般规定为2%~6%，最大不超过10%。

当汽车沿曲线运行时，其车轮所占路面的宽度要比在直线段时增大，此增大部分称为加宽。

两相邻同向平曲线均不设超高或设超高相同时，可直接连接。当所设超高值不同时，两曲线间需按超高横坡差设置超高缓和长度，其长度应插入较大半径的平曲线之内。两相邻反向曲线均不设超高时，中间宜设不小于汽车长度的直线段，在困难条件下可不设，但必须减速运行。

b 公路纵断面

公路纵断面的主要要素包括最大纵向坡度、竖曲线半径和坡道的限制长度等。

露天矿公路的最大允许纵向坡度，应根据采掘工艺要求、地形条件、道路等级、汽车类型以及空重车运行方向等因素合理确定。在条件允许时，应尽量采用较缓坡度。干线长度超过1km时，其平均坡度一般不宜大于5.5%。

当坡度位于平曲线处时，该坡段的最大纵向坡度应按平曲线半径的大小进行折减。对露天矿公路而言，平面曲线半径一般在50m以下时才折减，其折减值可参阅有关资料按规定进行。

为防止汽车在长大坡段上运行时发动机过热，对坡长应有所限制。当坡长超过限制坡长时，应在限制坡段间，插入坡度不大于3%的缓和坡段，其最小长度不应小于40~60m。

c 视距

为了行车安全，汽车司机应能看到前方相当距离的道路，以便能及时采取措施，防止撞上前方的车辆或障碍物。但汽车在遮蔽地段的弯道上或在坡线急剧转折处时，常会发生视距障碍。因此，在设计线路时，必须有视距要求。视距，即汽车司机能看到的前方道路或道路上障碍物的最短距离。确定视距的条件，是以设计车速运行的汽车能在到达障碍物以前完全停住或绕过障碍物。

视距的组成包括反应距离、制动距离及安全距离。反应距离是从司机看到障碍物到开始刹车经过的反应时间内汽车所运行的距离。制动距离是从汽车开始刹车到完全停止时所经过的距离。安全距离是为防止汽车万一到障碍物前不能停住而考虑的距离。

d 回头曲线

在山区或深凹露天矿布置线路时，由于地形条件及采场帮坡的限制，迂回修筑公路时必须选用锐角转折，这种弯道称为回头曲线。

回头曲线（见图11-36a）由主曲线 AB、两条直线 AE 及 BC 和两条辅助曲线 CD 和 EF 组成。在个别情况下，主辅曲线间可不插入直线。两条辅助曲线的半径以及插入直线段的长度相等时的回头曲线称为对称回头曲线（见图11-36a、b），否则称为非对称回头曲线（见图11-36c、d）。各种形状可根据具体地形条件选用。

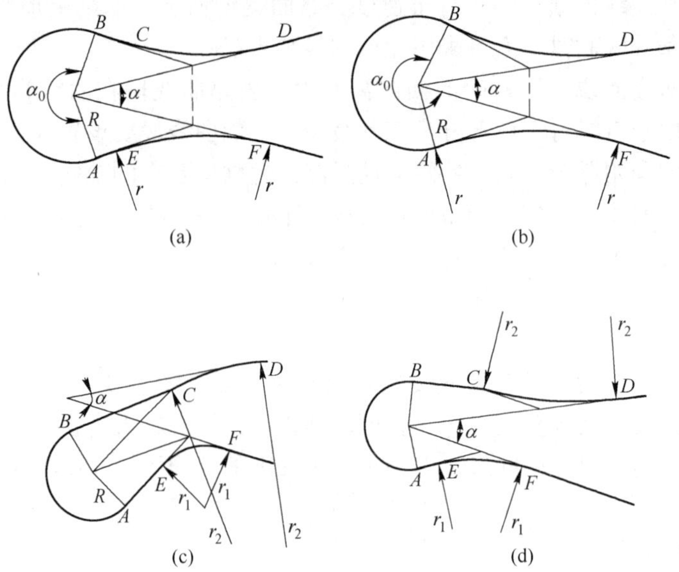

图11-36 回头曲线平面布线形式

（a）有插入直线段对称回头曲线；（b）无插入直线段对称回头曲线；（c），（d）非对称回头曲线

11.4.2.2 公路运输自卸汽车

自卸汽车按货厢倾卸方向分为后倾卸式和三面倾卸式（可以向左、右或后面倾卸）两种。货厢翻倾一般是靠安装在货厢下面的液压举升机完成。

自卸汽车的货厢和车架既要承受装载时的冲击负荷，又要适当降低自重，因而主要部分均用高强度钢板焊成。自卸汽车行驶的道路条件一般较差，尘土飞扬，因而驾驶室要有良好的密封性，并装设空气调节装置；驾驶操作机构应力求轻便。冬季运输潮湿物料时，货物易冻结于车厢底板上，造成自动卸货不彻底，因此有的货厢底板制成夹层，使发动机排出的废气通过夹层为货厢加温。自卸汽车在不断向大吨位发展。现在矿山运输用自卸汽车已发展到150~200t级，最大载重量已达350~500t。

A 普通矿用自卸汽车

普通矿用自卸汽车（见图11-37）主要由车厢、内燃发动机和底盘三部分组成。底盘包括传动装置、行走部分、操纵机构和卸载机构等。

汽车传动装置的作用主要是把发动机所发出的扭矩传递给主动轮。目前国内外载重自

图 11-37 普通矿用自卸汽车

卸汽车的传动方式主要有机械传动、液力传动和电力传动。

离合器是用于使发动机和传动装置做暂时的分离，随后又逐渐接合，以保证汽车平稳启动，变速器换挡时减轻齿轮的冲击，以及防止传动系统过载。

变速器是变化传动比的机构，它使在一个传动系统中具有多个传动比值（排挡），以便司机根据行车阻力大小的情况交替选用，获得所需要的牵引力。

在汽车传动系统中，有些相邻部件（如变速器和主减速器）之间，它们的轴线并不在一条线上而是相交的，且交角经常在变化，这就必须装用万向传动装置。万向传动装置是由万向节和传动轴所组成的。

主减速器接在万向传动装置后部，用途是把扭矩由万向传动装置传向与汽车纵轴呈90°的主动半轴上，并在传动系统中增加一个固定不变的传动比，以加大主动轮扭矩。

差速器通常和主减速器一起装在后桥中部壳中，由几个行星齿轮和两个半轴齿轮所组成。差速器的用途是把主减速器传来的扭矩分别传给左右两个与两侧主动轮相连的半轴上，并保证两侧主动轮能以不同的角速度旋转，以利于汽车转向运行。

汽车行走部分包括车架、车桥、车轮与悬挂装置。车架是汽车的基体，汽车所有部件及车厢都直接或间接装在它上面。车桥分前桥和后桥，用以支持车架并向车轮传递垂直载荷，同时也将牵引力、制动力等传给车架。车架与车桥之间用悬挂装置做弹性连接，以缓和及吸收车轮在不平道路上运行时所受的冲击和振动。

操纵机构包括转向系和制动系两部分。转向系用于控制汽车行驶方向，制动系使汽车减速或停车。制动装置一般多采用蹄式制动器，通过机械、液压或压气来操纵。在一些汽车上采用了盘式制动器，这种制动器摩擦面较大，可以得到较大的制动力矩，同时还可防止灰尘泥污浸入。

卸载装置主要是由举升缸及其与车厢和底盘相连接的机构等组成。卸载时，司机开动油泵并打开卸载阀，压力油路与举升缸接通，举起车厢并使之向后倾翻，卸出货载。货载卸完后，司机通过操纵装置使油泵停转，即停止供油，并使举升缸与回油路相通，因而举升缸中的油流回油箱，车厢随压力油的流出，借自重而慢慢下落至原位为止。

B 电动轮自卸汽车

采矿工业的技术发展，需要载重量大、爬坡能力强、机动灵活、性能完好的运输设备。近年来，随着汽车载重和车速的进一步提高，为了简化结构和改善牵引性能，对大载重量汽车采用电动轮驱动，故这种汽车称为电动轮汽车（见图 11-38）。

图 11-38 电动轮自卸汽车

当前大型露天矿几乎全部采用这种汽车运输，常用载重量为100～200t。

电动轮汽车即发动机电力传动汽车。电动轮就是安装有直流牵引电动机的驱动轮，其中有一套行星齿轮，构成车轮减速器。电动轮汽车的工作原理是：由作为动力源的高速柴油发动机，经挠性联轴器直接驱动一台交流主发电机，将机械能转变为电能，然后经硅整流系统把交流电整流为直流电，再经电控系统控制的电磁接触器馈送至安装在电动轮轮壳内的牵引电动机将电能变为机械能，并通过由太阳轮、行星轮和由齿圈组成的轮边减速齿轮系带动车轮运转。汽车利用直流电动机的固有特性变换扭矩（电流）和调节单速（电压），低速时，直流电动机能产生高扭矩，当电动机扭矩减少时速度提高，从而在一定的负荷和坡度下，汽车能自动调速，并在下坡时，能通过动力制动或电阻制动获得极佳的制动效果。

电动轮汽车的总体结构与普通自卸汽车相似。但由于它的传动方式和工作原理不同，因而在工作机构和布置形式方面与普通自卸汽车相比有较大的差异。根据电动轮汽车的传动特点，可概括为五大组成部分：

（1）动力部分主要是高速柴油发动机，多采用12缸V型回冲程的柴油机。

（2）电机部分包括一台三相交流主发电机、直流牵引电动机和励磁与充电两用的辅助发电机等。

（3）电控部分包括电器柜、整流柜、电阻箱、制动电阻和牵引、制动控制器等。

（4）液压传动部分包括转向液压控制机构、卸载举升机构、车架油气悬挂机构和液压制动机构。

（5）车体包括驾驶室和斗箱；齿轮减速装置包括太阳轮、行星轮和由齿圈组成的轮边减速齿轮系，它与牵引电动机、工作制动器、停车制动器集装于后轮毂中。

从上述电动轮汽车的工作特点可见，它与普通自卸汽车相比有以下主要优点：

（1）电动轮汽车采用电传动，结构比较简单，没有机械传动的离合器、液力变扭器、变速箱、传动轴、差速器等机械零部件，因而维修量少。

（2）牵引性能好，能充分利用柴油发动机的最大功率，因而爬坡能力强、速度快、运输效率较高。

（3）实现无级调速，因而操作比较简单而且平稳，可以减少发动机、电力传动系统和底盘的振动，从而延长其部件的寿命，减少维修费用，提高汽车的完好率。

（4）电动轮汽车还可利用电力回馈的方法进行制动，通过控制发电机转速达到限制发动机超速的目的（而机械传动的汽车在制动时容易使发动机过热、损坏）。这样，既保护了发动机，延长了大修间隔期，又使行车比较安全可靠，特别是在长大坡道上行驶时，可减少制动器的负荷，延长制动器的寿命。

11.5 露天矿排土

露天采矿的一个重要特点就是必须剥离覆盖在矿体上部及其周围的岩石，并运至一定地点排弃，为此要设置专门的排土场地。排土工作的任务，就是在排土场上运用合理的工艺，排弃从露天矿场采出的废石和表土，以保证采矿作业持续均衡地进行。因此，排土工作也是露天矿主要的生产工艺环节之一。

根据排土场与露天矿场的相对位置，位于露天矿境界以外的排土场称为外部排土场，处于露天矿采空区内的称为内部排土场。按照在排土工艺中所用的设备不同，有以下几种主要的排土方法：排土犁排土、单斗挖掘机排土、前端装载机（铲运机）排土、推土机排土、带式排土机排土和人工造山排土。

11.5.1 推土机排土方式

露天矿推土机排土大多数采用汽车运输。推土机的排土作业包括汽车翻卸土岩、推土机推土、平整场地和整修排土场公路。汽车运输推土机排土场的布置如图 11-39 所示。

推土机是一种多用途的自行式土方工程建设机械（见图 11-40），它能铲挖并移运土壤。例如，在道路建设施工中，推土机可完成路基基底的处理、路侧取土横向填筑高度不大于 1m 的路堤、沿道路中心线向铲挖移运土壤的路基挖填工程，傍山取土修筑半堤半堑的路基。此外，推土机还可用于平整场地、堆集松散材料、清除作业地段内的障碍物等。

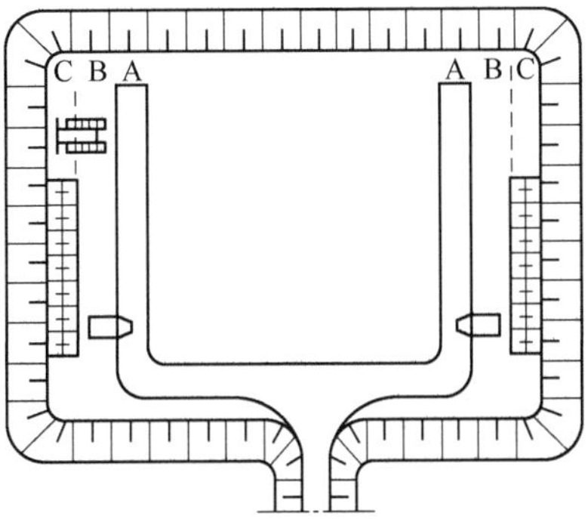

图 11-39 汽车运输推土机排土场

图 11-40 推土机外貌图

汽车进入排土场后，沿排土场公路到达卸土段，并进行调车，使汽车后退停于卸土带背向排土台阶坡面翻卸土岩。为此，排土场上部平盘需沿全长分成行车带（A）、调车带（B）和卸土带（C）。调车带的宽度要大于汽车的最小转弯半径，一般为 5 ~ 6m；卸土带的宽度则取决于岩土性质和翻卸条件，一般为 3 ~ 5m。为了保证卸车安全和防止雨水冲刷坡面，排土场应保持 2% 以上的反向坡，如图 11-41 所示。在汽车后退卸车时，要有专设

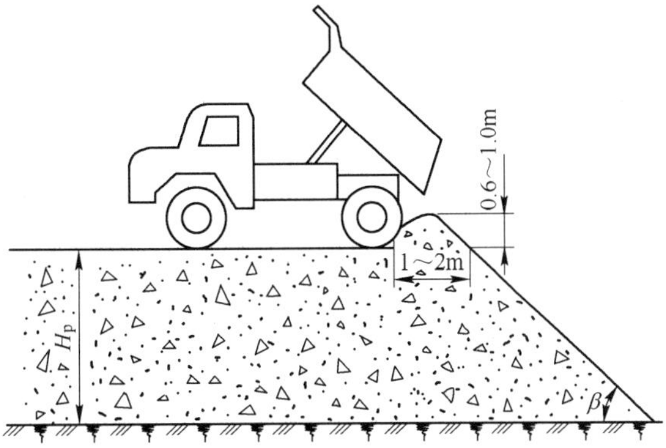

图 11-41 汽车在排土场卸载

的调车员进行指挥。

当汽车在卸土带翻卸土岩后，由推土机进行推土。

推土机的推土工作量包括两部分：推排汽车卸载时残留在平台上的土岩和为克服下沉塌落进行整平工作。

在雨季、解冻期、大风雪、大雾天和夜班，汽车卸土时应距台阶坡顶线远些，因为这时边坡的稳定性和行车视线都比较差。特别是在夜班，有时推土机的推土量几乎与汽车卸土量相等。

推土机排土方法具有工序简单、堆置高度大、能充分利用排土场容积、排弃设备机动性较高、基建和经营费少等优点，因而它在汽车运输露天矿中得到了广泛的应用。

11.5.2 排土犁排土

排土犁排土方法的主要设备是排土犁（见图11-42），它是一种行走在轨道上的特殊车辆，车身一侧或两侧装有大翅板和小犁板，前部有分土犁板。不工作时，翅板和犁板紧贴车体，排土时靠气缸压气将它顶开而伸张呈一定角度。随着排土犁在轨道上行走，翅板就将堆置在旁侧的土岩向下推排。小犁板可下放低于轨面，这样可防止旁侧的岩块滚入轨道。排土犁自身没有行走动力，全靠机车牵引，所需压气亦由牵引机车供给。

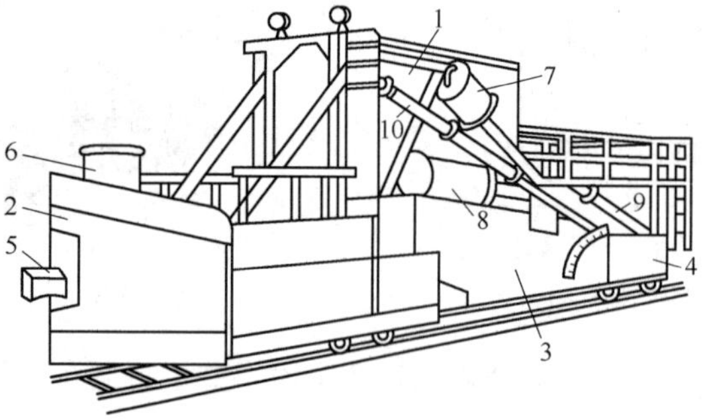

图11-42 KT-1型排土犁简貌

1—操纵室；2—前鼻保护犁板；3—主翅板；4—小翅板；5—挂钩；
6—前鼻保护犁板升降气缸；7，8—犁板控制气缸；9，10—拉杆

排土犁排土的工序是列车翻卸土岩、排土犁推排土岩、整修平台及边坡、移设线路。而其中第一项和第二项在二次线路移设之间交替重复进行。

11.5.3 前装机（铲运机）排土

前装机（铲运机）排土方法就是以前装机作为转排设备，其作业方式如图11-43所示。在排土段高上设立转排平台，车辆在台阶上部向平台翻卸土岩，前装机在平台上向外进行转排。由于前装机机动灵活，其转排距离和排土高度都可达到很大值。

前装机的工作平台可在排土线建设初期，由前装机与列车配合先建成一段，然后纵横发展。平台边缘留一高度大于1m的临时车挡，以保证前装机卸土时的安全。为了排泄雨水，平台应向外侧有一定排水坡度，并每隔一段距离在车挡上留有缺口。临时车挡随排、随填、随设。

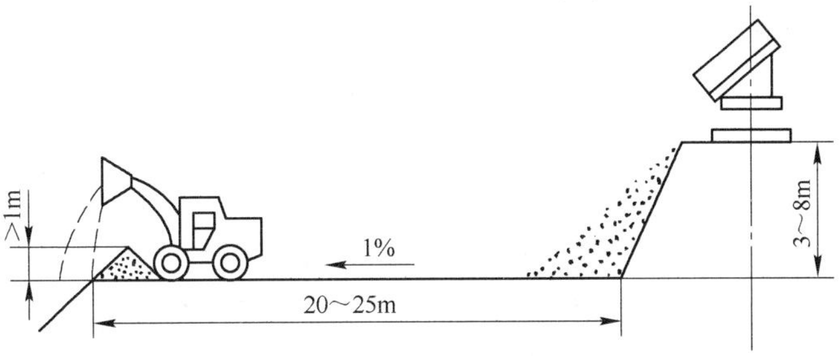

图 11-43 前装机排土作业

转排平台高度应根据岩石松散程度、发挥设备效率和作业安全性确定，一般为 4 ~ 8m。为了使列车翻卸与前装机转排工作互不影响，每台前装机作业线的长度应为 150m 左右。

前装机运转灵活，一机多用，用它进行排土，可使铁路线路长期固定不动，路基比较稳固，因而适应高排土场作业的要求，效率高，安全可靠。

11.5.4 挖掘机排土

单斗挖掘机排土的工作情况如图 11-44 所示。排土段分成上下两个分台阶，挖掘机站在下部分台阶的平盘上，车辆位于上部分台阶的线路上，将土翻入受土坑，由挖掘机挖掘并堆垒。在堆垒过程中，挖掘机沿排土工作线移动。由此可见，单斗挖掘机排土工序和排土犁排土相似，包括列车翻卸土岩、挖掘机堆垒、移设铁路。

首先，列车进入排土线后，逐辆对位将土岩翻卸到受土坑内。受土坑的长度不应小于一辆自翻车的长度。它设在电铲与排土线之间，坑底标高应比电铲行走平台低 1.0 ~ 1.5m，这主要为防止大块岩石滚落直接冲撞电铲。为保证排土线路基的稳固，受土坑靠路基一侧的坡面角应小于 60°，其坡顶距线路枕木端头不少于 0.3m。

列车翻卸土岩时有前进式和后退式两种翻卸方式。前进式翻卸即自排土线入口处向终端进行翻卸。该翻卸方式由于从排土线入口开始，电铲也是前进式堆垒，故列车经过的排土线较短，线路维护工作量小，列车是在已经堆垒很宽的线路上运行，路基踏实，质量较好，可提高行车速度。此法在雨季适用于松软土岩的排土场。它的最大缺点是线路移设不能与电铲同时作业。后退式翻卸即从排土线的终端开始向入口处方向翻卸，电铲也是后退式堆垒。

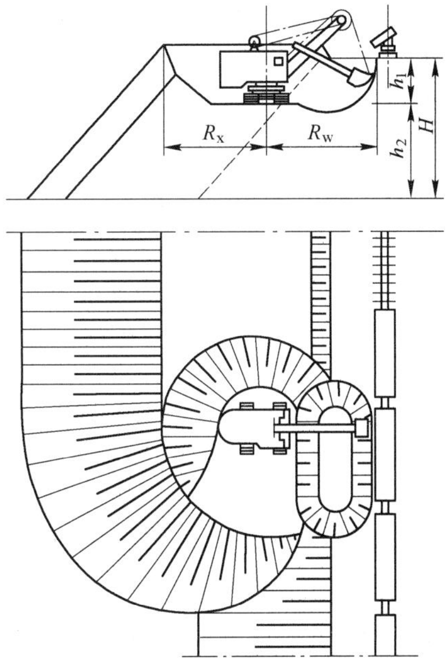

图 11-44 单斗挖掘机排土工作面

h_1—上部台阶高度；h_2—下部台阶高度；

H—排土台阶总高度

随着列车翻卸土岩，电铲从受土坑内取土，分上、下两个台阶堆垒。向前及侧面堆垒下部分台阶的目的，是给电铲本身修筑可靠的行走道路；向后方堆垒上部分台阶的目的，则为新设排土线路修筑路基。由于新堆弃的土岩未经压实沉降，密实性小，孔隙大，考虑到其沉降因素，需使上部分台阶的顶面标高比所规定的排土场顶面标高要高。

在实践中，电铲有下列三种堆垒方法：

（1）分层堆垒。电铲先从排土线的起点开始，以前进式先堆完下部分台阶，然后从排土线的终端以后退式堆完上部分台阶，电铲一往一返完成一个移道步距的排土量。这种方法，电缆可以始终在电铲的后方，没有被岩石压埋之虑，同时在以后退方式堆垒上部分台阶时，线路即可从终端开始逐段向新排土线位置移设，使移道和排土能平行作业。当电铲在排土线全长上排完排土台阶的全高后，新排土线也就跟着移设完毕，这时电铲再从起点开始按上述顺序堆垒新的排土带。该法的缺点是电铲堆垒一条排土带需要多走一倍的路程，增加耗电量，且挖掘机工作效率不均衡，一般在堆垒下部分台阶时效率较高，而堆垒上部分台阶时效率较低。

（2）一次堆垒。电铲在一个排土行程里，对上、下分台阶同时堆垒，电铲相对一条排土带始终沿一个方向移动（前进式或后退式）。如果第一条排土带采取前进式，则第二条排土带必然就采取后退式，这样交替进行，使电铲的移动量最小。当电铲采取前进式堆垒时，线路的移设工作只有在电铲移动到终端排完一条排土带之后才能进行。这时电铲要停歇一段时间。当采取后退式堆垒时，排土和移道则可同时进行。这种堆垒方法电铲行程最短，但需要经常前后移动电缆。

（3）分区堆垒。把排土线分成几个区段，每个区段长通常为电铲电缆长度的 2 倍，即 50 ~ 150m。每个分区的堆垒方法按分层堆垒方式进行，一个分区堆垒完毕，再进行下一个分区的堆垒。分区堆垒是上述两种堆垒方式的结合，它具有前者的优点，特别是当排土线很长时，其效果最为明显。

11.6 露天开采新水平准备

11.6.1 新水平准备方式

如前所述，在露天开采过程中，随着矿山工程的发展，工作台阶的生产必将逐渐结束而转为非工作台阶。因此，为了保证矿山的持续生产，就必须准备新的工作台阶，即新水平准备。新水平的准备与上平台的采矿、剥岩之间要保持正常的超前关系，即在上部工作水平扩帮生产的同时，及时地向下部水平开掘出入沟和开段沟，开辟新的工作水平，以便使露天矿保持足够的作业台阶。否则就会破坏露天矿正常生产的条件而造成严重的恶果。

11.6.1.1 新水平平面布置方式

新水平平面布置方式是研究新水平准备过程中，露天矿床开拓初始出入沟、开段沟位置的确定。初始出入沟、开段沟位置的选择决定着扩帮时工作线的推进方向。不同的出入沟、开段沟位置，影响采用的生产工艺、开拓工程布置，对于同一露天矿，不同的出入沟、开段沟位置，又影响着基建工程量、投产时间、生产剥采比，开拓沟道位置如图 11-45 所示。

如图 11-45（b）、（c）所示，将初始出入沟、开段沟位置布置在上盘或下盘矿岩接触

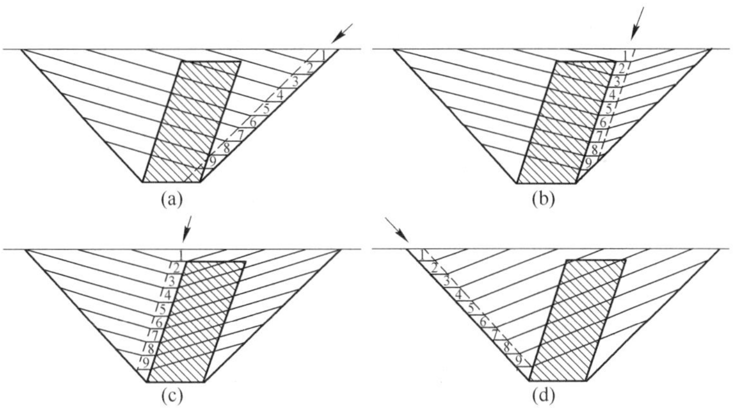

图 11-45 开拓沟道位置

处，出入沟、开段沟形成后，扩帮可以向两个方向进行，无论是汽车运输开拓，还是铁路运输开拓，从坑线布置的角度均形成移动坑线开拓方法。

如图 11-45（a）、（d）所示，如果开拓布线时，将初始出入沟和开段沟布置在上盘或下盘境界边帮上，出入沟和开段沟的位置是固定的。出入沟和开段沟形成后，扩帮工作线只能向一个方向推进，形成固定坑线开拓方法。

11.6.1.2 新水平垂直布置方式

新水平垂直布置方式研究的是，当本水平的出入沟和开段沟形成后，扩帮工作线推进到一定位置，达到工作平盘需要宽度时，将要开始下一个水平的准备工作。此时出入沟和开段沟的位置将决定开拓坑线的方向和方式，由此决定形成的露天矿开拓坑线形式。

采用汽车运输开拓时，由于汽车调车机动灵活，爬坡能力强，出入沟和开段沟的长度相对较短，使坑线具有多种布置方式。如前所述，根据下水平出入沟和开段沟的位置有：直进式坑线开拓方式，下水平的出入沟方向和上水平一致（山坡深凹）；直进回返式开拓方式，回返时下水平的出入沟与上水平的出入沟方向相反；螺旋式开拓方式，下水平的出入沟与上水平的出入沟方向一致，呈一定的角度，出入沟和开段沟本身具有一定的弧度。

采用铁路运输开拓时，由于火车转弯半径比较大，爬坡能力小，因此出入沟和开段沟的长度较大，无法回返调车，只能采取折返调车的方式布置运输坑线。无论是山坡露天矿还是深挖露天矿，铁路坑线开拓方式有折返式和直进折返式。折返时下水平的出入沟与上水平的出入沟方向相反，直进时上水平的出入沟与下水平的出入沟方向相同。

11.6.2 新水平掘进方式

在大型金属露天矿中，主要的掘沟设备是单斗挖掘机。按其配用的运输方式不同，掘沟方法有铁路运输掘沟、汽车运输掘沟、汽车-铁路运输掘沟以及无运输掘沟等。此外，对于采用斜坡串车提升运输的中小型矿山，还有其他一些与之相配合的掘沟方法。

11.6.2.1 汽车运输电铲采装掘沟法

汽车运输电铲采装掘沟是采用平装车全断面掘进的方法。汽车运输具有高度的灵活性，适合于在狭窄的掘沟工作面工作，使挖掘机装车效率能得到充分的发挥。因此，它是提高掘沟速度的有效方法。

为了提高掘沟速度，除要求穿孔、爆破、采装、运输各工艺要密切配合外，关键还应确定合理的调车方式。因为它不但影响调车时间，而且是确定掘进时沟底宽度的重要因素。

汽车在沟内的调车方式，常用回返式和折返式两种。

回返式调车又称环形调车（见图 11-46a）。汽车以迂回的方法在掘沟工作面附近改变运行方向。此法空重汽车入换时间短，挖掘机效率高，但所需掘进的沟底宽度较大。实际应用表明，采用自卸汽车运输时，回返式调车需要的沟底宽度为 25 ~ 27m，这需要加大出入沟的设计断面，使掘沟工程量增加，因此与折返式调车掘沟速度相比有时反而降低。

折返式调车（见图 11-46b）是汽车以倒退方式接近挖掘机，空重汽车入换时间比回返式调车长，挖掘机效率比回返式调车时低。但所需沟底宽度较小，掘沟工程量减少，掘沟速度有时会增加。

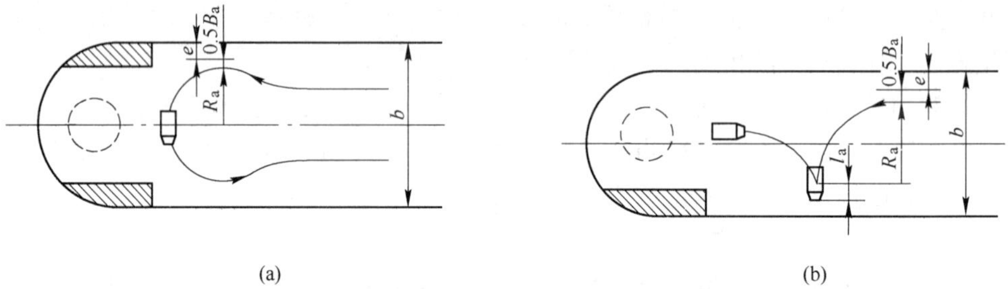

图 11-46　汽车在沟内的调车方式

（a）回返式调车；（b）折返式调车

b—出入沟宽度；e—安全距离；R_a—汽车转弯半径；B_a—汽车宽度；l_a—汽车后轴至前端的距离

汽车运输电铲采装掘沟的优点很多，主要是工作机动灵活，没有移设线路和爆破埋道的问题，汽车可停靠至挖掘机的有利装载地点，所需入换时间短，供车比较及时，因此可提高挖掘机的生产能力和掘沟速度。

但是，汽车运输电铲采装掘沟受运距的限制，一般不应超过 2 ~ 3km，否则运输成本增高，技术经济指标降低。

11.6.2.2　铁路运输掘沟法

铁路运输掘沟法是挖掘机在沟内向铁路车辆装载，并由列车将矿岩运至沟外的一种方法。根据装载方式和掘进工作面结构不同，它可分为平装车全断面掘进、上装车全断面掘进和分层掘进等形式。

A　平装车全断面掘沟

铁路运输电铲采装平装车掘沟法装车工作的特点是：运输线路设在沟内，掘沟工作面在铁路线的端部，挖掘机以平装车的方式向车辆装载。这样，列车在装载时就需要解体和频繁调动，从而使挖掘机除因列车入换外，尚有因列车在工作面解体调动而引起的停顿。因此，研究合理的沟内配线和作业方式，改善列车在工作面的调车工作，对提高掘沟电铲效率有着重要的意义。根据沟内配线和作业方式不同，平装车全断面掘沟法又可有下述掘进方案。

a 单铲单线全宽掘进

这是平装车全断面掘沟法中一种最基本的掘进方案。沟内一侧设置一条装车线，并接出一条调车线。工作面用一台挖掘机进行装车（见图 11-47）。空载列车以推进方式进入工作面装车线装车，每装完一辆矿车，列车被牵出工作面，推至调车线甩下重车，再将空列车推入装车线装车。如此反复直到装完整列车后，才在调车线上挂上所有重车驶出工作面。这种方法的特点是沟内配线简单，但需频繁解体调车，挖掘机待车时间长，挖掘机效率低，从而影响掘沟效率。为了缩短调车时间，许多矿山在此基础上创造了一些新型的调车方法，如成组调车法、留车作业法和双机梭形调车法等。

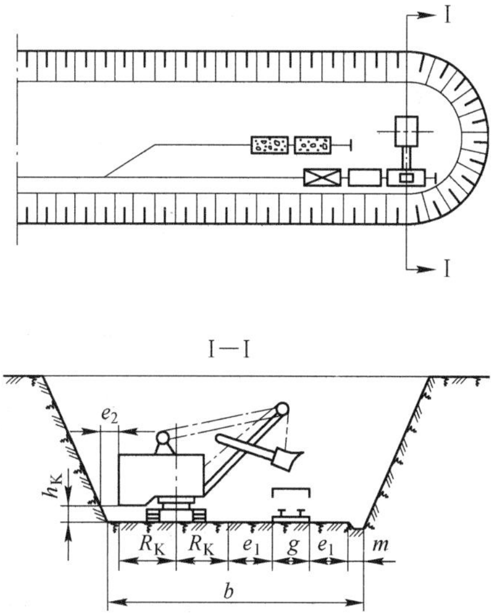

图 11-47 单铲单线掘沟

R_K—挖掘机回转半径；g—铁路宽度；e_1—矿车与挖掘机及水沟间距；e_2—挖掘机与边坡间距；h_K—挖掘机底盘高度；m—水沟宽度

（1）成组调车法：挖掘机利用空、重车入换的等车时间，将部分岩石捣至不设装车线一侧的沟边，空列车进入装车线后，挖掘机首先挖掘爆堆装满接近工作面的第一辆车，然后后退 5～6m，挖掘沟边岩石装满第二辆车。装完两辆车后，机车将已装车辆调出，待其余空车再进入装车线时，电铲则在原位置上装车尾第二个车辆，再回到工作面装接近工作面的第一辆车。如此依次进行。这样，一次可装两辆矿车。列车在沟内的调车时间约缩短一半。但挖掘机需多次做短距离移动，当大块多时，沟内可能无处堆放大块。

（2）留车作业法：在列车入换时，留 1 辆或 2 辆矿车在装车线继续装车，当另一列空车进到工作面时，留在工作面的车辆业已装满，即可以调至调车线，从而增加装车时间，缩短机车在工作面停留时间。这种方法在出入沟的坡度大、机车牵引车辆少或机车不足时更能发挥作用。但是由于机车离开工作面后，空车仍占用装车线，使辅助作业（如架线、接轨等）不能在列车入换时间内进行。为此，在掘沟组织过程中应综合考虑，合理安排，以发挥该方法的优越性。

（3）双机梭形调车法（见图 11-48）：在沟内铺设梭形调车线，用两台机车在调车线上倒调，交替地向挖掘机供应空车进行装载，重车分别调挂到对方机车的后面，待车辆全部装完，到沟口会让站或调车线编组，然后由一台机车牵引运往排土场。这样能改善空车供应情况，比单个机车调车方法效率高。虽然该法占用机车较多，调车复杂，但仍是一种行之有效的方法。

b 单铲双线全宽掘进

改善调车条件的另一方法是在沟底两侧铺设两条装车线和一条调车线或调车站（见图 11-49）。列车交替地向两条装车线供应空车或牵出重车，这样能使挖掘机等车时间减少。

双装车线掘进虽能提高挖掘机效率，但需要增大沟底宽度。此外，双装车线的工作面

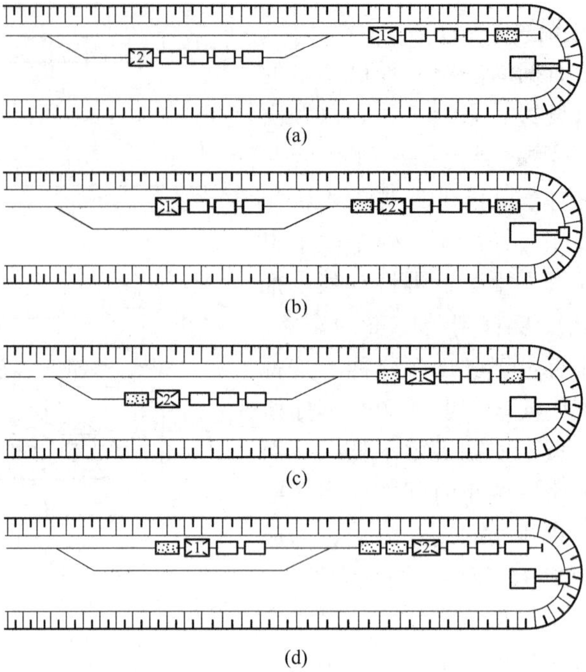

图 11-48 双机梭形调车法

1—1 号机车；2—2 号机车

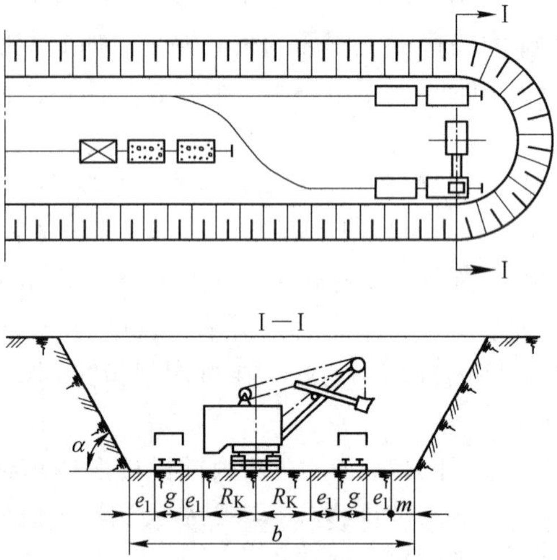

图 11-49 单铲双线掘沟

（图中符号意义同前）

比较拥挤，没有堆放大块的余地，而且加大沟的底宽后，沟的两帮超出挖掘机站立水平的挖掘半径，挖掘机需频繁移动挖掘两侧的岩石。

c 双铲单线全宽掘进

双铲单线全宽掘进法是用两台电铲同时向一列车装载（见图 11-50）。紧靠工作面的电铲除直接装车外，还要在调车的间隔时间内，将岩石捣至两电铲之间的岩石堆上，供第二

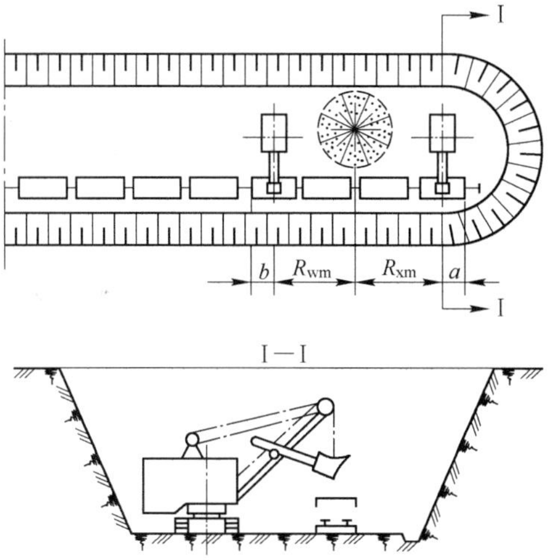

图 11-50 双铲单线掘沟

台电铲装载。空车进入工作面后，两台电铲同时装车。

应用两台挖掘机同时装车的方法，可以减少调车时间，提高掘沟速度。但是，两台挖掘机的生产能力仅比一台挖掘机生产能力提高 20% ~30%，而第一台挖掘机负荷大，第二台挖掘机却未发挥应有的效率。同时，在坚硬岩石中，大块发生率高，在工作面没有堆放大块的余地，当主挖掘机发生故障时，必将影响另一挖掘机的工作。这种方法只适用于不需爆破的软岩层掘沟。

d 双铲双线宽打窄出

若需要掘进的堑沟底宽较大，大大超过单铲单线全宽掘进所需的最小底宽时，为提高掘沟速度和解决掘沟工作面拥挤现象，可采用宽穿爆窄采装的掘进方法（见图 11-51）。该法是在沟内布置两台挖掘机和两条装车线。第一台挖掘机在已爆破的松散岩石中，按能放置一台挖掘机和一条装车线的最小底宽进行窄工作面正面装车，第二台挖掘机落后于第一台挖掘机一定距离进行侧面装车。

该法第一台挖掘机的空车供应情况与前述的单铲单线全宽掘进法相同，而第二台挖掘机则与正常台阶的侧面装车效率相似，因此总的来说能提高掘沟速度。但应用该法时，要求沟底较宽，同时必须用大面积多排孔微差挤压爆破方法，故用于开掘开段沟较为有利。

综上所述，铁路运输平装车全断面掘沟法的最大困难是在狭窄的工作面布置尽头线路，挖掘机在端工作面条件下进行平装车，调车工作复杂，有效作业时间短。此外，接长线路等工作又增加了辅助作业时间。

B 上装车全断面掘沟

为了避免平装车掘沟时列车在沟内解体和调车频繁的

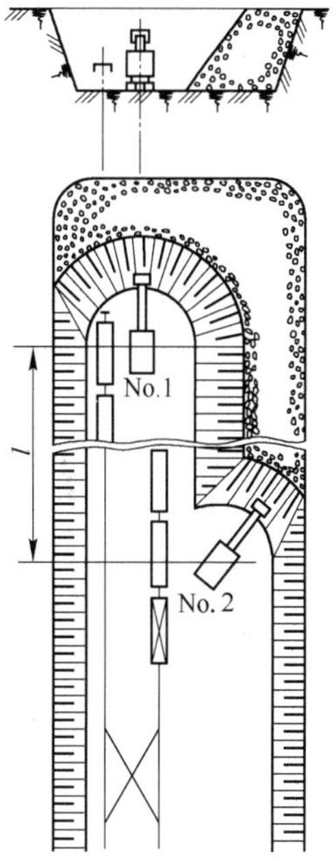

图 11-51 宽打窄出掘沟

缺点，一些露天矿采用了上装车全断面掘沟方法。这种方法的特点是：装车线设在沟帮上部水平，长臂电铲站在沟底按沟的全断面挖掘岩石，并向停在上部水平的列车进行侧装。掘沟时的运输工作组织和空车供应条件与工作台阶开采基本相同，列车无需解体调动（见图 11-52）。

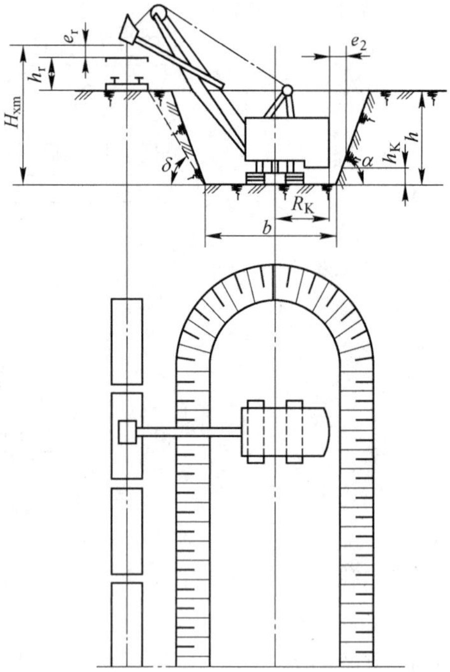

图 11-52　上装车全断面掘沟
h_r—车辆高度；e_r—铲斗下缘与车辆距离；其他符号意义同前

上装车全断面掘沟的主要优点是：

（1）因装载时列车不需解体，故工作组织简单，线路工程量少，挖掘机利用率较高，掘沟速度较快。

（2）在开采水平的工作平盘宽度不足的情况下，用上装车法可先掘进开段沟，至一定长度后，与掘进开段沟的同时，平行掘进出入沟，这样可加快新水平的准备。

（3）减少了用于掘沟的运输设备及人员。

这种掘沟方法的主要缺点是：

（1）由于卸载高度大，操作不方便，装载工作循环时间增加，因而挖掘机的小时技术生产能力降低。

（2）为采用这种掘沟方法，需特制长臂铲。但是，只要设备条件允许，这还是一种提高掘沟速度的有效方法。

C　分层掘沟

分层掘沟就是按沟深分成几个分层掘进，使之能用普通规格的挖掘机进行上装车，避免列车解体，缩短调车时间，同时又能增加掘沟工作面，以便投入较多的掘沟设备，达到集中力量快速掘沟的目的。根据分层装车方式不同，分层掘沟可分三种基本形式。

a　分层上装车法

该法是按沟的全深分成若干分层，通常采用一台普通规格的挖掘机，以上装车的方式掘完一个分层再下降到下一个分层，逐层开掘至符合设计断面为止。

分层上装车掘沟常用两种方案，即交错分层掘沟（见图 11-53a）和顺序分层掘沟（见图 11-53b）。

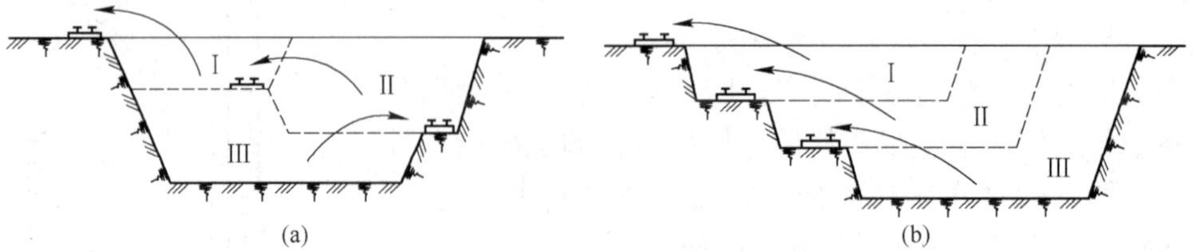

图 11-53　分层上装车掘沟
（a）交错分层掘沟；（b）顺序分层掘沟

交错分层掘沟是在沟的设计断面内分层，掘进断面较小，但需要交错地将线路由沟的一帮移至另一帮，尤其是采用电机车运输时，尚需要变换牵引架线的位置，故线路移设工作较复杂，并影响下分层的穿爆工作。这种分层方式只用于非坚硬岩石和松软岩石中。

顺序分层掘沟是分层的一部分在设计断面外部，各分层线路铺设在一侧。其掘进断面较大，但线路移设比交错分层掘沟简单，可避免线路移设对穿爆工作的影响，故适用于坚硬岩石中。

在采用分层上装车掘沟法时，为了减少掘沟和线路工程量，合理地组织线路移设与穿爆、采装工作的配合，分层数目不宜过多，一般不应超过三层。上部两个分层应预先进行松动爆破，并从沟的末端开始挖掘，随着挖掘机的推进，及时地将上部分层线路拆除再铺设于下部分层，为挖掘下部分层创造条件。

分层上装车掘沟的主要优点是：可以用普通规格的挖掘机实现上装车，生产能力较高，并在必要时可用几台挖掘机在几个分层上同时掘进，以加快掘沟速度，但其掘沟工程量需要增加，线路工程量大，穿爆工作复杂，并且必须在所有分层掘完后，堑沟才能交付使用。

b 分层上装车和平装车混合掘沟

为了避免分层上装车掘沟要求分层数目较多，而使穿爆及线路工作复杂的缺点，可以采用上部分层上装，下部分层平装车的掘进方法。这种方法通常是在设计的断面内，按沟深分成两层。首先用普通规格的挖掘机按其最大的上装高度挖掘上部分层，该层高度一般为2.5~3.0m。随后用平装车方法掘进其余部分。必要时也可以采用两台挖掘机，在两分层上同时作业。

该法与平装车全断面掘沟比较，它能利用普通规格挖掘机实现部分上装车作业，减少平装车掘进工作量，并增加了掘进工作面，从而能提高掘沟速度。

c 分层平装车掘沟

分层平装车掘沟如图11-54所示，这种方法通常是按沟的全深一次穿爆，然后分成两层，用两台挖掘机前后错开一段距离，分别在两个分层底部同时以平装车方式掘进。分层高度一般可按沟深平均划分，使上下两台挖掘机所担负的工作量均衡。

由于这种掘沟方法可以同时采用两台挖掘机掘进而不必增加掘进工程量，故能加快掘沟速度。但它对爆破质量要求较高，要求破碎的岩石块度均匀，没有大块和根底，故只适用于松软岩层的掘沟。

11.6.2.3 *无运输掘沟法*

无运输掘沟也即捣堆掘沟，它是用挖掘设备将沟内岩石直接捣至沟旁排弃，或用定向抛掷爆破的方法将岩石抛至沟外，而在掘

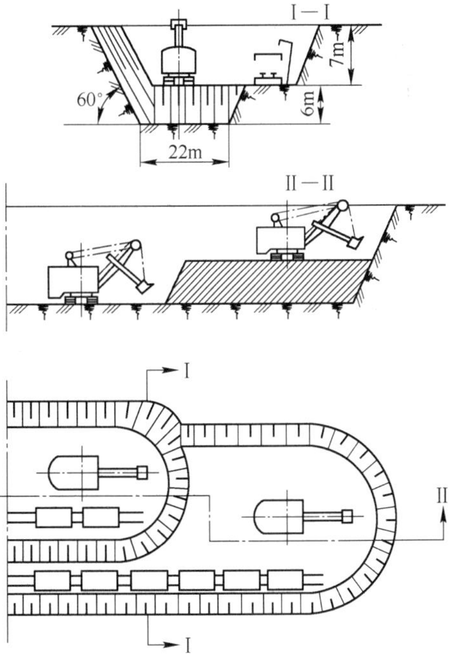

图11-54 分层平装车掘沟

沟时不需运输设备。

A 捣堆法掘沟

在山坡露天矿掘进单壁沟时，常用挖掘机将沟内岩石直接捣至沟旁的山坡堆置，如图11-55所示。

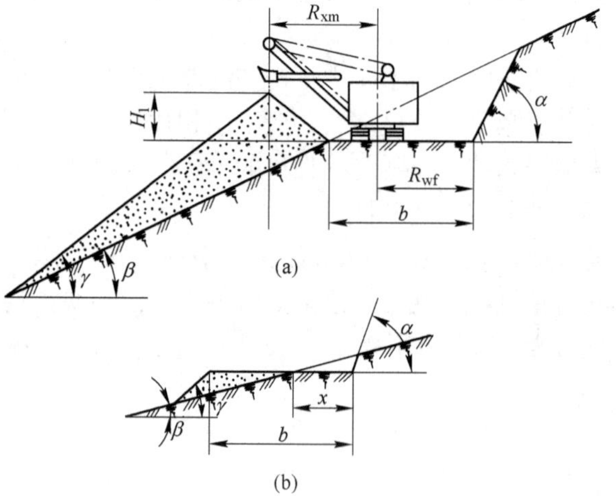

图11-55 挖掘机捣堆掘进单壁沟

（a）倾斜边坡；（b）缓倾斜边坡

b—沟底宽度；x—实体宽度；H_1—岩堆高度；γ—岩堆坡面角；β—山坡坡面角；α—沟帮坡面角

在缓山坡掘进单壁沟时，还可用掘沟的岩石加宽沟底，从而减少掘沟工程量。但必须采取预防岩石沿山坡滑动的措施，以保证沟底的稳定。

用捣堆法掘进双壁沟时，是用挖掘机挖掘并向沟的一帮或两帮上部直接堆积岩石，因此，需要采用工作规格较大的索斗铲或特制的剥离机械铲，如图11-56所示。这种掘沟方法适用于松软岩石并有可能设置内部排土场的条件。

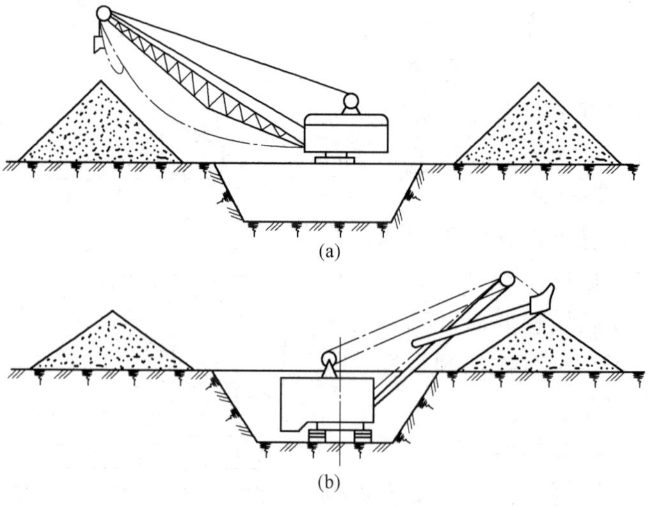

图11-56 捣堆法掘进双壁沟

（a）索斗铲捣堆掘进；（b）机械铲捣堆掘进

B 抛掷爆破掘沟

抛掷爆破掘沟法的实质，就是沿沟道合理布置药室，采用定向抛掷爆破将沟内岩石破碎，并将其大部分岩石抛至堑沟的一帮或两帮（见图11-57）。根据岩石抛掷的方向，又可分为单侧定向抛掷爆破和双侧定向抛掷爆破。

单侧定向抛掷爆破掘沟法（见图11-57a、b），是借助于自然地形或借助于各药室的装药量不同及起爆顺序来控制的。双侧定向抛掷爆破掘沟法（见图11-57c）的特点，是将岩石抛掷在堑沟的两侧，它多用于采场境界以外的小型沟道（如水沟等）的掘进。

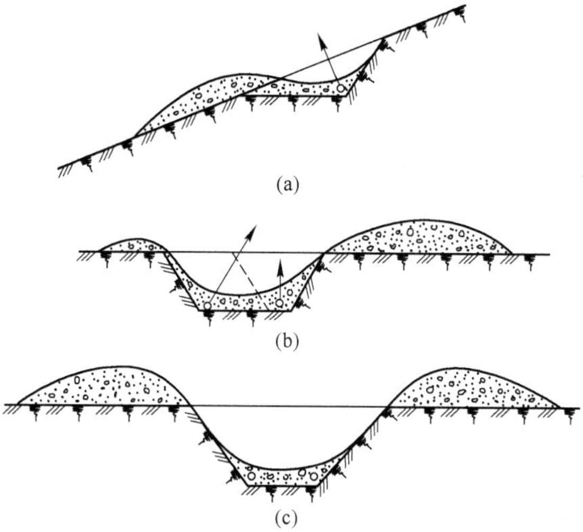

图11-57 定向抛掷爆破掘沟

（a）山坡地形单侧定向抛掷爆破；（b）平坦地形单侧定向抛掷爆破；（c）双侧定向抛掷爆破

复习思考题

11-1 简述矿床的基本开采方法。

11-2 简述露天开采境界的概念及构成要素。

11-3 简述露天采坑的构成要素的概念。

11-4 简述露天采矿的基本步骤。

11-5 常用露天凿岩机械有哪些？

11-6 简述常用露天起爆方法。

11-7 简述露天采矿常用的采装设备及发展方向。

11-8 简述露天采矿常用的运输设备及发展方向。

12 露天矿生产能力与生产剥采比

12.1 露天矿生产能力

露天矿生产能力是矿山企业的主要工作指标之一，它标志着一个矿山的生产规模，其大小通常用矿石年产量和矿岩年采剥总量两个指标来表示。因为每个露天矿的矿床赋存条件、开拓方法和矿山工程发展程序等各不相同，生产剥采比差别很大，生产能力只用矿石年产量表示，不能充分反映露天矿的生产规模，应同时采用年采剥总量来共同表示。

露天矿的矿岩年生产能力和矿石年生产能力之间可以通过生产剥采比进行换算：

$$Q_z = (n + 1)Q_K$$

式中 Q_z——露天矿矿岩生产能力，万吨/年；

n——生产剥采比；

Q_K——露天矿矿石生产能力，万吨/年。

12.1.1 露天矿生产能力的确定

12.1.1.1 按可能有的采矿工作面数目确定生产能力

采装工作是露天矿生产的主要环节。现代化露天矿的主要生产设备是挖掘机。同时进行采掘矿石的挖掘机生产能力之和就是露天矿的矿石生产能力。因此，露天矿的生产能力取决于采矿挖掘机的平均生产能力、采矿台阶上可能布置的挖掘机台数和同时采矿的台阶数目。其计算公式为：

$$A_P = Q_{WP}N_{WP}m$$

式中 A_P——露天矿矿石产量，t/a；

Q_{WP}——采矿挖掘机的平均生产能力，t/(台·a)；

N_{WP}——采矿台阶上可能布置的挖掘机台数，台；

m——同时采矿的台阶数目。

采矿台阶上可能布置的挖掘机台数，取决于一台挖掘机所服务的采区长度和采矿台阶的工作线长度。它可按下式计算：

$$N_{WP} = \frac{L_P}{L_0}$$

式中 L_P——采矿台阶工作线长度，m；

L_0——采区长度，m。

按上式计算得出的挖掘机台数需要根据采矿工作组织条件及露天矿运输组织条件加以修正。

同时采矿的台阶数目主要取决于矿体的厚度、倾角、工作帮坡面角和工作线推进方向。下面以规则层状急倾斜矿体为例计算同时采矿的台阶数目，如图 12-1 所示。

从图 12-1 中看，采矿工作帮的水平投影长度为：

$$M' = \frac{M}{1 \pm \cot\theta \times \tan\varphi} \qquad (12\text{-}1)$$

式中 M'——采矿工作帮的水平投影，m；

M——矿体水平厚度，m；

θ——矿体倾角，(°)；

φ——工作帮坡面角，(°)；

±——采矿工程从下盘向上盘推进时取"+"，反之取"-"。

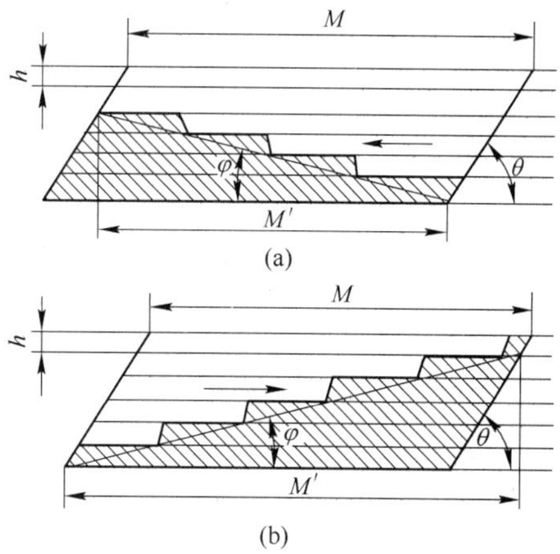

图 12-1 同时工作的采矿台阶数目计算示意图
（a）由下盘向上盘推进；（b）由上盘向下盘推进

当工作平盘宽度相同时，可能同时工作的采矿台阶数 m 为：

$$m = \frac{M'}{B + h\cot\alpha} \qquad (12\text{-}2)$$

式中 B——工作平盘宽度，m；

h——台阶高度，m；

α——台阶坡面角，(°)。

将式（12-1）代入式（12-2）中得：

$$m = \frac{M}{(1 \pm \cot\theta\tan\varphi)(B + h\cot\alpha)}$$

上述计算只适用于比较规则的层状急倾斜矿体。当矿体形状复杂时，一般不可能明确划分出剥离台阶和采矿台阶，许多台阶既采矿又剥岩。在这种情况下，可以用露天矿分层平面图，在图上求出工作线在不同位置时的长度，以此来确定可能布置的挖掘机台数，计算露天矿可能有的矿岩生产能力。

12.1.1.2 按矿山工程延深速度确定生产能力

矿山工程发展速度是表示露天矿开采强度大小的指标。在露天矿生产过程中，工作线不断向前推进，开采水平不断下降，直至最终开采境界。因此，矿山工程发展速度以工作线的水平推进速度和矿山工程垂直延深速度表示。前者是指工作线单位时间的水平推进量，后者是指露天矿开段沟沟底单位时间的下降量。

矿山工程延深速度是根据新水平的准备时间内所完成的阶段高度，折合成每年下降进尺，故又称年下降速度。其计算式为：

$$u = \frac{h}{T}$$

式中 u——年下降速度，m/a；

h——新水平台阶高度，m；

T——新水平开拓准备时间，a。

对于开采倾斜和急倾斜矿体的露天矿，其矿石生产能力与采矿工程延深速度直接相关，计算公式为：

$$A_P = \frac{u_P}{h} p_c \times \frac{\eta'}{1 - \rho} \tag{12-3}$$

式中　u_P——采矿工程延深速度，m/a；

h——台阶高度，m；

p_c——所选用的有代表性的水平分层矿量，t；

η'——矿石的实际回收率；

ρ——岩石混入率。

采矿工程延深速度 u_P 与矿山工程延深速度 u 的含意不同，它是指露天矿场境界内被开采矿体的水平面每年垂直下降米数，其数值取决于矿山工程延深速度的大小。

由此可知，采矿工程延深速度与矿山工程延深速度二者是不等同的。从理论上讲，用采矿工程延深速度确定露天矿生产能力较接近于实际，但由于使用中存在着种种问题，金属矿山设计中很少使用，而通常采用矿山工程延深速度近似地确定矿山生产能力。因此，式（12-3）可换成：

$$A_P = \frac{u}{h} p_c \times \frac{\eta'}{1 - \rho}$$

12.1.1.3　按经济合理条件确定生产能力

前面对按矿山技术条件确定露天矿生产能力的方法进行了介绍，用上述方法所求得的是技术上可能达到的最大生产能力。该生产能力虽然在技术上是可行的，但在经济上不一定是合理的。用经济合理服务年限确定生产能力，其实质就是在该年限内露天矿生产用的固定资产全部磨损，价值全部摊销在产品成本中回收。

根据我国的矿床资源条件、开采技术条件和经济状况等因素划分我国冶金露天矿山规模和确定经济合理服务年限，见表 12-1。

表 12-1　冶金露天矿山规模及服务年限的划分

矿山类型		矿石产量		服务年限/a
		年产量/万吨	日产量/t	
大　型		>100	>3000	>30
中型	黑色矿山	30～100	600～3000	15～20
	有色矿山	20～100		15～20
小型	黑色矿山	<30	<600	10 左右
	有色矿山	<20		10 左右

按经济合理服务年限验证生产能力时，计算公式为：

$$T_g = \frac{p\eta'}{A_P(1 - \rho)}$$

式中　T_g——露天矿的计算服务年限，a；

A_P——露天矿的矿石生产能力，t/a；

p——露天矿境界内矿石工业储量，t；

η'——矿石的实际回收率；

ρ——矿石贫化率。

在校验露天矿生产能力时，根据已知的年产量按上式求得的计算服务年限，如符合规定的经济合理服务年限，则说明该年产量在经济上是合理的；反之，是不合理的。

露天矿的计算服务年限，是按设计年产量求出的矿山存在年限，而矿山实际存在的总年限大于计算服务年限。因为在矿山投入生产后，需有一段时间才能达到设计产量。另外在矿山结尾期间，年产量是逐渐下降的，所以，矿山总的服务年限 T_c 为：

$$T_c = T_0 + T_z + T_m$$

式中 T_0——矿山从投产到达产的时间，a；

T_z——矿山按设计产量正常生产的时间，a；

T_m——矿山结尾时间，a。

矿山计算服务年限为：

$$T_g = T_z + \frac{1}{2}(T_0 + T_m)$$

在一般情况下，矿山按设计产量生产的时间不应少于总的服务年限的2/3。从投产到达产时间，大型矿山不应大于3～5年，中、小型矿山不应大于1～3年。

12.1.2 露天矿生产能力的调整与提高

露天矿的生产能力决定于市场的需要、技术上的可能和经济上的合理性。但是，需要与可能之间适应是相对的，不适应是绝对的。因此，要求在全面规划、合理布局的条件下，不断调整和提高露天矿的生产能力，保障生产的持续发展，以满足国民经济不断发展的需要。

露天矿的生产能力是通过工作平盘宽度和矿山工程延深速度的变化进行调整的。矿山工程延深速度增大，意味着露天矿工作帮切割的矿石量增多，从而使矿石产量有可能迅速提高。因此，加快新水平准备是提高露天矿生产能力的必要条件。然而，矿山工程延深速度应与工作线推进速度相适应，两者的关系主要表现在工作平盘宽度上。当工作线推进速度超过矿山工程延深速度所需要的推进速度时，工作平盘宽度不断加宽。反之，工作平盘宽度不断缩小。

工作平盘宽度一般不小于最小工作平盘宽度，以保证采运设备的正常工作条件。如果增长产量的幅度和持续的时间过长，与露天矿的生产潜力不适应时，将使工作平盘宽度小于最小工作平盘宽度，造成露天矿生产储备欠量的局面，这就需要通过提高设备效率、增加设备数量或在一定时期内减少产量来加以调整。

既然增加产量是通过压缩工作平盘宽度实现的，那么，增产的幅度和持续时间的长短就决定于工作平盘的宽度，取决于日常生产潜力的积累和储备的程度。露天矿能否在较短的时间内，利用这些潜力增加产量还与加宽的工作平盘所在的位置有关。在生产中往往出现工作平盘上部水平宽、下部水平窄的现象，甚至出现剥离上超下欠的被动局面。因此，必须合理安排矿山工程发展程序，并在生产中严格执行定点采掘的措施，即不仅要求在数量上完成计划剥采量，而且必须完成规定地段的剥采量，以保证实现预定的矿山工程发展程序，为持续生产和增产创造良好的条件。

为了在露天矿新水平开拓准备工程发生预期和未预期停顿的时候，仍能保障露天矿的持续生产，露天矿应具备一定的储备矿量，这是实现“采剥并举，剥离先行”方针的重要保证。储备矿量是指已完成一定的开拓准备工程，能提供近期生产需要的储量。储备矿量既随着生产的进行不断减少，又随着开拓准备工程的进行而不断得到补充，因此储备矿量能保持一定的数量，这是保证露天矿持续生产的必要条件。

我国冶金露天矿储备矿量的划分标准按三级划分，如图 12-2 所示。

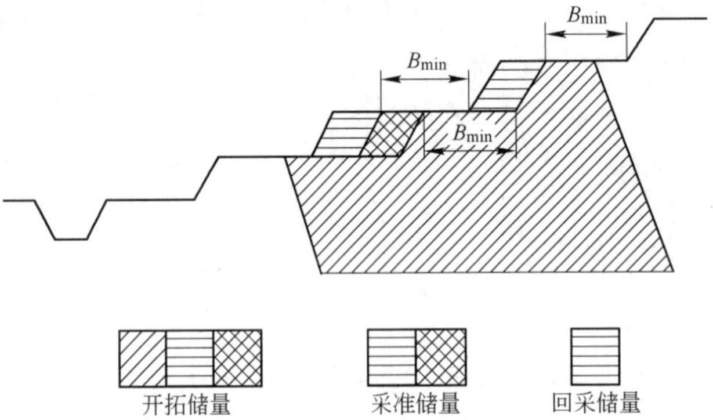

图 12-2　露天矿储备矿量划分图

开拓储量是指已经完成了开拓工程的阶段标高以上的矿量。开采这部分矿量的主要运输枢纽工程已形成，并已具备了进行采矿准备工作的条件。如深凹露天矿已完成了出入沟，用斜坡卷扬开拓的矿山已完成卷扬机道的延深工程，并形成了完整的运输系统。

采准储量是指已经完成了采矿准备工作的那部分矿量，它是开拓矿量的一部分。所谓完成了采矿准备工作，是指已掘完了开段沟和完成了相应的剥离工作。故采准储量就是指停止上部剥离工作仍能正常采出的那部分矿量。采完时应保留最小工作平盘宽度。当采剥开采境界时，只允许保留必要的运输平台或安全平台宽度。

回采储量是采准储量的一部分，它是指在台阶上矿体的上面和侧面已被揭露出来，相邻的上部台阶停止工作，保留最小工作平盘宽度就能采出那部分矿量。

由上述可知，储备矿量是随开采时间而变化的量。随着开段沟和剥离工程的发展，开拓储量逐步转化为采准储量。随着采矿工程的进行，采准储量又逐步转化为回采矿量。储备矿量在新水平的开拓准备周期内，由开拓准备工程即将结束前的最小值，跳跃式地增加到开拓准备工程完成时的最大值。由最大值到最小值是逐渐减少的。

储备矿量的大小可以衡量露天矿生产准备进行的程度及剥离工程和采矿工程之间的关系。为了保障露天矿的持续生产，应保持一定数量的储备矿量，保有时间以年或月（即储量除以正常的矿石生产能力）来表示。冶金露天矿规定的储量矿量保有时间见表 12-2。

应该指出，由于矿床的赋存条件和矿山工程发展程序的不同，储备矿量的保有时间变化范围很大，对保有时间不宜作硬性统一规定，而应根据矿床的具体条件，从实际出发加以确定。这样才能保证露天矿的持续生产，否则就失去控制的意义。根据不同的矿山，开拓储量分别规定为 3 ~ 5 年，回采储量分别规定为 4 ~ 10 个月。个别矿山因满足质量中和的需要，规定的回采储量高达 18 个月，并规定每季度检查一次，这样根据具体情况因地制宜地规定了不同的储量指标，可靠地保证了露天矿生产的正常进行。

表 12-2 三级储量保有期限

文件名称	开拓储量	采准储量	回采储量
地质测量工作条例	大型 5 年 中、小型 3 年	大、中型大于 6 个月	大、中型大于 3 个月
冶金矿山基本建设采矿工程交工和验收的规定	有色 1 年 黑色 2 年	— 黑色 1 年	有色 3～6 个月 黑色 6 个月
有色设计若干原则规定	1 年左右	—	6 个月左右

综上所述，在露天矿生产中，充分发挥设备的生产效率，按照合理的矿山工程发展程序，加快采剥工程进度和新水平的开拓准备，以增加工作平盘宽度和储备矿量，积累生产潜力，是使露天矿实现高产、稳产和进一步提高矿石产量的根本保证。

12.2 生产剥采比

生产剥采比是指露天矿在一定的生产时期内剥离岩石量与采出的矿石量的比值。其单位可用 m^3/t 表示，也可用 m^3/m^3、t/t 表示。时间通常以年、季、月为单位来计算。例如，某年共剥离岩石 $3\times10^6 m^3$，采出矿石 400 万吨，则该年度生产剥采比为 $0.75m^3/t$。同样可以得到某季、某月的生产剥采比。因此，生产剥采比 n 的计算公式为：

$$n = \frac{V_i}{P_i}$$

式中 V_i——某生产时期的剥岩量，m^3；

P_i——某生产时期的采出矿量，t。

生产剥采比是编制采掘进度计划的重要指标，它决定着露天矿剥采总量的大小。一个矿山的生产规模，不仅以矿石的产量来表示，而且更主要的是以采剥总量来衡量。特别是对于一些生产剥采比较大的黏土、有色金属露天矿来说，剥岩量远远超过采矿量，这就更不能忽视岩石的开采了。

露天矿的采剥总量也称矿岩生产能力，它与生产剥采比和矿石生产能力的关系为：

$$A = \frac{A_P}{\gamma_P} + nA_P$$

式中 A——露天矿矿岩生产能力，m^3/a；

A_P——露天矿矿石生产能力，t/a；

n——生产剥采比，m^3/t；

γ_P——矿石容重，t/m^3。

当生产剥采比的单位取 m^3/m^3（或 t/t），相应地 A_P 的单位取 m^3/a（或 t/a）时，上式可写成如下的形式：

$$A = A_P(1 + n)$$

从上式可见，在一定的矿石生产能力下，露天矿的采剥总量取决于生产剥采比的大小。而露天矿的设备数量、人员数量和地面设施的规模等又主要是由矿岩生产能力所决定的。因此，生产剥采比往往是影响露天矿基建投资和生产成本的重要因素。

露天矿是在一定的地质条件下，按照一定的开采境界和一定的矿山工程发展程序进行开采的，生产剥采比有客观的变化规律。矿山工程发展程序不同，生产剥采比的变化规律也有所不同。矿山工作人员的任务是认识生产剥采比变化规律与矿山工程发展程序间的联系与制约关系，从而合理地安排矿山工程发展程序，控制生产剥采比的变化，使矿山达到经济合理和持续地进行生产。

12.2.1　生产剥采比的变化

在露天开采过程中，工作帮的范围和位置随着矿山工程的发展而不断改变。随着工作帮空间位置逐渐由上向下降低，就会陆续包括一些新的工作台阶和结束一些工作台阶。总的趋势是工作帮的范围最初很小然后逐渐增大，增加到最大限度之后（工作帮上部台阶达到露天矿地表境界时），则又逐渐减小。显然，由于工作台阶位置和数量的改变，相应的剥离岩石量和采出矿石量也会改变，从而使生产剥采比不断变化。

12.2.1.1　工作帮及工作帮坡角

露天矿生产通常是数个台阶进行开采，由这些进行开采的台阶组成的边帮称为露天矿工作帮。它是由若干进行开采的台阶坡面和工作平盘构成的，其形态决定于组成工作帮的各台阶间的相互位置，也就是决定于台阶高度、平盘宽度和台阶坡面角等要素。

在露天开采过程中，保持工作帮上各工作平盘的正常宽度，是保证露天矿正常生产的基本条件。工作平盘的大小决定于采掘、运输设备规格、运输线路数目及调车方式以及所需的回采矿量。在不得已的情况下，工作平盘的宽度可允许减到最小值，即除回采矿量的宽度外，布置采掘运输设备和正常作业所必需的最低限度值。该值称为最小工作平盘宽度。当工作平盘宽度小于最小工作平盘宽度时，就会严重地影响穿孔爆破、采装、运输的正常进行，在上部工作平盘未恢复到最小宽度之前，下部台阶的矿山工程不能进行，因而工作线的推进速度降低，使生产计划不能完成。因此，保持最小工作平盘宽度是露天矿生产的起码条件。

如前所述，工作帮坡面就是通过工作帮最上一个台阶和最下一个台阶的坡底线所构成的假想平面，工作帮坡角是指工作帮坡面与水平面的夹角。由图12-3可知：

$$\tan\varphi = \frac{h_2 + h_3}{b_2 + b_3 + B_2 + B_3}$$

其一般表达方式为：

$$\tan\varphi = \frac{\sum_{i=2}^{k} h_i}{\sum_{i=2}^{k} h_i\cot\alpha + \sum_{i=2}^{k} B_i}$$

若工作帮上各台阶高度、台阶坡面角和工作平盘宽度均相等时，

$$\tan\varphi = \frac{h}{h\cot\alpha + B} \tag{12-4}$$

式中 h——台阶高度，m；

α——台阶坡面角，(°)；

B——工作平盘宽度，m。

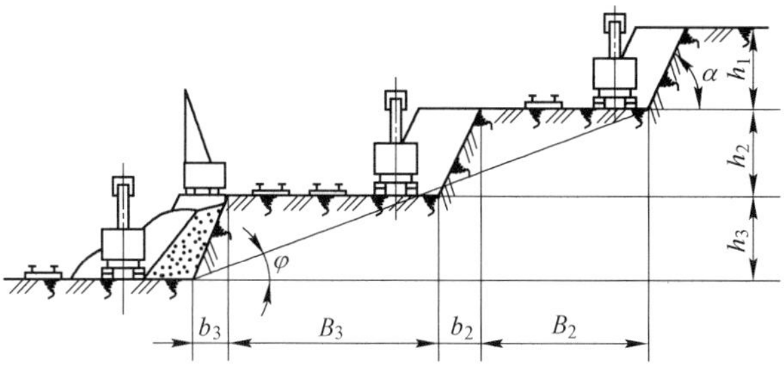

图 12-3 露天矿工作帮

由式（12-4）可以看出，工作帮坡角的大小取决于台阶高度、台阶坡面角和工作平盘宽度三个要素。通常 h 和 α 都是定值，因此当 B 为最小值时，则工作帮坡角 $\varphi=\varphi_{max}$；当单台阶逐层开采时，$\varphi=\varphi_{min}=0$。由此可知，露天矿工作帮坡角随着 B 值的调节而变化，其变化范围介于 $\varphi_{min}\sim\varphi_{max}$之间。

通过上述分析说明，工作帮坡面和工作帮坡角是表示工作帮上剥采阶段空间位置的几何参数。因此，在研究矿山工程发展程序、露天矿生产能力和编制采掘进度计划时，为简便起见，在断面图上可以不划出工作台阶的具体形态和位置，而以工作帮坡面和工作帮坡角代替实际工作帮的形态和位置，依此进行计算也能得到足够精确的结果。

12.2.1.2 矿山工程发展程序不变情况下的生产剥采比变化规律

露天矿矿山工程发展程序包括台阶开采程序、工作帮的推进、新水平开拓延深等内容。所谓矿山工程发展程序保持不变，是指在整个露天开采期间，剥离工程按一定的工作线推进方向、一定的新水平开拓延深方向和各开采台阶之间保持一定的空间关系，即按固定的工作帮坡角发展。按此条件矿山工程发展的过程如图 12-4 所示。

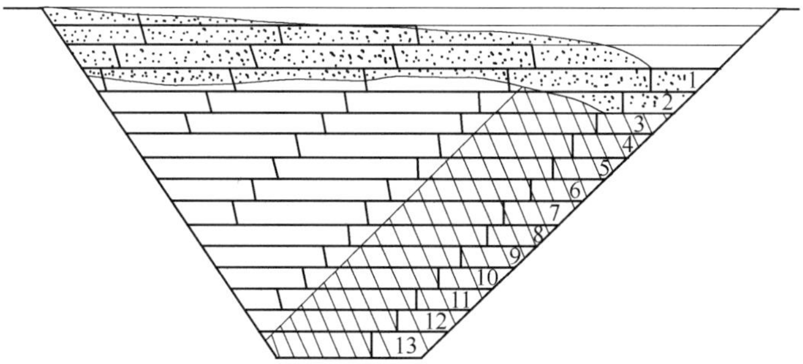

图 12-4 矿山工程发展程序不变时的工作帮发展位置

按图 12-4 可计算出每延深一个水平所剥离的岩石量和采出的矿石量以及相应的生产剥采比，所得数值列于表 12-3 中，并以图 12-5 表示之。图中横坐标表示矿山工程发展深度，纵坐标表示矿山工程延深一个水平所采出的矿岩量和生产剥采比。由图 12-5 可以看出，每延深一个水平所采出的矿岩量是不同的，生产剥采比随矿山工程的延深而变化。开始需要大量剥离而不采矿。随后开始出矿但要采出更多的岩石，这时生产剥采比随矿山工程的延深而不断增大，达到一个最大值后便逐渐减小。这个最大值期间称为剥离高峰期或称生产剥采比高峰期。高峰期一般发生在凹陷露天矿工作帮上部接近地表境界部位。生产剥采比的这种变化规律是一般倾斜矿体具有的普遍规律。

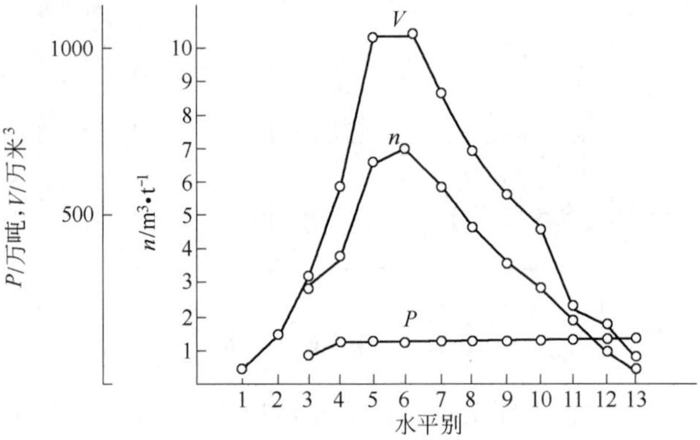

图 12-5　每延深一个台阶所采出的矿石量、岩石量和生产剥采比

表 12-3　采剥量计算表

水平别	矿石/万吨	土/万米^3	岩石/万米^3	土岩合计/万米^3	累计		生产剥采比/m^3·t^{-1}
					土岩/万米^3	矿石/万吨	
1		56. 2		56. 2	56. 2		∞
2		176. 8		176. 8	233. 0		∞
3	102. 5	303. 0	14. 5	317. 5	550. 5	102. 5	3. 10
4	158. 0	367. 9	248. 4	616. 3	1166. 8	260. 5	3. 90
5	156. 5	415. 3	624. 9	1040. 2	2207. 0	417. 0	6. 65
6	155. 0	121. 6	941. 1	1062. 7	3269. 7	572. 0	6. 86
7	154. 0		812. 4	812. 4	4082. 1	726. 0	5. 28
8	152. 0		662. 2	662. 2	4744. 3	878. 0	4. 36
9	150. 5		496. 0	496. 0	5240. 3	1028. 5	3. 31
10	149. 5		408. 0	408. 0	5648. 3	1178. 5	2. 73
11	148. 0		237. 9	237. 9	5886. 2	1326. 0	1. 61
12	146. 5		178. 4	178. 4	6064. 6	1472. 5	1. 22
13	145. 0		28. 0	28. 0	6092. 6	1617. 5	0. 19
合计	1617. 5	1440. 8	4651. 8	6092. 6			

近水平和倾角较小的矿体，随地形条件和矿体厚度的变化，其生产剥采比也具有相应的变化规律。与倾斜矿体比较，其不同点仅仅是生产剥采比高峰期比较平缓，持续的时间较长。

工作帮坡角的大小对生产剥采比的变化有较大的影响。工作帮坡角较小时，剥采比初期上升较快，剥离高峰发生较早，然后在一个很长时期内剥采比逐渐下降。工作帮坡角较大时，剥采比上升较慢，时间较长，剥离高峰发生在开采到较深的位置，也即发生在生产的较晚时期，高峰之后剥采比急剧下降。此外，对于同一露天矿场，即在同一矿床埋藏条件下，采用不同的开拓方案、掘沟位置和工作线推进方向时，生产剥采比的具体变化情况也不相同。但是，无论哪类矿床，采用哪种开拓、开采方法，只要矿山工程按不变的发展程序和固定的工作帮坡角发展时，露天矿生产剥采比变化的共同规律是：生产剥采比随开采深度而变化，并且经历一个由小到大，达到高峰后再逐渐减小的过程。

上述生产剥采比的变化规律，必然给露天矿生产带来不利的影响。因为在正常情况下，要求露天矿的矿石产量大致不变，为了更有效地使用露天矿的大型机械设备，其数量亦应相对稳定。但如果生产剥采比不断变化，露天矿的矿岩总产量也就逐年变化，这在短期内就要改变生产使用的采掘、运输设备的数量，如到剥采比高峰期，要求短期集中大量的设备和相应的辅助设施，配备足够的人员，高峰过后又要削减。这样短期的增减，必将降低设备的利用率，使基建费用增大，生产成本增高，并且使露天矿的生产组织工作复杂化。因此必须对生产剥采比进行调整，使之在一定时期内相对稳定，以达到经济合理地开采矿床的目的。

12.2.2 生产剥采比的调整

所谓生产剥采比的调整，就是设法降低高峰期的生产剥采比，使露天矿能在较长时期内以较稳定的生产剥采比进行开采。为此，应首先了解影响生产剥采比变化的因素，以便找出调整的具体方法。

影响生产剥采比变化的因素很多，概括起来有自然因素和技术因素两个方面。

（1）自然因素：包括地质构造，地形，矿体的埋藏深度、厚度、倾角和形状等。这方面因素是客观存在的，人们只能通过地质勘探工作充分地认识它，以便更准确地掌握生产剥采比的变化规律。

（2）技术因素：主要指开拓方法、开拓沟道的位置、工作线推进方向、矿山工程延深方向以及开段沟长度、工作帮坡角等。这方面因素是人为的，人们可以根据客观条件和需要予以改变，使生产剥采比达到较长时间的均衡。

因此，生产剥采比的调整主要是通过改变矿山工程发展程序来实现的。下面重点讨论以改变台阶间的相互位置、开段沟长度和矿山工程延深方向对生产剥采比进行调整的方法。

12.2.2.1 改变台阶间的相互位置调整生产剥采比

改变台阶间的相互位置亦即改变工作平盘宽度，可以将生产剥采比高峰期间的一部分岩石提前或移后剥离，从而减小高峰期生产剥采比的数值。

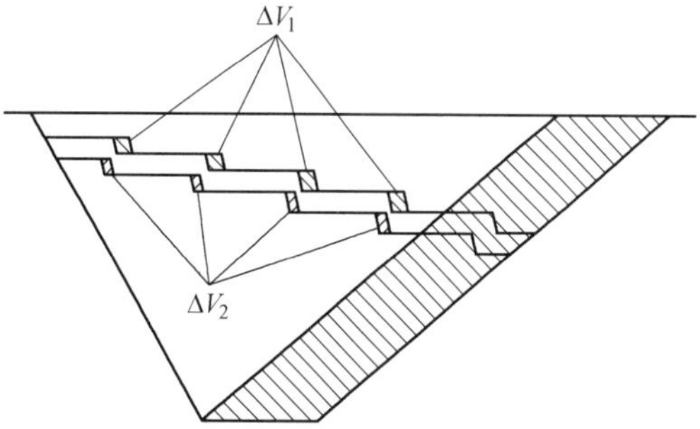

图 12-6 改变平盘宽度降低剥离高峰示意图

如图 12-6 所示，在剥离高峰期被提前完成的剥离量为 ΔV_1，移后完成的剥离量为

ΔV_2，则减小的生产剥采比 Δn（m^3/t）为：

$$\Delta n = \frac{\Delta V_1 + \Delta V_2}{P_n}$$

式中 P_n——剥离高峰期采出的矿石量，t。

改变工作平盘宽度调整生产剥采比是有一定限度的。减小后的工作平盘宽度，一般不得小于最小工作平盘宽度；加大后的工作平盘宽度，也应使露天矿能保持足够的工作台阶数目，以满足配置露天矿采掘设备的需要。在特大型露天矿工作台阶的数量很多，工作线长度很富裕的情况下，也可以使部分工作平盘宽度小于最小工作平盘宽度，做到有计划的缩小，有计划的恢复，有计划的推进，在仍能保持正常生产的情况下，达到较大幅度地调整生产剥采比的目的。例如，我国抚顺西露天矿走向长度 6km，工作台阶多，工作线很长，在正常情况下，仅有 60% 左右工作平盘大于最小工作平盘宽度。

改变工作平盘宽度容易实现，一般能适应原有的生产工艺，不影响总的开拓运输系统，是露天矿调整生产剥采比的主要措施之一。实际上露天矿的工作平盘宽度经常是处于变动之中的，因此它也是露天矿生产过程中自始至终存在着的客观现象。我们的任务是要掌握变动工作平盘宽度的规律，以便有效地调整露天矿的生产和生产剥采比，使之满足生产计划的要求。

12.2.2.2 改变开段沟长度调整生产剥采比

开段沟的最大长度通常等于该水平的走向长度，最小长度一般不小于采掘设备所要求的采区长度。例如，开段沟在采用铁路运输时要求长一些，采用汽车运输时可以短一些，最短可以只挖一个基坑，而使露天矿工作线推进方向改变，由垂直走向推进变为沿走向推进。

下面举例说明改变开段沟长度时对剥采比的影响。

在图 12-4 同样条件下，安排新水平开拓准备最初形成的开段沟长度等于走向长度的 1/3，约 700m，然后随矿山工程的发展逐步延长。也就是掘完 700m 开段沟长度后，在该水平就开始扩帮，这时扩帮与延长开段沟平行作业。这种发展方式是露天矿矿山工程发展程序的普遍形式。

矿山工程按上述方式发展时，每下降一个水平采出的矿岩量和生产剥采比如图 12-7 所示。图 12-7 中 13′和 13″为矿山工程延深到 13 水平后，继续延长开段沟和相应地在上部

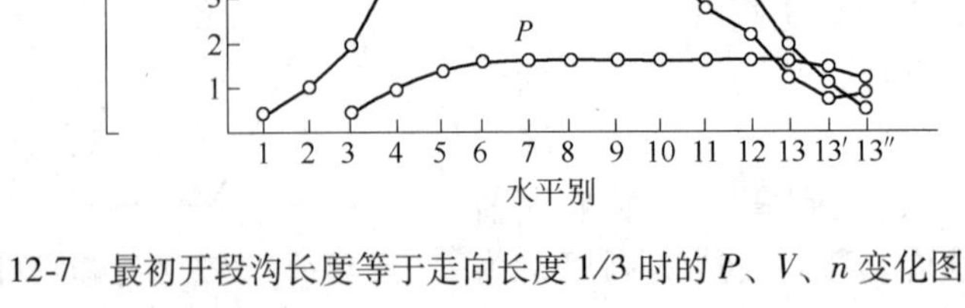

图 12-7 最初开段沟长度等于走向长度 1/3 时的 P、V、n 变化图

水平进行扩帮过程中采出的矿岩量。

对比图12-7和图12-5可以看出，在新水平开拓准备时，采用延长开段沟长度和扩帮平行作业发展方式的矿山工程与掘完开段沟全长后再进行扩帮发展方式的矿山工程相比，前者具有下列特点：

（1）生产剥采比变化相对比较平缓，高峰值下降。

（2）出矿前的剥岩量减少，有利于减少基建工程量。

显然，最初开段沟的长度愈短，上述差别愈大，降低生产剥采比高峰值和减少基建工程量的效果愈显著。由此可见，汽车运输无开段沟逐步扩展工作线的矿山工程发展方式是优越的。当矿体覆盖层厚度和矿体厚度差别较大，在覆盖较浅和矿体较厚的区段先掘开段沟，然后再逐步延长的发展方式，将会达到更好的效果。

此外，当矿体沿走向厚度不同时，生产剥采比达到高峰期，适当地减缓或停止推进矿体较薄区段的工作线，可以降低生产剥采比高峰值。这是山坡露天矿经常采用的调整生产剥采比的措施之一。

应当指出，对于铁路运输的露天矿，由于要求的最小采区长度较长，改变开段沟长度的幅度不大，因此单纯采用这种方法调整生产剥采比很难得到明显的效果，应配合采取其他的措施。

12.2.2.3 改变矿山工程延深方向调整生产剥采比

图12-8所示的矿山工程初期沿山坡 *AB* 延深，以加速采出矿石和减少掘沟工程量。当生产水平最低标高达到 *B* 点后，矿山工程改沿 *BC* 方向延深，以减少初期生产剥采比。在露天矿最低水平到达 *C* 点之前，为了保证露天矿持续生产，应完成 *BCED* 或 *BCED* 扩帮工程量。当扩帮工程由外向内进行时，则应完成 *BCED* 扩帮工程量，此时，矿山工程应由 *B* 沿山坡 *BD* 延深到 *D*，然后沿露天矿开采境界延深到 *E*。当由内向外扩帮时，应完成 *BCED* 扩帮工程量，此时，自上而下沿 *BC* 方向往外扩帮。此外，为了降低剥离高峰值，顶帮也可以同时采取压缩上部工作平盘宽度的措施，相当于设立临时顶帮开采境界 *FGH*。此时，*FHJK* 的扩帮工程量应在工作帮达到 *IH* 位置之前完成。显然，由于改变矿山工程延深方向而使不同时期的矿岩采出量得到改变，从而达到调整生产剥采比的目的。

改变矿山工程延深方向往往涉及一定时期露天矿开采境界的变动，因而它也是分期开

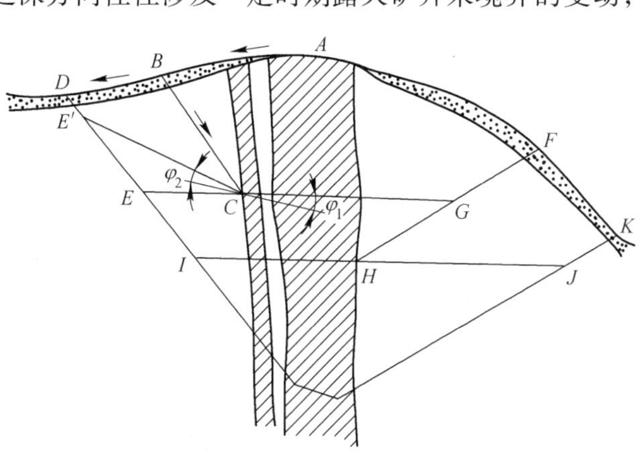

图12-8 改变矿山工程延深方向调整生产剥采比示意图

采的境界划分问题。

除上述调整生产剥采比的方法外，用改变开段沟的位置和工作线推进方向也可以调整生产剥采比。但是，不同的开段沟位置和工作线推进方向要求与采用的生产工艺和开拓系统相适应。因此，开段沟的位置与工作线推进方向的改变，往往会影响整个生产系统的变化，所以在露天矿生产过程中，一般不轻易改变工作线推进方向。通常是在设计中研究几个可能的工作线推进方案时，综合考虑矿山工程发展程序、生产工艺、开拓系统、矿山基建工程量和生产剥采比诸因素，从全局出发，选择其中一个合理的工作线推进方案。

应当指出，无论采用什么样的开段沟位置和工作线推进方向，只要工作平盘宽度保持不变，在整个生产过程中，仍然保持着生产剥采比变化的一般规律，仍然存在着生产剥采比的高峰期。此时，仍需借助于改变工作平盘宽度、开段沟长度等措施对生产剥采比做适当的调整，以利于露天矿持续经济合理地开采矿石。

12.2.3 生产剥采比的均衡

为了安排露天矿的生产和确定露天矿的设备、人员数量和辅助设施的规模，必须确定露天矿整个发展过程中不同阶段的剥采比。它是生产前预计的数值，称为计划生产剥采比，以区别生产中产生的实际生产剥采比。本节所讨论的生产剥采比均指计划生产剥采比。

露天矿的生产剥采比一般通过编制长远的采掘进度计划和年度采掘计划来确定。然而，编制采掘进度计划的工作量较大，因此编制长远采掘进度计划的年限不宜过长，矿山工程发展程序的方案也不能过多。为了把握露天矿整个发展过程中不同发展阶段的生产剥采比数值，以及由于进行矿山工程发展程序、生产工艺和开拓运输系统等方案比较的需要，通常在编制采掘进度计划之前，初步计算和确定露天矿不同发展阶段的计划生产剥采比。该剥采比是根据一定的矿山工程发展程序和生产剥采比变化的情况，经过调整后得出的，故称为均衡生产剥采比。本节重点讨论初步确定均衡生产剥采比的方法。

12.2.3.1 生产剥采比的均衡方法

A 利用采剥关系发展曲线确定均衡生产剥采比

确定均衡生产剥采比的实质是在整个生产过程中调整某些发展阶段的剥岩量，以求出一个在较长时期内稳定不变的生产剥采比。这一工作可以在矿岩量变化曲线 $V = f(P)$ 图上或生产剥采比变化曲线 $n = f(P)$ 图上进行。

（1）利用 $V = f(P)$ 图确定均衡生产剥采比。$V = f(P)$ 曲线就是露天矿剥岩和采矿累计量关系曲线，如图12-9所示。图中横坐标为采出矿石累计量，纵坐标为剥离岩石累计量。这一曲线反映了露天矿在不同开采深度下的采剥关系。

显然，$V = f(P)$ 曲线的斜率就是生产剥采比。$V = f(P)$ 曲线的斜率不断变化情况，反映了露天矿按固定的矿山工程发展程序时，在发展过程中生产剥采比的变化情况。

在露天矿实际生产中，剥岩量的累计值一般不能小于矿山工程按最小工作平盘宽度发展时的剥岩量，即实际的矿岩累计量变化曲线上的各深度点，不得在 $B = B_{min}(\varphi = \varphi_{max})$ 时的 $V = f(P)$ 曲线上各对应点之下。同时，为了使露天矿保持一定生产能力所必需的工作线长度或同时工作台阶数，实际的矿岩累计量变化曲线上的各深度点一般不会超出 $B = B_{max}(\varphi = 0)$ 时的 $V = f(P)$ 曲线上各对应点之上。因此，均衡生产剥采比通常只能在这两

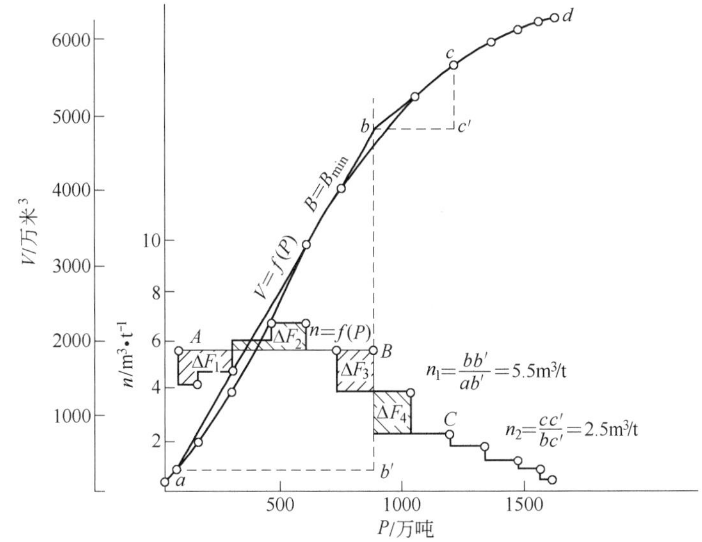

图 12-9 矿岩量变化曲线和生产剥采比变化曲线

条曲线之间来寻求。为了减少作图和计算工作量，一般情况下可以不画 $B = B_{max}$ 时的 $V = f(P)$ 曲线，而使实际的矿岩累计量变化曲线接近 $B = B_{min}$ 时的 $V = f(P)$ 曲线。

根据上述原理，只要我们作出 $B = B_{min}$ 时的 $V = f(P)$ 曲线之后，便可在接近该曲线处画出保持一定斜率的直线，此直线即代表某一时期的均衡生产剥采比。如图 12-9 中第一期均衡生产剥采比为 ab 直线，第二期均衡生产剥采比为 bc 直线。以后则随 $B = B_{min}$ 时的 $V = f(P)$ 曲线的变化，逐步减小生产剥采比，此时第一期均衡生产剥采比为：

$$n_1 = \frac{bb'}{ab'} = 5.5\text{m}^3/\text{t}$$

第二期均衡生产剥采比为：

$$n_2 = \frac{cc'}{bc'} = 2.5\text{m}^3/\text{t}$$

在确定均衡生产剥采比时，可按上述方法同时作出几个方案，经详细比较后再择优确定。确定的一般原则是：

1）尽量使初期剥岩量较少，以利于减少基建投资和扩大再生产。

2）最大均衡生产剥采比的数值最好小一点。在此之前，生产剥采比可逐步增大，以后再逐步减小。不要产生骤然波动，以免人员、设备随之发生突然变动。

3）最大生产剥采比均衡的时间不宜过短，尤其是机械化程度比较高的矿山。因为生产过程中以最大生产剥采比进行生产的时间过短，就要相应地在这一短的时间内大量增加设备和人员，这一段时间过去后又得大量缩减，这不仅使露天矿有关投资不能充分利用，同时也给生产组织工作带来很大困难。该段时间的长短可根据具体条件确定，一般不短于 5 ~ 10 年，通常机械化程度低的矿山取小值，反之取大值。露天矿附近有其他矿山，而设备和人员便于调动，产量便于平衡时，也可以取小值。

（2）利用 $n = f(P)$ 图确定均衡生产剥采比。将图 12-9 的横坐标定为采出矿石累计量，纵坐标改为生产剥采比，即可作出 $n=f(P)$ 曲线。根据 $n=f(P)$ 图，可以将第一期生产剥采比调整为 AB 线，均衡生产剥采比 $n_1=5.5\text{m}^3/\text{t}$，第二期生产剥采比调整为 BC 线，均衡生产剥采比 $n_2=2.5\text{m}^3/\text{t}$，AB 线上下的调整面积相等，即 $\Delta F_1=\Delta F_2$。两者在数量上代表调整的剥岩量，ΔF_1 为提前剥离量，ΔF_2 为高峰期减少的剥离量。

提前剥离量或减少的剥离量可用下式表示：

$$\Delta F = \sum np = \Delta V$$

式中 n——均衡生产剥采比，m^3/t；

p——以均衡生产剥采比 n 采出的矿石量，t；

ΔV——提前或减少的剥岩量，m^3。

提前剥离意味着早期应加速上部剥离台阶的推进，即相应地加大工作平盘宽度，改变工作台阶间的相互位置，以达到调整生产剥采比的目的。

利用 $V=f(P)$ 和 $n=f(P)$ 曲线图确定均衡生产剥采比各有优缺点。$V=f(P)$ 曲线图较 $n=f(P)$ 曲线图更为直观和明确，而且可以表示出超前的剥岩量。而 $n=f(P)$ 曲线图则能比较清楚地表示生产剥采比的变化和数值。为此，可以在一张图上同时作出 $V=f(P)$ 和 $n=f(P)$ 曲线。这样能更好地反映出调整前后剥岩量和生产剥采比的变化情况。

（3）$V=f(P)$ 和 $n=f(P)$ 曲线的绘制。采剥关系发展曲线的一般绘制步骤如下：

1）根据拟定的矿山工程发展程序，绘制按最小工作平盘宽度发展延深到各水平时的露天矿场平面图。平面图上绘有各水平的工作线位置。为了减少绘图工作量，图上只画出台阶坡顶线或坡底线位置即可。通常每下降一个水平绘制一张平面图。为了减少工作量，后期可每隔数个水平绘制一张平面图。

2）将上述平面图上的工作线位置画到分层平面图上。对于矿体较长、产状稳定、地质构造和地形简单的情况下，可直接把各水平工作线位置画在断面图上以便计算（见图 12-4），这样能减少绘图和计算工作量。但其精确性较差。

3）计算矿山工程下降一个水平采出的矿石量、剥岩量和生产剥采比，列成表格，如表 12-3 形式。

4）以采出的矿石累计量为横坐标，以剥岩累计量和生产剥采比为纵坐标，作出 $V=f(P)$ 和 $n=f(P)$ 曲线图，如图 12-9 形式。

综合上述，采剥关系曲线图能密切反映现代露天矿生产的实际情况，用它来确定均衡生产剥采比是比较科学和明确的。

B 用相应已知的剥采比推算最大均衡生产剥采比

在黑色金属露天矿设计中，较多采用经验的方法初步确定均衡生产剥采比，以作为编制采掘进度计划的原始依据。这种方法通常是根据平均剥采比、最大的水平分层剥采比或相邻几个台阶的最大平均剥采比与均衡生产剥采比之间关系的统计资料，结合采矿场的实际矿岩埋藏条件、开采技术条件以及设计者的工作经验，选取一经验系数（或称剥离超前系数），再以该系数乘相应的剥采比来推定可能出现的最大均衡生产剥采比。

$$n_{max} = k \times n'$$

式中 n_{max}——最大均衡生产剥采比，m^3/t；

k——经验系数，其值见表 12-4；

n'——平均剥采比或最大分层剥采比或相邻几个台阶的最大平均剥采比，m^3/t。

根据鞍山黑色金属矿山设计院过去对17个露天矿的设计统计资料，最大均衡生产剥采比与上述各种剥采比之间的比值关系见表12-4。

表12-4 *k*值的统计参考值

类 别	波动值	常见值	平均值
与平均剥采比之比值	1.06～1.55	1.1～1.5	1.3
与最大分层剥采比之比值	0.75～1.0	0.81～0.94	0.87
与相邻几个台阶最大平均剥采比之比值	0.8～0.99	0.84～0.94	0.89

在应用表12-4所列比值时，按常见值选取比较合适。从表中可见，以与相邻几个台阶最大平均剥采比之比值波动范围较小，故通常是用该剥采比来推算最大均衡生产剥采比。

这种确定方法应用简便，计算工作量小，但准确性差，主要存在下列问题：

（1）由设计统计资料得出的系数值波动范围较大，不能体现具体矿床埋藏条件、开采技术条件对均衡生产剥采比的影响。在同一矿床和同样开采技术条件下，不同的设计者所确定的系数值不同，甚至可能相差很大，因此所推算出最大均衡生产剥采比数值的合理性，在很大程度上取决于设计者的经验，对此无法进行检查和评价。

（2）露天矿生产剥采比的变化和水平分层剥采比的变化之间没有一定的规律性，因此，这种机械地利用经验系数确定均衡生产剥采比的方法，显然是不够科学的。

（3）遇有多方案比较，需要提供几个最大均衡生产剥采比的数值时，不能简单地提出各方案剥采比的可靠资料。用这方法确定的均衡生产剥采比不能作为方案比较的依据。

总之，利用采剥关系发展曲线和相应已知的剥采比确定均衡生产剥采比的方法各有优缺点。但是无论采用哪一种方法确定的均衡生产剥采比，最后都需通过编制采掘进度计划进一步验证。

均衡生产剥采比确定之后，生产中应认真贯彻“采剥并举，剥离先行”的方针，做到有计划合理地组织生产，保证露天矿稳产高产。

露天矿生产具有较大的灵活性和伸缩性，在一定时期内降低生产剥采比，少剥岩、多采矿，以满足国家在该时期内对矿石的需求是可能的，也是允许的。但是，这并不意味着可以否定或改变露天矿应遵循一定的矿山工程发展程序和按一定的生产剥采比进行生产的客观规律性。当在一定时期内多采矿时，必须以提前加强剥离和事后加强剥离的办法予以保障，即采取“以剥保采，以采促剥”的方针，保证露天矿持续生产，避免出现采剥失调和生产上的马鞍形现象。

在实践中，随着生产情况和地质资料的变化，对原先确定的生产剥采比应及时检验和修改，以便正确指导和组织生产。

12.2.3.2 均衡生产剥采比的实现

均衡生产剥采比的实现方法是减小初期生产剥采比和基建工程量。这对节约基建投资和加速露天矿建设有重大意义。一个经济合理的开采方案，既要求均衡生产剥采比较小，同时基建剥离工程量也应较小。因此，在最后确定均衡生产剥采比时，要考虑减小基建工程量的措施。减小初期生产剥采比和基建工程量，主要是通过合理安排矿山工程发展程序来实现的，因为矿山工程发展程序本身与生产工艺、开拓运输系统等密切相关，所以要求矿山工作人员能善于处理生产工艺、开拓运输系统、矿山工程发展程序和生产剥采比之间的矛盾，全面而合理地解决露天矿生产工艺和矿山工程发展程序等，以减小矿山基建工程量。

(1) 合理布置开段沟的位置。工作线推进方向与开段沟的位置是密切相关的。工作线初始位置和推进方向决定于开段沟的位置。然而，不同的开段沟位置和工作线推进方向，又要求与采用的生产工艺、开拓运输系统相适应。同一露天矿采用不同的开段沟位置，对生产剥采比和基建工程量有重大影响。

为了方便起见，下面以一规则矿体为例来分析不同的开段沟位置对均衡生产剥采比和基建工程量的影响。如图 12-10 所示，在同一露天矿场中，沟的位置和矿山工程发展方向分别有沿底帮开拓、沿下盘开拓、沿上盘开拓和沿顶帮开拓四种。由于都是采用折返沟开拓，其境界相同，故平均剥采比都相等。四个方案的工程量和剥采比指标计算结果列于表 12-5 中。

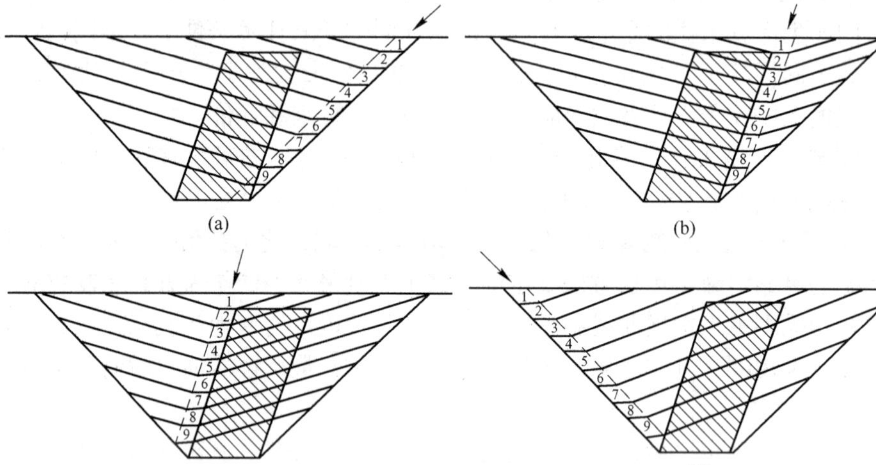

图 12-10 开拓沟道位置的四个方案

(a) 沿底帮开拓；(b) 沿下盘开拓；(c) 沿上盘开拓；(d) 沿顶帮开拓

表 12-5 各开拓沟道位置方案的剥采比指标

开拓沟道位置	$n_p/m^3 \cdot m^{-3}$	$V_0 \times 10^6/m^3$	$n/m^3 \cdot m^{-3}$	μ	λ
沿底帮开拓	2.23	3.1	2.66	0.12	1.36
沿下盘开拓	2.23	1.8	2.77	0.07	1.33
沿上盘开拓	2.23	2.2	3.34	0.09	1.64
沿顶帮开拓	2.23	8.0	2.53	0.31	1.64

表 12-5 中 λ 和 μ 值表示经济合理的两个指标。其计算公式为：

$$\lambda = \frac{n}{n_p - n_0} \tag{12-5}$$

$$\mu = \frac{n_0}{n_p} \tag{12-6}$$

$$n_0 = \frac{V_0}{p} \tag{12-7}$$

式中 n——均衡生产剥采比；

n_p——平均剥采比；

n_0——初始剥采比；

V_0——初始剥离量；

p——露天矿的总采矿量。

由式（12-5）和式（12-6）可知，若露天矿境界相同时，n_p 是一个常数，系数 λ 和 μ 均随着 n_0 的增大而增大，因此，μ 是表示基建工程量大小的系数，而 λ 则是能综合表示均衡生产剥采比 n 和初始剥采比 n_0 的系数。λ 值较小的开拓方案，不仅正常生产时期的剥离量较小，而且基建时期的剥离量也不大。

从表 12-5 所列的数值可见，沿底帮开拓和沿顶帮开拓两方案分别在露天矿底帮和顶帮固定坑线位置掘沟，远离矿体，见矿慢，基建工程量大，均衡生产剥采比小。因此，为了减小初期生产剥采比和基建工程量，开段沟的位置应接近矿体和设在矿体较厚、覆盖层较薄的地段，并以此决定工作线的推进方向。然而，在矿体较陡的情况下，接近矿体掘开段沟，工作线向两侧推进，势必要求采用移动坑线开拓，这只能适应汽车运输条件，如果采用铁路运输则会带来一定困难。

正确决定开段沟的位置必须以可靠的地质勘探资料为依据，特别要充分了解矿体在地表的出露情况，这是进行地质勘探工作和审核地质资料时所必须注意的。

（2）采用组合台阶分组开采的方法。如前所述，工作帮坡角的大小对生产剥采比变化有较大的影响。工作帮坡角越大，初期的生产剥采比越小，在采出相同矿石量的情况下所需的剥离量越少，这对于减少基建工程量、降低初期生产成本、早出矿多出矿是有利的。但工作帮坡角不能任意增大，当工作平盘宽度最小时，台阶单独开采的工作帮坡角达到最大值，此值一般在 15°左右。如果要超过最大值，则必须相应地改变台阶的开采顺序，改为分组开采。近代大型挖掘机和汽车的使用，为这种开采方式提供了必要的条件。组合台阶分组开采是将若干个相邻的台阶合成一组，每组台阶保留一个较宽的工作平盘，在一组台阶内，采用横向工作面、纵向推进的方式逐层往下开采，每层推进一定宽度的采掘带，上部分层对下部分层保持一定的超前距离。由于一组台阶只有一个较大的平盘宽度，这样它的工作帮坡角可达到较大。目前，国外不少露天矿都把这种开采方式作为降低初期生产剥采比的重要措施予以肯定。实践证明，分组开采对加速矿山建设、强化露天矿生产具有重要的意义。

（3）采用较短的开段沟长度。在生产工艺条件允许的情况下，采用较短的开段沟长度，以后再逐步延长和增加工作线长度，可以减小初期生产剥采比和采矿基建工程量。

最小的开段沟长度一般不短于采掘设备要求的采区长度，它因生产工艺的不同而异。采用铁路运输时，用短开段沟开采较难实现。若采用汽车运输，则开段沟可以很短，甚至是无开段沟而只挖一个基坑，在爆堆上设临时运输干线，工作线横向布置沿走向推进。这样就能达到减小初期生产剥采比和基建工程量的目的，加快露天矿建设。

（4）露天矿采用分期开采。当开采下延较深、储量较大、服务年限长的矿床时，露天矿的最终开采境界往往很大，这时为了减小初期生产剥采比和基建工程量，可采用分期开采的方法。

分期开采是指在最终开采境界内的适当地段，确定一个小境界，初期在小境界内生产，以后再分期扩大，从而把大量的岩石推迟到若干年后剥离，减少初期剥岩量，缩短基建时间，使露天矿提前达到设计产量。因此这是大型露天矿减小基建工程量的有效措施。

上述措施，在一定条件下，对减小初期生产剥采比和矿山基建工程量都有不同程度的效果，但各种措施也有各自的适用条件。因此，在实际生产和设计工作中，应根据具体情况采取相适应的措施，才能达到预期的目的。

复习思考题

12-1 简述露天采矿生产能力的概念。

12-2 简述露天采矿生产能力的验证方法。

12-3 简述露天采矿生产剥采比的确定方法。

12-4 简述生产剥采比的调整方法。

12-5 简述均衡生产剥采比的确定方法。

参考文献

[1] 钟义旆. 金属矿床开采[M]. 北京：冶金工业出版社，1990.
[2] 李朝栋. 金属矿床开采[M]. 北京：冶金工业出版社，1987.
[3] 唐民成. 井巷掘进与支护[M]. 北京：冶金工业出版社，1989.
[4] 编委会. 采矿设计手册 矿床开采卷（上、下）[M]. 北京：中国建筑工业出版社，1993.
[5] 王青. 采矿学[M]. 北京：冶金工业出版社，2005.
[6] 伍汉. 爆破工程[M]. 北京：冶金工业出版社，1992.
[7] 周洵远. 金属矿井通风防尘[M]. 北京：冶金工业出版社，1989.
[8] 杨万根. 金属矿床露天开采[M]. 北京：冶金工业出版社，1990.
[9] 李保祥. 金属矿床露天开采[M]. 北京：冶金工业出版社，1989.
[10] 焦玉书. 金属矿山露天开采[M]. 北京：冶金工业出版社，1989.
[11] 古德生，李夕兵. 现代金属矿床开采科学技术[M]. 北京：冶金工业出版社，2006.
[12] 周爱民. 矿山废料胶结充填[M]. 北京：冶金工业出版社，2007.
[13] 陈国山. 金属矿地下开采[M]. 2 版. 北京：冶金工业出版社，2012.
[14] 陈国山. 采矿学[M]. 北京：冶金工业出版社，2013.
[15] 戚文革. 矿山爆破技术[M]. 北京：冶金工业出版社，2010.
[16] 谢世俊. 金属矿床地下开采[M]. 北京：冶金工业出版社，1979.
[17] 陈国山. 采矿技术[M]. 北京：冶金工业出版社，2011.
[18] 陈国山. 矿山提升与运输[M]. 2 版. 北京：冶金工业出版社，2015.